U0180836

# 建筑安全设计实用手册

主　编　张一莉
副主编　陈邦贤　林　毅　黄　捷
　　　　黄晓东　全松旺　徐　丹

中国建筑工业出版社

**图书在版编目（CIP）数据**

建筑安全设计实用手册/张一莉主编. —北京：中国建筑工业出版社，2019.11

ISBN 978-7-112-24282-5

Ⅰ.①建… Ⅱ.①张… Ⅲ.①建筑设计-安全设计-手册 Ⅳ.①TU2-62

中国版本图书馆CIP数据核字(2019)第211556号

责任编辑：费海玲 张幼平
责任设计：李志立
责任校对：焦 乐

**建筑安全设计实用手册**

主 编 张一莉

副主编 陈邦贤 林 毅 黄 捷
黄晓东 全松旺 徐 丹

*

中国建筑工业出版社出版、发行（北京海淀三里河路9号）

各地新华书店、建筑书店经销

北京红光制版公司制版

广州市一丰印刷有限公司印刷

*

开本：880×1230毫米 1/16 印张：18½ 字数：491千字

2020年1月第一版 2020年1月第一次印刷

定价：**68.00**元

ISBN 978-7-112-24282-5
(34260)

# 《建筑安全设计实用手册》
# 编　委　会

**专家委员会主任：**陈　雄　林　毅　黄　捷

**编 委 会 主 任：**艾志刚
**编委会执行主任：**陈邦贤
**编 委 会 副 主 任：**张一莉

**主　编：**张一莉
**副主编：**陈邦贤　林　毅　黄　捷　黄晓东
全松旺　徐　丹
**审　核：**吴树甜　杨适伟　陈邦贤　张一莉
李晓光　黄晓东　傅　斌　杨焰文

**指 导 单 位：**深圳市住房和建设局
**房屋安全指导：**高尔剑

**主编单位：**
深圳市注册建筑师协会

特邀参编审核单位：
1. 广东省建筑设计研究院
2. 华南理工大学建筑设计研究院
3. 广州市设计院

**副主编单位：**
1. 深圳市建筑设计研究总院有限公司
2. 深圳华森建筑与工程设计顾问有限公司
3. 香港华艺设计顾问（深圳）有限公司
4. 北建院建筑设计（深圳）有限公司
5. 深圳机械院建筑设计有限公司

# 《建筑安全设计实用手册》编委

| 章节 | 内容 | 编委及参编单位 |
| --- | --- | --- |
| 1 | 城市综合防灾和减灾 | 黄晓东　深圳市建筑设计研究总院有限公司 |
| 2 | 场地 | 黄晓东　深圳市建筑设计研究总院有限公司 |
| 3 | 建筑防火、防爆、防腐蚀设计与防氯处理 | 陈邦贤　深圳市建筑设计研究总院有限公司<br>李泽武　深圳市建筑设计研究总院有限公司<br>廖烈松　深圳市建筑设计研究总院有限公司 |
| 4 | 建筑部件构件构造 | 夏韬　白威　徐丹　深圳华森建筑与工程设计顾问有限公司 |
| 5 | 建筑防水 | 李朝晖　深圳机械院建筑设计有限公司<br>李泽武　深圳市建筑设计研究总院有限公司 |
| 6 | 门窗、幕墙 | 冯春　深圳市建筑设计研究总院有限公司 |
| 7 | 建筑结构 | 夏韬　白威　徐丹　深圳华森建筑与工程设计顾问有限公司 |
| 8 | 建筑设备 | 夏韬　白威　徐丹　深圳华森建筑与工程设计顾问有限公司 |
| 9 | 海绵城市及低冲击开发雨水系统 | 千茜　高若飞 |
| 10 | 园林景观 | 叶枫　夏媛 |
| 11 | 办公建筑 | 黄惠菁　吴树甜　广州市设计院 |
| 12 | 医疗建筑 | 侯军　王丽娟　甘雪森　深圳市建筑设计研究总院有限公司 |
| 13 | 中小学校建筑 | 孙立平 |
| 14 | 托儿所、幼儿园建筑 | 马越 |
| 15 | 高等院校建筑 | 宋向阳　赵勇伟 |
| 16 | 住宅建筑 | 陈雄　黄雪燕　广东省建筑设计研究院 |
| 17 | 酒店建筑 | 黄晓东　深圳市建筑设计研究总院有限公司 |
| 18 | 民用机场旅客航站楼建筑 | 陈雄　李琦真　广东省建筑设计研究院 |
| 19 | 商业建筑 | 林毅　鲁艺　香港华艺设计顾问（深圳）有限公司 |
| 20 | 博物馆建筑 | 陶郅　陈向荣　华南理工大学建筑设计研究院有限公司 |
| 21 | 图书馆建筑 | 陶郅　陈向荣　华南理工大学建筑设计研究院有限公司 |
| 22 | 体育场馆建筑 | 冯春　林镇海　深圳市建筑设计研究总院有限公司 |
| 23 | 剧院及多厅影院建筑 | 黄河　北建院建筑设计（深圳）有限公司 |
| 24 | 文化馆建筑 | 陈晓唐　北建院建筑设计（深圳）有限公司 |
| 25 | 车库建筑 | 涂宇红　深圳市建筑设计研究总院有限公司 |
| 26 | 地铁 | 罗若铭　广东省建筑设计研究院 |
| 27 | 建筑消防安全风险评估 | 巩志敏　深圳市城市公共安全技术研究院 |
| 28 | 建筑防火设计审核要点 | 巩志敏　深圳市城市公共安全技术研究院 |
|  | 统稿 | 卢方媛　深圳市注册建筑师协会 |

# 目 录

# 1 城市综合防灾和减灾

## 1.1 基 本 原 则

城市综合防灾和减灾的基本原则　　表 1.1

| 类别 | 技术要求 | |
|---|---|---|
| 基本准则 | 城市建设用地 | 应避开自然灾害易发地段，不能避开的必须采取特殊防护措施 |
| | 城市规划 | 应避免产生人为的易灾区 |
| | | 宜采用有利于防灾的组团式用地结构布置形式，以实现较好的系统防灾环境 |
| | 防灾分区 | 结合城市行政区划和组团布局划分，每个防灾分区由若干防灾单元构成 |
| | | 防灾单元宜以街道、防灾绿地、高压走廊和水体、山体等自然界限分界，并考虑高速公路、铁路和城市主干道等的分隔作用以及事权分级管理的要求 |
| | 防灾疏散道路系统 | 由救灾主干道、防灾疏散主通道和其他防灾疏散通道组成 |
| | | 每个防灾分区在各个方向至少保证两条防灾疏散通道 |
| | | 每个防灾单元至少保证两条不同方向的防灾疏散通道 |
| | 应急避难场所 | 每个防灾分区和防灾单元应设置满足人员避难需求的应急避难场所 |
| | 应急设施 | 每个防灾分区应设立应急指挥中心、急救、抢险、通信及消防专业队伍和设施 |
| | 城市生命线工程 | 每个防灾单元应设置应急医疗卫生、应急供水储水和应急物质保障等设施 |
| | | 包括交通、通信、供电、供水、供油、医疗、卫生及消防等主要系统，应充分满足城市防灾和减灾的需要 |

注：参考《深圳市城市规划标准与准则》。

## 1.2 城市应急避难场所

城市应急避难场所　　表 1.2

| 类别 | 技术要求 | |
|---|---|---|
| 原则 | 以人为本、保障安全、统一规划、资源整合、平灾结合、多灾兼顾、远近结合、建管并重 | |
| 分类 | 室外避难场所 | 分为紧急避难场所、固定避难场所、中心避难场所三个等级 |
| | | 利用公园、绿地、体育场、广场、学校操场、停车场和室外空地 |
| | | 选址应避让地震断裂带、水库泄洪区、地质灾害隐患点、高压走廊及危险品仓储区 |
| | | 紧急避难场所避难人员人均有效避难面积宜≥1m²/人；固定避难场所宜≥2m²/人 |
| | | 固定避难场所应配置供水、供电、厕所、住宿、消防、排污、垃圾储运、医疗救护、物资储备、洗浴、指挥管理和信息发布等设施 |

续表

| 类别 | | 技术要求 |
| --- | --- | --- |
| 分类 | 室外避难场所 | 除固定避难场所设施外，中心避难场所还应配置应急停车场、停机坪和救援部队驻扎营地 |
| | | 人员进出口与车辆进出口应分开设置，最少应有方向不同的不少于两条疏散道路通往外界，其中固定避难场所、中心避难场所至少应有两个进口与两个出口 |
| | | 应进行无障碍设计 |
| | 室内避难场所 | 适用于气象灾害、地质灾害、核设施事故及其他需要室内避难场所的突发事件 |
| | | 主要利用体育馆、学校、社区（街道）中心、福利设施和条件较好的人防工程 |
| | | 选址应避让地质灾害区、内涝区域，远离各类危险源 |
| | | 服务半径宜≤2km，人均建筑面积宜≥$3m^2$ |
| | | 应配备供水、照明设施、厕所，储备一定的食品等生活必需品。必要时配备气象观测、应急信息发布、医疗急救、救灾、灶具设施 |
| | | 应设置救生通道等指示标识系统 |

注：参考《深圳市城市规划标准与准则》。

## 1.3 城市防震减灾

**城市防震减灾** **表 1.3**

| 类别 | 技术要求 |
| --- | --- |
| 城市防震减灾 | 新建、扩建、改建建设工程，应达到抗震设防要求 |
| | 供水、供电及燃气等重要工程应多源供应 |
| | 重大（重点）建设工程、生命线工程、可能发生严重次生灾害的建设工程、使用功能不能中断或需尽快恢复的建设工程、超限高层、大型公共建筑工程，应进行地震安全性评价 |
| | 合理确定应急疏散通道和应急避难场所 |
| 地质灾害防治 | 坚持预防为主、避让与治理相结合的原则 |
| | 应避开活动断层、地质灾害危险区；尽量避开地质危害高易发区 |
| | 编制地质灾害易发区内的各级规划，工程建设之前应进行地质灾害危险性评估。根据需要配套地质危害治理工程 |
| | 尽量避免和减少崩塌、滑坡、泥石流等斜坡类地质灾害对规划区或建设工程产生威胁 |
| | 规划选址应尽量避让岩溶发育带。在岩溶塌陷地质灾害易发区应严格实施对地下水开发利用的管理 |
| | 保护和合理利用地下水 |
| 城市防洪防潮 | 全面规划、综合治理、合理利用和蓄泄结合 |
| | 河道规划满足城市防洪的要求，应采用生态堤岸。设计水位应依据规划设计标准的洪（潮）水面线确定 |
| | 防潮海堤结合城市规划、防潮标准、岸线利用和生态保护综合确定 |

续表

<table>
<tr><th>类别</th><th>技术要求</th></tr>
<tr><td rowspan="3">重大危险设施灾害防治</td><td>应设置在相对独立的安全区域，地形地貌、工程地质条件满足建设要求，与周边工程设施的安全和卫生防护间距符合国家规范要求</td></tr>
<tr><td>大型油气、民用爆破器材及其他危险品仓储区相对集中布局，远离城市建成区，宜利用山体屏障</td></tr>
<tr><td>应单独划分防灾单元，周边设置空间分割带、消防供水、支援场地、救援疏散通道及安置场地</td></tr>
</table>

注：参考《深圳市城市规划标准与准则》。

## 1.4　城市消防和人民防空

**城市消防和人民防空**　　**表 1.4**

<table>
<tr><th>类别</th><th colspan="5">技术要求</th></tr>
<tr><td rowspan="13">城市消防</td><td rowspan="10">城市消防站</td><td rowspan="8">陆上消防站</td><td rowspan="3">普通消防站</td><td colspan="2">辖区≤7$km^2$，5min 内到达辖区边缘</td></tr>
<tr><td>一级普通消防站</td><td>临街面宽度宜≥60m</td></tr>
<tr><td>二级普通消防站</td><td>临街面宽度宜≥45m</td></tr>
<tr><td rowspan="2">特勤消防站</td><td colspan="2">兼辖区消防任务，辖区同一级普通消防站</td></tr>
<tr><td colspan="2">临街面宽度宜≥70m</td></tr>
<tr><td colspan="3">设置在辖区内交通方便的适中位置、利于迅速出动的临界地段</td></tr>
<tr><td colspan="3">主体建筑距离学校、医院、幼儿园、影剧院和商场等人员密集的公共建筑及场所的主要疏散口≥50m</td></tr>
<tr><td colspan="3">消防站车库应朝向城市道路，至城市规划道路红线的距离宜≥15m</td></tr>
<tr><td>水上（海上）消防站</td><td colspan="3">用地面积和选址要求可参照一级普通消防站，其靠泊岸线的长度不应小于消防艇靠泊所需长度且不应小于 100m</td></tr>
<tr><td>航空消防站</td><td colspan="3">应兼顾城市消防和森林消防要求，选址用地应专题研究确定</td></tr>
<tr><td rowspan="2">消防给水</td><td colspan="4">城市消防给水与城市给水合用一套系统，以城市给水为主，以人工水体和自然水体为辅的多种水源互补的消防给水机制</td></tr>
<tr><td colspan="4">市政消火栓宜靠近十字路口设置，间距≤120m</td></tr>
<tr><td>消防车道</td><td colspan="4">依托城市道路网络系统，消防车道具体要求应满足相关规范的规定</td></tr>
<tr><td rowspan="2">城市人民防空</td><td colspan="5">长期准备、重点建设、平战结合、防空防灾防恐一体化</td></tr>
<tr><td colspan="5">防空地下室的位置、规模、战时及平时的用途根据规划综合考虑，统筹安排</td></tr>
</table>

注：参考《深圳市城市规划标准与准则》。

# 2 场　　地

## 2.1 基地防灾与安全防护

**基地防灾与安全防护　　表 2.1**

<table>
<tr><th>类别</th><th>分项</th><th colspan="3">技术要求</th><th>规范依据</th></tr>
<tr><td rowspan="7">基地防灾</td><td rowspan="3">基地选择</td><td colspan="3">应避开有滑坡、泥石流、山洪等自然灾害易发地段，不能避开的必须采取特殊防护措施</td><td>《全国民用建筑工程设计技术措施　规划・建筑・景观》(2009 年版)</td></tr>
<tr><td colspan="3">建筑基地及周围环境的空气、土壤、水体不应构成对人体的危害</td><td>《民用建筑设计统一标准》GB 50352—2019</td></tr>
<tr><td colspan="3">居住区与危险化学品及易燃易爆品等危险源的距离，必须满足有关安全规定</td><td>《城市居住区规划设计标准》GB 50180—2018</td></tr>
<tr><td>防灾标准</td><td colspan="3">应根据其所在位置考虑防灾措施，应与所在城市的防震、防洪、防海潮、防风、防崩塌、防泥石流、防滑坡等标准相适应</td><td rowspan="4">《全国民用建筑工程设计技术措施　规划・建筑・景观》(2009 年版)</td></tr>
<tr><td rowspan="3">场地防洪、防潮</td><td colspan="3">设计标高应不低于城市设计防洪、防涝标高。沿海或受洪水泛滥威胁地区，场地设计标高应高于设计洪水位标高 0.5～1.0m，否则需设相应的防洪措施</td></tr>
<tr><td colspan="3">场地设计标高应高于周边道路设计标高，且应比周边道路的最低路段高程高出 0.2m 以上</td></tr>
<tr><td colspan="3">场地设计标高与建筑物首层地面标高之间的高差应>0.15m</td></tr>
<tr><td rowspan="11">安全防护</td><td>地下水</td><td colspan="3">保护和合理利用，增加渗水地面面积，促进地下水补、径、排达到平衡</td><td rowspan="2">《全国民用建筑工程设计技术措施　规划・建筑・景观》(2009 年版)</td></tr>
<tr><td>山地建筑</td><td colspan="3">应视山坡态势、坡度、土质、稳定性等因素，采取护坡、挡土墙等防护措施，同时按当地洪水量确定截洪排洪措施</td></tr>
<tr><td rowspan="9">台地防护挡土护坡</td><td colspan="3">台阶式用地的台地之间宜采用护坡或挡土墙连接</td><td rowspan="9">《城乡建设用地竖向规划规范》CJJ 83—2016</td></tr>
<tr><td>相邻台地间高差>0.7m</td><td colspan="2">宜在挡土墙墙顶或坡比值>0.5 的护坡顶设置安全防护设施</td></tr>
<tr><td>相邻台地间高差宜为 1.5～3.0m</td><td colspan="2">土质护坡的坡比值不应>0.67，砌筑型护坡的坡比值宜为 0.67～1.0</td></tr>
<tr><td>相邻台地间高差≥3.0m</td><td colspan="2">宜采用挡土墙结合放坡式处理，挡土墙高度宜≤6m</td></tr>
<tr><td rowspan="2">挡土墙和护坡高度>2m</td><td>上缘与建筑物的水平净距</td><td>≥3.0m</td></tr>
<tr><td>下缘与建筑物的水平净距</td><td>≥2.0m</td></tr>
<tr><td rowspan="2">挡土墙高度>3m</td><td colspan="2">邻近建筑时宜与建筑物同时设计，同时施工，确保场地安全</td></tr>
<tr><td colspan="2">与建筑物的水平距离满足日照要求</td></tr>
<tr><td colspan="3">人口密度大、工程地质条件差、降雨量多的地区，不宜采用土质护坡</td></tr>
</table>

# 2.2 总平面布局

**总平面布局** **表 2.2**

| 类别 | 分项 | 技术要求 |
| --- | --- | --- |
| 平面布局 | 城市高压走廊 | 城市高压走廊安全隔离带、建筑物与高压走廊的安全距离详见 2.4 |
| | 防火与防爆 | 防火与防爆间距详见建筑防火设计相关章节 |
| | 污染源 | 远离污染源。项目内的设备及供应用房宜设置于地块常年主导风向的下风侧 |
| 地下室外墙面 | 安全距离 | 距用地红线距离宜≥0.7 倍地下建筑物深度，一般≥5m，特殊情况≥3m |

注：本表源自《全国民用建筑工程设计技术措施—规则·建筑·景观》(2009 年版)。

# 2.3 边 坡 支 护

**边坡支护** **表 2.3**

<table>
<tr><th>类别</th><th colspan="4">技术要求</th></tr>
<tr><td rowspan="2">设计原则</td><td colspan="4">安全可靠、绿色环保、经济合理</td></tr>
<tr><td colspan="4">自然与人工边坡相结合</td></tr>
<tr><td rowspan="4">设计标准</td><td colspan="4">满足支护结构强度及边坡稳定性要求</td></tr>
<tr><td colspan="4">做到挖填平衡、施工便捷合理、维护简单、工期适当、减少投资</td></tr>
<tr><td colspan="4">应考虑对周围环境及建筑的影响</td></tr>
<tr><td colspan="4">根据边坡类型、边坡高度设定安全等级</td></tr>
<tr><td rowspan="13">防护设计</td><td colspan="4">保留自然边坡或放缓边坡（人工削坡）</td></tr>
<tr><td rowspan="2">边坡加固</td><td colspan="3">浅层加固：普通锚杆、格构梁、护脚挡墙</td></tr>
<tr><td colspan="3">中、深层加固：抗滑桩、预应力锚杆</td></tr>
<tr><td rowspan="7">边坡防护</td><td rowspan="3">植被防护</td><td>缓坡面（30°～35°）</td><td>直接种植低矮树木，撒播草种，铺设草皮</td></tr>
<tr><td>一般坡面（35°～55°）</td><td>三维植物网、喷播草种、种灌木</td></tr>
<tr><td>较陡坡面（55°～75°）</td><td>客土挂网喷播、种植灌木及攀爬植物等</td></tr>
<tr><td rowspan="4">工程防护</td><td>陡峭坡面（>75°）</td><td>种植槽种植灌木、攀爬植物等</td></tr>
<tr><td colspan="2">砌体或混凝土格构梁</td></tr>
<tr><td colspan="2">喷射混凝土护面</td></tr>
<tr><td colspan="2">结合植物防护措施一起采用</td></tr>
<tr><td rowspan="3">边坡截排水系统</td><td colspan="3">坡顶截水沟</td></tr>
<tr><td colspan="3">坡面激流槽</td></tr>
<tr><td colspan="3">坡底排洪沟</td></tr>
<tr><td rowspan="3">边坡治理措施（岩质边坡）</td><td>边坡较缓</td><td colspan="3">采用格构梁＋格构梁内种草模式</td></tr>
<tr><td>边坡较陡</td><td colspan="3">采用锚杆格梁＋格梁内种草或攀爬植物模式</td></tr>
<tr><td>垂直边坡</td><td colspan="3">采用钢筋混凝土挡土墙＋种植攀爬植物模式</td></tr>
</table>

注：本表参考《建筑边坡工程技术规范》GB 50330—2013。

## 2.4 城市高压走廊

**市区35～1000kV高压架空电力线路规划走廊宽度** **表2.4-1**

| 线路电压等级（kV） | 高压线走廊宽度（m） | 线路电压等级（kV） | 高压线走廊宽度（m） |
|---|---|---|---|
| 直流±800 | 80～90 | 330 | 35～75 |
| 直流±500 | 55～70 | 220 | 30～40 |
| 1000（750） | 90～110 | 66，110 | 15～25 |
| 500 | 60～75 | 35 | 15～20 |

注：本表来源于《城市电力规划规范》GB/T 50293—2014。

**66kV及以下、110～750kV、100kV高压架空电力线路导线与建筑物距离** **表2.4-2**

<table>
<tr><td rowspan="2">类别</td><td colspan="10">导线与建筑物的最小距离（m）</td></tr>
<tr><td colspan="3">66kV及以下</td><td colspan="6">110～750kV</td><td rowspan="2">1000kV</td></tr>
<tr><td>线路电压<br>标称电压</td><td>3kV<br>以下</td><td>3～<br>10kV</td><td>35kV</td><td>66kV</td><td>110kV</td><td>220kV</td><td>330kV</td><td>500kV</td><td>750kV</td></tr>
<tr><td>垂直距离</td><td>3.0</td><td>3.0</td><td>4.0</td><td>5.0</td><td>5.0</td><td>6.0</td><td>7.0</td><td>9.0</td><td>11.5</td><td>15.5</td></tr>
<tr><td>有风偏净空距离</td><td>1.0</td><td>1.5</td><td>3.0</td><td>4.0</td><td>4.0</td><td>5.0</td><td>6.0</td><td>8.5</td><td>11.0</td><td>15</td></tr>
<tr><td>无风偏水平距离</td><td>0.5</td><td>0.75</td><td>1.5</td><td>2.0</td><td>2.0</td><td>2.5</td><td>3.0</td><td>5.0</td><td>6.0</td><td>7</td></tr>
</table>

注：1. 本表来源于《66kV及以下架空电力线路设计规范》GB 50061—2010、《110kV～750kV架空输电线路设计规范》GB 50545—2014、《1000kV架空输电线路设计规范》GB 50665—2014。
2. 垂直距离为在最大计算弧垂情况下，导线与建筑物的最小垂直距离。
3. 在最大计算风偏情况下，以边导线与建筑物之间的最小净空距离控制。
4. 在无风情况下，以导线与建筑物之间的水平距离控制。

**深圳市高压走廊宽度控制指标** **表2.4-3**

| 电压等级 | 单、双回（m） | 同塔四回（m） | 边导线防护距离（m） |
|---|---|---|---|
| 500（400）kV | 70 | 75 | 20 |
| 220kV | 45 | 45～60 | 15 |
| 110（132）kV | 30 | 30～50 | 10 |

注：本表来源于《深圳市城市规划标准与准则》。

## 2.5 场地出入口

**场地出入口** **表2.5**

<table>
<tr><td colspan="2">类别</td><td colspan="3">技术要求</td><td>规范依据</td></tr>
<tr><td colspan="2" rowspan="3">与城市道路连接的道路宽度</td><td colspan="2">当基地内建筑面积≤3000m² 时</td><td>≥4m</td><td rowspan="5">《民用建筑设计统一标准》GB 50352—2019</td></tr>
<tr><td rowspan="2">当基地内建筑面积＞3000m²</td><td>只有一条基地道路与城市道路相连接时</td><td>≥7m</td></tr>
<tr><td>有两条道路与城市相连接时</td><td>≥4m</td></tr>
<tr><td rowspan="2">机动车出入口</td><td rowspan="2">一般规定</td><td colspan="2">大、中城市中，自道路红线交叉点量起，与大中城市主干道交叉口的距离</td><td>≥70m</td></tr>
<tr><td colspan="2">距人行横道、人行天桥、人行地道（包括引道、引桥）的最近边缘线距离</td><td>≥5m</td></tr>
</table>

续表

| 类别 | | 技术要求 | | 规范依据 |
|---|---|---|---|---|
| 机动车出入口 | 一般规定 | 距地铁出入口、公共交通站台边缘 | ≥15m | 《民用建筑设计统一标准》GB 50352—2019 |
| | | 距公园、学校、老人、儿童及残疾人使用建筑的出入口 | ≥20m | |
| | | 基地道路坡度＞8%时，应设缓冲段与城市道路相连接 | | |
| | 居住区 | 主要道路至少应有2个出入口，至少两个方向与外围道路相连 | | |
| | | 对外出入口间距 | ≥150m | |
| | | 与城市道路相接时，平面交角 | ≥75° | |
| 大型、特大型交通、文娱、商业、体育等人员密集建筑的基地 | | 与城市道路邻接的总长度不应小于建筑基地周长的1/6 | | |
| | | 基地出入口≥2个，且不宜设置在同一条城市道路上 | | |
| | | 基地或建筑物主要出入口，不得直接连接城市快速道路，也不应直对城市主道交叉口 | | |
| | | 建筑物主要出入口前应设人员集散场地，面积和长宽尺寸应根据使用性质和人数确定 | | |
| | | 绿化、停车或其他构筑物的设置不应对人员集散造成障碍 | | |
| 中小学校 | | 应设置2个出入口 | | 《中小学校设计规范》GB 50099—2011<br>《城市普通中小学校校舍建设标准》建标［2002］102号 |
| | | 出入口的位置应符合教学、安全、管理的需要 | | |
| | | 出入口布置应避免人流、车流交叉。有条件时宜设置机动车专用出入口 | | |
| | | 出入口应与市政交通衔接，但不应直接与城市主干道连接 | | |
| | | 校园主要出入口应设置缓冲场地，应设置警示标志 | | |
| 幼儿园 | | 出入口不应开向城市主干道或过境公路干道一侧，园门外应设置人流缓冲区和安全警示标志 | | 《托儿所、幼儿园建筑设计规范》JGJ 39—2016（2019年版） |
| | | 出入口处应设置人员安全集散和车辆停靠的空间 | | 《幼儿园建设标准》建标175—2016 |
| 综合医院 | | 宜面临两条城市道路 | | 《综合医院建筑设计规范》GB 51039—2014 |
| | | 出入口≥2个，人员出入口不应兼做尸体或废弃物出入口 | | |
| 体育建筑 | | 总出入口布置应明显，出入口不宜少于2处，并以不同方向通向城市道路 | | 《体育建筑设计规范》JGJ 31—2003 |
| | | 观众出入口的有效宽度不宜＜0.15$m^2$/100人的室外安全疏散指标 | | |
| | | 需留有集散场地，不得＜0.2$m^2$/100人 | | |

## 2.6 居住区道路与建筑物安全距离

居住区道路边缘至建筑物、构筑物最小距离（m）　　表2.6

| 与建筑物、构筑物关系 | | 城市道路 | 附属道路 |
|---|---|---|---|
| 建筑物面向道路 | 无出入口 | 3.0 | 2.0 |
| | 有出入口 | 5.0 | 2.5 |

续表

| 与建筑物、构筑物关系 | 城市道路 | 附属道路 |
|---|---|---|
| 建筑物山墙面向道路 | 2.0 | 1.5 |
| 围墙面向道路 | 1.5 | 1.5 |

注：1. 本表来源于《城市居住区规划设计标准》GB 50180—2018。

2. 道路边缘对于城市道路是指道路红线。

3. 附属道路的道路边缘分两种情况：设有人行道时，指人行道的外边线；未设有人行道时，则指路面边线。

## 2.7 活 动 场 地

**活动场地** **表 2.7**

| 类别 | 分项 | 技术要求 | 规范依据 |
|---|---|---|---|
| 室外场地 | 应设置护栏及其他防护措施范围 | 台阶式用地相邻台地之间高差＞1.5m | 《住宅建筑规范》GB 50368—2005<br>《全国民用建筑工程设计技术措施　规划·建筑·景观》（2009年版） |
| | | 挡土墙或坡比值＞0.5的护坡顶面设置 | |
| | | 场地地坪高差＞0.9m | |
| | | 公共场所高差＞0.4m的台地边 | |
| | | 人员密集场所台阶高度＞0.7m并且侧面临空 | |
| | | 桥面、栈道边缘悬空部位 | |
| | 高差处理 | 居住区内用地坡度＞8%时，辅以梯步解决竖向交通，并宜辅以自行车坡道 | |
| | | 场地高差不足设置2级台阶应按坡道设置 | |
| | 防滑处理 | 所有路面和硬铺地面设计应采用粗糙防滑材料，或作防滑处理 | |
| 儿童游戏 | 高差 | 安全疏散与经常出入的通道有高差时，宜设防滑坡道，坡度≤1∶12 | 《托儿所、幼儿园建筑设计规范》JGJ 39—2016（2019年版） |
| | | 地面应平整、防滑、无障碍、无尖锐突出物，并采用软质地坪 | |
| 老年人活动场地 | 出入口 | 有1.50m×1.50m的回旋面积 | 《城镇老年人设施规划规范》GB 50437—2007<br>《老年人居住建筑设计规范》GB 50340—2016 |
| | 室内外高差 | 室内外高差≤0.4m，应设置缓坡 | |
| | 场地坡度 | 一般场地：活动场地坡度应≤3% | |
| | | 老年人建筑建筑活动场地坡度≤2.5% | |
| | 护栏扶手 | 室外临水面活动场地、踏步及坡道等处应设置 | |

# 3 建筑防火、防爆、防腐蚀设计及防氡处理

## 3.1 建 筑 防 火

### 3.1.1 建筑防火分类

#### 3.1.1.1 民用建筑的防火分类

**民用建筑的防火分类** **表 3.1.1.1**

| 类别 | 高层民用建筑 | | 单、多层民用建筑 | 规范依据 |
|---|---|---|---|---|
| | 一类 | 二类 | | |
| 住宅建筑 | 建筑高度>54m 的住宅建筑（包括设置商业服务网点的住宅建筑） | 建筑高度>27m，但≤54m 的住宅建筑（包括设置商业服务网点的住宅建筑） | 建筑高度≤27m 的住宅建筑（包括设置商业服务网点的住宅建筑） | 《建筑设计防火规范》GB 50016—2014（2018 年版）第 5.1.1 条 |
| 公共建筑 | 1. 建筑高度>50m 的公共建筑；<br>2. 建筑高度 24m 以上部分任一楼层建筑面积>1000m² 的商店、展览、电信、邮政、财贸金融建筑和其他多种功能组合的建筑；<br>3. 医疗建筑、重要公共建筑、独立建造的老年人照料设施；<br>4. 省级及以上的广播电视和防灾指挥调度建筑、局级和省级电力调度建筑；<br>5. 藏书超过 100 万册的图书馆、书库 | 除一类高层公共建筑外的其他高层公共建筑 | 1. 建筑高度>24m 的单层公共建筑；<br>2. 建筑高度≤24m 的其他公共建筑 | |

注：1. 表中未列入的建筑，其类别应根据本表类比确定。
2. 除《建筑设计防火规范》GB 50016—2014 另有规定外，宿舍、公寓等非住宅类居住建筑的防火要求，应符合本规范有关公共建筑的规定。
3. 除《建筑设计防火规范》GB 50016—2014 另有规定外，裙房的防火要求应符合本规范有关高层民用建筑的规定。

#### 3.1.1.2 厂房、仓库的火灾危险性分类

**厂房、仓库的火灾危险性分类** **表 3.1.1.2**

| 项 目 | | 分 类 | 规范依据 |
|---|---|---|---|
| 厂房 | 按生产的火灾危险性分类 | 甲、乙、丙、丁、戊（共 5 类） | 《建筑设计防火规范》GB 50016—2014(2018 年版)第 3.1.2 条 |
| | 同一厂房或厂房的任一防火分区有不同火灾危险性生产时，火灾危险性类别的确定方法 | 1. 应按火灾危险性较大的部分确定<br>2. 符合下列条件时，可按危险性较小的部分确定：<br>（1）火灾危险性较大部分面积所占比例<5%；<br>（2）丁、戊类厂房内的油漆工段面积所占比例<10%；<br>（3）丁、戊类厂房内的油漆工段，当采用封闭喷漆工艺，封闭喷漆空间内保持负压，设置了可燃气体探测报警系统或自动抑爆系统，且油漆工段面积所占比例≤20% | |

续表

| 项目 | | 分类 | 规范依据 |
|---|---|---|---|
| 仓库 | 按储存物品的火灾危险性分类 | 甲、乙、丙、丁、戊（共5类） | 《建筑设计防火规范》GB 50016—2014(2018年版)第3.1.4、第3.1.5条 |
| | 同一仓库或仓库任一防火分区内储存不同火灾危险性物品时，其火灾危险性类别的确定方法 | 1. 应按火灾危险性最大的物品确定<br>2. 丁、戊类储存物品仓库：当可燃包装重量＞物品本身重量的1/4，或可燃包装体积＞物品本身体积的1/2时，应按丙类确定 | |

### 3.1.2 建筑耐火等级

#### 3.1.2.1 民用建筑的耐火等级

**民用建筑的耐火等级** **表3.1.2.1**

| 适用建筑 | 耐火等级 | 规范依据 |
|---|---|---|
| 地下、半地下建筑（室）、一类高层建筑、医院、特级体育建筑、藏书大于100万册的高层图书馆及书库、其他图书馆的特藏书库、特级和甲级档案馆、高层博物馆、总建筑面积＞10000$m^2$的单层多层博物馆、重要博物馆 | 一级 | 《建筑设计防火规范》GB 50016—2014(2018年版)第5.1.3条 |
| 单层多层重要公共建筑、二类高层建筑、步行街两侧建筑、甲乙丙等剧场、展览建筑、乙级档案馆、中小型博物馆、甲乙丙级体育建筑、急救中心、除藏书大于100万册的高层图书馆及书库外的图书馆和书库 | 不低于二级 | |
| 除木结构建筑外的老年人照料设施 | 不低于三级 | |

注：1. 民用建筑的耐火等级应按其建筑高度、使用功能、重要性和火灾扑救难度等确定。
2. 民用建筑的耐火等级分为一、二、三、四级。

#### 3.1.2.2 厂房和仓库的耐火等级

**厂房和仓库的耐火等级** **表3.1.2.2**

| 类别 | 耐火等级 | 规范依据 |
|---|---|---|
| 使用或储存特殊、贵重的机器、仪表、仪器等设备或物品的建筑，高层厂房，甲、乙类厂房，使用或产生丙类液体的厂房以及有火花、明火、赤热表面的丁类厂房，油浸变压器室、高压配电装置室，锅炉房，高架仓库、高层仓库、甲类仓库、多层乙类仓库和储存可燃液体的多层丙类仓库，粮食筒仓 | 不低于二级 | 《建筑设计防火规范》GB 50016—2014(2018年版)第3.2.2～3.2.8条 |
| 单、多层丙类厂房，多层丁、戊类厂房，单层乙类仓库，单层丙类仓库，储存可燃固体的多层丙类仓库和多层丁、戊类仓库，粮食平房仓 | 不低于三级 | |
| 建筑面积≤300$m^2$的独立甲、乙类单层厂房，建筑面积≤500$m^2$的单层丙类厂房或建筑面积≤1000$m^2$的单层丁类厂房，燃煤锅炉房且锅炉的总蒸发量≤4t/h时 | 不低于三级 | |

注：厂房和仓库的耐火等级可分为一、二、三、四级。

### 3.1.3 民用建筑的防火分区

**民用建筑的防火分区面积** **表3.1.3**

<table>
<tr><th>建筑类别</th><th>耐火等级</th><th colspan="2">每个防火分区的最大允许建筑面积（设置自动灭火系统时最大允许建筑面积）（$m^2$）</th><th>规范依据</th></tr>
<tr><td>单层、多层建筑</td><td>一、二级</td><td colspan="2">≤2500（5000）</td><td rowspan="4">《建筑设计防火规范》GB 50016—2014(2018年版)第5.3.1条</td></tr>
<tr><td>高层建筑</td><td>一、二级</td><td colspan="2">≤1500（3000）</td></tr>
<tr><td rowspan="2">高层建筑裙房</td><td rowspan="2">一、二级</td><td colspan="2">1500（3000）</td></tr>
<tr><td>裙房与高层建筑主体之间设置防火墙时</td><td>2500（5000）</td></tr>
</table>

续表

<table>
<tr><th>建筑类别</th><th>耐火等级</th><th colspan="3">每个防火分区的最大允许建筑面积（设置自动灭火系统时最大允许建筑面积）（m²）</th><th>规范依据</th></tr>
<tr><td rowspan="4">营业厅、展览厅（设自动灭火系统，自动报警系统采用不燃难燃材料）</td><td>一级</td><td colspan="2">设在地下、半地下</td><td>（2000）</td><td rowspan="16">《建筑设计防火规范》GB 50016—2014(2018年版)第 5.3.1 条</td></tr>
<tr><td rowspan="3">一、二级</td><td colspan="2">设在单层建筑内或仅设在多层建筑首层</td><td>（10000）</td></tr>
<tr><td colspan="2">设在高层建筑内</td><td>（4000）</td></tr>
<tr><td colspan="3">营业厅内设置餐饮时，餐饮部分按其他功能进行防火分区，与营业厅间设防火分隔</td></tr>
<tr><td rowspan="2">总建筑面积＞20000m² 的地下、半地下商店（含营业、储存及其他配套服务面积）</td><td rowspan="2">一级</td><td colspan="3">应采用防火墙（无门、窗、洞口）及耐火极限≥2h 的楼板，分隔为多个建筑面积≤20000m² 的区域</td></tr>
<tr><td colspan="3">相邻区域局部连通时，应采取下沉式广场、防火隔间、避难走道、防烟楼梯间等措施进行连通</td></tr>
<tr><td rowspan="4">剧场、电影院、礼堂建筑内的会议厅、多功能厅等</td><td rowspan="2">一、二级</td><td>设在单层、多层建筑内</td><td>≤2500（5000）</td><td rowspan="2">观众厅布置在四层及以上楼层时，每个观众厅面积≤400（400）</td></tr>
<tr><td>设在高层建筑内</td><td>≤1500（3000）</td></tr>
<tr><td rowspan="2">一级</td><td>设在地下或半地下室内</td><td colspan="2">≤500（1000）</td></tr>
<tr><td colspan="3">不应设在地下三层及以下楼层</td></tr>
<tr><td rowspan="4">歌舞厅、录像厅、夜总会、卡拉 OK 厅、游艺厅、桑拿浴室、网吧等歌舞、娱乐放映游艺场所</td><td rowspan="2">一、二级</td><td>设在单层、多层建筑内</td><td>≤2500（5000）</td><td rowspan="2">设在四层及以上楼层时，一个厅、室的面积≤200（200）</td></tr>
<tr><td>设在高层建筑内</td><td>≤1500（3000）</td></tr>
<tr><td rowspan="2">一级</td><td>设在半地下、地下一层内</td><td>≤500（1000）</td><td>一个厅、室的面积≤200(200)</td></tr>
<tr><td colspan="3">不可设在地下二层及以下；设在地下室时，室内地面与室外出入口地坪高差≤10m</td></tr>
<tr><td>地下、半地下设备房</td><td>一级</td><td colspan="3">≤1000（2000）</td></tr>
<tr><td>地下、半地下室</td><td>一级</td><td colspan="3">≤500（1000）</td></tr>
</table>

### 3.1.4 厂房和仓库的防火分区

**厂房的防火分区面积　　表 3.1.4-1**

<table>
<tr><th rowspan="2">生产的火灾危险性类别</th><th rowspan="2">厂房的耐火等级</th><th rowspan="2">最多允许层数</th><th colspan="4">每个防火分区的最大允许建筑面积（m²）</th><th rowspan="2">规范依据</th></tr>
<tr><th>单层</th><th>多层</th><th>高层</th><th>地下或半地下</th></tr>
<tr><td rowspan="2">甲</td><td>一级</td><td rowspan="2">宜采用单层</td><td>4000</td><td>3000</td><td>—</td><td>—</td><td rowspan="9">《建筑设计防火规范》GB 50016—2014(2018 年版)第 3.3.1 条</td></tr>
<tr><td>二级</td><td>3000</td><td>2000</td><td>—</td><td>—</td></tr>
<tr><td rowspan="2">乙</td><td>一级</td><td>不限</td><td>5000</td><td>4000</td><td>2000</td><td>—</td></tr>
<tr><td>二级</td><td>6</td><td>4000</td><td>3000</td><td>1500</td><td>—</td></tr>
<tr><td rowspan="2">丙</td><td>一级</td><td>不限</td><td>不限</td><td>6000</td><td>3000</td><td>500</td></tr>
<tr><td>二级</td><td>不限</td><td>8000</td><td>4000</td><td>2000</td><td>500</td></tr>
<tr><td>丁</td><td>一、二级</td><td>不限</td><td>不限</td><td>不限</td><td>4000</td><td>1000</td></tr>
<tr><td>戊</td><td>一、二级</td><td>不限</td><td>不限</td><td>不限</td><td>6000</td><td>1000</td></tr>
</table>

注：1. 除麻纺厂房外，一级耐火等级的多层纺织厂房和二级耐火极限的单、多层纺织厂房，其每个防火分区的最大允许建筑面积可按本表的规定增加 0.5 倍，但厂房内的原棉开包、清花车间与厂房内其他部位之间应采用耐火极限≥2.50h 的防火隔墙分隔，需开设门、窗、洞口时应设置甲级防火门、窗。
2. 一、二级耐火等级的单、多层造纸生产联合厂房，其每个防火分区的最大允许建筑面积可按本表的规定增加 1.5 倍。一、二级耐火等级的湿式造纸联合厂房，当纸机烘缸罩内设置自动灭火系统，完成工段设置有效灭火设施保护时，其每个防火分区的最大允许建筑面积可按工艺要求确定。
3. “—”表示不允许。

**仓库的防火分区面积** **表 3.1.4-2**

| 储存物品的火灾危险性类别 | | 仓库的耐火等级 | 最多允许层数 | 每座仓库的最大允许占地面积和每个防火分区的最大允许建筑面积（$m^2$） | | | | | | | 规范依据 |
|---|---|---|---|---|---|---|---|---|---|---|---|
| | | | | 单层 | | 多层 | | 高层 | | 地下或半地下 | |
| | | | | 每座仓库 | 防火分区 | 每座仓库 | 防火分区 | 每座仓库 | 防火分区 | 防火分区 | |
| 甲 | 3、4项 | 一级 | 1 | 180 | 60 | — | — | — | — | — | 《建筑设计防火规范》GB 50016—2014（2018年版）第3.3.2条 |
| | 1、2、5、6项 | 一、二级 | 1 | 750 | 250 | — | — | — | — | — | |
| 乙 | 1、3、4项 | 一、二级 | 3 | 2000 | 500 | 900 | 300 | — | — | — | |
| | 2、5、6项 | 一、二级 | 5 | 2800 | 700 | 1500 | 500 | — | — | — | |
| 丙 | 1项 | 一、二级 | 5 | 4000 | 1000 | 2800 | 700 | — | — | 150 | |
| | 2项 | 一、二级 | 不限 | 6000 | 1500 | 4800 | 1200 | 4000 | 1000 | 300 | |
| 丁 | | 一、二级 | 不限 | 不限 | 3000 | 不限 | 1500 | 4800 | 1200 | 500 | |
| 戊 | | 一、二级 | 不限 | 不限 | 不限 | 不限 | 2000 | 6000 | 1500 | 1000 | |

注：1. 一、二级耐火等级的煤均化库，每个防火分区最大允许建筑面积应≤12000$m^2$。

2. 独立建造的硝酸铵仓库、电石仓库、聚乙烯等高分子制品仓库、尿素仓库、配煤仓库、造纸厂的独立成品仓库，当建筑的耐火等级不低于二级时，每座仓库的最大允许占地面积和每个防火分区的最大允许建筑面积可按本表的规定增加1.0倍。

3. 一、二级耐火等级的粮食平房仓的最大允许占地面积应≤12000$m^2$，每个防火分区的最大允许建筑面积应≤3000$m^2$。

4. 一、二级耐火等级且占地面积不大于2000$m^2$的单层棉花库房，其防火分区的最大允许建筑面积应≤2000$m^2$。

5. 石油库和冷库还需满足专用建筑设计规范的规定。

6. “—”表示不允许。

7. 存储物品的危险性类别分项详见《建筑设计防火规范》GB 50016—2014（2018年版）第3.1.3条。

# 3.2 安全疏散与避难

## 3.2.1 一般要求

**一般要求** **表 3.2.1**

| 类 别 | 技术要求 | 规范依据 |
|---|---|---|
| 公共建筑：每个防火分区或一个防火分区的每个楼层 | 安全出口的数量不应少于 2 个，符合条件时可设置 1 个 | 《建筑设计防火规范》GB 50016—2014（2018 年版）第 5.5.8 条、第 5.5.25 条 |
| 住宅建筑：每个单元每层 | | |
| 建筑内每个防火分区或一个防火分区的每个楼层及每个住宅单元每层，相邻两个安全出口 | 最近边缘之间的水平距离应≥5m | 《建筑设计防火规范》GB 50016－2014（2018 年版）第 5.5.2 条 |
| 室内每个房间，相邻两个疏散门 | | |
| 建筑的楼梯间 | 宜通至屋面，通向屋面的门或窗应向外开启 | 《建筑设计防火规范》GB 50016—2014（2018 年版）第 5.5.3 条 |
| 自动扶梯和电梯 | 不应记作安全疏散设施 | 《建筑设计防火规范》GB 50016—2014（2018 年版）第 5.5.4 条 |
| 直通建筑内附设汽车库的电梯 | 应在汽车库部分设置电梯候梯厅，并应采用防火隔墙和乙级防火门与汽车库分隔 | 《建筑设计防火规范》GB 50016—2014（2018 年版）第 5.5.6 条 |
| 公建内的客、货电梯 | 宜设电梯候梯厅，不宜直接设在营业、展览、多功能厅内 | 《建筑设计防火规范》GB 50016—2014（2018 年版）第 5.5.14 条 |
| 高层建筑直通室外的安全出口上方 | 应设挑出宽度≥1.0m的防护挑檐 | 《建筑设计防火规范》GB 50016—2014（2018 年版）第 5.5.7 条 |

## 3.2.2 安全出口

1. 允许只设一个出口或疏散楼梯时

**公共建筑允许只设一个门的房间** **表 3.2.2-1**

| 房间位置 | 限制条件 | | 规范依据 |
|---|---|---|---|
| 位于两个安全出口之间或袋形走道两侧的房间 | 托、幼、老年人照料设施 | 房间面积≤50m² | 《建筑设计防火规范》GB 50016—2014(2018年版)第 5.5.15 条 |
| | 医疗、教学建筑 | 房间面积≤75m² | |
| | 其他建筑或场所 | 房间面积≤120m² | |
| 位于走道尽端的房间（托、幼、医、教建筑及老年人照料设施除外） | 建筑面积<50m²，门净宽≥0.9m | | |
| | 房间内最远一点至疏散门的直线距离≤15m，建筑面积≤200m²，门净宽≥1.4m | | |
| 歌舞娱乐放映游艺场所 | 房间建筑面积≤50m²，人数≤15 人 | | |
| 地下、半地下室 | 设备间 | 建筑面积≤200m² | |
| | 其他房间 | 建筑面积≤50m²，人数≤15 人 | |

2. 允许一个安全出口或只设一个疏散楼梯的建筑

允许一个安全出口或只设一个疏散楼梯的建筑　　表 3.2.2-2

| 建筑类别 | | 允许只设一个疏散楼梯的条件 | 规范依据 |
|---|---|---|---|
| 公共建筑 | 单层、多层的首层 | 每层建筑面积≤200m²，人数≤50人(托、幼除外) | 《建筑设计防火规范》GB 50016—2014(2018年版)第5.5.8条 |
| | ≤3层 | 每层建筑面积≤200m²，二三层人数之和≤50人(医疗建筑、老年人照料设施，托、幼儿童用房，歌舞娱乐放映游艺场所除外) | |
| | 顶层局部升高的部位 | 局部升高的层数≤2层，人数≤50人，且每层建筑面积≤200m²。但应另设一个直通主体建筑上人屋面的安全出口 | 《建筑设计防火规范》GB 50016—2014(2018年版)第5.5.11条 |
| 地下、半地下室(人员密集、歌舞娱乐放映游艺场所除外) | | 防火分区面积≤50m²，且人数≤15人<br>防火分区面积≤500m²，人数≤30人，且埋深≤10m(当需要2个安全出口时，可利用直通室外的金属竖向梯作为第二个安全出口)<br>防火分区面积≤200m² 的设备间 | 《建筑设计防火规范》GB 50016—2014(2018年版)第5.5.5条 |
| 相邻的两个防火分区 | | 除地下车库外，一、二级耐火等级的公建可利用防火墙上的甲级防火门作为第二个安全出口。但疏散距离、安全出口数量及其总净宽度应符合下列要求：<br>1. 建筑面积>1000m² 的防火分区，直通室外的安全出口应≥2个；<br>2. 建筑面积≤1000m² 的防火分区，直通室外的安全出口应≥1个；<br>3. 通向相邻防火分区的疏散净宽应不大于《建筑设计防火规范》第5.5.21条规定计算值的30%；被疏散的相邻防火分区疏散净宽应增加，以保证各层直通室外安全出口总净宽满足要求；<br>4. 两个相邻防火分区之间应采用防火墙分隔，不可采用防火卷帘 | 《建筑设计防火规范》GB 50016—2014(2018年版)第5.5.9条 |
| 厂房 | 甲类厂房 | 每层建筑面积≤100m²，同一时间人数≤5人 | 《建筑设计防火规范》GB 50016—2014(2018年版)第3.7.2条、第3.7.3条 |
| | 乙类厂房 | 每层建筑面积≤150m²，同一时间人数≤10人 | |
| | 丙类厂房 | 每层建筑面积≤250m²，同一时间人数≤20人 | |
| | 丁、戊类厂房 | 每层建筑面积≤400m²，同一时间人数≤30人 | |
| | 地下、半地下厂房，厂房的地下、半地下室 | 每层 S≤50m²，同一时间人数≤15人 | |
| | | 相邻的两个防火分区，可利用防火墙上的甲级防火门作为第二个安全出口，但每个防火分区至少应有一个直通室外的独立安全出口 | |
| 仓库 | 一般仓库 | 一座仓库的占地面积≤300m² | 《建筑设计防火规范》GB 50016—2014(2018年版)第3.8.2条、第3.8.3条 |
| | | 仓库的一个防火分区面积≤100m² | |
| | 地下、半地下仓库，仓库的地下、半地下室 | 建筑面积≤100m² | |
| | | 相邻的两个防火分区，可利用防火墙上的甲级防火门作为第二个安全出口，但每个防火分区至少应有一个直通室外的独立安全出口 | |

### 3.2.3 安全疏散

公共建筑安全疏散距离(m)　　表 3.2.3-1

| 建筑类别 | | | 位于两个安全出口之间的房间 | | | | 位于袋形走道两侧或尽端的房间 | | | | 规范依据 |
|---|---|---|---|---|---|---|---|---|---|---|---|
| | | | 一般情况 | 有自动灭火系统 | 房门开向开敞式外廊 | 安全出口为开敞楼梯间 | 一般情况 | 有自动灭火系统 | 房门开向开敞式外廊 | 安全出口为开敞楼梯间 | |
| 托儿所、幼儿园、老年人照料设施 | | | 25 | 31 | 30 | 20 | 20 | 25 | 25 | 18 | 《建筑设计防火规范》GB 50016—2014(2018年版)第5.5.17.1条 |
| 歌舞娱乐放映游艺场所 | | | 25 | 31 | 30 | 20 | 9 | 11 | 14 | 7 | |
| 医疗建筑 | 单层、多层 | | 35 | 44 | 40 | 30 | 20 | 25 | 25 | 18 | |
| | 高层 | 病房部分 | 24 | 30 | 29 | 19 | 12 | 15 | 17 | 10 | |
| | | 其他部分 | 30 | 37.5 | 35 | 25 | 15 | 19 | 20 | 13 | |

续表

| 建筑类别 | | 位于两个安全出口之间的房间 | | | | 位于袋形走道两侧或尽端的房间 | | | | 规范依据 |
|---|---|---|---|---|---|---|---|---|---|---|
| | | 一般情况 | 有自动灭火系统 | 房门开向开敞式外廊 | 安全出口为开敞楼梯间 | 一般情况 | 有自动灭火系统 | 房门开向开敞式外廊 | 安全出口为开敞楼梯间 | |
| 教育建筑 | 单、多层 | 35 | 44 | 40 | 30 | 22 | 27.5 | 27 | 20 | 《建筑设计防火规范》GB 50016—2014(2018年版)第5.5.17.1条 |
| | 高层 | 30 | 37.5 | 35 | 25 | 15 | 19 | 20 | 13 | |
| 高层旅馆、展览建筑 | | 30 | 37.5 | 35 | 25 | 15 | 19 | 20 | 13 | |
| 其他公建(包括住宅) | 单、多层 | 40 | 50 | 45 | 35 | 22 | 27.5 | 27 | 20 | |
| | 高层 | 40 | 50 | 45 | 35 | 20 | 25 | 25 | 18 | |

注：1. 本表所列建筑的耐火等级为一、二级。

2. 跃廊式住宅户门至最近出口的距离，应从户门算起，室内楼梯的距离可按其水平投影长度的1.5倍计算。

**首层疏散楼梯至室外的距离　　表3.2.3-2**

| 基本规定 | 疏散楼梯间在首层应直通室外 | 规范依据 |
|---|---|---|
| 确有困难时 | 在首层可采用扩大封闭楼梯间或防烟楼梯间扩大的前室通至室外 | 《建筑设计防火规范》GB 50016—2014(2018年版)第5.5.17.2条 |
| ≤4层的建筑且未采用扩大封闭楼梯间或防烟楼梯间前室时 | 可将直通室外的门设在离疏散楼梯门≤15m处 | |
| >4层的建筑 | 应在楼梯间处设直接对外的安全出口或采用避难走道直通室外 | |

**室内最远一点至房门或安全出口的最大距离　　表3.2.3-3**

| 建筑类别 | | 室内任一点至房门 | 房门至最近安全出口 | 规范依据 |
|---|---|---|---|---|
| 一般公共建筑 | | 不大于《建筑设计防火规范》规定的袋形走道两侧或尽端房间至最近安全出口的距离 | 按《建筑设计防火规范》第5.5.17条执行 | 《建筑设计防火规范》GB 50016—2014(2018年版)第5.5.17.3条 |
| 各种大空间(观众厅、餐厅、展览厅、营业厅、开敞办公区、会议报告厅、观演建筑序厅等，但不含用作舞厅、娱乐场所的多功能厅等) | | 直线距离应≤30m(37.5m)，满足此条后，厅里小房间内任一点至疏散门或安全出口行走距离可≤45m | 当厅房门不能直达室外或疏散楼梯间时，可采用长度≤10m(12.5m)的走道通至安全出口 | 《建筑设计防火规范》GB 50016—2014(2018年版)第5.5.17.4条 |
| 住宅 | 单、多层 | ≤22m(27.5m) | ≤22m(27.5m) | 《建筑设计防火规范》GB 50016—2014(2018年版)第5.5.29条 |
| | 高层 | ≤20m(25m) | ≤20m(25m) | |
| 设置开敞楼梯的两层商业服务网点 | | 多层≤22m(27.5m)<br>高层≤20m(25m) | | |

注：( )内数据为设置了自动喷水灭火系统时的距离。

### 3.2.4 避难疏散设施

**避难疏散设施　　表3.2.4**

| 类别 | 技术要求 | 设置范围 | 规范依据 |
|---|---|---|---|
| 防火隔间 | 建筑面积应≥6$m^2$ | 防火隔间可作为相邻两个防火分区的连通口部及相邻两个独立使用场所的人员通行使用 | 《建筑设计防火规范》GB 50016—2014(2018年版)第6.4.13条 |
| | 门——甲级防火门（主要用于连通用途，不应计入安全出口数量和疏散宽度） | | |
| | 不同防火分区通向防火隔间的最小间距应≥4m | | |
| | 室内装修材料燃烧性能等级应为A级 | | |

续表

<table>
<tr><th>类别</th><th colspan="3">技术要求</th><th>设置范围</th><th>规范依据</th></tr>
<tr><td rowspan="9">下沉广场</td><td rowspan="2">室外开敞空间的开口最近边缘之间的水平距离</td><td>建筑面积≥20000m²</td><td>水平距离≥13m</td><td rowspan="9">主要用于将大型地下商场分隔为多个相对独立的区域；<br>一旦某个区域着火且失控时，下沉广场能防止火灾蔓延至其他区域</td><td rowspan="9">《建筑设计防火规范》GB 50016—2014（2018年版）第6.4.12条</td></tr>
<tr><td>建筑面积＜20000m²</td><td>水平距离不限，但外墙应采取防火措施</td></tr>
<tr><td>室外开敞空间用于人员疏散的净面积</td><td colspan="2">应≥169m²（不包括水池、景观等面积）</td></tr>
<tr><td rowspan="2">直通地面的疏散楼梯</td><td>楼梯数量</td><td>≥1部</td></tr>
<tr><td>总净宽度</td><td>≥任一防火分区通向室外开敞空间的设计疏散总净宽度</td></tr>
<tr><td>其他设施</td><td colspan="2">禁止布置任何经营性商业设施或其他可能引起火灾的设施物体</td></tr>
<tr><td rowspan="3">防风雨篷（类似顶部篷盖）</td><td colspan="2">不应完全封闭，应能保证火灾烟气快速自然排放</td></tr>
<tr><td colspan="2">四周开口部位应均匀布置，开口面积≥室外开敞地面面积的1/4，开口高度≥1.0m</td></tr>
<tr><td colspan="2">开口设置百叶时，其有效排烟面积应＝百叶通风口面积的60％</td></tr>
<tr><td rowspan="5">避难走道</td><td rowspan="2">直通地面的安全出口</td><td colspan="2">服务于多个防火分区：应≥2个</td><td rowspan="5">用于解决大型建筑平面面积过大，疏散距离过长或难以设置直通室外的安全出口问题</td><td rowspan="5">《建筑设计防火规范》GB 50016—2014（2018年版）第6.4.14条</td></tr>
<tr><td colspan="2">服务于1个防火分区：可只设1个（防火分区另有1个）</td></tr>
<tr><td>走道净宽</td><td colspan="2">应大于等于任一防火分区通向走道的设计疏散总净宽度</td></tr>
<tr><td>防烟前室</td><td colspan="2">防火分区至避难走道入口处应设置防烟前室，使用面积应≥6m²，开向前室的门应为甲级防火门，前室开向避难走道的门应为乙级防火门</td></tr>
<tr><td>消防设施</td><td colspan="2">消防栓、消防应急照明、应急广播、消防专线电话</td></tr>
<tr><td>避难层（间）</td><td>数量或间距</td><td colspan="2">1. 高度＞100m的公共建筑和住宅<br>（1）第一个避难层（间）的楼面至灭火救援现场地面的高度应≤50m<br>（2）两个避难层（间）的距离（高度）宜≤50m<br>2. 高层病房楼：二层及以上各楼层和洁净手术部均应设置避难间<br>3. 高度＞54m的住宅：每户设置避难间<br>4. 大型商店屋顶平台上无障碍物的避难面积宜≥营业层建筑面积的50％<br>5. 老年人照料设施：二层及以上各层相邻每座疏散楼梯间部位设置1间避难间<br>6. 老年人照料设施：安全出口、连通开敞外廊、疏散走道连通可避难的室外平台时，可不设避难间</td><td>1. 高度＞100m的公共建筑应设避难层（间），高度＞100m的住宅建筑应设避难层<br>2. 高层病房楼（住院部）和洁净手术部应设避难间<br>3. 高度＞54m的住宅应设避难间<br>4. 大型商业营业厅设在五层及以上时，应设避难区<br>5. 3层及3层以上总面积大于3000m²的老年人照料设施</td><td>《建筑设计防火规范》GB 50016—2014（2018年版）第5.5.31条、第5.5.23条、第5.5.24条、第5.5.24A条</td></tr>
</table>

续表

| 类别 | 技术要求 | | 设置范围 | 规范依据 |
|---|---|---|---|---|
| 避难层（间） | 净面积 | 1. 高度＞100m的公共建筑和住宅：5.0人/$m^2$<br>2. 高层病房楼：25$m^2$/每个护理单元，避难间服务的护理单元≤2个<br>3. 高度＞54m的住宅：利用套内房间兼做避难间，面积不限<br>4. 大型商店屋顶平台上无障碍物的避难面积宜≥营业层建筑面积的50%<br>5. 老年人照料设施避难间≥12$m^2$ | 1. 高度＞100m的公共建筑应设避难层（间），高度＞100m的住宅建筑应设避难层<br>2. 高层病房楼（住院部）和洁净手术部应设避难间<br>3. 高度＞54m的住宅应设避难间<br>4. 大型商业营业厅设在五层及以上时，应设避难区<br>5. 3层及3层以上总面积大于3000$m^2$的老年人照料设施 | 《建筑设计防火规范》GB 50016—2014（2018年版）第5.5.31条、第5.5.23条、第5.5.24条、第5.5.24A条 |
| | 其他设计要求 | 1. 通向避难层的疏散楼梯应在避难层分隔，同层错位或上下层断开<br>2. 避难层可兼做设备层；设备管道宜集中布置，易燃、可燃液体或气体管道和排烟管道应集中布置并应采用耐火极限≥3.00h防火隔墙与避难区分隔；管道井和设备间应采用耐火极限≥2h防火隔墙与避难区分隔；设备间的门应采用甲级防火门，且与避难层出入口的距离应≥5m，管道井的门不应直接开向避难区<br>3. 应设置消防电梯出口、消火栓、消防软管卷盘、消防专线电话和应急广播、指示标志<br>4. 老年人照料设施、高层病房楼的避难间应靠近楼梯间，并采用耐火极限为2h防火隔墙和甲级防火门<br>5. 高度＞54m的住宅内避难间应靠外墙，并设耐火极限≥1h的可开启外窗，门采用乙级防火门<br>6. 老年人照料设施的避难间可利用疏散楼梯及消防电梯的前室 | | |

# 3.3 建筑防爆

**建筑防爆** **表3.3**

| 适用范围 | 有爆炸危险的厂房和仓库 | 规范依据 |
|---|---|---|
| 设计要点 | 1. 有爆炸危险的甲、乙类厂房宜独立设置，并宜采用敞开式或半敞开式。其承重结构宜采用钢筋混凝土（或钢）框架，排架结构<br>2. 有爆炸危险的甲、乙类生产部位，宜布置在单层厂房靠外墙的泄压设施或多层厂房顶层靠外墙的泄压设施附近<br>3. 有爆炸危险的设备，宜避开厂房的梁、柱等主要承重构件布置<br>4. 有爆炸危险的甲、乙类厂房的总控制室，应独立设置 | 《建筑设计防火规范》GB 50016—2014（2018年版）第3.6.1条、第3.6.7～3.6.10条 |

续表

| 适用范围 | 有爆炸危险的厂房和仓库 | 规范依据 |
| --- | --- | --- |
| 设计要点 | 5. 有爆炸危险的甲、乙类厂房的分控制室，宜独立设置，与贴邻外墙设置时，应采用防火隔墙（≥3h）与其他部位分隔<br>6. 有爆炸危险区域内的楼梯间、室外楼梯，有爆炸危险区域与相邻区域连通处，应设置门斗防护，门斗隔墙应为防火隔墙（≥2h），甲级防火门与楼梯间的门错位 | 《建筑设计防火规范》GB 50016—2014(2018年版）第3.6.1条、第3.6.7～第3.6.10条 |
| 防爆措施 | 1. 管沟下水道<br>a. 使用和生产甲、乙、丙类液体的厂房，其管、沟不应与相邻厂房的管、沟相通<br>b. 下水道应设置隔油设施<br>2. 防止液体流散——甲、乙、丙类液体仓库应设置该设施<br>3. 防止水浸渍——遇湿会发生燃烧爆炸的物品仓库<br>4. 不发火花地面（混凝土、水磨石、沥青、水泥石膏、砂浆）<br>5. 绝缘材料整体面层防静电<br>6. 内表面平整、光滑、易清扫<br>7. 厂房内不宜设地沟；若设地沟，其盖板应严密，且有防可燃气体、蒸汽和粉尘、纤维在地沟集聚措施<br>8. 与相邻厂房连通处采用防火材料密封 | 《建筑设计防火规范》GB 50016—2014(2018年版)第3.6.6、第3.6.11、第3.6.12条 |
| 泄压设施 | 1. 位置<br>a. 避开人员密集场所和主要交通道路<br>b. 靠近有爆炸危险的部位<br>2. 构造做法<br>a. 轻质屋面板（≤60kg/m$^2$）<br>b. 轻质墙体（≤60kg/m$^2$）<br>c. 易泄压的门窗及安全玻璃 | 《建筑设计防火规范》GB 50016—2014(2018年版)第3.6.3条 |

# 3.4 防腐蚀设计

## 3.4.1 常用防腐蚀材料及其使用部位

**常用防腐材料及其使用部位　　表3.4.1**

| 材料＼部位 | 楼地面 | 内墙 | 墙裙 | 踢脚（高≥250） | 排水沟集水坑池槽 | 地漏 | 钢柱支座钢梯梯脚 | 设备基础 | 散水 | 备注 |
| --- | --- | --- | --- | --- | --- | --- | --- | --- | --- | --- |
| 耐酸砖 | √ | — | √ | √ | √ | — | √ | √ | √ | 耐酸率≥99.8%，吸水率≤2% |
| 耐酸缸砖 | √ | — | — | √ | √ | — | √ | √ | √ | 耐酸率≥98%，吸水率≤6%，抗压强度≥55MPa |
| 耐酸陶板 | √ | — | √ | √ | √ | — | √ | √ | √ | 耐酸率≥98%，吸水率≤6%，抗压强度≥80MPa |

续表

| 材料＼部位 | | 楼地面 | 内墙 | 墙裙 | 踢脚（高≥250） | 排水沟集水坑池槽 | 地漏 | 钢柱支座钢梯梯脚 | 设备基础 | 散水 | 备注 |
|---|---|---|---|---|---|---|---|---|---|---|---|
| 耐酸石板 | 花岗石 | ✓ | — | ✓ | ✓ | — | — | ✓ | ✓ | ✓ | 耐酸率≥95%，吸水率≤1%，抗压强度≥100MPa，浸酸安定性应合格 |
| | 石英石 | ✓ | — | ✓ | ✓ | — | — | ✓ | ✓ | ✓ | 耐酸率≥99.8%，吸水率为0，抗压强度≥700MPa |
| | 微晶石 | ✓ | — | ✓ | ✓ | — | — | ✓ | ✓ | ✓ | |
| 沥青浸渍砖 | | ✓ | — | — | ✓ | ✓ | — | ✓ | ✓ | ✓ | |
| 沥青砖浆 | | ✓ | ✓ | ✓ | ✓ | ✓ | — | ✓ | ✓ | ✓ | |
| 密实混凝土 | | ✓ | — | — | ✓ | ✓ | — | ✓ | ✓ | ✓ | 抗渗等级≥58 |
| 耐碱混凝土 | | ✓ | — | — | ✓ | ✓ | — | ✓ | ✓ | ✓ | 抗渗等级≥S12 |
| 密实钾（钠）水玻璃混凝土 | | ✓ | — | — | ✓ | ✓ | — | ✓ | ✓ | ✓ | |
| 密实钾水玻璃砂浆 | | ✓ | — | — | ✓ | ✓ | — | ✓ | ✓ | ✓ | |
| 聚合物水泥砂浆 | | ✓ | ✓ | ✓ | ✓ | ✓ | — | ✓ | ✓ | ✓ | |
| 呋喃混凝土 | | ✓ | — | — | ✓ | ✓ | — | ✓ | ✓ | ✓ | |
| 树脂玻璃钢 | | ✓ | — | ✓ | ✓ | ✓ | ✓ | ✓ | ✓ | — | 也可用于管道 |
| 树脂砂浆 | | ✓ | ✓ | ✓ | ✓ | ✓ | — | ✓ | ✓ | — | 只适应于室内 |
| 环氧自流平 | | ✓ | — | — | ✓ | — | — | — | — | — | 只适应于室内 |
| PVC 板 | | ✓ | — | ✓ | ✓ | ✓ | — | ✓ | — | — | 只适应于室内 |
| 湿固化改性环氧胶泥整体面层 | | ✓ | — | ✓ | ✓ | ✓ | — | — | — | — | |
| 玻璃钢格栅楼板 | | ✓ | — | — | ✓ | — | — | — | — | — | |
| 硬塑料 | | — | — | — | — | — | ✓ | — | — | — | 也可用于管道 |
| 硬铅 | | — | — | — | — | — | ✓ | — | — | — | |
| 铸铁 | | — | — | — | — | — | ✓ | — | — | — | |

资料来源：国标图集 08J333《建筑防腐蚀构筑》，中国建筑标准设计研究院（2008 版）。

### 3.4.2 常用防腐蚀涂层的选择

**涂层的选择** **表 3.4.2**

| 涂料品种 | | 耐酸 | 耐碱 | 耐油 | 耐候 | 耐磨 | 与基层附着力 | | 装饰效果 |
|---|---|---|---|---|---|---|---|---|---|
| | | | | | | | 钢铁 | 水泥 | |
| 氯化橡胶涂料 | | ○ | ○ | ○ | ○ | ○ | ○ | ○ | ○ |
| 脂肪族 | 聚氨酯涂料 | ○ | ○ | ✓ | ○ | ✓ | ○ | ○ | ✓ |
| 芳香族 | 聚氨酯涂料 | ○ | ○ | ✓ | × | ✓ | ○ | ○ | ✓ |
| 环氧涂料 | | ○ | ✓ | ✓ | × | ✓ | ✓ | ✓ | ○ |
| 聚氯乙烯萤丹涂料 | | ✓ | ✓ | ✓ | ○ | ○ | ✓ | ○ | ○ |

续表

| 涂料品种 | 耐酸 | 耐碱 | 耐油 | 耐候 | 耐磨 | 与基层附着力 | | 装饰效果 |
|---|---|---|---|---|---|---|---|---|
| | | | | | | 钢铁 | 水泥 | |
| 高氯化聚乙烯涂料 | ○ | ○ | ○ | ○ | ○ | ○ | ○ | ○ |
| 氯磺化聚乙烯涂料 | ○ | ○ | ○ | ○ | ○ | ○ | ○ | ○ |
| 聚苯乙烯涂料 | ○ | ○ | ○ | △ | ○ | ○ | ○ | ○ |
| 醇酸涂料 | △ | × | √ | ○ | ○ | ○ | △ | √ |
| 丙烯酸涂料 | △ | △ | ○ | ○ | ○ | ○ | ○ | ○ |
| 丙烯酸环氧涂料 | ○ | ○ | ○ | ○ | √ | √ | √ | ○ |
| 丙烯酸聚氨酯涂料 | ○ | ○ | ○ | √ | ○ | ○ | ○ | √ |
| 氟碳涂料 | ○ | ○ | ○ | √ | √ | 价格较贵，不用作底涂料 | | √ |
| 聚硅氧烷涂料 | ○ | ○ | ○ | √ | √ | | | √ |
| 聚脲涂料 | ○ | ○ | ○ | ○ | √ | ○ | ○ | ○ |
| 环氧沥青涂料、聚氨酯沥青涂料 | ○ | ○ | △ | × | ○ | √ | √ | × |

注：1. 表中：√表示优、○表示良、△表示可、×表示差。

2. 加入氟树脂改性的聚氯乙烯萤丹涂料，其耐候性为优。

资料来源：国标图集 08J333《建筑防腐蚀构筑》，中国建筑标准设计研究院（2008 版）。

### 3.4.3 典型的防腐蚀楼地面的做法

**典型的防腐蚀楼地面做法** **表 3.4.3**

| （一）耐酸面砖、石板楼地面构造做法 | | | |
|---|---|---|---|
| 1. 面层 | 面板 | 耐酸砖（20、30、65 厚）、缸砖（20、40、65 厚），缝宽 3～5 | |
| | 石砖 | 耐酸石板（20 厚）、花岗石板（60 厚），缝宽 3～5 | |
| 2. 结合层（黏结层） | 胶泥 | 沥青类 | 沥青胶泥（3～5 厚） |
| | | 环氧类 | 环氧胶泥、环氧沥青胶泥（4～6 厚） |
| | | 呋喃类 | 呋喃胶泥（4～6 厚） |
| | | 水玻璃类 | 密实钾水玻璃胶泥、密实钠水玻璃胶泥（3～5 厚） |
| | | 不饱和聚酯类 | 双酚 A 型不饱和聚酯胶泥、二甲苯型不饱和聚酯胶泥、间苯型不饱和聚酯胶泥、邻苯型不饱和聚酯胶泥（4～6 厚） |
| | | 乙烯类 | 乙烯基酯胶泥（4～6 厚） |
| | | 酚醛类 | 酚醛胶泥（4～6 厚） |
| | 水泥砂浆 | 聚丁胶乳水泥砂浆（4～6 厚） | |
| | | 聚丙烯酸酯乳液水泥砂浆（4～6 厚） | |
| | | 环氧乳液水泥砂浆（4～6 厚） | |
| 3. 隔离层 | 卷材、涂料 | 1 厚聚乙烯丙纶卷材、3 层 SBS 改性沥青卷材 | |
| | | 1.5 厚聚氨酯涂料、1.5 厚三元乙丙卷材 | |
| 4. 找平层 | 水泥砂浆 | 20 厚 M20 水泥砂浆 | |
| 5. 垫层 | 混凝土 | 120 厚 C20 细石混凝土，纵横设缝@3～6m（用于地面） | |
| 5. 找坡层 | 混凝土 | 20～80 厚 C20 细石混凝土，坡度 $i=2\%$（用于楼面） | |
| 6. 防潮层 | 塑料膜 | 0.2 厚塑料薄膜（用于地面） | |
| 7. 基层 | 楼面 | 现浇或预制钢筋混凝土楼板（预制板上应浇 40 厚配筋细石混凝土） | |
| | 地面 | 基地找坡夯实（夯实系数≥0.9） | |

续表

| （二）沥青砂浆、密实混凝土楼地面构造做法 | | |
|---|---|---|
| 1. 面层 | 沥青砂浆 | 20～40厚沥青砂浆碾压成型，表面熨平整 |
| | 密实混凝土 | 60厚C30密实混凝土（或Ⅰ级耐碱混凝土）随捣提浆抹平压光 |
| 2. 隔离层 | 油毡、卷材、胶泥 | 两层沥青玻璃布油毡、3厚SBS改性沥青卷材、1.5厚三元乙丙卷材（三种材料任选一种） |
| 3. 找平层 | 水泥砂浆 | 20厚M20水泥砂浆 |
| 4. 垫层 | 混凝土 | 120厚C20细石混凝土，纵横设缝@3～6m（用于地面） |
| 5. 找坡层 | 混凝土 | 20～80厚C20细石混凝土，坡度$i=2\%$（用于楼面） |
| 6. 防潮层 | 塑料膜 | 0.2厚薄塑料薄膜（用于地面） |
| 7. 基层 | 楼面 | 现浇或预制钢筋混凝土楼板（预制板上应浇40厚配筋细石混凝土） |
| | 地面 | 基地找坡夯实（夯实系数≥0.9） |
| （三）密实钾水玻璃混凝土、砂浆楼地面构造做法（无隔离层） | | |
| 1. 面层 | 水玻璃混凝土 | 60～80厚密实钾水玻璃混凝土提浆抹平压光 |
| | 水玻璃砂浆 | 30～40厚密实钾水玻璃砂浆抹平压光 |
| 2. 垫层 | 混凝土 | 120厚C20细石混凝土，纵横设缝@3～6m（用于地面） |
| 3. 找坡层 | 混凝土 | 20～80厚C20细石混凝土，坡度$i=2\%$（用于楼面） |
| 4. 防潮层 | 塑料膜 | 0.2厚薄塑料薄膜（用于地面） |
| 5. 基层 | 楼面 | 现浇或预制钢筋混凝土楼板（预制板上应浇40厚配筋细石混凝土） |
| | 地面 | 基地找坡夯实（夯实系数≥0.9） |
| （四）密实钾（钠）水玻璃混凝土楼地面构造做法（有隔离层） | | |
| 1. 面层 | 水玻璃混凝土 | 80厚密实钾水玻璃混凝土提浆抹平压光 |
| 2. 隔离层 | 卷材、涂料 | 1厚聚乙烯丙纶卷材或1.5厚聚氨酯涂料 |
| 3. 找平层 | 水泥砂浆 | 20厚M20水泥砂浆 |
| 4. 垫层 | 混凝土 | 120厚C20细石混凝土，纵横设缝@3～6m（用于地面） |
| 5. 找坡层 | 混凝土 | 20～80厚C20细石混凝土，坡度$i=2\%$（用于楼面） |
| 6. 基层 | 楼面 | 现浇或预制钢筋混凝土楼板（预制板上应浇40厚配筋细石混凝土） |
| | 地面 | 基地找坡夯实（夯实系数≥0.9） |
| （五）环氧砂浆楼地面构造做法 | | |
| 1. 面层 | 胶料 | 0.2厚环氧面层胶料 |
| | 砂浆 | 5厚环氧砂浆 |
| 2. 隔离层 | 玻璃钢 | 1厚环氧玻璃钢隔离层（也可取消此层） |
| 3. 打底层 | 打底料 | 0.15厚环氧打底料2道 |
| 4. 垫层 | 混凝土 | 120厚C20细石混凝土，强度达标后表面打磨或喷砂处理（用于地面） |

续表

| | | |
|---|---|---|
| 5. 找坡层 | 混凝土 | 20～80厚C20细石混凝土，坡度 $i=2\%$，强度达标后表面打磨（用于楼面） |
| 6. 防潮层 | 塑料膜 | 0.2厚薄塑料薄膜（用于地面） |
| 7. 基层 | 楼面 | 现浇或预制钢筋混凝土楼板（预制板上应浇40厚配筋细石混凝土） |
| | 地面 | 基地找坡夯实（夯实系数≥0.9） |
| （六）环氧自流平砂浆楼地面构造做法 | | |
| 1. 面层 | 环氧砂浆 | 3～5厚环氧自流平砂浆 |
| 2. 打底层 | 打底料 | 0.15厚环氧打底料2道 |
| 3. 垫层 | 混凝土 | 120厚C20细石混凝土，强度达标后表面打磨或喷砂处理（用于地面） |
| 4. 找坡层 | 混凝土 | 20～80厚C20细石混凝土，坡度 $i=2\%$，强度达标后表面打磨（用于楼面） |
| 5. 防潮层 | 塑料膜 | 0.2厚薄塑料薄膜（用于地面） |
| 6. 基层 | 楼面 | 现浇或预制钢筋混凝土楼板（预制板上应浇40厚配筋细石混凝土） |
| | 地面 | 基地找坡夯实（夯实系数≥0.9） |
| （七）PVC楼地面构造做法 | | |
| 1. 面层 | PVC板 | 3层PVC板用专用胶粘剂粘贴 |
| 2. 打底层 | 砂浆 | 20厚聚合物水泥砂浆 |
| 3. 界面层 | 水泥浆 | 聚合物水泥浆一道 |
| 4. 垫层 | 混凝土 | 120厚C20细石混凝土，纵横设缝@3～6m（用于地面） |
| 5. 找坡层 | 混凝土 | 20～80厚C20细石混凝土，坡度 $i=2\%$（用于楼面） |
| 6. 防潮层 | 塑料膜 | 0.2厚薄塑料薄膜（用于地面） |
| 7. 基层 | 楼面 | 现浇或预制钢筋混凝土楼板（预制板上应浇40厚配筋细石混凝土） |
| | 地面 | 基地找坡夯实（夯实系数≥0.9） |

资料来源：国标图集08J33《建筑防腐蚀构筑》，中国建筑标准设计研究院（2008版）。

## 3.5 防氡处理措施

防氡处理措施　　表3.5

| 技术要求 | 规范依据 |
|---|---|
| 当民用建筑工程场地土壤氡浓度测定结果不＞20000Bq/m³，可不采取防氡工程措施 | 《民用建筑工程室内环境污染控制规范》GB 50325—2010（2013年版）第4.2.3条 |
| 当民用建筑工程场地土壤氡浓度测定结果＞20000Bq/m³，且＜30000Bq/m³，应采取建筑物底层地面抗开裂措施 | 《民用建筑工程室内环境污染控制规范》GB 50325—2010（2013年版）第4.2.4条 |
| 当民用建筑工程场地土壤氡浓度测定结果＞30000Bq/m³，且＜50000Bq/m³，除采取建筑物底层地面抗开裂措施外，还必须按现行国家标准《地下工程防水技术规范》GB 50108中一级防水要求，对基础进行处理 | 《民用建筑工程室内环境污染控制规范》GB 50325—2010（2013年版）第4.2.5条 |
| 当民用建筑工程场地土壤氡浓度测定结果＞50000Bq/m³，应采取建筑物综合防氡措施 | 《民用建筑工程室内环境污染控制规范》GB 50325—2010（2013年版）第4.2.6条 |
| 当Ⅰ类民用建筑工程场地土壤中氡浓度≥50000Bq/m³，应进行工地场地土壤氡中的镭-226、钍-232、钾-40比活度测定。当内照射指数（$I_{Ra}$）＞1.0或外照射指数（$I_r$）＞1.3时，工程场地土壤不得作为工程回填土使用 | 《民用建筑工程室内环境污染控制规范》GB 50325—2010（2013年版）第4.2.7条 |

资料来源：《民用建筑工程室内环境污染控制规范》GB 50325—2010（2013年版）。

# 4 建筑部件构件构造

## 4.1 栏 杆 与 女 儿 墙

### 4.1.1 一般规定

**一般规定** **表 4.1.1**

| 栏杆设置场所、位置 | 技术要求 | 规范依据 |
|---|---|---|
| 阳台、外廊、室内回廊、内天井、上人屋面及室外楼梯等临空处 | 应设置防护栏杆 | 《民用建筑设计统一标准》GB 50352—2019 第6.7.3条、第6.7.4条 |
| 栏杆材料 | 应以坚固、耐久的材料制作，并能承受现行国家标准《建筑结构荷载规范》及其他国家现行相关标准规定的水平荷载 | |
| 公共场所栏杆离地面0.10m高度内 | 不宜留空 | |

### 4.1.2 栏杆安全高度

**各种栏杆安全高度** **表 4.1.2**

| 类别 | 设置场所 | 高度（m） | 栏杆栏板的要求 | 规范依据 |
|---|---|---|---|---|
| 阳台、外廊、室内回廊、内天井、上人屋面及室外楼梯等临空处 | 临空高度<24m | ≥1.05 | 放置花盆处必须采取防坠落措施 | 《民用建筑设计统一标准》GB 50352—2019 第6.7.3条、第6.7.4条、第6.8.8条；《托儿所、幼儿园建筑设计规范》JGJ 39—2016 局部修订条文(2019年版)第4.1.9条、第4.1.12条 |
| | 临空高度≥24m | ≥1.10 | | |
| | 上人屋面和交通、商业、旅馆、医院、学校等临开敞中庭的栏杆 | ≥1.20 | | |
| 外廊、室内回廊、内天井、阳台、上人屋面、平台、看台及室外楼梯等临空处 | 托儿所、幼儿园 | ≥1.30（防护栏杆的高度应从可踏部位顶面起算） | 防护栏杆应以坚固、耐久的材料制作，防护栏杆必须采用防止幼儿攀登和穿过的构造，当采用垂直杆件做栏杆时，其杆件净距离不应大于0.09m | |
| 室内楼梯 | 室内楼梯的栏杆、栏板及扶手 | 宜≥0.9（自踏步前缘线） | | |
| | 室内楼梯水平栏杆或栏板长度>0.5m时 | ≥1.05 | | |
| | 托儿所、幼儿园幼儿使用的楼梯栏杆 | 楼梯除设成人扶手外，应在梯段两侧设幼儿扶手，扶手高度宜为0.6m | 当楼梯井净宽度大于0.11m时，必须采取防止幼儿攀爬措施。楼梯栏杆应采取不易攀爬的构造，当采用垂直杆件做栏杆时，其杆件净距不应大于0.09m | 《托儿所、幼儿园建筑设计规范》JGJ 39—2016 局部修订条文（2019年版）第4.1.12条、第4.1.11条 |

续表

| 类别 | 设置场所 | 高度（m） | 栏杆栏板的要求 | 规范依据 |
| --- | --- | --- | --- | --- |
| 窗 | 公共建筑临空外窗的窗台距楼地面净高低于0.8m时设置的防护设施高度 | ≥0.8 | | 《民用建筑设计统一标准》GB 50352—2019第6.11.6条、第6.11.7条 |
| | 居住建筑临空外窗的窗台距楼地面净高低于0.9m时设置的防护设施高度 | ≥0.9 | | |
| | 凸窗窗台高度≤0.45m时的防护设施高度 | ≥0.9（从窗台面起算） | | |
| | 凸窗窗台高度＞0.45m时的防护设施高度 | ≥0.6（从窗台面起算） | | |
| | 托儿所、幼儿园建筑的窗，当窗台面距楼地面高度低于0.90m时防护设施高度 | ≥0.9（防护高度应从可踏部位顶面起算） | | 《托儿所、幼儿园建筑设计规范》JGJ 39—2016局部修订条文（2019年版）第4.1.5条 |
| 自动扶梯、自动人行道 | 扶手带顶面距自动扶梯前缘、自动人行道踏板面或胶带面的垂直高度 | ≥0.9 | 栏板应平整、光滑、无突出物 | 《民用建筑设计统一标准》GB 50352—2019第6.9.2条 |
| 剧场座席 | 观众厅座席地坪高于前排0.5m及座席侧面紧邻有高差的纵向走道或梯步时 | ≥1.05（高处） | 应采取措施保障人身安全，下部实心部分≥0.45m | 《剧场建筑设计规范》JGJ 57—2016 |
| | 楼座前排栏杆和楼座包厢栏杆 | ≤0.85 | | |
| 供残疾人使用的坡道、走廊、楼梯 | 坡道、走廊、楼梯的下层扶手 | 0.65～0.7 | 供残疾人使用的坡道、楼梯和台阶的起点处的扶手，应水平延伸0.30m以上。当坡道侧面临空时，在栏杆下端宜设置高度≥50mm的安全挡台 | 《无障碍设计规范》GB 50763—2012 |
| | 坡道、走廊、楼梯的上层扶手 | 0.85～0.9 | | |

注：1. 栏杆高度应从楼地面或屋面至栏杆扶手顶面垂直高度计算，如底部有宽度≥0.22m，且高度≤0.45m的可踏部位，应从可踏部位顶面起计算。（《民用建筑设计统一标准》GB 50352—2019第6.7.3条）
2. 老年人用房的开敞式阳台、上人平台的栏杆、栏板应采取防坠落措施，且距地面0.35m高度范围内不宜留空。（《老年人照料设施建筑设计标准》JGJ 450—2018）

### 4.1.3 特殊场所栏杆

**特殊场所栏杆安全高度** **表4.1.3**

| 特殊设置场所 | 技术要求 | 规范依据 |
| --- | --- | --- |
| 室内宽楼梯的中间栏杆 | 室内宽楼梯梯段净宽≥2.2m时，应设中间栏杆 | 《楼梯 栏杆 栏板（一）》15J403-1 |
| 室外广场景观台阶栏杆 | 室外广场景观台阶（梯段）净宽≥3.0m时，应设中间栏杆；台阶侧面临空高度超过0.7m时，应设防护栏杆，其高度应≥1.05m | 《楼梯 栏杆 栏板（一）》15J403-1 |

## 4.2 台阶、坡道与楼梯

### 4.2.1 台阶

1. 一般规定。

**一般规定** **表 4.2.1**

| 部位及设施 | 技术要求 | 规范依据 |
| --- | --- | --- |
| 台阶 | 公共建筑室内外台阶踏步宽度不宜＜0.30m，踏步高度不宜＞0.15m，且不宜＜0.10m | 《民用建筑设计统一标准》GB 50352—2019 第6.7.1条 |
| | 踏步应采取防滑措施 | |
| | 室内台阶踏步数不宜少于2级；当高差不足2级时，宜按坡道设置 | |
| | 台阶总高度＞0.70m时，应在临空面采取防护设施 | |

2. 托儿所、幼儿园幼儿经常通行和安全疏散的走道不应设有台阶，当有高差时，应设置防滑坡道，其坡度不应大于1∶12（《托儿所、幼儿园建筑设计规范》JGJ 39—2016 第4.1.13条）。

### 4.2.2 坡道

**一般规定** **表 4.2.2**

| 部位及设施 | 技术要求 | 规范依据 |
| --- | --- | --- |
| 坡道 | 坡道应采取防滑措施 | 《民用建筑设计统一标准》GB 50352—2019 第6.7.2条 |
| | 坡道总高度＞0.70m时，应在临空面采取防护设施 | |

### 4.2.3 楼梯

1. 一般规定。

**楼梯安全设计一般规定** **表 4.2.3-1**

| 部位及设施 | 技术要求 | 规范依据 |
| --- | --- | --- |
| 楼梯 | 每个梯段的踏步不应超过18级，亦不应少于3级 | 《民用建筑设计统一标准》GB 50352—2019 第6.8节；《中小学校设计规范》GB 50099—2011；《建筑设计防火规范》GB 50016—2014（2018年版）第6.4条 |
| | 楼梯应至少一侧设扶手，梯段净宽达3股人流时应两侧设扶手，达4股人流时宜加设中间扶手 | |
| | 无中柱螺旋楼梯和弧形楼梯离内侧扶手中心0.25m处的踏步宽度应≥0.22m | |
| | 楼梯间内不应有影响疏散的凸出物或障碍物 | |
| | 疏散用楼梯或疏散走道上的阶梯，不宜采用螺旋楼梯和扇形踏步。中小学校疏散楼梯不得采用螺旋楼梯和扇形踏步 | |
| | 除通向避难层错位的疏散楼梯外，建筑内的疏散楼梯间在各层的平面位置不应改变 | |

2. 楼梯踏步最小宽度和最大高度

**楼梯踏步最小宽度和最大高度　　表 4.2.3-2**

| 楼梯类别 | | 最小宽度（m） | 最大高度（m） | 规范依据 |
|---|---|---|---|---|
| 住宅楼梯 | 住宅公用楼梯 | 0.260 | 0.175 | 《民用建筑设计统一标准》GB 50352—2019 第6.8.10条 |
| | 住宅套内楼梯 | 0.220 | 0.200 | |
| 宿舍楼梯 | 小学宿舍楼梯 | 0.260 | 0.150 | |
| | 其他宿舍楼梯 | 0.270 | 0.165 | |
| 老年人建筑楼梯 | 住宅建筑楼梯 | 0.300 | 0.150 | |
| | 公共建筑楼梯 | 0.320 | 0.130 | |
| 托儿所、幼儿园楼梯 | | 0.260 | 0.130 | |
| 小学校楼梯 | | 0.260 | 0.150 | |
| 人员密集且竖向交通繁忙的建筑和大、中学校楼梯 | | 0.280 | 0.165 | |
| 其他建筑楼梯 | | 0.260 | 0.175 | |
| 超高层建筑核心筒楼梯 | | 0.250 | 0.180 | |
| 检修及内部服务楼梯 | | 0.220 | 0.200 | |

# 4.3　特殊建筑的墙角、柱脚、顶棚处理

**特殊建筑的墙角、柱脚、顶棚处理　　表 4.3**

| 建筑部位 | 技术要求 | 规范依据 |
|---|---|---|
| 托儿所、幼儿园的墙角、柱脚 | 距离地面高度＜1.30m，幼儿经常接触的室内外墙面，宜采用光滑易清洁的材料，墙角、窗台、暖气罩、窗口竖边等阳角处应做成圆角 | 《托儿所、幼儿园建筑设计规范》JGJ 39—2016 第4.1.10条 |
| 中小学校教学用房及学生公共活动区的墙面 | 宜设置墙裙。墙裙高度应符合以下规定：<br>1. 小学的墙裙高度不宜＜1.2m<br>2. 中学的墙裙高度不宜＜1.4m<br>3. 舞蹈教室、风雨操场的墙裙高度不应＜2.1m | 《中小学校设计规范》GB 50099—2011 第5.1.14条 |
| 医院医疗用房的踢脚板、墙裙、墙面、顶棚 | 应便于清扫或冲洗，阴阳角宜做成圆角。踢脚板、墙裙应与墙面平 | 《综合医院建筑设计规范》GB 51039—2014 第5.1.12条 |
| 剧场顶棚 | 舞台顶棚构造要便于设备检修和人员通行，狭长形格栅缝隙不宜＞30mm，方孔形格栅缝隙不宜＞50mm | 《剧场建筑设计规范》JGJ 57—2016 第6.1.4条 |

## 4.4 电梯、自动扶梯

电梯、自动扶梯 表 4.4

| 建筑部位 | 技术要求 | 规范依据 |
|---|---|---|
| 电梯 | 1. 电梯不应作为安全出口<br>2. 电梯井道和机房不宜与有安静要求的用房贴邻布置，否则应采取隔振、隔声措施<br>3. 电梯不应紧邻卧室布置；受条件限制，电梯不得不紧邻兼起居的卧室布置时，应采取隔声、减震的构造措施<br>4. 宿舍居室不应与电梯紧邻布置<br>5. 电梯机房应有隔热、通风、防尘等措施，宜有自然采光，不得将机房顶板作水箱底板及在机房内直接穿越水管或蒸汽管<br>6. 专为老年人及残疾人使用的建筑，其乘客电梯应设置监控系统，梯门宜装可视窗<br>7. 相邻两层电梯门地坎间的距离大于 11m 时，应设置井道安全门。井道安全门的高度不得小于 1.8m，宽度不得小于 0.35m<br>8. 轿厢安全门不应向轿厢外开启<br>9. 当电梯之下确有能够到达的空间，要增加安全措施：<br>(1) 将对重缓冲器安装于实心桩墩，桩墩要一直延伸到坚固地面上；<br>(2) 对重（或平衡重）上装安全钳 | 《民用建筑设计统一标准》GB 50352—2019 第 6.9.1 条；《住宅设计规范》GB 50096—2011 第 6.4.7 条；《宿舍建筑设计规范》JGJ 36—2016 第 6.2.2 条 |
| 自动扶梯、自动人行道 | 1. 自动扶梯和自动人行道不应作为安全出口<br>2. 为了使用安全，应在出入口处按要求设置畅通区，出入口畅通区的宽度从扶手带端部算起不应小于 2.5m，人员密集的公共场所畅通区不宜小于 3.5m<br>3. 扶梯与楼层地板开口部位之间应设防护栏杆或栏板<br>4. 栏板应平整、光滑和无突出物；扶手带顶面距自动扶梯前缘、自动人行道踏板面或胶带面的垂直高度不应小于 0.90m<br>5. 扶手带中心线与平行墙面或楼板开口边缘间的距离：当相邻平行交叉设置时，两梯（道）之间扶手带中心线的水平距离不应小于 0.50m，否则应采取措施防止障碍物引起人员伤害<br>6. 自动扶梯的梯级、自动人行道的踏板或胶带上空，垂直净高不应小于 2.30m<br>7. 当自动扶梯或倾斜式自动人行道呈剪刀状相对布置时，与楼板、梁开口部位侧边交错部位，应在产生的锐角口前部 1.0m 范围内设置防夹、防剪的预警阻挡设施 | 《民用建筑设计统一标准》GB 50352—2019 第 6.9.2 条 |

# 5 建 筑 防 水

## 5.1 防水材料的选择

防水材料的选择　　表 5.1

| 技术要求 | 规范依据 |
|---|---|
| 外露使用的防水层，应选用耐紫外线、耐老化、耐候性好的防水材料，如三元乙丙橡胶防水卷材 | 《屋面工程技术规范》GB 50345—2012 |
| 上人屋面，应选用耐霉变、拉伸强度高的防水材料，如高分子膜自粘防水卷材、PVC防水卷材 | |
| 长期处于潮湿环境的屋面，应选用耐腐蚀、耐霉变、耐穿刺、耐长期水浸等性能的防水材料，如改性沥青胎防水卷材 | |
| 薄壳、装配式结构、钢结构及大跨度建筑屋面，应选用耐候性好、适应变形能力强的防水材料，如聚氨酯防水涂料、三元乙丙橡胶防水卷材、SBS改性沥青防水卷材 | |
| 倒置式屋面应选用适应变形能力强、接缝密封保证率高的防水材料，如聚氨酯防水涂料、三元乙丙橡胶防水卷材 | |
| 坡屋面应选用与基层粘结力强、感温性小的防水材料，如合成高分子防水卷材 | |
| 厕浴间、厨房等室内小区域复杂部位楼地面防水，宜选用防水涂料或刚性防水材料做迎水面防水，也可选用柔性较好且易于与基层粘贴牢固的防水卷材，如单组分聚氨酯防水涂料、聚合物水泥防水砂浆 | 《建筑室内防水工程技术规程》CECS 196—2006 |
| 厕浴间、厨房等室内墙面防水层宜选用刚性防水材料或经表面处理后与粉刷层有较好结合性的其他防水材料，如聚合物水泥防水砂浆（干混）、益胶泥 | |
| 水池应选用具有良好的耐水性、耐腐性、耐久性和耐菌性的防水材料，如水泥基渗透结晶型防水涂料直接涂在水池底板和侧壁上。JS（聚合物）防水涂料不能用于水池防水（长期泡水会融化失效） | |
| 高温水池宜选用刚性防水材料。选用柔性防水层时，材料应具有良好的耐热性、热老化性能稳定性、热处理尺寸稳定性，如合成高分子卷材 | |
| 处于侵蚀性介质中的地下工程，应选用耐侵蚀的防水混凝土、防水砂浆、防水卷材或防水涂料等防水材料 | 《地下工程防水技术规范》GB 50108—2008 |
| 结构刚度较差或受振动作用的工程，宜采用延伸率较大的卷材、涂料等柔性防水材料，如弹性体改性沥青防水卷材 | |

# 5.2 屋 面 防 水

## 5.2.1 屋面防水等级和设防要求

屋面防水等级和设防要求 表 5.2.1-1

| 技术要求 | | | 规范依据 |
|---|---|---|---|
| 防水等级 | 建筑类别 | 设防要求 | 《屋面工程技术规范》GB 50345—2012 |
| Ⅰ级 | 重要建筑和高层建筑 | 两道防水设防 | |
| Ⅱ级 | 一般建筑 | 一道防水设防 | |

坡屋面种类和适用的防水等级 表 5.2.1-2

| 技术要求 | | 规范依据 |
|---|---|---|
| 屋面种类 | 适用的防水等级 | 《坡屋面工程技术规范》GB 50693—2011 |
| 平面沥青瓦坡屋面 | 二级 | |
| 叠合沥青瓦坡屋面 | 一级和二级 | |
| 块瓦坡屋面 | 一级和二级 | |
| 波形瓦坡屋面 | 二级 | |
| 压型金属板坡屋面 | 一级和二级 | |
| 金属面绝热夹芯板坡屋面 | 二级 | |
| 防水卷材坡屋面 | 一级和二级 | |
| 装配式轻型坡屋面 | 一级和二级 | |

卷材、涂膜屋面防水等级和防水做法 表 5.2.1-3

| 技术要求 | | 规范依据 |
|---|---|---|
| 防水等级 | 防水做法 | 《屋面工程技术规范》GB 50345—2012 |
| Ⅰ级 | 卷材防水层和卷材防水层、卷材防水层和涂膜防水层、复合防水层 | |
| Ⅱ级 | 卷材防水层、涂膜防水层、复合防水层 | |

注：在Ⅰ级屋面防水做法中，防水层仅作单层卷材用时，应符合有关单层防水卷材屋面技术的规定。

瓦屋面防水等级和防水做法 表 5.2.1-4

| 技术要求 | | 规范依据 |
|---|---|---|
| 防水等级 | 防水做法 | 《屋面工程技术规范》GB 50345—2012 |
| Ⅰ级 | 瓦＋防水层 | |
| Ⅱ级 | 瓦＋防水垫层 | |

注：防水层厚度应符合表 5.2.4-1 和表 5.2.4-2 中Ⅱ级防水的规定。

金属板屋面防水等级和防水做法 表 5.2.1-5

| 技术要求 | | 规范依据 |
|---|---|---|
| 防水等级 | 防水做法 | 《屋面工程技术规范》GB 50345—2012 |
| Ⅰ级 | 压型金属板＋防水层 | |
| Ⅱ级 | 压型金属板、金属面绝热夹芯板 | |

注：1. 当防水等级为Ⅰ级时，压型铝合金板基板厚度应≥0.9mm；压型钢板基板厚度应≥0.6mm；
2. 当防水等级为Ⅰ级时，压型金属板应采用 360°咬口锁边连接方式；
3. 在Ⅰ级防水屋面做法中，仅作压型金属板时，应符合《金属压型板应用技术规范》等相关技术的规定。

### 5.2.2 屋面防水基本构造层次

屋面防水构造基本层次 表 5.2.2

| 技术要求 | | 规范依据 |
|---|---|---|
| 屋面类型 | 基本构造层次（自上而下） | 《屋面工程技术规范》GB 50345—2012（参照） |
| 卷材、涂膜屋面 | 保护层、隔离层、防水层、保护层、保温层、（找平层）、找坡层、结构层（正置式屋面） | |
| | 保护层、保温层、隔离层、防水层、（找平层）、找坡层、结构层（倒置式屋面） | |
| | 种植隔热层、保护层、隔离层、耐根穿刺防水层、普通防水层、保护层、保温层、（找平层）、找坡层、结构层（种植屋面） | |
| | 架空隔热层、保护层、隔离层、防水层、保护层、保温层、（找平层）、找坡层、结构层（架空屋面） | |
| | 蓄水隔热层、保护层、隔离层、防水层、保护层、保温层、（找平层）、找坡层、结构层（蓄水屋面） | |
| 瓦屋面 | 块瓦、挂瓦条、顺水条、持钉层、防水层或防水垫层、保温层、结构层 | |
| | 沥青瓦、持钉层、防水层或防水垫层、保温层、结构层 | |
| 金属板屋面 | 压型金属板、防水垫层、保温层、承托网、支承结构 | |
| | 上层压型金属板、防水垫层、保温层、底层压型金属板、支承结构 | |
| | 金属面绝热夹芯板、支承结构 | |
| 玻璃采光顶 | 玻璃面板、金属框架、支承结构 | |
| | 玻璃面板、点支承装置、支承结构 | |

注：1.（找平层）表示尽量在结构层上随捣随提浆抹平压光代替找平层；
2. 表中结构层包括混凝土基层和木基层；防水层包括卷材和涂膜防水层；保护层包括块体材料、水泥砂浆、细石混凝土保护层；隔离层一般采用聚酯纤维无纺布；
3. 有隔汽要求的屋面，应在保温层与结构层之间设隔汽层；
4. 采用结构找坡的屋面，应取消找坡层。

### 5.2.3 屋面防水构造层次设计要点

屋面防水构造层次设计要点 表 5.2.3

| 技术要求 | | 规范依据 |
|---|---|---|
| 找平层 | 尽量取消后做找平层，钢筋混凝土板屋面宜采取随捣随提浆抹平压光，以取代找平层 | |
| 找坡层 | 混凝土结构层宜采用结构找坡，坡度不应小于3% | 《屋面工程技术规范》GB 50345—2012 |
| | 建筑找坡不应采用一般的水泥陶粒，宜采用C25细石混凝土，最薄处可为0。若必须采用水泥陶粒，则陶粒应经过预处理，大大降低吸水率，或采用1∶3∶5（水泥∶砂∶陶粒）陶粒混凝土 | |
| 防水层 | 防水层宜直接设置在建筑物的主体结构层上 | |
| | 防水层的基层表面应平整坚实，防水层不得设置在松散材料上面 | |
| | 倒置式屋面工程的防水等级应为Ⅰ级，防水层合理使用年限不得少于20年 | 《倒置式屋面工程技术规程》JGJ 230—2010 |

续表

| 技术要求 | | 规范依据 |
|---|---|---|
| 防水层 | 种植屋面防水层应满足一级防水等级设防要求，且必须至少设置一道具有耐根穿刺性能的防水材料。应采用不少于两道防水设防，上道应为耐根穿刺防水材料。耐根穿刺防水材料应具有耐霉菌腐蚀性能。改性沥青类耐根穿刺防水材料应含有化学阻根剂。排（蓄）水材料不得作为耐根穿刺防水材料使用 | 《种植屋面工程技术规程》JGJ 155—2013 |
| | 瓦屋面檐沟、天沟的防水层，可采用防水卷材或防水涂膜，也可采用金属板材 | 《屋面工程技术规范》GB 50345—2012 |
| 隔离层 | 刚性保护层与卷材、涂膜防水层之间应设置隔离层 | 《屋面工程技术规范》GB 50345—2012 |
| | 隔离层一般采用聚酯纤维无纺布（200～300kg/$m^2$） | |
| 保护层 | 卷材或涂膜防水层上应设置保护层 | 《屋面工程技术规范》GB 50345—2012 |
| | 保温层上面宜采用块体材料或细石混凝土做保护层 | |
| 保温层 | 保温层宜选用吸水率低、密度和导热系数小，并有一定强度的保温材料 | 《屋面工程技术规范》GB 50345—2012 |
| | 倒置式屋面工程的保温层使用年限不宜低于防水层使用年限，且不得使用松散保温材料 | 《倒置式屋面工程技术规程》JGJ 230—2010 |
| | 屋面坡度大于100%时，宜采用内保温隔热措施 | 《坡屋面工程技术规范》GB 50693—2011 |
| 隔汽层 | 隔汽层应设置在结构层上、保温层下 | 《屋面工程技术规范》GB 50345—2012 |
| | 隔汽层应选用气密性、水密性好的材料 | |
| | 倒置式屋面可不设置透气孔或排水槽 | 《倒置式屋面工程技术规程》JGJ 230—2010 |
| | 保温隔热层铺设在装配式屋面板上时，宜设置隔汽层 | |
| | 金属板屋面在保温层的下面宜设置隔汽层，在保温层的上面宜设置防水透气膜 | 《坡屋面工程技术规范》GB 50693—2011<br>《屋面工程技术规范》GB 50345—2012 |

### 5.2.4 防水层、附加层最小厚度

**每道卷材防水层最小厚度**（mm）　　**表5.2.4-1**

| 技术要求 | | | | | 规范依据 |
|---|---|---|---|---|---|
| 防水等级 | 合成高分子防水卷材 | 高聚物改性沥青防水卷材 | | | |
| | | 聚酯胎、玻纤胎、聚乙烯胎 | 自粘聚酯胎 | 自粘无胎 | |
| Ⅰ级 | 1.2 | 3.0 | 2.0 | 1.5 | 《屋面工程技术规范》GB 50345—2012 |
| Ⅱ级 | 1.5 | 4.0 | 3.0 | 2.0 | |

每道涂膜防水层最小厚度（mm） 表 5.2.4-2

| 技术要求 | | | | 规范依据 |
|---|---|---|---|---|
| 防水等级 | 合成高分子防水涂膜 | 聚合物水泥防水涂膜 | 高聚物改性沥青防水涂膜 | 《屋面工程技术规范》GB 50345—2012 |
| Ⅰ级 | 1.5 | 1.5 | 2.0 | |
| Ⅱ级 | 2.0 | 2.0 | 3.0 | |

复合防水层最小厚度（mm） 表 5.2.4-3

| 技术要求 | | | | | 规范依据 |
|---|---|---|---|---|---|
| 防水等级 | 合成高分子防水卷材＋合成高分子防水涂膜 | 自粘聚合物改性沥青防水卷材（无胎）＋合成高分子防水涂膜 | 高聚物改性沥青防水卷材＋高聚物改性沥青防水涂膜 | 聚乙烯丙纶卷材＋聚合物水泥防水胶结材料 | 《屋面工程技术规范》GB 50345—2012 |
| Ⅰ级 | 1.2＋1.5 | 1.5＋1.5 | 3.0＋2.0 | (0.7＋1.3)×2 | |
| Ⅱ级 | 1.0＋1.0 | 1.2＋1.0 | 3.0＋1.2 | 0.7＋1.3 | |

附加层最小厚度（mm） 表 5.2.4-4

| 技术要求 | | 规范依据 |
|---|---|---|
| 附加层材料 | 最小厚度 | 《屋面工程技术规范》GB 50345—2012 |
| 合成高分子防水卷材 | 1.2 | |
| 高聚物改性沥青防水卷材（聚酯胎） | 3.0 | |
| 合成高分子防水涂料、聚合物水泥防水涂料 | 1.5 | |
| 高聚物改性沥青防水涂料 | 2.0 | |

注：涂膜附加层应加铺胎体增强材料。

### 5.2.5 耐根穿刺防水层

耐根穿刺防水材料和最小厚度 表 5.2.5

| 技术要求 | | 规范依据 |
|---|---|---|
| 耐根穿刺防水材料种类 | 最小厚度(mm) | 《种植屋面工程技术规程》JGJ 155—2013 |
| 弹性体(SBS)改性沥青防水卷材 | 4.0 | |
| 塑性体(APP)改性沥青防水卷材 | 4.0 | |
| 聚氯乙烯(PVC)防水卷材 | 1.2 | |
| 热塑性聚烯烃(TPO)防水卷材 | 1.2 | |
| 高密度聚乙烯土工膜 | 1.2 | |
| 三元乙丙橡胶(EPDM)防水卷材 | 1.2 | |
| 聚乙烯丙纶防水卷材＋聚合物水泥胶结料 | (0.6＋1.3)×2 | |
| 聚脲防水涂料 | 2.0 | |

# 5.3 外墙防水

## 5.3.1 外墙防水层位置和防水材料

外墙防水层位置和防水材料　　表 5.3.1

| 技术要求 | | | | 规范依据 |
|---|---|---|---|---|
| 外墙种类 | 饰面种类 | 防水层位置 | 防水材料 | 《建筑外墙防水工程技术规程》JGJ/T 235—2011 |
| 无外保温外墙 | 涂料饰面 | 找平层和涂料饰面层之间 | 聚合物水泥防水砂浆或普通防水砂浆 | |
| | 块材饰面 | 找平层和块材粘结层之间 | 聚合物水泥防水砂浆或普通防水砂浆 | |
| | 幕墙饰面 | 找平层和幕墙饰面之间 | 聚合物水泥防水涂料、聚合物乳液防水涂料或聚氨酯防水涂料 | |
| 外保温外墙 | 涂料饰面 | 保温层和墙体基层之间 | 聚合物水泥防水砂浆或普通防水砂浆 | |
| | 块材饰面 | 保温层和墙体基层之间 | 聚合物水泥防水砂浆或普通防水砂浆 | |
| | 幕墙饰面 | 找平层上 | 聚合物水泥防水涂料、聚合物乳液防水涂料或聚氨酯防水涂料；当外墙保温层选用矿物棉保温材料时，防水层宜采用防水透气膜 | |

注：1. 外保温外墙不宜采用块材饰面，采用时应采取安全措施；
2. 表中的外保温外墙适用于独立的整体保温系统。当外墙外保温采用保温砂浆等非憎水性的保温材料时，防水层应设在保温层外。

## 5.3.2 外墙防水构造层次设计要点

外墙防水构造层次设计要点　　表 5.3.2

| 技术要求 | | 规范依据 |
|---|---|---|
| 防水层 | 建筑外墙的防水层应设置在迎水面 | 《建筑外墙防水工程技术规程》JGJ/T 235—2011 |
| | 外墙防水层应与地下墙体防水层搭接 | |
| | 防水层宜用聚合物水泥砂浆 | 《广东省住宅工程质量通病防治技术措施二十条》 |
| | 砂浆防水层中可增设耐碱玻璃纤维网布或热镀锌电焊网增强，并宜用锚栓固定于结构墙体中 | 《建筑外墙防水工程技术规程》JGJ/T 235—2011 |
| 找平层 | 找平层水泥砂浆宜掺防水剂、抗裂剂、减水剂等外加剂 | 《广东省住宅工程质量通病防治技术措施二十条》 |
| | 找平层每层抹灰厚度≤10mm，抹灰厚度≥35mm 时应有挂网等防裂防空鼓措施 | |
| 其他 | 不同结构材料的交接处应采用每边≥150mm 的耐碱玻璃纤维网布或热镀锌电焊网作抗裂增强处理 | 《建筑外墙防水工程技术规程》JGJ/T 235—2011 |
| | 外墙从基体表面开始至饰面层应留分隔缝，间隔宜为 3m×3m，可预留或后切，金属网、找平层、防水层、饰面层应在相同位置留缝，缝宽不宜>10mm，也不宜<5mm，切缝后宜采用空气压缩机具吹除缝内粉末，嵌填高弹性耐候胶 | 《广东省住宅工程质量通病防治技术措施二十条》 |

# 5.4 室内和水池防水

## 5.4.1 室内防水做法选材

室内防水做法选材　表 5.4.1

| 类　别 | 技术要求 | 规范依据 |
|---|---|---|
| 厨房、阳台 | 防水层 | 楼地面、墙面：聚合物水泥防水砂浆 3～5mm 厚 |
| | 饰面层 | 瓷砖或按设计 |
| 游泳池、水池 | 防水层 | 底板、侧壁：水泥基渗透结晶型防水涂料 1.5kg/m$^2$ |
| | 找平层 | 底板、侧壁：聚合物水泥防水砂浆 3～5mm 厚 |
| | 饰面层 | 瓷砖 |
| 浴室 | 同卫生间 | |

## 5.4.2 室内和水池防水构造层次设计要点

室内和水池防水构造层次设计要点　表 5.4.2

| 技　术　要　求 | | 规范依据 |
|---|---|---|
| 室内 | 厕浴间、厨房有较高防水要求时，应做两道防水层 | 《建筑室内防水工程技术规程》CECS 196—2006 |
| | 厕浴间、厨房四周墙根防水层泛水高度应≥250mm，其他墙面防水以可能溅到水的范围为基准向外延伸应≥250mm。浴室花洒喷淋的临墙面防水高度不得低于 2m。厕浴间的地面防水层应延伸至门外 500mm 范围内 | |
| | 有填充层的厨房、下沉式卫生间，宜在结构板面和地面饰面层下设置两道防水层 | |
| | 长期处于蒸汽环境下的室内，所有的墙面、楼地面和顶面均应设置防水层 | |
| 水池 | 池体宜采用防水混凝土，抗渗等级经计算后确定，但不应低于 S6。混凝土厚度应≥200mm。对刚度较好的小型水池，池体混凝土厚度应≥150mm | |
| | 室内游泳池等水池，应设置池体附加内防水层。受地下水或地表水影响的地下池体，应做内外防水处理 | |

## 5.4.3 室内防水保护层材料及厚度

室内防水保护层材料及厚度　表 5.4.3

| 技　术　要　求 | | 规范依据 |
|---|---|---|
| 地面饰面层种类 | 保护层 | 《建筑室内防水工程技术规程》CECS 196—2006 |
| 石材、厚质地砖 | ≥20mm 厚的 1∶3 水泥砂浆 | |
| 瓷砖、水泥砂浆 | ≥30mm 厚的细石混凝土 | |

# 5.5 地下工程防水

## 5.5.1 地下工程防水等级

不同防水等级的适用范围 表 5.5.1

| 技术要求 | | 规范依据 |
|---|---|---|
| 防水等级 | 适用范围 | 《地下工程防水技术规范》GB 50108—2008 |
| 一级 | 人员长期停留的场所；因有少量湿渍会使物品变质、失效的贮物场所及严重影响设备正常运转和危及工程安全运营的部位；极重要的战备工程、地铁车站 | |
| 二级 | 人员正常活动的场所；在有少量湿渍的情况下不会使物品变质、失效的贮物场所及基本不影响设备正常运转和工程安全运营的部位；重要的战备工程 | |
| 三级 | 人员临时活动的场所；一般战备工程 | |
| 四级 | 对渗漏水无严格要求的工程 | |

## 5.5.2 防水混凝土

防水混凝土设计抗渗等级 表 5.5.2

| 技术要求 | | 规范依据 |
|---|---|---|
| 工程埋置深度 $H$（m） | 设计抗渗等级 | 《地下工程防水技术规范》GB 50108—2008 |
| $H<10$ | P6 | |
| $10\leqslant H<20$ | P8 | |
| $20\leqslant H<30$ | P10 | |
| $H\geqslant 30$ | P12 | |

## 5.5.3 地下室防水基本构造层次

地下室底板防水基本构造层次（自上而下） 表 5.5.3-1

| 构造层次 | 材料 |
|---|---|
| 内饰面层 | 水泥砂浆；细石混凝土；地砖；其他 |
| 结构自防水层（底板） | 防水混凝土（强度等级≥C20，抗渗等级按表 5.7.2 确定，厚度≥400mm） |
| 保护层 | 50 厚 C20 细石混凝土 |
| 防水层 | 防水卷材或防水涂料 |
| 找平层 | 宜采用随浇随压实抹光做法 |
| 垫层 | 100～150 厚 C15 混凝土 |

地下室侧壁防水基本构造层次（自内而外） 表 5.5.3-2

| 构造层次 | 材料 |
|---|---|
| 内饰面层 | 水泥砂浆；面砖；其他 |
| 结构自防水层（侧壁） | 防水混凝土（强度等级≥C20，抗渗等级按表 5.7.2 确定，厚度≥250mm） |
| 找平层 | 涂刮一道聚合物水泥砂浆（封堵表面气泡孔） |
| 防水层 | 防水卷材或防水涂料 |
| 保护层 | 软质保护材料或铺抹 1∶3 水泥砂浆 |

地下室顶板防水基本构造层次（自上而下） 表 5.5.3-3

| 构造层次 | 材料 |
| --- | --- |
| 面层 | 沥青；细石混凝土；地砖；花岗石；种植土；其他 |
| 保护层 | 50mm 厚（非种植）或 70mm 厚（有种植）C20 细石混凝土，双向 $\phi$6@150 |
| 隔离层 | 聚酯毡；无纺布；卷材 |
| 防水层 | 种植顶板：耐根穿刺防水卷材＋普通防水层；非种植顶板：两层普通防水层 |
| 找平（坡）层 | 水泥砂浆；细石混凝土 |
| 结构自防水层（顶板） | 防水混凝土（强度等级≥C20，抗渗等级按表 5.7.2 确定，壁厚按计算） |
| 内饰面层 | 水泥砂浆；腻子；其他 |

注：地下工程种植顶板防水尚应符合种植屋面的防水要求。

### 5.5.4 地下工程防水材料适用范围及技术要求

地下工程防水材料适用范围及技术要求 表 5.5.4

| 类别 | 技术要求 | | 规范依据 |
| --- | --- | --- | --- |
| | 适用范围 | 使用要求 | |
| 水泥砂浆 | 主体结构的迎水面或背水面。不应用于受持续振动或温度高于 80℃的地下工程防水 | | 《地下工程防水技术规范》GB 50108—2008 |
| 防水卷材 | 混凝土结构的迎水面 | 用于附建式地下室时，应铺设在结构底板垫层至墙体设防高度的结构基面上；用于单建式的地下工程时，应从结构底板垫层铺设至顶板基面，并应在外围形成封闭的防水层。应铺设卷材加强层 | |
| 无机防水涂料 | 主体结构的背水面 | | |
| 有机防水涂料 | 主体结构的迎水面 | 宜采用外防外涂或外防内涂；埋置深度较大的重要工程、有振动或较大变形的工程，宜选用高弹性防水涂料<br>冬季施工宜选用反应型涂料；有腐蚀性的地下环境宜选用耐腐蚀性较好的有机防水涂料，并应做刚性保护层；聚合物水泥防水涂料应选用Ⅱ型产品 | |
| 塑料防水板 | 宜用于经常受水压、侵蚀性介质或受振动作用的地下工程 | 防水层应由塑料排水板与缓冲层组成 | |
| 金属防水板 | 可用于长期浸水、水压较大的水工及过水隧道 | 应采取防锈措施 | |
| 膨润土防水层 | 应用于地下工程主体结构的迎水面 | 防水层两侧应具有一定的夹持力；应用于 pH 值为4～10 的地下环境，含盐量较高的地下环境应采用经过改性处理的膨润土，并应经检测合格后使用<br>基层混凝土强度等级不得小于 C15，水泥砂浆强度不得低于 M7.5 | |

### 5.5.5 地下工程防水材料厚度

**地下工程防水材料厚度** **表 5.5.5**

| 类别 | 技术要求 | | | 规范依据 |
|---|---|---|---|---|
| | 材料 | 厚度（mm） | | |
| 水泥砂浆 | 聚合物水泥防水砂浆 | | | 《地下工程防水技术规范》GB 50108—2008 |
| | 掺外加剂或掺和料的防水砂浆 | | | |
| 高聚物改性沥青类防水卷材 | 弹性体改性沥青防水卷材 | 单层 | ≥4 | |
| | | 双层 | ≥（4+3） | |
| | 改性沥青聚乙烯胎防水卷材 | 单层 | ≥4 | |
| | | 双层 | ≥（4+3） | |
| | 自粘聚酯胎聚合物改性沥青防水卷材 | 单层 | ≥3 | |
| | | 双层 | ≥（3+3） | |
| | 自粘聚合物改性沥青防水卷材 | 单层 | ≥1.5 | |
| | | 双层 | ≥（1.5+1.5） | |
| 合成高分子类防水卷材 | 三元乙丙橡胶防水卷材 | 单层 | ≥1.5 | |
| | | 双层 | ≥（1.2+1.2） | |
| | 聚氯乙烯防水卷材 | 单层 | ≥1.5 | |
| | | 双层 | ≥（1.2+1.2） | |
| | 聚乙烯丙纶复合防水卷材 | 单层 | 卷材≥0.9<br>粘结料≥1.3<br>芯材≥0.6 | |
| | | 双层 | 卷材≥（0.7+0.7）<br>粘结料≥（1.3+1.3）<br>芯材≥0.5 | |
| | 高分子自粘胶膜防水卷材 | 单层 | ≥1.2 | |
| | | 双层 | — | |
| 无机防水涂料 | 掺外加剂、掺和料的水泥基防水涂料 | 3.0 | | |
| | 水泥基渗透结晶型防水涂料 | 1.0（用量不应小于 1.5kg/m$^2$） | | |
| 有机防水涂料 | 反应性 | 1.2 | | |
| | 水乳型 | | | |
| | 聚合物水泥 | | | |
| 塑料防水板 | | ≥1.2 | | |
| 金属防水板 | | | | |
| 膨润土防水层 | 膨润土防水毯 | | | |
| | 膨润土防水板 | | | |

# 5.6 附 录

防水设计的安全评审（深圳市） 表 5.6

| | |
|---|---|
| 评审范围 | 一级设防或防水面积超过 $10000m^2$ 的屋面防水工程 |
| | 地下防水工程三层（含三层）以上或防水面积超过 $15000m^2$ 的地下防水工程 |
| 评审专家 | 由深圳市防水专业委员会组织防水专家（5 人以上）进行评审 |
| 评审要点 | 防水等级的正确性。特别注意：地下室内靠外墙边的设备用房的防水等级应为一级 |
| | 防水材料选择的正确性：区域气候的适应性，施工环境的适应性，防水材料的相容性，防水材料的厚度要求等 |
| | 防水构造做法的安全可靠及经济合理性：构造层次的数量及顺序合理、安全可靠、适用经济 |
| | 节点详图：适用、合理、安全、可靠、经济 |

# 6 门窗、幕墙

## 6.1 门窗防火防排烟

**门窗防火防排烟** **表 6.1**

<table>
<tr><th>类别</th><th colspan="2">技术要求</th><th>规范依据</th></tr>
<tr><td>防火门</td><td colspan="2">1. 设置在建筑内经常有人通行的防火门宜采用常开防火门；应能在火灾时自行关闭，并应具有信号反馈功能<br>2. 除允许设置常开防火门的位置外，其他位置的防火门均应采用常闭防火门<br>3. 除管井检修门和住宅的户门外，防火门应具有自行关闭功能，双扇防火门应具有按顺序自行关闭的功能<br>4. 除人员密集场所内平时需要控制人员随意出入的疏散门和设置门禁主体的住宅、宿舍、公寓建筑的外门，防火门应能在其内外两侧手动开启<br>5. 设置在建筑变形缝附近时，防火门应设置在楼层较多的一侧，并应保证防火门开启时门扇不跨越变形缝<br>6. 防火门关闭后应具有防烟性能<br>7. 甲、乙、丙级防火门应符合现行国家标准《防火门》GB 12955 的规定</td><td>《建筑设计防火规范》GB 50016—2014（2018版）第 6.5.1 条</td></tr>
<tr><td>防火窗</td><td colspan="2">1. 设置在防火墙、防火隔墙上的防火窗应采用不可开启的窗扇或具有火灾时自行关闭的功能<br>2. 防火窗应符合现行国家标准《防火窗》GB 16809 的规定</td><td>《建筑设计防火规范》GB 50016—2014（2018版）第 6.5.2 条</td></tr>
<tr><td rowspan="5">自然通风防烟系统的可开启外窗</td><td>封闭楼梯间<br>防烟楼梯间</td><td>应在最高部位设置面积不小于 1.0m$^2$ 的可开启外窗或开口<br>当建筑高度大于 10m 时，尚应在楼梯间的外墙上每 5 层内设置总面积不小于 2.0m$^2$ 的可开启外窗或开口，且布置间隔不大于 3 层</td><td rowspan="5">《建筑防烟排烟系统技术标准规范》GB 51251—2017 第 3.2.1～3.2.4 条</td></tr>
<tr><td>独立前室<br>消防电梯前室</td><td>可开启外窗或开口的面积不应小于 2.0m$^2$</td></tr>
<tr><td>共用前室<br>合用前室</td><td>可开启外窗或开口的面积不应小于 3.0m$^2$</td></tr>
<tr><td>避难层（间）</td><td>应设有不同朝向的可开启外窗，其有效面积不应小于该避难层（间）地面面积的 2%，且每个朝向的面积不应小于 2.0m$^2$</td></tr>
<tr><td colspan="2">可开启外窗应方便直接开启，设置在高处不便于直接开启的可开启外窗应在距地面高度为 1.3～1.5m 的位置设置手动开启装置</td></tr>
</table>

续表

| 类别 | 技术要求 | | 规范依据 |
| --- | --- | --- | --- |
| 自然排烟系统的自然排烟窗（口） | 其位置、数量、开启有效面积及开启方式应满足《建筑防烟排烟系统技术标准规范》GB 51251—2017 第 4.3 章节的要求 | | 《建筑防烟排烟系统技术标准规范》GB 51251—2017 第 4.3 章节 |
| 机械防烟系统固定窗 | 设置机械加压送风系统的封闭楼梯间、防烟楼梯间，尚应在其顶部设置不小于 $1m^2$ 的固定窗。靠外墙的防烟楼梯间，尚应在其外墙上每 5 层内设置总面积不小于 $2m^2$ 的固定窗 | | 《建筑防烟排烟系统技术标准规范》GB 51251—2017 第 3.3.11 条 |
| 机械排烟系统固定窗 | 设置要求 | 下列地上建筑或部位，当设置机械排烟系统时，尚应在外墙或屋顶设置固定窗：<br>1. 任一层建筑面积大于 $2500m^2$ 的丙类厂房（仓库）；<br>2. 任一层建筑面积大于 $3000m^2$ 的商店建筑、展览建筑及类似功能的公共建筑；<br>3. 总建筑面积大于 $1000m^2$ 的歌舞、娱乐、放映、游艺场所；<br>4. 商店建筑、展览建筑及类似功能的公共建筑中长度大于 60m 的走道；<br>5. 靠外墙或贯通至建筑屋顶的中庭 | 《建筑防烟排烟系统技术标准规范》GB 51251—2017 第 4.1.4 条 |
| | 布置 | 1. 非顶层区域的固定窗应布置在每层的外墙上<br>2. 顶层区域的固定窗应布置在屋顶或顶层的外墙上，但未设置自动喷水灭火系统的以及采用钢结构屋顶或预应力钢筋混凝土屋面板的建筑应布置在屋顶 | 《建筑防烟排烟系统技术标准规范》GB 51251—2017 第 4.4.16 条 |
| | | 固定窗宜按每个防烟分区在屋顶或建筑外墙上均匀布置且不应跨越防火分区 | 《建筑防烟排烟系统技术标准规范》GB 51251—2017 第 4.4.14 条 |
| | 有效面积 | 1. 设置在顶层区域的固定窗，其总面积不应小于楼地面面积的 2%<br>2. 设置在靠外墙且不位于顶层区域的固定窗，单个固定窗的面积不应小于 $1m^2$，且间距不宜大于 20m，其下沿距室内地面的高度不宜小于层高的 1/2；供消防救援人员进入的窗口面积不计入固定窗面积，但可组合布置<br>3. 设置在中庭区域的固定窗，其总面积不应小于中庭楼地面面积的 5%<br>4. 固定玻璃窗应按可破拆的玻璃面积计算，带有温控功能的可开启设施应按开启时的水平投影面积计算 | 《建筑防烟排烟系统技术标准规范》GB 51251—2017 第 4.4.15 条 |
| | 可熔性采光带（窗） | 除洁净厂房外，设置机械排烟系统的任一层建筑面积大于 $2000m^2$ 的制鞋、制衣、玩具、塑料、木器加工储存等丙类工业建筑，可采用可熔性采光带（窗）替代固定窗，其面积应符合下列规定：<br>1. 未设置自动喷水灭火系统的或采用钢结构屋顶、预应力钢筋混凝土屋面板的建筑，不应小于楼地面面积的 10%；<br>2. 其他建筑不应小于楼地面面积的 5%。<br>注：可熔性采光带（窗）的有效面积应按其实际面积计算。 | 《建筑防烟排烟系统技术标准规范》GB 51251—2017 第 4.4.17 条 |

# 6.2 门窗构造

门窗构造　　表 6.2

<table>
<tr><th>类别</th><th colspan="2">技术要求</th><th>规范依据</th></tr>
<tr><td rowspan="2">应使用安全玻璃的铝合金门窗部位</td><td colspan="2">人员流动性大的公共场所，易于受到人员和物体碰撞的铝合金门窗</td><td rowspan="5">《铝合金门窗工程技术规范》JGJ 214—2010 第4.12节</td></tr>
<tr><td colspan="2">建筑物中的下列部位：<br>1. 七层及七层以上建筑物外开窗；<br>2. 面积大于 1.5m² 的窗玻璃或玻璃底边离最终装修面小于 500mm 的落地窗；<br>3. 倾斜安装的铝合金门窗</td></tr>
<tr><td>防盗</td><td colspan="2">有防盗要求的建筑外门窗应采用夹层玻璃和牢固的门窗锁具<br>有锁闭要求的铝合金窗开启扇，宜采用带钥匙的窗锁、执手等锁闭器具</td></tr>
<tr><td>防脱落</td><td colspan="2">铝合金推拉门、推拉窗的窗扇应有防止从室外侧拆卸的装置<br>推拉窗用于外墙时，应设置防止窗扇向室外脱落的装置</td></tr>
<tr><td rowspan="3">防碰撞</td><td colspan="2">双向开启的铝合金地弹簧门应在可视高度部分安装透明安全玻璃</td></tr>
<tr><td colspan="2">公共走道的窗扇开启时不得影响人员通行，其底面距走道地面高度不应低于 2.0</td><td>《民用建筑设计统一标准》GB 50352—2019 第6.11.6-2</td></tr>
<tr><td colspan="2">安装在易于受到人体或物体碰撞部位的建筑玻璃，应采取保护措施：在视线高度设醒目标志或设置护栏等措施；碰撞后可能发生高处人体或玻璃坠落的，应采用可靠护栏</td><td>《建筑玻璃应用技术规程》JGJ 113—2015 第7.3节</td></tr>
<tr><td rowspan="3">防跌落</td><td>公共建筑</td><td>临空外窗的窗台距楼地面净高低于 0.8m 时应设防护设施，防护高度由地面起算不应低于 0.8m</td><td rowspan="3">《民用建筑设计统一标准》GB 50352—2019 第6.11.6条</td></tr>
<tr><td>居住建筑</td><td>临空外窗的窗台距楼地面净高低于 0.9m 时应设防护设施，防护高度由地面起算不应低于 0.9m</td></tr>
<tr><td>凸窗</td><td>窗台高度低于等 0.45m 时，其防护高度从窗台面起算不应低于 0.9m<br>窗台高度高于 0.45m 时，其防护高度从窗台面起算不应低于 0.6m</td></tr>
<tr><td>防玻璃热炸裂</td><td colspan="2">当平板玻璃、着色玻璃、镀膜玻璃和压花玻璃明框安装且位于向阳面时，应进行热应力计算<br>半钢化玻璃和钢化玻璃可不进行热应力计算</td><td>《建筑玻璃应用技术规程》JGJ 113—2015 第6.1.1条</td></tr>
</table>

# 6.3 建筑玻璃采光顶

**建筑玻璃采光顶技术要求** **表 6.3**

<table>
<tr><th>类别</th><th colspan="2">技术要求</th><th>规范依据</th></tr>
<tr><td>一般规定</td><td colspan="2">1. 选用材料的物理力学性能应满足设计要求<br>2. 严寒和寒冷地区选用的材料应满足防低温脆断的要求<br>3. 应能适应主体结构的变形和温度作用的影响<br>4. 耐久性、防结露（霜、冰凌）能力及抗冰雹能力应符合设计要求<br>5. 用于严寒地区时，宜采取除雪措施<br>6. 用于高湿场合时，应考虑防腐措施，室内侧应有冷凝水收集引流装置<br>7. 防火及排烟要求应符合《建筑设计防火规范》GB 50016、《建筑防烟排烟系统技术标准规范》GB GB51251 的相关规定</td><td rowspan="3">《建筑玻璃采光顶技术要求》JG/T 231—2018 第 5 章节</td></tr>
<tr><td>玻璃面板尺寸</td><td colspan="2">采光顶用玻璃面板面积应不大于 2.5m²，长边边长宜不大于 2m</td></tr>
<tr><td>玻璃梁</td><td colspan="2">玻璃采光顶采用玻璃梁支承时，玻璃梁应采用夹层玻璃，夹层玻璃原片宜采用钢化或半钢化超白平板玻璃；玻璃梁还应符合下列要求：<br>1. 当玻璃梁有打孔需要时，应采用钢化夹层玻璃；<br>2. 当玻璃梁无打孔需要时，可采用半钢化夹层玻璃</td></tr>
<tr><td rowspan="4">玻璃面板选用</td><td colspan="2">应采用夹层玻璃、含夹层玻璃的中空玻璃或含夹层玻璃的真空玻璃，且夹层玻璃应位于下侧</td><td rowspan="4">《建筑玻璃采光顶技术要求》JG/T 231—2018 第 6.4 条</td></tr>
<tr><td>夹层玻璃</td><td>玻璃原片厚度不宜小于 5mm，其中夹层胶片（PVB）厚度不应小于 0.76mm</td></tr>
<tr><td>夹层中空玻璃</td><td>1. 夹层玻璃和中空玻璃的单片玻璃厚度相差宜不大于 3mm<br>2. 中空玻璃气体层厚度应根据节能要求计算确定，且宜不小于 12mm<br>3. 中空玻璃应采用双道密封</td></tr>
<tr><td>夹层真空玻璃</td><td>玻璃原片厚度不宜小于 6mm</td></tr>
<tr><td rowspan="2">与上部建筑防火</td><td colspan="2">建筑屋顶上的开口与邻近建筑或设施之间，应采取防止火灾蔓延的措施<br>屋顶开口距建筑高度较高部分不宜小于 6m，或采取防火采光顶、邻近开口一侧的建筑外墙采用防火墙等措施</td><td>《建筑设计防火规范》GB 50016—2014（2018 版）第 6.3.7 条及条文说明</td></tr>
<tr><td colspan="2">地下采光窗井与地面建筑物的最小防火间距：
<table>
<tr><td rowspan="2">地面建筑类别和耐火等级 / 防火间距（m） / 地下建筑类别</td><td colspan="3">民用建筑</td><td colspan="3">丙、丁、戊类厂房、库房</td><td colspan="2">高层民用建筑</td><td rowspan="2">甲、乙类厂房、库房</td></tr>
<tr><td>一、二级</td><td>三级</td><td>四级</td><td>一、二级</td><td>三级</td><td>四级</td><td>主体</td><td>裙房</td></tr>
<tr><td>丙、丁、戊类生产车间、物品库房</td><td>10</td><td>12</td><td>14</td><td>10</td><td>12</td><td>14</td><td>13</td><td>6</td><td>25</td></tr>
<tr><td>其他场所</td><td>6</td><td>7</td><td>9</td><td>10</td><td>12</td><td>14</td><td>13</td><td>6</td><td>25</td></tr>
</table>
注：① 防火间距按地下建筑有窗外墙或采光井边缘与相邻地面建筑外墙的最近距离计算；<br>② 当相邻的地面建筑物外墙为防火墙或相邻的地面建筑物 15m 以下范围的外墙为防火墙且不开设门窗洞口时，其防火间距不限；<br>③ 当采光井周围设有耐火极限不低于 3h 的防火卷窗与地下建筑其他部位隔开时，其防火间距不应小于 4m。</td><td>广东省公安厅《关于印发加强部分场所消防设计和安全防范的若干意见的通知》粤公通字（2014）13 号</td></tr>
</table>

# 6.4 门窗玻璃面积及厚度的规定

玻璃门窗、室内隔断、栏板、屋顶等玻璃的选用　　表 6.4-1

<table>
<tr><th>应用部位</th><th colspan="2">玻璃种类、规格要求</th><th>规范依据</th></tr>
<tr><td rowspan="2">活动门<br>固定门<br>落地窗</td><td colspan="2">有框玻璃应使用符合表 6.4-2 规定的安全玻璃</td><td rowspan="2">《建筑玻璃应用技术规程》JGJ 113—2015 第 7.2.1 条</td></tr>
<tr><td colspan="2">无框玻璃应使用公称厚度不小于 12 mm 的钢化玻璃</td></tr>
<tr><td rowspan="5">室内<br>隔断</td><td>一般要求</td><td>应使用安全玻璃，且最大使用面积应符合表 6.4-2 的规定</td><td rowspan="3">《建筑玻璃应用技术规程》JGJ 113—2015 第 7.2.2、7.2.3 条</td></tr>
<tr><td rowspan="2">人群集中的公共场所和运动场所</td><td>有框玻璃。应符合表 6.4-2 的规定，且公称厚度不小于 5mm 的钢化玻璃或公称厚度不小于 6.38mm 的夹层玻璃</td></tr>
<tr><td>无框玻璃。应符合表 6.4-2 的规定，且公称厚度不小于 10mm 的钢化玻璃</td></tr>
<tr><td rowspan="2">浴室用玻璃</td><td>有框玻璃。应符合表 6.4-2 的规定，且公称厚度不小于 8mm 的钢化玻璃</td><td rowspan="2">《建筑玻璃应用技术规程》JGJ 113—2015 第 7.2.4 条</td></tr>
<tr><td>无框玻璃。应符合表 6.4-2 的规定，且公称厚度不小于 12mm 的钢化玻璃</td></tr>
<tr><td rowspan="3">室内<br>栏板</td><td>不承受<br>水平荷载</td><td>设有立柱和扶手，栏板玻璃作为镶嵌面板安装在护栏系统中，栏板玻璃应使用符合表 6.4-2 规定的夹层玻璃</td><td rowspan="3">《建筑玻璃应用技术规程》JGJ 113—2015 第 7.2.5 条</td></tr>
<tr><td rowspan="2">直接承受<br>水平荷载</td><td>栏板玻璃最低点一侧离楼地面高度不大于 5m 时，应选用公称厚度不小于 16.76mm 的钢化夹层玻璃</td></tr>
<tr><td>栏板玻璃最低点一侧离楼地面高度大于 5m 时，不得采用此类护栏系统</td></tr>
<tr><td>室外<br>栏板</td><td colspan="2">应进行玻璃抗风压设计，对有抗震设计要求的地区，应考虑地震作用的组合效应，且应符合室内栏板用玻璃的规定</td><td>《建筑玻璃应用技术规程》JGJ 113—2015 第 7.2.6 条</td></tr>
<tr><td rowspan="3">室内<br>饰面</td><td colspan="2">可采用平板玻璃、釉面玻璃、镜面玻璃、钢化玻璃和夹层玻璃等，其许用面积应符合表 6.4-2 和表 6.4-3 的规定</td><td rowspan="3">《建筑玻璃应用技术规程》JGJ 113—2015 第 7.2.7 条</td></tr>
<tr><td colspan="2">当饰面玻璃最高点离楼地面高度在 3m 或 3m 以上时，应使用夹层玻璃</td></tr>
<tr><td colspan="2">室内消防通道不宜采用饰面玻璃</td></tr>
<tr><td rowspan="2">屋面</td><td colspan="2">屋面玻璃或雨棚玻璃必须采用夹层玻璃或夹层中空玻璃，其胶片厚度不应小于 0.76mm</td><td rowspan="2">《建筑玻璃应用技术规程》JGJ 113—2015 第 8.2 节</td></tr>
<tr><td colspan="2">上人屋面玻璃应按地板玻璃进行设计</td></tr>
<tr><td rowspan="3">地板</td><td colspan="2">地板玻璃必须采用夹层玻璃，点支承地板玻璃必须采用钢化夹层玻璃<br>钢化夹层玻璃必须进行均质处理</td><td rowspan="3">《建筑玻璃应用技术规程》JGJ 113—2015 第 9.1 节</td></tr>
<tr><td colspan="2">地板夹层玻璃的单片厚度相差不宜大于 3mm，且夹层胶片厚度不宜小于 0.76mm</td></tr>
<tr><td colspan="2">框支承地板玻璃单片玻璃不宜小于 8mm，点支承地板玻璃不宜小于 10mm</td></tr>
<tr><td>水下用<br>玻璃</td><td colspan="2">应选用夹层玻璃</td><td>《建筑玻璃应用技术规程》JGJ 113—2015 第 10.1.1 条</td></tr>
</table>

安全玻璃的最大许用面积　　表 6.4-2

| 类别 | 技术要求 | |
|---|---|---|
| | 公称厚度（mm） | 最大许用面积（$m^2$） |
| 钢化玻璃 | 4 | 2.0 |
| | 5 | 2.0 |
| | 6 | 3.0 |
| | 8 | 4.0 |
| | 10 | 5.0 |
| | 12 | 6.0 |
| 夹层玻璃 | 6.38，6.76，7.52（3+3） | 3.0 |
| | 8.38，8.76，9.52（4+4） | 5.0 |
| | 10.38，10.76，11.52（5+5） | 7.0 |
| | 12.38，12，76，13.52（6+6） | 8.0 |

注：本表依据为《建筑玻璃应用技术规程》JGJ 113—2015 表 7.1.1-1。

有框平板玻璃、超白浮法玻璃和真空玻璃的最大许用面积　　表 6.4-3

| 玻璃种类 | 公称厚度（mm） | 最大许用面积（$m^2$） |
|---|---|---|
| 平板玻璃<br>超白浮法玻璃<br>真空玻璃 | 3 | 0.1 |
| | 4 | 0.3 |
| | 5 | 0.5 |
| | 6 | 0.9 |
| | 8 | 1.8 |
| | 10 | 2.7 |
| | 12 | 4.5 |

注：本表依据为《建筑玻璃应用技术规程》JGJ 113—2015 表 7.1.2。

# 6.5 消防救援窗

消防救援窗　　表 6.5

| 类别 | 技术要求 | 规范依据 |
|---|---|---|
| 定义 | 消防救援窗是指设置在厂房、仓库、公共建筑的外墙上，便于消防队员迅速进入建筑内部，有效开展人员救助和灭火行动的外窗 | 《建筑设计防火规范》GB 50016—2014（2018版）第 7.2.4 条第 7.2.5 条 |
| 设置位置 | 应与消防车登高场地相对应 | |
| 洞口尺寸 | 净高度和净宽度均不应小于 1.0m，下沿距室内地面不宜大于 1.2m | |
| 设置数量 | 沿建筑外墙层层设置，间距不宜大于 20m，且每个防火分区不应少于 2 个 | |
| 窗玻璃及标志 | 窗玻璃应易于破碎，并应设置可在室外易于识别的明显标志 | |

## 6.6 建筑幕墙安全应用的规定

**建筑幕墙安全应用的规定** **表 6.6**

| 地区 | 类别 | 技术要求 | 规范依据 |
| --- | --- | --- | --- |
| 全国 | 不得采用玻璃幕墙的部位 | 新建住宅、党政机关办公楼、医院门诊急诊楼和病房楼、中小学校、托儿所、幼儿园、老年人建筑，不得在二层及以上采用玻璃幕墙 | 住房城乡建设部国家安全监管总局《关于进一步加强玻璃幕墙安全防护工作的通知》建标〔2015〕38号 |
| | 严禁采用全隐框玻璃幕墙 | 人员密集、流动性大的商业中心，交通枢纽，公共文化体育设施等场所，临近道路、广场及下部为出入口、人员通道的建筑<br>以上建筑在二层及以上安装玻璃幕墙的，应在幕墙下方周边区域合理设置绿化带或裙房等缓冲区域，也可采用挑檐、防冲击雨棚等防护设施 | |
| | 玻璃选用 | 玻璃幕墙宜采用夹层玻璃、均质钢化玻璃或超白玻璃。采用钢化玻璃应符合国家现行标准《建筑门窗幕墙用钢化玻璃》JG/T 455的规定 | |
| 深圳市 | 不得采用玻璃幕墙的部位 | 1. 住宅、党政机关办公楼、医院门诊急诊楼和病房楼、中小学校、托儿所、幼儿园、养老院的新建、改建、扩建工程以及立面改造工程<br>2. 建筑物与中小学校、托儿所、幼儿园、养老院等毗邻一侧的二层以上部位<br>3. 在T形路口正对直线路段处 | 深圳市住房和建设局《关于加强建筑幕墙安全管理的通知》深建物业〔2016〕43号<br>《深圳市建筑设计规则》2019第5.3.1条 |
| | 慎用玻璃幕墙 | 1. 毗邻住宅、医院（门诊、急诊楼和病房楼）、保密单位等建筑物<br>2. 城市中划定的历史街区、文物保护区和风景名胜区内<br>3. 位于红树林保护区及其他鸟类保护区周边的高层或超高层建筑 | 《深圳市建筑设计规则》2019版第5.3.2条 |
| | 禁止采用全隐框玻璃幕墙 | 人员密集、流动性大的商业中心，交通枢纽，公共文化体育设施等场所，临近道路、广场及下部为出入口、人员通道的建筑；<br>以上建筑在二层及以上安装玻璃或石材幕墙的，应在幕墙下方周边区域合理设置绿化带或裙房等缓冲区域，也可采用挑檐、顶棚、防冲击雨棚等防护设施，防止发生幕墙玻璃或石材坠落伤害事故 | 深圳市住房和建设局《关于加强建筑幕墙安全管理的通知》深建物业〔2016〕43号 |
| | 石材幕墙 | 外装饰线条必须采用可靠的机械锚固连接 | |
| | 消防救援 | 玻璃幕墙采用夹层玻璃时，消防登高面侧的幕墙每层应设置消防应急可击碎的钢化玻璃，并设置明显的警示标志 | |
| | 玻璃面板选用 | 1. 除夹层玻璃外应选用均质钢化玻璃及其制品<br>2. 人员密集、流动性大的重要公共建筑，且可能造成人身伤害、财产损失的幕墙玻璃面板，倾斜或倒挂的幕墙玻璃必须采用夹层玻璃<br>3. 点支承、隐框、半隐框玻璃幕墙和隐框开启扇用中空玻璃的第二道密封胶必须采用硅酮结构密封胶 | |
| | 可见光反射比控制 | 1. 应采用可见光反射比不大于0.20的玻璃<br>2. 在城市快速路、主干道、立交桥、高架桥两侧的建筑物20m以下及一般路段10m以下的玻璃幕墙，应采用反射比不大于0.16的低反射玻璃<br>3. 道路两侧玻璃幕墙设计成凹形弧面时应避免反射光进入行人与驾驶员的视场中，凹形弧面玻璃幕墙设计与设置应控制反射光聚焦点的位置 | 《深圳市建筑设计规则》2019第5.3.3条 |
| | 光反射影响分析要求 | 以下情况应进行玻璃幕墙光反射影响分析，并采取措施降低光反射影响：<br>1. 建设项目在住宅、医院、中小学校及幼儿园周边区域设置玻璃幕墙时；<br>2. 建设项目在城市主干道路口和交通流量大的区域设置玻璃幕墙时 | 《深圳市建筑设计规则》2019第5.3.4条 |

## 6.7 建筑幕墙安全措施

建筑幕墙安全措施　　表 6.7

| 类别 | 技术要求 | 规范依据 |
|---|---|---|
| 防火措施 | 1. 建筑幕墙应在每层楼板外沿设置高度不小于 0.8m（有自喷系统）/1.2m（无自喷系统）的不燃实体墙或防火玻璃墙<br>2. 建筑幕墙与每层楼板、隔墙处的缝隙应采用防火材料（玻璃棉、岩棉等）封堵<br>3. 同一幕墙玻璃单元，不宜跨越建筑物的两个防火分区 | 《建筑设计防火规范》GB 50016—2014（2018版）第 6.2.5 及 6.2.6 条<br>《玻璃幕墙工程技术规范》JGJ 102—2003 第 4.4.12 条 |
| 玻璃选用 | 1. 框支承玻璃幕墙，宜采用安全玻璃<br>2. 点支承玻璃幕墙的面板玻璃应采用钢化玻璃<br>3. 采用玻璃肋支承的点支承玻璃幕墙，其玻璃肋应采用钢化夹层玻璃<br>4. 人员流动密度大、青少年或幼儿活动的公共场所以及使用中容易受到撞击的部位，其玻璃幕墙应采用安全玻璃；对使用中易受到撞击的部位，尚应设置明显的警示标志 | 《玻璃幕墙工程技术规范》JGJ 102—2003 第 4.4.1-4.4.4 条 |
| 防撞措施 | 与玻璃幕墙相邻的楼面外缘无实体墙时，应设置防撞设施 | 《玻璃幕墙工程技术规范》JGJ 102—2003 第 4.4.5 条 |
| 防坠落伤人 | 人员密集、流动性大的商业中心，交通枢纽，公共文化体育设施等场所，临近道路、广场及下部为出入口、人员通道的建筑，在二层及以上安装玻璃幕墙的，应在幕墙下方周边区域合理设置绿化带或裙房等缓冲区域，也可采用挑檐、防冲击雨棚等防护设施 | 住房城乡建设部、国家安全监管总局《关于进一步加强玻璃幕墙安全防护工作的通知》建标［2015］38 号 |
| 开启扇 | 开启角度不宜大于 30°<br>开启距离不宜大于 300mm | 《玻璃幕墙工程技术规范》JGJ 102—2003 第 4.1.5 条 |
| 其他 | 玻璃幕墙的单元板块不应跨越主体建筑的变形缝，其与主体建筑变形缝相对应的构造缝的设计，应能适应主体建筑变形的要求 | 《玻璃幕墙工程技术规范》JGJ 102—2003 第 4.3.13 条 |

# 7 建 筑 结 构

## 7.1 抗 震 等 级 要 求

抗震等级要求　　表 7.1

| 类别 | 标　准 | 技术要求 | 规范依据 |
|---|---|---|---|
| 特殊设防类 | 指使用上有特殊设施，涉及国家公共安全的重大建筑工程和地震时可能发生严重次生灾害后果，需要进行特殊设防的建筑。简称甲类 | 应按高于本地区抗震设防烈度一度的要求加强其抗震措施；但抗震设防烈度为 9 度时应按比 9 度更高的要求采取抗震措施。同时，应按批准的地震安全性评估的结果且高于本地区抗震设防烈度的要求确定其地震作用 | 《建筑工程抗震设防分类标准》GB 50223—2008 第 3.0.2 条 |
| 重点设防类 | 指地震时使用功能不能中断或需尽快恢复的生命线相关建筑，以及地震时可能导致大量人员伤亡等重大灾害后果，需要提高设防标准的建筑。简称乙类 | 应按高于本地区抗震设防烈度一度的要求加强其抗震措施；但抗震设防烈度为 9 度时应按比 9 度更高的要求采取抗震措施；地基基础的抗震措施，应符合有关规定。同时，应按本地区抗震设防烈度确定其地震作用 | |
| 标准设防类 | 指大量的除特殊设防类、重点设防类、适度设防类以外按标准要求进行设防的建筑。简称丙类 | 应按本地区抗震设防烈度确定其抗震措施和地震作用，达到在遭遇高于当地抗震设防烈度的预估罕遇地震影响时不致倒塌或发生危及生命的严重破坏的抗震目标 | |
| 适度设防类 | 指使用上人员稀少且震损不致产生次生灾害，允许在一定条件下适度降低要求的建筑。简称丁类 | 允许按照本地区抗震设防烈度的要求适当降低其抗震措施，但抗震设防烈度为 6 度时不应降低。一般情况下，应按本地区抗震设防烈度确定其地震作用 | |

## 7.2 公共建筑重点的设防类

公共建筑重点的设防类　　表 7.2

| 建筑类别 | 范　围 | 抗震设防烈度 | 规范依据 |
|---|---|---|---|
| 医院建筑 | 三级医院中承接特别重要医疗任务的门诊、医技、住院用房 | 特殊设防类 | 《建筑工程抗震设防分类标准》GB 50223—2008 第 4.0.3 条 |
| | 二、三级医院的门诊、医技、住院用房，具有外科手术室或急诊科的乡镇卫生院的医疗用房，县级及以上急救中心的指挥、通信、运输系统的重要建筑，县级及以上的独立采供血机构的建筑 | 重点设防类 | |

续表

| 建筑类别 | 范围 | 抗震设防烈度 | 规范依据 |
|---|---|---|---|
| 体育建筑 | 特大型的体育场、大型、观众席容量很多的中型体育场和体育馆（含游泳馆） | 重点设防类 | 《建筑工程抗震设防分类标准》GB 50223—2008第6条 |
| 文化娱乐建筑 | 大型的电影院、剧场、礼堂、图书馆的视听室和报告厅、文化馆的观演厅和展览厅、娱乐中心 | 重点设防类 | |
| 商业 | 人流密集的大型的多层商场 | 重点设防类 | |
| 博物馆和档案馆 | 大型博物馆，存放国家一级文物的博物馆，特级、甲级档案馆 | 重点设防类 | |
| 会展建筑 | 大型展览馆、会展中心 | 重点设防类 | |
| 教育建筑 | 幼儿园、小学、中学的教学用房以及学生宿舍和食堂 | 不低于重点设防类 | |
| 科学实验楼 | 研究、中试生产和存放具有高放射性物品以及剧毒的生物制品、化学制品、天然人工细菌、病毒（如鼠疫、霍乱、伤寒和新发高危险传染病等）的建筑 | 特殊设防类 | |
| 电子信息中心 | 省部级编制和储存重要信息的建筑 | 重点设防类 | |
| 高层建筑 | 结构单元内经常使用人数超过8000人 | 重点设防类 | |
| 居住建筑 | | 不应低于标准设防类 | |

注：参照《建筑工程抗震设防分类标准》GB 50223—2008。

# 7.3 变形缝的设置

## 7.3.1 伸缩缝

**砌体房屋结构伸缩缝最大间距（m）** **表7.3.1-1**

| 屋盖或楼盖类别 | | 间距 | 规范依据 |
|---|---|---|---|
| 整体式或装配整体式钢筋混凝土结构 | 有保温层或隔热层的屋盖、楼盖 | 50 | 《混凝土结构设计规范》GB 50010—2010(2015年版)第8.1.1条 |
| | 无保温层或隔热层的屋盖 | 40 | |
| 装配式无檩条系钢筋混凝土结构 | 有保温层或隔热层的屋盖、楼盖 | 60 | |
| | 无保温层或隔热层的屋盖 | 50 | |
| 装配式有檩条系钢筋混凝土结构 | 有保温层或隔热层的屋盖 | 75 | |
| | 无保温层或隔热层的屋盖 | 60 | |
| 瓦材屋盖、木屋盖或楼盖、轻钢屋盖 | | 100 | |

**钢筋混凝土结构伸缩缝最大间距（m）** **表 7.3.1-2**

| 结构类别 | | 室内或土中 | 露天 | 规范依据 |
|---|---|---|---|---|
| 框架结构 | 装配式 | 75 | 50 | 《混凝土结构设计规范》GB 50010—2010（2015 年版）第 8.1.1 条 |
| | 现浇式 | 55 | 35 | |
| 剪力墙结构 | 装配式 | 65 | 40 | |
| | 现浇式 | 45 | 30 | |
| 挡土墙、地下室墙壁等类结构 | 装配式 | 40 | 30 | |
| | 现浇式 | 30 | 20 | |

注：1. 框架-剪力墙结构或框架-核心筒结构伸缩缝间距，根据结构具体布置情况取表中框架结构与剪力墙结构之间的数值；
2. 屋面无保温或隔热措施时，框架结构、剪力墙结构的伸缩缝宜按表中露天栏数值取值；
3. 现浇挑檐、雨棚等外露结构的伸缩缝间距不宜大于 12m。

### 7.3.2 沉降缝

**房屋沉降缝的宽度（mm）** **表 7.3.2**

| 房屋层数 | 沉降缝宽度（mm） | 规范依据 |
|---|---|---|
| 二至三层 | 50～80 | 《建筑地基基础设计规范》GB 50007—2011 第 7.3.2 条 |
| 四至五层 | 80～120 | |
| 五层以上 | 不小于 120 | |

### 7.3.3 防震缝

**防震缝最小宽度（m）** **表 7.3.3**

| 结构体系 | 沉降缝宽度（mm） | 规范依据 |
|---|---|---|
| 框架结构 | 当高度 $H$ 不超过 15m 时，宽度 100mm<br>高度 $H$ 超过 15m，6、7、8、9 度时，分别每增加高度 5m、4m、3m、2m，宜加宽 20mm | 《建筑抗震设计规范》GB 50011—2010（2016 版）第 6.1.4 条 |
| 框架-抗震墙 | 按框架结构规定数值 70%取值，且不宜＜100mm | |
| 抗震墙结构 | 按框架结构规定数值 50%取值，且不宜＜100mm<br>如抗震缝两侧结构类型不同时，宜按需要较宽防震缝的结构类型和较低房屋高度确定宽度 | |

# 8 建筑设备

## 8.1 给排水设备

给排水设备　　表 8.1

<table>
<tr><th colspan="2">类别</th><th>技术要求</th><th>规范依据</th></tr>
<tr><td rowspan="3">设备房要求</td><td>水泵房</td><td>1. 泵房应有充足的光线和良好的通风，并保证在冬季设备不发生冻结<br>2. 给水泵房、排水泵房不得设置在有安静要求的房间上面、下面和毗邻的房间内；泵房内应设排水设施，地面应设防水层；墙面和顶面应采取隔声措施。生活泵房内的环境应满足卫生要求<br>3. 水泵基础应设隔振装置，吸水管和出水管上应设隔振减噪声装置，管道支架、管道穿墙及穿楼板处应采取防固体传声措施，必要时可在泵房建筑上采取隔声吸声措施<br>4. 有水设备房间应设置排水设施及防水措施，门口应设置门槛<br>5. 生活泵房内的环境应满足卫生要求</td><td rowspan="4">《民用建筑设计统一标准》GB 50352—2019<br>《建筑设计防火规范》GB 50016—2014（2018 年版）<br>《建筑给水排水设计规范》GB 50015—2003（2009 年版）<br>《室外给水设计规范》GB 50018—2006（2018 年版）<br>《室外排水设计规范》GB 50014—2006（2016 年版）</td></tr>
<tr><td>水处理站</td><td>污水处理站、中水处理站的设置应符合下列要求：<br>1. 建筑小区污水处理站、中水处理站宜布置在基地主导风向的下风向处，且宜在地下独立设置。<br>2. 以生活污水为原水的地面处理站与公共建筑和住宅的距离不宜<15m，建筑物内的中水处理站宜设在建筑物的最底层，建筑群（组团）的中水处理站宜设在其中心建筑的地下室或裙房内</td></tr>
<tr><td>热水机房</td><td>1. 机房宜与其他建筑物分离独立设置。当设在建筑物内时，不应设置在人员密集场所的上、下层或紧邻，应布置在靠外墙部位，其疏散门应直通安全出口。在外墙开口部位的上方，应设置宽度≥1.0m 的不燃烧体防火挑檐<br>2. 机房顶部及墙面应做隔声处理，地面应做防水处理<br>3. 高层建筑内的燃气供气管道应有专用竖井，井壁上的检修门应为丙级防火门<br>4. 日用油箱应设在单独房间内，墙体耐火等级不应低于二级，房间门应采用甲级防火门，并设挡油措施</td></tr>
<tr><td>设施要求</td><td>给水设施</td><td>1. 建筑给水应采用节水型低噪声卫生器具和水嘴；当分户计量时，宜设水表间<br>2. 建筑物内的生活饮水水池（箱）体应采用独立结构形式，不得利用建筑物的本体结构作为水池（箱）的壁板、底板及顶盖。宜设置在专用房间内，其直接上层不应有厕所、浴室、盥洗室、厨房、厨房废水处理收集间、污水处理机房、污水泵房、洗衣房、垃圾间及其他产生污染源的房间，且不应与上述房间毗邻。与其他用水水池（箱）并列设置时，应有各自独立的分隔墙<br>3. 生活饮用水池（箱）的材质、衬砌材料和内壁涂料不得影响水质<br>4. 埋地生活饮用水贮水池周围 10m 以内，不得有化粪池、污水处理构筑物、渗水井、垃圾堆放点等污染源，周围 2m 以内不得有污水管和污染物<br>5. 生活热水的热源应遵循国家或地方有关规定利用太阳能，新建建筑太阳能集热器的设置必须与建筑设计一体化</td></tr>
</table>

续表

| 类别 | | 技 术 要 求 | 规范依据 |
|---|---|---|---|
| 设施要求 | 排水设施 | 1. 建筑物内生活污水如需化粪池处理时，粪便污水与淋浴洗脸等废水要分开排放。<br>2. 建筑物内生活污水管道和生产污水管道应与建筑内雨水管道分开<br>3. 公共餐厅厨房污水应经隔油池处理后再排放。医院污水应处理后排放<br>4. 含有有毒、有害物质的污水以及需要回收利用的污水应分开排放<br>5. 生活废水需回收利用时与生活污水应分流排放<br>6. 化粪池距离地下取水构筑物应＞30m。化粪池外壁距建筑物外墙宜≥5m，并不得影响建筑物基础<br>7. 屋顶雨水排水，应以变形缝作为排水分水线<br>8. 雨水排水立管不得设置在居住房间内<br>9. 下沉式广场地面排水、地下车库出入口的明沟排水，应设置雨水集水池和排水泵提升排至室外雨水检查井 | 《民用建筑设计统一标准》GB 50352—2019<br>《建筑设计防火规范》GB 50016—2014（2018年版）<br>《建筑给水排水设计规范》GB 50015—2003（2009年版）<br>《室外给水设计规范》GB 50018—2006（2018年版）<br>《室外排水设计规范》GB 50014—2006（2016年版） |
| 管道要求 | | 1. 给水排水管道不应穿过变配电房、电梯机房、智能化系统机房、音像库房等遇水会损坏设备和引发事故的房间，以及博物馆类建筑的藏品库房、档案馆类建筑的档案库区、图书馆类建筑的书库等，并应避免在生产设备、配电柜上方通过<br>2. 排水横管不得穿越食品加工及贮藏部位，不得穿越生活饮用水池（箱）的正上方<br>3. 排水管道不得穿过结构变形缝等部位，当必须穿过时，应采取相应技术措施<br>4. 排水管道不得穿越客房、病房和住宅的卧室、书房、客厅、餐厅等对卫生、安静有较高要求的房间<br>5. 当采用同层排水时，卫生间的地坪和结构楼板均应采取可靠的防水措施<br>6. 生活饮用水管道严禁穿过毒物污染区。通过有腐蚀性区域时，应采取安全防护措施<br>7. 专用通气管不得接纳器具污水、废水和雨水<br>8. 通气管出经常有人停留的屋面，应高出屋面2m，应根据防雷要求考虑防雷装置。通气管口4m范围内有门窗时，通气管高度应高出门窗顶0.6m或引向无门窗一侧。通气管口不宜设在建筑物挑出部分的下面<br>9. 有抗震要求的地区，管道的敷设也应考虑抗震的措施。管道与套管间的缝隙采用柔性连接，管道架空活动支架侧面应设置侧向挡板<br>10. 在安全、防火和卫生等方面互有影响的管线不应敷设在同一管道井内<br>11. 竖井井壁的耐火极限应根据建筑本体设置，检修门应采用不低于丙级的防火门。井内地面或检修门门槛宜高出本层楼地面≥0.10m | |
| 消防要求 | | 1. 消防水泵房的设置应符合下列规定：<br>（1）单独建造的消防水泵房，其耐火等级不应低于二级；<br>（2）附设在建筑内的消防水泵房，不应设置在地下三层及以下或室内地面与室外出入口地坪高差＞10m的地下楼层；<br>（3）消防水泵房应采取防水淹的技术措施； | |

续表

| 类别 | 技术要求 | 规范依据 |
| --- | --- | --- |
| 消防要求 | (4) 疏散门应直通室外或安全出口<br>2. 消防水池可室外埋地设置、露天设置或在建筑内设置，并靠近消防泵房或与泵房同一房间，且池底标高应≥消防泵房的地面标高<br>3. 消防用水等非生活饮用水水池的池体宜采用独立结构形式，不宜利用建筑物的本体结构作为水池的壁板、底板及顶板。钢筋混凝土水池，其池壁、底板及顶板应作防水处理，且内表面应光滑易于清洗<br>4. 生活用水、消防用水合用的贮水池应采取消防用水不被挪作其他用途的措施<br>5. 消防水池设有消防车取水口（井）时，应设置消防车到达取水口的消防车道和消防车回车场或回车道<br>6. 高位水箱应设在便于维修、光线通风良好，且不易结冻的地方<br>7. 附设在建筑内的灭火设备室、消防水泵房等应采用耐火极限≥2.00h的防火隔墙和耐火极限≥1.50h的楼板与其他部位分隔<br>8. 建筑内的管道，在穿越防火隔墙、楼板和防火墙处的孔隙应采用防火封堵材料封堵<br>9. 室内消火栓应设置在明显易于取用，及便于火灾扑救的位置。消火栓箱暗装在防火墙处，应采取不能减弱防火墙耐火等级的技术措施 | 《民用建筑设计统一标准》GB 50352—2019<br>《建筑设计防火规范》GB 50016—2014（2018年版）<br>《建筑给水排水设计规范》GB 50015—2003（2009年版）<br>《室外给水设计规范》GB 50018—2006（2018年版）<br>《室外排水设计规范》GB 50014—2006（2016年版） |

# 8.2 电气电信设备

**电气电信设备** **表8.2**

| 类别 | | 技术要求 | 规范依据 |
| --- | --- | --- | --- |
| 设备房要求 | 变电所 | 1. 变电所位置的选择，应符合下列要求：<br>(1) 宜接近用电负荷中心，应方便进出线，应方便设备吊装运输。<br>(2) 不应在厕所、浴室、厨房或其他蓄水、积水场所的直接下一层设置，且不宜与上述场所相贴邻，当贴邻时应采取防水措施。<br>(3) 变配电室，不应在教室、居室的直接上、下层及贴邻处设置，且不应在人员密集场所的疏散出口两侧设置；当变配电室的直接上、下层及贴邻处设置病房、客房、办公室时，应采取屏蔽、降噪等措施。<br>(4) 独立建造的变电所，不宜设在地势低洼和可能积水的场所。<br>(5) 变电所位于高层建筑的地下室时，应避免被水浸的可能性，不宜设在最底层，当地下仅有一层时，应采取适当抬高该所的地面等防水措施。<br>2. 地上高压配电室宜设不能开启的自然采光窗，其窗距室外地坪宜≥1.8m；地上低压配电室可设能开启的不临街的自然采光通风窗。变配电室应设置防雨雪和小动物从采光窗、通风窗、门、电缆沟等进入室内的设施<br>3. 变电所内设置值班室时，值班室应设置直接通向室外或疏散通道（安全出口）的疏散门。变配电室的房门应朝外开启，同一个防火分区内的变电所，其内部相通的门应为不燃材料制作的双向弹簧门。当变压器室、配电室、电容器室长度大于7.0m时，至少应设2个出入口门<br>4. 变电所地面或门槛宜高出本层楼地面≥0.10m。变电所的电缆夹层、电缆沟和电缆室应采取防水、排水措施<br>5. 变电所宜设置在一个防火分区内。当在一个防火分区内设置的变电所，建筑面积不大于$200m^2$时，至少应设置1个直接通向疏散走道（安全出口）或室外的疏散门；当建筑面积大于$200m^2$时，至少应设置2个直接通向疏散走道（安全出口）或室外的疏散门。当变电所长度大于60.0m时，至少应设置3个直接通向疏散走道（安全出口）或室外的疏散门 | 《民用建筑设计统一标准》GB 50352—2019<br>《建筑设计防火规范》GB 50016—2014（2018年版）<br>《民用建筑电气设计规范》JGJ 16—2008<br>《建筑物防雷设计规范》GB 50057—2010<br>《20kV及以下变电所设计规范》GB 50053—2013 |

续表

| 类别 | | 技 术 要 求 | 规范依据 |
|---|---|---|---|
| 设备房要求 | 柴油发电机房 | 1. 柴油发电机房位置的选择要求同变电所要求，并宜靠近变电所设置<br>2. 当发电机间、控制及配电室长度大于7.0m时，至少应设2个出入口门，其中一个门及通道的大小应满足运输机组的需要，否则应预留运输条件<br>3. 发电机间的门应向外开启。发电机间与控制室或配电室之间的门和观察窗应采取防火措施，门开向发电机间<br>4. 当柴油发电机房设置在地下时，宜贴邻建筑外围或顶板，机房的送、排风管（井）道和排烟管（井）道应直通室外。室外排烟管（井）道的口部下缘距地面高度不宜小于2.0m并应达到环境保护要求<br>5. 柴油发电机房应采取机组消声及机房隔声的构造措施<br>6. 建筑物内或外设储油设施时，应符合《建筑设计防火规范》GB 50016的要求<br>7. 机组基础应采取减振措施，当机组设置在主体建筑内或地下室时，应防止与房屋产生共振现象。柴油机基础应采用防油浸的措施 | 《民用建筑设计统一标准》GB 50352—2019<br>《建筑设计防火规范》GB 50016—2014（2018年版）<br>《民用建筑电气设计规范》JGJ 16—2008<br>《建筑物防雷设计规范》GB 50057—2010<br>《20kV及以下变电所设计规范》GB 50053—2013 |
| | 智能化机房 | 1. 机房不应设在水泵房、厕所和浴室等潮湿场所的贴邻位置。不宜贴邻建筑物的外墙；与机房无关的管线不应从机房内穿越；机房地面或门槛宜高出本层楼地面≥0.10m<br>2. 机房宜铺设架空地板、网络地板或地面线槽；宜采用防静电、防尘材料；机房净高宜≥2.50m<br>3. 机房可单独设置，也可合用设置。消防控制室与其他控制室合用时，消防设备在室内应占有独立的区域，且相互间不会产生干扰；安防监控中心与其他控制室合用时，风险等级应得到主管安防部门的确认<br>4. 重要机房应远离强磁场所，且应做好自身的物防、技防<br>5. 消防控制室、安防监控中心宜设在建筑物的首层或地下一层，并应设直通室外或疏散通道的疏散门 | |
| 设施要求 | 照明 | 1. 优先选用直射光通比例高、控光性能合理的高效灯具<br>2. 照明场所应以用户为单位计量和考核照明用电量<br>3. 下列场所宜选用配用感应式自动控制的发光二极管灯：<br>（1）旅馆、居住建筑及其他公共建筑的走廊、楼梯间、厕所用灯场所；<br>（2）地下车库的行车道、停车位；<br>（3）无人长时间逗留，只进行检查、巡视和短时操作等的工作场所 | |
| | 防雷 | 1. 建筑物防雷设施的设置应符合《建筑物防雷设计规范》GB 50057的要求<br>2. 国家级重点文物保护的建筑物、具有爆炸危险场所的建筑物应采用明敷接闪器<br>3. 除第2条之外的建筑物，当其女儿墙以内的屋顶钢筋网以上的防水和混凝土层需要保护时，屋顶层应采用明敷接闪器<br>4. 除第2条之外的建筑物，周围除保安人员巡逻外通常还有其他人员停留时，其女儿墙压顶板内或檐口处应采用明敷接闪器 | |

续表

| 类别 | | 技术要求 | 规范依据 |
| --- | --- | --- | --- |
| 管道要求 | 管井 | 1. 电气竖井的面积、位置和数量应根据建筑物规模、使用性质、供电半径和防火分区等因素确定，每层设置的检修门并应开向公共走道。电气竖井不宜与卫生间等潮湿场所相贴邻<br>2. 250m 及以上的超高层建筑应设 2 个及以上强电竖井，宜设 2 个及以上弱电竖井<br>3. 弱电管线与强电管线宜分别设置管道井<br>4. 电气竖井井壁的耐火极限应根据建筑本体设置，检修门应采用不低于丙级的防火门。井内地面或检修门门槛宜高出本层楼地面不小于 0.10m<br>5. 设有综合布线机柜的弱电竖井宜＞$5m^2$，且距最远端的信息点宜≤90m<br>6. 在安全、防火和卫生等方面互有影响的管线不应敷设在同一管道井内 | |
| | 管线 | 1. 无关的管道和线路不得穿越变电所、控制室、楼层配电室、智能化系统机房、电气竖井，与其有关的管道和线路进入时应做好防护措施<br>2. 变电所、控制室、楼层配电室、智能化系统机房、电气竖井通风或空调的管道，其在内布置时不应设置在电气设备的正上方。风口设置应避免气流短路<br>3. 建筑楼板及垫层的厚度应满足电气管线暗敷的要求。在楼板、墙体、柱内的电气管线，其保护管的覆盖层应≥15mm。在楼板、墙体、柱内的消防电气管线，其保护管的覆盖层应≥30mm<br>4. 电缆桥架距楼板或屋面板底宜≥0.3m。距梁底宜≥0.1m | 《民用建筑设计统一标准》GB 50352—2019<br>《建筑设计防火规范》GB 50016—2014（2018 年版）<br>《民用建筑电气设计规范》JGJ 16—2008<br>《建筑物防雷设计规范》GB 50057—2010<br>《20kV 及以下变电所设计规范》GB 50053—2013 |
| 消防要求 | | 1. 油浸变压器、充有可燃油的高压电容器和多油开关等，宜设置在建筑外的专用房间内；确需贴邻民用建筑布置时，应采用防火墙与所贴邻的建筑分隔，且不应贴邻人员密集场所，该专用房间的耐火等级不应低于二级；确需布置在民用建筑内时，不应布置在人员密集场所的上一层、下一层或贴邻，并应符合下列规定：<br>（1）变压器室应设置在首层或地下一层的靠外墙部位，变压器室的疏散门均应直通室外或安全出口。<br>（2）变压器室等与其他部位之间应采用耐火极限≥2.00h 的防火隔墙和耐火极限≥1.50h 的不燃性楼板分隔。在隔墙和楼板上不应开设洞口，确需在隔墙上设置门、窗时，应采用甲级防火门、窗。<br>（3）变压器室之间、变压器室与配电室之间，应设置耐火极限≥2.00h 的防火隔墙。<br>（4）油浸变压器、多油开关室、高压电容器室，应设置防止油品流散的设施。油浸变压器下面应设置能储存变压器全部油量的事故储油设施。<br>2. 布置在民用建筑内的柴油发电机房应符合下列规定：<br>（1）宜布置在首层或地下一、二层，不应布置在人员密集场所的上一层、下一层或贴邻。<br>（2）应采用耐火极限≥2.00h 的防火隔墙和耐火极限≥1.50h 的不燃性楼板与其他部位分隔，门应采用甲级防火门。<br>（3）机房内设置储油间时，其总储存量应≤$1m^3$，储油间应采用耐火极限≥3.00h 的防火隔墙与发电机间分隔；确需在防火隔墙上开门时，应设置甲级防火门，门的下部应设置防止油品流散的设施。<br>3. 设置火灾自动报警系统和需要联动控制的消防设备的建筑（群）应设置消防控制室。消防控制室的设置应符合下列规定： | |

续表

| 类别 | 技术要求 | 规范依据 |
| --- | --- | --- |
| 消防要求 | (1) 单独建造的消防控制室，其耐火等级不应低于二级。<br>(2) 附设在建筑内的消防控制室，宜设置在建筑内首层或地下一层，并宜布置在靠外墙部位。<br>(3) 不应设置在电磁场干扰较强及其他可能影响消防控制设备正常工作的房间附近。<br>(4) 疏散门应直通室外或安全出口。<br>4. 建筑内的管道，在穿越防火隔墙、楼板和防火墙处的孔隙应采用防火封堵材料封堵 | 《民用建筑设计统一标准》GB 50352—2019<br>《建筑设计防火规范》GB 50016—2014 (2018年版)<br>《民用建筑电气设计规范》JGJ 16—2008<br>《建筑物防雷设计规范》GB 50057—2010<br>《20kV及以下变电所设计规范》GB 50053—2013 |

# 8.3 通风空调设备

**通风空调设备** **表8.3**

| 类别 | | 技术要求 | 规范依据 |
| --- | --- | --- | --- |
| 设备房要求 | 设备机房 | 1. 设备机房不宜与有噪声限制的房间相邻布置，并应采取隔声治理措施<br>2. 直燃吸收式机组的制冷机房不应与人员密集场所和主要疏散口贴邻设置<br>3. 空调机房应邻近所服务的空调区，机房面积和净高既要满足设备、风管安装要求，也要满足常年清理、检修的要求。空调机房应有较好的隔声和密闭性。机房设排水地沟，须满足系统清洗排水需求 | 《民用建筑设计统一标准》GB 50352—2019<br>《建筑设计防火规范》GB 50016—2014 (2018年版)<br>《民用建筑供暖通风与空气调节设计规范》GB 50736—2012<br>《锅炉房设计规范》GB 50041—2008<br>《建筑防烟排烟系统技术标准》GB 51251—2017 |
| | 冷热源站房 | 1. 应预留大型设备的搬运通道及条件；吊装设施应安装在高度、承载力满足要求的位置<br>2. 宜采用水泥地面，并应设置冲洗地面上、下水设施；在设备可能漏水、泄水的位置，设地漏或排水明沟<br>3. 设备周围及上部应留有通行及检修空间<br>4. 应设置集中控制室，控制室应采用隔声门。锅炉房控制室朝锅炉操作面方向应采用具有抗爆能力且固定的隔声玻璃大观察窗 | |
| | 锅炉房 | 1. 锅炉房和其他建筑物相连或设置在其内部时，严禁设置在人员密集场所和重要部门的上一层、下一层、贴邻位置以及主要通道、疏散口的两旁，并应设置在首层或地下一层靠建筑外墙部位<br>2. 负压或常压燃油、燃气热水锅炉可设置在地下二层或屋顶上。设置在屋顶上的负压或常压燃气热水锅炉，距离通向屋面的安全出口应≥6.0m<br>3. 锅炉房不得与储存或使用爆炸物品或可燃液体的房间相邻<br>4. 锅炉房的火灾危险性分类和耐火等级应严格执行《建筑设计防火规范》GB 50016设计<br>5. 锅炉房的外墙、楼板、屋顶应采取防爆措施，锅炉房与相邻房间用耐火极限≥2.00h的防爆墙和耐火极限≥1.50h的不燃烧楼板隔开。并应有相当于锅炉房占地面积10%的泄压面积。泄压方向不得朝向人员聚集的场所、房间和人行通道，泄压处也不得与这些地方相邻。泄爆口不得正对疏散楼梯间、安全出口和人员聚集的场所。地下锅炉房采用竖井泄爆方式时，竖井的净横断面积，应满足泄压面积的要求 | |

续表

| 类别 | | 技术要求 | 规范依据 |
| --- | --- | --- | --- |
| 设备房要求 | 锅炉房 | 6. 锅炉房的疏散门均应直通室外或安全出口<br>7. 锅炉间与相邻的辅助房间之间的隔墙，应为防火隔墙；隔墙上开设的门应为甲级防火门；朝锅炉操作面方向开设的玻璃大观察窗，应采用具有抗爆能力的固定窗<br>8. 锅炉房内设置储油间时，其总储存量应≤1m³，且储油间应采用耐火极限≥3.00h 的防火隔墙和锅炉房隔开，确需在防火墙上设置门时，应采用甲级防火门<br>9. 充分考虑并妥善安排好大型设备的运输和进出通道、安装与维修所需的操作空间 | 《民用建筑设计统一标准》GB 50352—2019<br>《建筑设计防火规范》GB 50016—2014(2018年版)<br>《民用建筑供暖通风与空气调节设计规范》GB 50736—2012<br>《锅炉房设计规范》GB 50041—2008<br>《建筑防烟排烟系统技术标准》GB 51251—2017 |
| | 采暖 | 1. 建筑体型、窗墙比、外围护结构传热系数等应满足严寒和寒冷地区建筑节能设计要求，住宅分户墙和楼（地）板的热阻应满足减少传热的要求<br>2. 公共阀门、仪表等应设在公共空间并可随时进行调节、检修、更换、抄表<br>3. 供暖、热力管道穿墙或楼板时，洞口防水、密封或管道固定措施应根据管道热膨胀情况确定<br>4. 幼儿园、老年人、特殊功能要求的建筑中的散热器必须暗装或加防护罩，散热器外表面应刷非金属涂料<br>5. 地下室的建筑，供暖系统的热力入口宜设在地下层的专用隔间，无地下室的建筑，可设在首层楼梯下部便于观察的位置<br>6. 室内采用地面埋管供暖系统时，层高应满足地面构造做法的要求 | |
| 设施要求 | 通风 | 1. 新风采集口应设置在室外空气清新、洁净的位置或地点；废气及室外机的排放口应高于人员经常停留或通行的高度；有毒、有害气体应经处理达标后向室外高空排放<br>2. 贮存易燃易爆物质、有防疫卫生要求及散发有毒、有害物质或气体的房间，应单独设置排风系统，并经处理达标后向室外高空排放<br>3. 事故排风系统的室外排风口不应布置在人员经常停留或通行的地点以及邻近窗户、天窗、出入口等位置；且排风口与同一立面进风口的水平距离宜≥20m，否则应高出 6m 以上；出地面的风井应设置反坎等措施以防止雨水倒灌<br>4. 室内送风口与排风口、室外进风口与出风口的位置，均应避免气流短路<br>5. 除事故风机、消防用风机外，室外露天安装的通风机应避免运行噪声及振动对周边环境的影响，必要时应采取可靠的防护和消声隔振措施<br>6. 餐饮厨房的油烟应处理达标后向室外高空排放或满足第 3 条要求<br>7. 管道井、烟道和通风道应分别独立设置，不得使用同一管道系统，并应用非燃烧体材料制作<br>8. 在安全、防火和卫生等方面互有影响的管线不应敷设在同一管道井内<br>9. 烟道和排风道的断面、形状、尺寸和内壁应有利于排烟（气），排风顺畅，防止产生阻滞、涡流、串烟、漏气和倒灌等现象<br>10. 烟道和排气道宜伸出屋面，同时应避开门窗和进风口。伸出高度应有利于烟气的扩散，并应根据屋面形式、排出口周围遮挡物的高度、距离和积雪厚度确定，平屋面伸出高度不得小于 0.60m，且不宜低于女儿墙的高度。当屋面是上人屋面时，烟道和排风道不应影响人员正常活动 | |

续表

<table>
<tr><th colspan="2">类别</th><th>技术要求</th><th>规范依据</th></tr>
<tr><td rowspan="2">设施要求</td><td>空调</td><td>1. 建筑体型、窗墙比、外围护结构传热系数等应按建筑全年能耗分析确定，外窗可开启面积和方式也应与空调系统相适<br>2. 层高或吊顶高度应满足空调设备及管道的安装要求；风冷室外机应设置在通风良好的位置；水冷设备既要通风良好，又要避免飘水，靠近外窗时应采取防雾、防噪声干扰等措施<br>3. 冷却塔设置应避免飘水、噪声等对周围环境的影响。气流应通畅，湿热空气回流影响小，且应布置在建筑物的最小频率风向的上风侧<br>4. 冷却塔设置在裙房屋面时应远离厨房排油烟设备，并要求距离塔楼≥30m，如距离<30m需进行专项降噪设计或另行选择超低噪声的设备<br>5. 裙房屋面的风机、冷却塔等设备和出屋面管井不得影响屋面绿化及塔楼的环境、安全等<br>6. 既有建筑加装暖通空调设备不得危害结构安全，室外设备不得危及邻居或行人</td><td rowspan="2">《民用建筑设计统一标准》GB 50352—2019<br>《建筑设计防火规范》GB 50016—2014（2018年版）<br>《民用建筑供暖通风与空气调节设计规范》GB 50736—2012<br>《锅炉房设计规范》GB 50041—2008<br>《建筑防烟排烟系统技术标准》GB 51251—2017</td></tr>
<tr><td>燃气</td><td>1. 燃气管道不得从建筑物和大型构筑物的下面穿越<br>2. 不应穿过电力、电缆、供热和污水等地下管沟或同沟敷设，与建（构）筑物或相邻管道之间的水平和垂直净距、覆土深度等应符合现行国家标准《城镇燃气设计规范》GB 50028 的有关规定<br>3. 楼栋调压箱或专用调压装置可悬挂在耐火等级不低于二级的居住建筑的外墙上，外墙体的耐火极限不得小于 2.5h<br>4. 燃气表、用户调压器不应设置在有电源、电器开关及其他电气设备的管道井内<br>5. 液化石油气和相对密度大于 0.75 的燃气调压计量装置及管道、燃具、用气设备等设施不得设于地下室、半地下室等地下空间<br>6. 商业和公共建筑用户使用的气瓶组严禁与燃具布置在同一房间内<br>7. 在室内设置的燃气管道和阀门应符合下列规定：<br>（1）燃气管道宜设置在厨房、生活阳台等通风良好的场所；引入管的阀门可设置在公共空间，并应方便操作和检修；<br>（2）燃气管道不得穿过防火墙；当必须穿过时，应采取必要的防护措施；<br>（3）严禁设置在居室和卫生间；<br>（4）不得设置在人防工程和避难场所，以及非用燃气的人员密集场所；<br>（5）不得设置在建筑中的避难间、电梯间、非开敞的楼梯间及其消防前室；<br>（6）不得穿过电力、电缆、供暖和污水等地下管沟或同沟、同井敷设；<br>（7）不得穿过烟道、进风道和垃圾道；<br>（8）不得设置在易燃或易爆品的仓库、有腐蚀性介质的房间、发电间、变配电室等非用燃气的设备用房。<br>8. 燃气管道竖井的底部和顶部应直接与大气相通；管道竖井的墙体应为耐火极限不低于 1.0h 的不燃烧体，井壁上的检查门应采用丙级防火门<br>9. 居住建筑使用燃具的厨房或设备间，净高度不应低于 2.2m，并应有良好的自然通风；应与居室分隔，且不得向卧室开敞<br>10. 居住建筑的燃具燃烧烟气宜通过竖向烟道排至室外，且不得与使用固体燃料的设备共用一套排烟设施。<br>11. 高层民用建筑内使用燃气应采用管道供气</td></tr>
</table>

续表

| 类别 | 技术要求 | 规范依据 |
| --- | --- | --- |
| 防火要求 | 1. 附设在建筑内的通风空气调节机房等，应采用耐火极限≥2.00h的防火隔墙和耐火极限≥1.50h的楼板与其他部位分隔。通风、空气调节机房和开向建筑内的门应采用甲级防火门<br>2. 机械加压送风机房和排烟风机机房应设置在专用机房内，并应符合现行国家标准《建筑设计防火规范》GB 20016的规定<br>3. 防烟、排烟、供暖、通风和空气调节系统中的管道及建筑内的其他管道，在穿越防火隔墙、楼板和防火墙处的孔隙应采用防火封堵材料封堵。风管穿过防火隔墙、楼板和防火墙时，穿越处风管上的防火阀、排烟防火阀两侧各2.0m范围内的风管应采用耐火风管或风管外壁应采取防火保护措施，且耐火极限不应低于该防火分隔体的耐火极限<br>4. 机械加压送风系统和机械排烟系统应采用管道送风，且不应采用土建风道。送风和排烟管道应采用不燃材料制作且内壁应光滑<br>5. 机械加压送风管道和排烟管道的设置和耐火极限应符合《建筑防烟排烟系统技术标准》GB 51251的规定 | 《民用建筑设计统一标准》GB 50352—2019<br>《建筑设计防火规范》GB 50016—2014（2018年版）<br>《民用建筑供暖通风与空气调节设计规范》GB 50736—2012<br>《锅炉房设计规范》GB 50041—2008<br>《建筑防烟排烟系统技术标准》GB 51251—2017 |

# 9 海绵城市及低冲击开发雨水系统

## 9.1 低冲击开发雨水系统

低冲击开发雨水系统规划设计用地　　表 9.1

| 类别 | 技术要求 |
|---|---|
| 建筑与居住区 | 雨水下渗应符合下列规定：<br>1. 存在特殊污染风险的工业厂区、加油站等处不宜建设雨水入渗设施，以避免地下水污染风险。<br>2. 雨水入渗不应引发地质灾害及损害建筑物安全 |
| | 道路径流雨水进入绿地内的低影响开发设施前，应利用沉淀池、前置塘等对进入绿地内的径流雨水进行预处理，防止径流雨水对绿地环境造成破坏。有降雪的城市还应采取措施对含融雪剂的融雪水进行弃流，弃流的融雪水宜经处理（如沉淀等）后排入市政污水管网 |
| | 具渗透、滞留性能的海绵设施不应对邻近的建（构）筑物、道路或管道等基础及建筑（含地下空间）外墙等产生不利影响。雨水入渗设施水平距离建筑物基础不宜小于 3m（采取有效防护措施的除外） |
| | 建筑与小区的景观水体、调蓄池等水体深度应满足有关规范要求，一般不应大于 0.5m，当水体深度大于 0.5m 时必须设置防护措施 |
| | 化工、石油、重金属冶炼企业需建设初期雨水弃流设施或者雨水沉淀池，进行处理达标后方可排放 |
| 市政道路与广场 | 城市道路绿化带内低影响开发设施应采取必要的防渗措施，防止径流雨水下渗对道路路面及路基的强度和稳定性造成破坏 |
| 城市绿地 | 周边区域雨水径流进入城市绿地内的生物滞留设施、雨水湿地前，应利用沉淀池、前置塘、植草沟和植被过滤带等设施对雨水径流进行预处理 |
| | 合理设置预处理设施。径流污染较为严重的地区，可采用初期雨水弃流、沉淀、截污等预处理措施，在径流雨水进入绿地前将部分污染物进行截流净化 |
| | 调蓄设施应建设预警标识和预警系统，保障暴雨期间人员的安全撤离，避免事故发生 |
| 河流水系 | 城市建设过程中应保护河流、湖泊、湿地、坑塘、沟渠等水生态敏感区，并结合这些区域及周边条件（如坡地、洼地、水体、绿地等）进行低影响开发雨水系统规划设计 |
| | 优先通过分散、生态的低影响开发设施实现径流总量控制、径流峰值控制、径流污染控制、雨水资源化利用等目标，防止城镇化区域的河道侵蚀、水土流失、水体污染等 |
| | 城市开发建设过程中应落实城市总体规划明确的水生态敏感区保护要求，划定水生态敏感区范围并加强保护，确保开发建设后的水域面积应不小于开发前，已破坏的水系应逐步恢复 |

注：本列表参考《海绵城市建设技术指南（试行）》《深圳市房屋建筑工程海绵设计规程》SJG 38—2017、《南宁市海绵城市规划设计导则》整理。

## 9.2 技术类型

低冲击开发雨水系统设施　　表9.2

| 技术类型 | 安全特性 |
|---|---|
| 透水铺装 | 建筑小区内以下场地不宜采用透水铺装：<br>1. 可能造成陡坡坍塌、滑坡灾害的区域和高含盐土等特殊土壤地质区域；<br>2. 使用频率较高的室外停车场，汽车回收及维修点、加油站、垃圾收集点、垃圾场、工业区污染材料堆放周转场地及码头建筑等径流污染严重的区域。<br>当透水铺装设置在地下室顶板上时，顶板覆土厚度不宜小于600mm，并应设置排水层 |
| 绿色屋顶 | 绿色屋顶安全措施设计，应符合下列规定：<br>1. 对于坡度大于11°（20%）的绿色屋顶，其排水层、种植土应采取防滑措施。<br>2. 对于屋面所种植高于2m的乔灌木，应采取固定等措施。<br>3. 屋面树木定植点与边墙的安全距离应大于树高。<br>4. 应防止造成高空坠物。<br>绿色屋顶防水层应满足一级防水等级设防要求，并至少采用两道防水层设防，且第一道必须设置具有耐霉菌、耐腐蚀性能的耐根穿刺防水材料 |
| 下沉式绿地 | 对于径流污染严重、设施底部渗透面距离季节性最高地下水位或岩石层小于1m及距离建筑物基础小于3m（水平距离）的区域，应采取必要的措施防止次生灾害的发生 |
| 生物滞留池 | 复杂型生物滞留设施结构层外侧及底部应设置透水土工布，防止周围原土侵入。<br>对于生物滞留设施底部出水进行集蓄回用的，或者生物滞留设施确需设于径流污染严重的，或设施底部渗透面距离季节性最高地下水位（或岩石层）小于1m，或距离建筑物基础小于3m（水平距离）的区域，应在生物滞留设施底部和周边进行防渗处理 |
| 渗透塘 | 渗透塘应设安全防护措施和警示牌。<br>当渗透塘确需设于径流污染严重的，或设施底部渗透面距离季节性最高地下水位（或岩石层）小于1m，或距离建筑物基础小于3m（水平距离）的区域时，应采取必要措施防止次生污染或次生灾害 |
| 渗井 | 若用于径流污染严重、设施底部距地下水位或岩石层较近及距离建筑物基础较近的区域时，应采取必要的措施防止发生次生灾害 |
| 蓄水池 | 建设费用高，后期需重视维护管理，不适用于无雨水回用需求和径流污染严重的地区 |
| 雨水罐 | 应结合现场建设条件，确定雨水罐安装部位及形式 |
| 植草沟 | 建筑小区内绿地，可视具体场地及地下水位高低等情况，设置植草沟、植被缓冲带或生物滞留设施等。当未采用必要防渗措施时，植草沟等设施应离开道路边缘一定距离设置，以免影响路基稳定性。<br>植草沟应种植密集的草皮草，不宜种植乔灌木 |
| 渗管/渠 | 当设在行车路面下时，覆土深度不宜小于700mm |
| 植被缓冲带 | 植被缓冲带坡度一般为2%～6%，宽度不宜小于2m |
| 初期雨水弃流设施 | 当雨水集蓄回用且对回用水质有较高要求时，在建筑小区径流雨水有关集中入口的前端，宜设置初期雨水弃流设施，并应符合下列规定：<br>1. 弃流设施宜设于室外，且靠近蓄水池。当弃流设施必须设在室内时，应采用密闭形式。<br>2. 当蓄水池设在室外时，弃流设施不可设在室内 |

注：本列表参考《海绵城市建设技术指南（试行）》《深圳市房屋建筑工程海绵设计规程》SJG 38—2017、《南宁市海绵城市规划设计导则》整理。

# 9.3 设计注意点

低冲击开发雨水系统设计注意点　　表 9.3

| 注意点 | 安全性要求 |
|---|---|
| 种植土壤 | 种植土壤应满足相关土壤环境质量标准的要求 |
| | 如果原始土壤满足渗透能力大于 1.3cm/h，有机物含量大于 5%，pH 值为 6～8，阳离子交换能力大于 5meq/100g 等条件，生物滞留设施、渗透型植草沟、植物池等低影响开发设施中的种植土壤尽量选用原始土壤，以节省造价。对于不能满足条件的，应换土 |
| | 对于需要换土的，土壤一般采用 85%的洗过的粗砂，10%左右的细砂，有机物的含量 5%，土壤的 d50 不宜小于 0.45mm，磷的浓度宜为 10～30ppm，渗透能力一般 2.5～20cm/h |
| | 生物滞留设施、渗透型植草沟、植物池等低影响开发设施中的种植土壤一般不宜小于 0.6m，不宜大于 1.5m |
| | 对于植草的，土壤厚度一般为 0.6m；种植灌木和乔木的，最小土壤层厚度应达到 0.9m |
| | 重金属、悬浮颗粒、总磷和病原菌的去除要求土壤厚度一般不低于 0.6m，如果需要去除总氮，土壤的厚度一般不低于 0.75m |
| | 对于有地下室顶板或者其他地下构筑物限制，导致底部不能完全入渗的，土壤层的厚度一般为 0.6m |
| 防渗 | 对于靠近道路、建筑物基础或者其他基础设施，或者因为雨水浸泡可能出现地面不均匀沉降的入渗型低影响开发设施，需要考虑侧向防渗 |
| | 对于以下情况，还需采取底部防渗措施：因土壤过饱和可能出现沉降或者塌陷；底部是地下室或者其他基础设施；距离建筑物基础过近的 |
| 路缘石开口 | 侧向在道路和停车场等不透水率较高的区域进行低影响开发设施设计时，一般应设置路缘石开口 |
| | 路缘石开口的底部应该朝向低影响开发设施，确保雨水能够顺流进入低影响开发设施 |
| | 路缘石开口入口处应设置消能设施，以防止侵蚀 |
| | 对于需要跨越步行通道的路缘石开口，应采取加盖等防护措施 |
| 管道入流入口耗能 | 以管道集中入流方式进入低影响开发设施的，入口处应采取散流和消能措施，具体的方式包括前池溢流、卵石或者碎石、围堰、弯头消能 |
| 底部排渗 | 对于地基渗透能力低于 1.3cm/h 的生物滞留设施或者是底部进行了防渗处理的其他入渗为主的低影响开发设施，底部应设置排水管 |
| | 低影响开发设施应尽量避让市政基础设施，对于确实不能避让的，应做好防渗。对于市政设施需要穿越低影响开发设施防渗层的，应在穿越处做好密封 |
| | 渗排管设置的一般要求：<br>1. 最小直径为 100mm；<br>2. 渗排管可以采用经过开槽或者穿孔处理的 PVC 管或者 HDPE 管；<br>3. 每个生物滞留设施应至少安装两根底部渗排管，且每 $100m^2$ 的收水面积应配置至少一根底部渗排管； |

续表

| 注意点 | 安 全 性 要 求 |
| --- | --- |
| 底部排渗 | 4. 渗排管的最小坡度为0.5%；<br>5. 每75～90m应设置未开孔的清淤立管，清淤立管不能开孔，直径最小为100mm；<br>6. 每根渗排管应设置至少两根清淤立管；<br>7. 采用碎石的底部排水层应与种植土壤层隔离，隔离的材料可选用土工布或细砂等 |
| 需预处理的下渗设施 | 透水铺装，生物滞留设施，下渗型植草沟，渗沟等 |

注：本列表参考《南宁市海绵城市规划设计导则》整理。

# 10 园林景观

## 10.1 水体与地形

**10.1.1** 滨水景观设计应综合考虑水位变化对景观和生态系统的影响，并应确保游人安全。

**10.1.2** 景观水体应根据水源和现状地形等条件，合理确定以下内容：

景观水体设计 表 10.1.2

<table>
<tr><th>类别</th><th>技 术 要 求</th><th>规范依据</th></tr>
<tr><td rowspan="3">各类水体的形状和使用要求</td><td>游船水面应按船的类型提出水深要求和码头位置<br>游泳水面应划定不同水深的范围<br>水生植物种植区应确定种植范围和水深要求</td><td rowspan="5">《公园设计规范》GB 51192—2016</td></tr>
<tr><td>合理确定水量、水位、流向</td></tr>
<tr><td>合理确定水闸、进出水口、溢流口、泵房的位置与标高</td></tr>
<tr><td rowspan="2">水体的位置要求</td><td>距城市道路距离宜不小于 5m</td></tr>
<tr><td>设于坡道下方时，与坡道应有不小于 3m 的缓坡段</td></tr>
</table>

**10.1.3** 驳岸设计应根据相邻江、河、湖、海等不同水体的水文状况综合考虑岸线的结构安全与景观效果。

**10.1.4** 人工水体的安全设计应符合下列规定：

人工水体设计 表 10.1.4

<table>
<tr><th>类别</th><th colspan="2">技 术 要 求</th><th>规范依据</th></tr>
<tr><td rowspan="3">景观水体</td><td colspan="2">无防护设施的人工驳岸，近岸 2.0m 范围内的常水位水深不得大于 0.7m</td><td rowspan="8">《公园设计规范》GB 51192—2016 第 5.3.3 条</td></tr>
<tr><td colspan="2">无防护设施的园桥、汀步及临水平台附近 2.0m 范围以内的常水位水深不得大于 0.5m</td></tr>
<tr><td colspan="2">无防护设施的池岸顶与经常水位的垂直距离不得大于 0.5m</td></tr>
<tr><td>儿童戏水池</td><td colspan="2">儿童戏水池最深处的水深不得大于 0.35m，池壁装饰材料应平整、光滑且不易脱落，池底应有防滑措施</td></tr>
<tr><td rowspan="2">喷泉</td><td colspan="2">喷泉池喷头距池边的安全距离不应小于 1m</td></tr>
<tr><td colspan="2">旱喷泉禁止直接使用电压大于 12V 的潜水泵</td></tr>
<tr><td rowspan="2">室外泳池</td><td>成人游泳池水深应为 1.2～2.0m</td><td rowspan="2">泳池池底和池岸应做防滑处理，池壁应平整光滑，池岸应做圆角处理，并应符合游泳池的技术规定</td></tr>
<tr><td>儿童游泳池水深应为 0.5～1.0m</td></tr>
</table>

**10.1.5** 山地景观与地形设计应根据雨洪控制利用规划和土质条件，保证岩土边坡的稳定性。

**10.1.6** 改造的地形坡度超过土壤的自然安息角时，应采取护坡、固土或防冲刷的工程措施。

**10.1.7** 大高差或大面积填方地段的地形设计应充分考虑土壤的自然沉降系数。

**10.1.8** 大面积人工堆山应采取以下措施保证山体稳定和周边设施的安全：

人工堆山塔设计　　表 10.1.8

| 类别 | 技术要求 | 规范依据 |
|---|---|---|
| 人工堆土稳定性 | 充分收集改造范围内地质、水文、地形地貌、气象等资料，了解场地的地面和地下建构筑物情况 | 《公园设计规范》GB 51192—2016 第 5.2.2 条、第 5.2.4 条 |
| | 填充土应分层夯填或碾压密实，压实系数一般采用 0.90～0.93。地形上设计有建筑时，局部填充土指标应符合建筑基础要求 | |
| | 视堆土高度进行地基滑动稳定、承载力和变形验算 | |
| | 山体应做好防止水土流失的工程措施 | |
| | 应验算堆土对周边已有建（构）筑物的影响，必要时应采取地基加固等有效保护措施，确保不产生安全隐患 | |
| 污染物管控 | 地形填充土严禁含有对环境、人和动植物安全有害的污染物和放射性物质 | |
| | 利用建筑垃圾等固体废物做人工堆土填充土的项目，应进行专项安全与环境影响评估 | |

## 10.2 园路与铺装场地

**10.2.1** 主要园路应具有引导游览和方便游人集散的功能，并不应设置台阶或梯道。

**10.2.2** 游人大量集中地区的园路和铺装场地应通畅并便于游人集散。

**10.2.3** 园路、踏步设计应符合以下规定：

园路、踏步设计　　表 10.2.3

| 类别 | 技术要求 | 规范依据 |
|---|---|---|
| 园路安全 | 主路、次路纵坡宜小于 8%，同一纵坡坡长不宜大于 200m；山地区域的主路、次路纵坡应小于 12%，超过 12%应作防滑处理；积雪及寒冷地区道路纵坡不应大于 6% | 《公园设计规范》GB 51192—2016 第 6.1.5 条、第 6.1.6 条、第 6.1.7 条 |
| | 支路和小路，纵坡宜小于 18%；纵坡大于 15%路段，路面应作防滑处理；纵坡大于 18%，宜设计台阶或梯道 | |
| | 与广场相连接的道路纵坡度以 0.5%～2%为宜 | |
| | 自行车专用道的坡度宜小于 2.5% | |
| | 园路横坡以 1%～2%为宜，最大不应超过 4%；纵、横坡坡度不应同时为零 | |
| | 纵坡大于 50%的梯道应作防滑处理，并设置护栏设施 | |
| | 非机动车车库的车辆出入口，距离城市道路的规划红线不应小于 7.5m，并不应有视线障碍物遮挡出入口 | |
| 踏步安全 | 户外楼梯踏步的高度不应大于 0.15m（0.12～0.13m 为宜），宽度不应小于 0.3m（2×踏步高度＋踏步宽度＝0.6m 为宜） | |
| | 台阶踏步数不应少于 2 级；侧方高度大于 1.0m 的台阶须设护栏设施 | |

注：当坡度不小于 2.5%时，纵坡最大坡长参见行业标准《城市道路工程设计规范》CJJ 37 的有关规定。

**10.2.4** 园路在地形险要的地段应设置安全防护设施；可能对人身安全造成影响的区域，应设置醒目的安全警示标志。

**10.2.5**　容易发生跌落、淹溺等人身事故的铺装场地，应设置防护护栏。

## 10.3　园　　桥

**10.3.1**　园桥应根据景观总体设计确定通行、通航、排洪所需尺度和桥下净空，并符合以下规定：

园桥设计　　表 10.3.1

<table>
<tr><th>类别</th><th>技　术　要　求</th><th>规范依据</th></tr>
<tr><td rowspan="3">非通车园桥</td><td>桥面均布荷载应按 4.5kN/m² 取值</td><td rowspan="3">《公园设计规范》GB 51192—2016 第 6.3 条</td></tr>
<tr><td>计算单块人行桥板时应按 5.0kN/m² 的均布荷载或 1.5kN 的竖向集中力分别验算并取其不利者</td></tr>
<tr><td>非通行车辆的园桥应有阻止车辆通过的措施</td></tr>
<tr><td>通车园桥</td><td>桥梁应根据桥位选择以及交通承载力合理确定其结构安全等级</td><td>《城市桥梁设计规范》CJJ 11</td></tr>
</table>

注：通车园桥设计参见《城市桥梁设计规范》CJJ 11 的规定。

**10.3.2**　天然水体中的园桥、栈桥结构设计应充分考虑基础地质地形、潮汐风浪、盐碱腐蚀等自然因素对桥体的影响，确保结构安全稳定性。

## 10.4　种　　植

种植设计　　表 10.4

<table>
<tr><th>类别</th><th>技　术　要　求</th><th>规范依据</th></tr>
<tr><td>斜坡游憩草地</td><td>当草地坡度大于 20%、坡长大于 5m 时，斜坡前方 5m 范围内严禁种植有刺的植物</td><td rowspan="8">《公园设计规范》GB 51192—2016 第 7.1.17 条、第 7.2.4 条、第 7.2.5 条</td></tr>
<tr><td>游人正常活动场所</td><td>不应选用危及游人生命安全的有毒植物与枝叶有硬刺或枝叶呈坚硬剑状、刺状的植物</td></tr>
<tr><td rowspan="2">儿童活动场</td><td>不应选用有毒、有刺、恶臭、大型落果的植物</td></tr>
<tr><td>宜采用通透式种植便于成人看护</td></tr>
<tr><td rowspan="3">机动车道</td><td>植物不应遮挡路旁交通标识</td></tr>
<tr><td>行道树枝下高度不应小于 4m</td></tr>
<tr><td>交叉路口应保证行车视线通透，并对视线起引导作用</td></tr>
<tr><td>仓储绿地</td><td>应满足防火和露天堆料的要求，并选择不易燃烧的植物品种</td></tr>
</table>

## 10.5　护　　栏

**10.5.1**　凡游人正常活动范围边缘临空高差大于 0.7m 处，应设防护护栏。

**10.5.2** 防护护栏高度不应小于1.05m；设置在临空高度24m以及24m以上时，护栏高度不应小于1.10m；当临空高度为100m及100m以上时，护栏高度不应小于1.20m，护栏应从可踩踏面起计算高度。

**10.5.3** 儿童专用活动场所的防护护栏必须采用防止儿童攀爬的构造，当采用垂直杆件做栏杆时，其杆件净距不应大于0.11m。

**10.5.4** 防护护栏扶手上的活荷载取值与做法应符合下列规定：

**护栏设计** **表10.5.4**

| 类别 | 技术要求 | 规范依据 |
| --- | --- | --- |
| 荷载计算 | 竖向荷载按1.2kN/m计算，水平向外荷载按1.0kN/m计算，其中竖向荷载和水平荷载不同时计算 | 《公园设计规范》GB 51192—2016 第8.2.5条 |
| | 作用在栏杆立柱柱顶的水平推力应为1.0kN/m | |
| 构造要求 | 各种装饰性、示意性和安全防护性护栏的构造做法，不应采用锐角、利刺等构造形式 | |

# 10.6 景观小品与设施

**景观小品与设施设计** **表10.6**

| 类别 | | 技术要求 | 规范依据 |
| --- | --- | --- | --- |
| 景观小品与设施的构件及安装 | | 应保证结构牢固安全 | 《公园设计规范》GB 51192—2016 |
| 材质与细部处理 | | 应采用无毒、无害的材料，高度2m范围内构件应处理成圆角或钝角 | |
| 游戏设施 | 游戏场地 | 应铺设软性地面，如软性塑胶地面、砂地、松土或草坪 | |
| | 游戏器械 | 应采用安全材料，坚固耐用，避免尖锐棱角 | |
| | 安全围护 | 当与机动车道距离小于10m时，应加设围护设施，其高度应不小于0.6m | |

# 10.7 山石与挡土墙

**山石与挡土墙设计** **表10.7**

| 类别 | 技术要求 | 规范依据 |
| --- | --- | --- |
| 山石 | 假山与置石应保持重心垂直，注重整体性和稳定性 | 《公园设计规范》GB 51192—2016 第8.4.6条、第8.4.7条、第8.4.8条、第8.5.3条 |
| | 游人进出的山洞应有通风、采光、排水设施，并应保证通行安全 | |
| | 悬挑或衔接的山石应保证结构牢固，用以结构加固的钢构件应作防腐处理 | |
| 挡土墙 | 挡土墙的形式应根据场地实际情况经过结构设计确定 | |
| | 应考虑排水措施，包括良好的地表排水与墙身排水孔，排水孔直径不应小于50mm，孔眼间距不宜大于3.0m | |

# 11 办 公 建 筑

## 11.1 选址和总平面布置

选址与总平面布置 表 11.1

| 类别 | 技术要求 | 规范依据 |
| --- | --- | --- |
| 选址 | 办公建筑基地宜选在工程地质和水文地质有利、市政设施完善，且交通和通信方便的地段。选区地段应符合城市防震、防灾（山、河）、防海潮、防风、防泥石流、放滑坡等有关标准 | 《办公建筑设计规范》JGJ 67—2006 第 3.1.2 条 |
|  | 办公建筑基地与易燃易爆物品场所和产生噪声、烟尘、散发有害气体等污染源的距离，应符合安全、卫生和环境保护有关标准的规定 | 《办公建筑设计规范》JGJ 67—2006 第 3.1.3 条 |
| 总平面布置 | 总平面应合理布置设备用房、附属设施和地下建筑的出入口。锅炉房、厨房等后勤用房的燃料、货物及垃圾等物品的运输设有单独通道和出入口 | 《办公建筑设计规范》JGJ 67—2006 第 3.2.4 条 |
|  | 应满足室外场地及环境设计要求，分区明确、合理组织人、车交通流线。基地内机动车和非机动车出入口设置应处理好与城市交通、城市步行系统、场地内货运及装卸等安全分流、分区的关系 | 《全国民用建筑工程设计技术措施 规划·建筑·景观》(2009) 第 2.1.9 条 |
|  | 场地内无障碍通道和标识应系统化设置，并符合现行《无障碍设计规范》GB 50763—2011 的相关要求 | 《办公建筑设计规范》JGJ 67—2006 第 3.2.6 条 |

## 11.2 一 般 规 定

一般规定 表 11.2

| 类别 | 技术要求 | 规范依据 |
| --- | --- | --- |
| 建筑物内部 | 办公建筑的走道应符合下列要求：<br>1. 宽度应满足防火疏散要求，最小净宽应符合下表规定：<br><table><tr><th rowspan="2">走道长度（m）</th><th colspan="2">走道净宽（m）</th></tr><tr><th>单面布房、回廊式</th><th>双面布房</th></tr><tr><td>≤40</td><td>1.30</td><td>1.50</td></tr><tr><td>>40</td><td>1.50</td><td>1.80</td></tr></table><br>2. 根据办公建筑分类，办公室的净高应满足：一类办公建筑不应低于2.70m；二类办公建筑不应低于2.60m；三类办公建筑不应低于2.50m。办公建筑的走道净高不应低于2.20m，贮藏间净高不应低于2.00m | 《办公建筑设计规范》JGJ 67—2006 第 4.1.9 条、第 4.1.11 条 |

续表

| 类别 | 技术要求 | 规范依据 |
|---|---|---|
| 建筑物内部 | 使用燃气的公寓式办公楼的厨房应有直接采光和自然通风；电炊式厨房如无条件直接对外采光通风，应有机械通风措施，并设置洗涤池、案台、炉灶及排油烟机等设施或预留位置 | 《办公建筑设计规范》JGJ 67—2006 第 4.2.3 条 |
| | 机要部门办公室应相对集中，与其他部门宜适当分隔 | 《办公建筑设计规范》JGJ 67—2006 第 4.4.2 条 |
| | 档案室、资料室和书库应采取防火、防潮、防尘、防蛀、防紫外线、防漏水和结露（有给排水管道穿越的）等措施；地面应用不起尘、易清洁的面层，并有机械通风措施 | |
| | 档案和资料查阅间、图书阅览室应光线充足、通风良好，避免阳光直射及眩光 | |
| | 卫生间距离最远工作点不应大于 50m；宜有天然采光、通风；条件不允许时，应有机械通风措施。对外的公用厕所应设供残疾人使用的专用设施 | 《办公建筑设计规范》JGJ 67—2006 第 4.3.6 条 |
| | 地下室和半地下室外围护结构应规整，其防水等级及技术要求应符合现行国家标准《地下工程防水技术规范》GB 50108 的规定，并应符合下列规定：<br>1. 应设排水设施；<br>2. 出入口、窗井、下沉庭院、风井等应有防止涌水、倒灌的措施 | 《民用建筑设计统一标准》GB 50352—2019 第 6.4.5 条 |
| 门窗 | 办公建筑的门应符合下列要求：<br>机要办公室、财务办公室、重要档案库、贵重仪表间和计算机中心的门应采取防盗措施，室内宜设防盗报警装置 | 《办公建筑设计规范》JGJ 67—2006 第 4.1.7 条 |
| | 办公建筑的窗应符合下列安全、通风要求：<br>1. 底层及半地下室外窗宜采取安全防范措施；<br>2. 高层及超高层办公建筑采用玻璃幕墙时应设有清洁设施，并必须有可开启部分，或设有通风换气装置；<br>3. 外窗不宜过大，可开启面积不应小于窗面积的 30%，并应有良好的气密性、水密性和保温隔热性能，满足节能要求。全空调的办公建筑外窗开启面积应满足火灾排烟和自然通风要求 | 《办公建筑设计规范》JGJ 67—2006 第 4.1.6 条 |
| 安全栏杆 | 公共建筑临空外窗的窗台距楼地面净高不宜低于 0.80m，否则应采取防护措施，防护设施的高度由地面起算不应低于 0.80m | 《民用建筑设计统一标准》GB 50352—2019 第 6.11.6 条 |
| | 阳台、外廊、室内回廊、内天井、上人屋面及室外楼梯等临空处应设置防护栏杆，并应符合下列规定：<br>1. 栏杆应以坚固、耐久的材料制作，并应能承受现行国家标准《建筑结构荷载规范》GB 50009 及其他国家现行相关标准规定的水平荷载。栏杆顶部水平活荷载取值规定为 1.0kN/m，栏杆水平推力计算应≥1.5kN/m。<br>2. 当临空高度在 24.0m 以下时，栏杆高度不应低于 1.05m；当临空高度在 24.0m 及以上时，栏杆高度不应低于 1.1m。上人屋面和交通、商业、旅馆、医院、学校等建筑临开敞中庭的栏杆高度不应小于 1.2m，不宜小于 1.4m。<br>3. 栏杆高度应从所在楼地面或屋面至栏杆扶手顶面垂直高度计算，当底面有宽度大于或等于 0.22m，且高度低于或等于 0.45m 的可踏部位时，应从可踏部位顶面起算。<br>4. 公共场所栏杆离地面 0.1m 高度范围内不宜留空 | 《民用建筑设计统一标准》GB 50352—2019，第 6.7.3 条<br>《建筑结构荷载规范》GB 50009 第 5.5.2 条 |

续表

| 类别 | 技术要求 | 规范依据 |
| --- | --- | --- |
| 设备 | 办公建筑负荷等级与防雷分类应根据分类别的相关规定设计 | 《办公建筑设计规范》JGJ 67—2006 第 7.3.1 条、第 7.3.7 条 |
| | 办公建筑的电源进线处应设置明显切断装置和计费装置。用电量较大时应设置变配电所 | 《办公建筑设计规范》JGJ 67—2006 第 7.3.2 条 |
| | 一类办公建筑及高层办公建筑宜设置建筑设备监控系统及安全防范系统 | 《办公建筑设计规范》JGJ 67—2006 第 7.4.4 条 |
| | 办公建筑内弱电机房的设备供电电源采用 UPS 集中供电方式时，应有电源隔离和过电压保护措施 | 《办公建筑设计规范》JGJ 67—2006 第 7.4.7 条 |

# 11.3 建筑防火

**建筑防火** **表 11.3**

| 类别 | 技术要求 | 规范依据 |
| --- | --- | --- |
| 建筑防火 | 综合楼内的办公部分的疏散出入口不应与同一楼层内对外的商场、营业厅、娱乐、餐饮等人员密集场所共用疏散出入口 | 《办公建筑设计规范》JGJ 67—2006 第 5.0.1 条 |
| | 超高层办公建筑应双向疏散，高度大于 100m 的建筑宜采用环形走廊设计，环形走道隔墙的耐火极限不应低于 1.00h；高度大于 250m 的民用建筑，环形走道隔墙的耐火极限不应低于 2.00h，隔墙上的门应采用乙级防火门。走廊宽度应按火灾疏散时间和人员数量计算确定，且不应小于 1.8m。走廊顶棚、墙面装修材料的燃烧性能不应低于 A 级，墙面局部可采用 B1 级材料且不应超过墙面面积的 10%。 | 《建筑高度大于 250m 民用建筑防火设计加强性技术要求》第三条"关于明确《建筑设计防火规范》执行过程中若干问题的会议纪要"第五条 |
| | 办公建筑的开放式、半开放式办公室，其室内任何一点至最近的安全出口的直线距离不应超过 30m。设有自动灭火系统，距离可增加 25% | 《办公建筑设计规范》JGJ 67—2006，第 5.0.2 条 |
| | 机要室、档案室和重要库房等隔墙的耐火极限不应小于 2h，楼板不应小于 1.5h，并应采用甲级防火门。并应根据使用需求，选择适宜的自动灭火系统 | 《办公建筑设计规范》JGJ 67—2006 第 5.0.5 条 |
| | 楼梯间的门应采用相应级别的防火门，向疏散方向开启，不应正对梯段，避免影响疏散 | 《建筑设计防火规范》GB 50016—2014（2018 年版）第 6.4.5 条 |
| | 建筑高度大于 50m 的公共建筑、工业建筑和建筑高度大于 100m 的住宅建筑，其防烟楼梯间、独立前室、共用前室、合用前室及消防电梯前室应采用机械加压送风系统。建筑高度大于 100m 的建筑，其机械加压送风系统应竖向分段独立设置，且每段高度不应超过 100m。建筑高度小于或等于 50m 的公共建筑、工业建筑和建筑高度小于或等于 100m 的住宅建筑，其防烟楼梯间、独立前室、共用前室、合用前室（除共用前室与消防电梯前室合用外）及消防电梯前室应采用自然通风系统；当不能设置自然通风系统时，应采用机械加压送风系统 | 《建筑防烟排烟系统技术标准》GB 51151 第 3.1.2 条、第 3.1.3 条 |

续表

| 类别 | 技术要求 | 规范依据 |
| --- | --- | --- |
| 建筑防火 | 当采用合用前室和剪刀楼梯时，楼梯间、前室和合用前室应分别独立设置机械加压送风系统。地下、半地下与地上的楼梯间在一个位置布置时，合用加压送风系统风量应为地下、地上楼梯间加压送风量之和。通常在计算地下楼梯间加压送风量时，开启门的数量取 1。在设计时还要注意采取有效的技术措施来解决超压的问题 | 《建筑防烟排烟系统技术标准》GB 51151 第 3.1.5 条 |
|  | 设置机械加压送风系统的封闭楼梯间、防烟楼梯间，尚应在其顶部设置不小于 1m² 的固定窗。靠外墙的防烟楼梯间，尚应在其外墙上每 5 层内设置总面积不小于 2m² 的固定窗 | 《建筑防烟排烟系统技术标准》GB 51151 第 3.3.11 条 |
|  | 一类高层公共建筑和建筑高度大于 32m 的二类高层公共建筑、5 层及以上且总建筑面积大于 3000m²（包括设置在其他建筑内五层及以上楼层）的老年人照料设施；设置消防电梯的建筑的地下或半地下室，埋深大于 10m 且总建筑面积大于 3000m² 的其他地下或半地下建筑（室）。以上情况建筑应设置消防电梯。消防电梯应分别设置在不同防火分区内，且每个分区不少于 1 台 | 《建筑设计防火规范》GB 50016—2014（2018 年版）第 7.3.1 条、第 7.3.2 条、第 7.3.8 条 |
|  | 建筑外墙应在每层外墙恰当位置设置可供消防救援人员进入的窗口。窗口宜与公共走道对应，室内不应布置障碍物。窗口不应小于高宽 1m×1m，下沿距离室内地面不大于 1.2m，间距不大于 20m，且每个防火分区不应少于 2 个，并与消防救援场地相对应。窗口玻璃应易于破碎，并应设置可在室外易于识别的明显标志 | 《建筑设计防火规范》GB 50016—2014（2018 年版）第 7.2.5 条 |
|  | 建筑高度大于 100m 的公共建筑，应设置避难层（间） | 《建筑设计防火规范》GB 50016—2014（2018 年版）第 5.5.23 条 |
|  | 建筑高度大于 100m 且标准层建筑面积大于 2000m² 的公共建筑，宜在屋顶设置直升机停机坪或供直升机救助的设施。当高度超过 250m 时应按要求设置以上设施 | 《建筑设计防火规范》GB 50016—2014（2018 年版）第 7.4.1 条 |
|  | 超过 250m 高的建筑应按照《建筑高度大于 250m 民用建筑加强行防火技术要求（试行）》设计，并应结合实际情况采取更加严格的防火措施，其防火设计应交国家消防主管部门组织专题研究、论证 | 《建筑高度大于 250m 民用建筑防火设计加强性技术要求》 |

## 11.4 电梯、自动扶梯

**电梯、自动扶梯　　表 11.4**

| 类别 | 技术要求 | 规范依据 |
| --- | --- | --- |
| 电梯 | 五层及五层以上办公建筑应设电梯。电梯数量应满足使用要求，按办公建筑面积每 5000m² 至少设置 1 台。超高层办公建筑的乘客电梯应分层分区停靠，有利于高峰期人员集散 | 《办公建筑设计规范》JGJ 67—2006 第 4.1.3 条至 4.1.4 条 |
|  | 高层及超高层设有分区电梯以及双层电梯大堂时，应确保相邻地坎间的距离不大于 11m，否则应设置井道安全门 | 《电梯制造与安装安全规范》GB 7588—2003 第 5.2.2.1.2 条 |

续表

| 类别 | 技术要求 | 规范依据 |
|---|---|---|
| 电梯 | 检修门、井道安全门和检修伙伴门均不应向井道内开启，并均应装电梯轿厢和对重（或平衡重），下部空间应按《电梯制造与安装安全规范》设置防护。电梯组联通的井道底部应设置刚性隔障 | 《电梯制造与安装安全规范》GB 7588—2003 第5.2.2.2条、第5.2.2.2.1条 |
| | 超高层办公建筑电梯井道、载重量设计，应考虑设备和幕墙的维修与更换，如兼做消防电梯应满足其从顶层至首层运行时间不大于60s的要求 | 《电梯制造与安装安全规范》GB 7588—2003 第5.5至5.6条 |
| | 直通建筑内附设汽车库的电梯，应在汽车库部分设置电梯候梯厅，并应采用耐火极限不低于2.00h的防火隔墙和乙级防火门与汽车库分隔 | 《建筑设计防火规范》GB 50016—2014（2018年版）第5.5.6条 |
| 自动扶梯 | 自动扶梯的倾斜角 $\alpha$ 一般不应超过30°；当提升高度不超过6m、额定速度不超过0.5m/s时，倾斜角 $\alpha$ 允许增至35° | 《自动扶梯和自动人行步道的制造与安装安全规范》GB 16899—2003（2015年版）第5.2条 |
| | 自动扶梯扶手装置，应采取措施阻止人员翻越，以免除跌落的危险。临空处附加防止翻越的措施不宜小于1.4m | 《自动扶梯和自动人行步道的制造与安装安全规范》GB 16899—2003（2015年版）第7.3条 |
| | 自动扶梯之间、扶梯与周边墙体之间的距离应满足：<br>1. 出入口的通行区域：<br>在自动扶梯的出入口，应有充分畅通的区域，以容纳进（出）自动扶梯的乘客，该区域的中心距的两倍以上，则其深度方向尺寸可减至2m。设计人员应将该通行区域视为整个交通输送系统的一部分，因此实际上有时需要适当增大。<br>出入口的通行区域应留有驻足区，其进深从梳齿板根部外不少于0.85m。<br>2. 梯级、踏板上方的安全高度：<br>自动扶梯的梯级上方，应有不小于2.3m的垂直净通过高度。该净高度应沿整个梯级、踏板的运动全行程，以保证自动扶梯的乘客安全无阻碍地通过。<br>扶手带中心线与相邻建筑物墙壁或障碍物之间的水平距离不小于0.5m，该距离应保持到自动扶梯梯级上方至少2.1m的高度处。如果采取适当措施可避免伤害的危险，则此2.1m的高度可适当减少。<br>3. 扶手带之间、扶手带外缘与建筑物或障碍物之间安全距离：<br>对平行并列布置或交叉布置的自动扶梯，为防止相邻自动扶梯运动引起的伤害，相邻两台自动扶梯扶手带外缘之间距离应大于0.5m。<br>与楼板交叉处以及交叉布置的自动扶梯之间的防护：自动扶梯与楼板交叉处以及各交叉布置的自动扶梯相交叉的三角形区域，除了应满足上述的安全距离的要求外，还应在外盖板上方设置一个无锐利边缘的垂直防碰保护板，其高度不应小于0.3m，例如用一个无孔的三角形保护板。<br>如扶手带中心线与任何障碍物之间的距离大于或等于0.5m时，则不须采用防碰保护板。<br>4. 自动扶梯上端部楼板边缘的保护：<br>自动扶梯与上层楼板相交处，为了满足上述梯级、踏板上方的安全高度，在上层楼板上应开有一定尺寸的孔，为了防止乘客有坠落或挤刮伤害的危险，在开孔楼板的边缘应设有规定高度的护栏。<br>5. 自动扶梯的照明：<br>自动扶梯及其周边，特别是在梳齿板的附近应有足够的照明，室内或室外自动扶梯出入口处地面的照度分别至少为50lx或15lx | |

## 11.5 幕墙设计

幕墙设计　表 11.5

| 类别 | 技术要求 | 规范依据 |
| --- | --- | --- |
| 幕墙设计 | 玻璃幕墙宜采用夹层玻璃、均质钢化玻璃（或低铁玻璃） | 《住房城乡建设部 国家安全监管总局关于进一步加强玻璃幕墙安全防护工作的通知》建标［2015］38号，第二条 |
| | 严禁采用全隐框玻璃幕墙，二层以上设置玻璃幕墙的，应在幕墙下方周边区域合理设置绿化带或裙房等缓冲区域，也可采用挑檐、防冲击雨棚等防护设施 | |
| | 幕墙应有安全可靠的清洗、维护措施 | 《全国民用建筑工程设计技术措施　规划·建筑·景观》（2009）第5.8.3条、第5.8.4条、第5.9.1条、第5.10.1条 |
| | 幕墙采用开启窗时，开启角度不宜大于30°，开启距离不宜大于300mm，应设有防坠落防护措施 | |
| | 幕墙通风器和外百叶应设计和选用避免产生“啸声”的形式 | |
| | 幕墙立面分隔宜与房间划分和防火分区相对应，按要求保障上下层、同层防火分区间的防火封堵设计 | |
| | 人员密度大、流动大的公共区域和易受撞击部位的玻璃幕墙，应设有防撞措施和明显的警示标志 | |
| | 玻璃幕墙外侧反射率宜不大于20%，或采用避免眩光的遮蔽措施 | |

## 11.6 环保及隔声、隔振

环保及隔声、隔振　表 11.6

| 类别 | 技术要求 | 规范依据 |
| --- | --- | --- |
| 环保 | 办公建筑中的变配电所应避免与有酸、碱、粉尘、蒸汽、积水、噪声严重的场所毗邻，并不应直接设在有爆炸危险环境的正上方或正下方，也不应直接设在厕所、浴室等经常积水场所的正下方 | 《办公建筑设计规范》JGJ 67—2006 第4.5.8条 |
| | 办公建筑中的锅炉房必须采取有效措施，减少废气、废水、废渣和有害气体及噪声对环境的影响 | 《办公建筑设计规范》JGJ 67—2006 第4.5.13条 |
| | 动力机房宜靠近负荷中心设置，电子信息机房宜设置在低层部位 | 《办公建筑设计规范》JGJ 67—2006 第4.5.2条 |
| 隔声隔振 | 产生噪声或振动的设备机房应采取消声、隔声和减振等措施，并不宜毗邻办公用房和会议室，也不宜布置在办公用房和会议室的正上方 | 《办公建筑设计规范》JGJ 67—2006 第4.5.3条 |
| | 有排水、冲洗要求的设备用房和设有给排水、热力、空调管道的设备层以及超高层办公建筑的敞开式避难层，应有地面泄水措施；布置在办公用房和会议室上方时，应考虑避免管道噪声影响的措施 | 《办公建筑设计规范》JGJ 67—2006 第4.5.6条 |

## 11.7 室内声光环境

室内光和声环境　　表 11.7

| 类别 | 技术要求 | 规范依据 |
| --- | --- | --- |
| 室内声光环境 | 办公室应进行合理的日照控制和利用，避免直射阳光引起的眩光 | 《办公建筑设计规范》JGJ 67—2006 第 6.3.3 条 |
| | 对噪声控制要求较高的办公建筑应对附着于墙体和楼板的传声源部件采取防止结构声传播的措施 | 《办公建筑设计规范》JGJ 67—2006 第 6.4.3 条 |

# 12 医疗建筑

## 12.1 选　址

选　址　　表 12.1

| 类别 | 技术要求 | 规范依据 |
| --- | --- | --- |
| 综合医院选址安全原则 | 1. 远离污染源；<br>2. 远离易燃、易爆物品的生产和储存区，并应远离高压线路及其设施；<br>3. 不应临近少年儿童活动密集场所；<br>4. 不应污染、影响城市其他区域 | 《综合医院建筑设计规范》GB 51039—2014 第4.1条 |
| 传染病医院选址安全原则 | 1. 远离污染源；<br>2. 用地地质构造稳定、地势较高且不受洪水威胁的地段；<br>3. 不宜设置在人口密集的居住与活动区域；<br>4. 应远离易燃、易爆产品生产、储存区域及存在卫生污染风险的生产加工区域；<br>5. 新建传染病医院选址，以及现有传染病医院改建和扩建及传染病区建设时，医疗用建筑物与院外周边建筑应设置大于等于 20m 绿化隔离卫生间距 | 《传染病医院建筑设计规范》GB 50849—2014 第4.1条 |
| 精神专科医院选址安全原则 | 1. 地形宜规整平坦、地质宜构造稳定，地势应较高且不受洪水威胁；<br>2. 远离易燃、易爆物品的生产和储存区；<br>3. 不宜设置在人口密集的居住与活动区域 | 《精神专科医院建筑设计规范》GB 51058—2014 第3.1条 |

## 12.2 总　平　面

总　平　面　　表 12.2

| 类别 | 技术要求 | 规范依据 |
| --- | --- | --- |
| 综合医院总平面安全设计 | 1. 对废弃物的处理，应作出妥善的安排，并应符合有关环境保护法令、法规的规定；<br>2. 太平间、病理解剖室应设于医院隐蔽处。需设焚烧炉时，应避免风向的影响，并应与主体建筑隔离。尸体运送路线应避免与出入院路线交叉 | 《综合医院建筑设计规范》GB 51039—2014 第4.2条 |
| 传染病医院总平面安全设计 | 1. 总平面应严格结合主导风向分为清洁区、半污染区和污染区；洁污、医患、人车等流线组织应清晰，并应避免院内感染；<br>2. 对涉及污染环境的医疗废弃物及污废水，应采取环境安全保护措施；<br>3. 医院出入口附近应布置救护车冲洗消毒场地 | 《传染病医院建筑设计规范》GB 50849—2014 第4.2条 |

续表

| 类别 | 技术要求 | 规范依据 |
| --- | --- | --- |
| 精神专科医院总平面安全设计 | 1. 对涉及污染环境的污物（含医疗废弃物、污废水等）应进行环境安全规划；<br>2. 供急、重症患者使用的室外活动场地应设置围墙或栏杆，并应采取防攀爬措施。建筑物外侧及围墙内外侧 1.5m 范围内不应种植密植形绿篱，3m 范围内不应种植高大乔木 | 《精神专科医院建筑设计规范》GB 51058—2014 第 3.2 条 |
| 安全出口 | 医院出入口不应少于 2 处，人员出入口不应兼做尸体或废弃物出入口 | 《综合医院建筑设计规范》GB 51039—2014 第 4.2.2 条 |

# 12.3 建 筑 防 火

## 12.3.1 医院液氧储罐、制氧站与建筑物防火间距

**湿式氧气储罐与建筑物、储罐、堆场等的防火间距　　表 12.3.1-1**

| 类别 | | 湿式氧气储罐（总容积 $V$，$m^3$） | | | 规范依据 |
| --- | --- | --- | --- | --- | --- |
| | | $V \leqslant 1000$ | $1000 < V \leqslant 50000$ | $V > 50000$ | |
| 明火或散发火花地点 | | 25 | 30 | 35 | 《建筑设计防火规范》GB 50016—2014（2018 年版）第 4.3.3 条 |
| 甲、乙、丙类液体储罐，可燃材料堆场，甲类仓库、室外变、配电站 | | 20 | 25 | 30 | |
| 民用建筑 | | 18 | 20 | 25 | |
| 其他建筑 | 一、二级 | 10 | 12 | | |
| | 三级 | 12 | 14 | | |
| | 四级 | 14 | 16 | | |

注：固定容积氧气储罐的总容积按储罐几何容积（$m^3$）和设计储存压力（绝对压力，105Pa）的乘积计算。

**医用液氧储罐与医疗卫生机构内部建筑物、构筑物之间的防火间距（m）　表 12.3.1-2**

| 类别 | 防火间距 | 规范依据 |
| --- | --- | --- |
| 医院内道路 | 3.0 | 《医用气体工程技术规范》GB 50751—2012 第 4.6.3、4.6.4 条 |
| 一、二级建筑物墙壁或突出部分 | 10.0 | |
| 三、四级建筑物墙壁或突出部分 | 15.0 | |
| 医院变电站 | 12.0 | |
| 独立车库、地下车库出入口、排水沟 | 15.0 | |
| 公共集会场所、生命支持区域 | 15.0 | |
| 燃煤锅炉房 | 30.0 | |
| 一般架空电力线 | ≥1.5 倍电杆高度 | |

注：当面向液氧储罐的建筑外墙为防火墙时，液氧储罐与一、二级建筑物墙壁或突出部分的防火间距不应小于 5.0m，与三、四级建筑物墙壁或突出部分不应小于 7.5m。

医用液氧贮罐与外部建筑物、构筑物防火间距要求　　表 12.3.1-3

| 类别 | 防火要求 | 规范依据 |
| --- | --- | --- |
| 医用液氧贮罐 | 1. 单罐容积不应大于 5m³，总容积不宜大于 20m³；<br>2. 相邻储罐之间距离不应小于最大储罐直径的 0.75 倍；<br>3. 液氧储罐周围 5m 范围内不应有可燃物和沥青路面；<br>4. 储罐站应设置防火围堰，围堰的有效容积不应小于围堰最大液氧储罐的容积，且高度不应小于 0.9m；<br>5. 氧气储罐及医用液氧储罐本体应设置标识和警示标志，周围应设置安全标识；<br>6. 医疗卫生机构液氧储罐处的实体围墙高度不应低于 2.5m，当围墙外为道路或开阔地带时，储罐与实体围墙间距不应小于 1m；围墙外为建筑物、构筑物时，储罐与实体围墙的间距不应小于 5m | 《建筑设计防火规范》GB 50016—2014（2018 年版）第 4.3.4 条<br>《医用气体工程技术规范》GB 50751—2012 第 4.6.3 条 |

### 12.3.2　医用分子筛制氧站、医用气体

储存库防火要求　　表 12.3.2

| 类别 | 防火要求 | 规范依据 |
| --- | --- | --- |
| 医用分子筛制氧站、医用气体储存库 | 1. 应布置为独立单层建筑物，其耐火等级不应低于二级；<br>2. 与其他建筑物毗连时，其毗连的墙应为耐火极限不小于 3.0h，且无门、窗、洞的防火墙，站房应至少设一个直通室外的门；<br>3. 建筑物维护结构上的门窗应向外开启，并不得采用木质、塑钢等可燃材料制作；<br>4. 医用气体存储库不应布置在地下空间或半地下空间，存储库内不得有地沟、暗道，库房内应设置良好的通风、干燥措施 | 《医用气体工程技术规范》GB 50751—2012 第 4.6.5 条、第 4.6.7 条、第 4.6.8 条 |
| 医用气体供应源（除医用空气供应源、医用真空汇外） | 不应设置在地下空间或半地下空间 | |

## 12.4　医疗建筑防火分区

防火分区　　表 12.4

| 防火等级 | 防火分区要求 | 规范依据 |
| --- | --- | --- |
| 医院耐火等级不应低于二级（医院住院部分采用三级耐火等级建筑时，不应超过 2 层；采用四级耐火等级时，应为单层；设置在三级耐火等级的建筑内时，应布置在首层或二层；设置在四级耐火等级的建筑内时，应布置在首层） | 1. 医院建筑的防火分区应结合建筑布局和功能分区划分<br>2. 防火分区的面积除应按建筑物的耐火等级和建筑高度确定外，病房部分每层防火分区内，尚应根据面积大小和疏散路线进行再分隔。同层有 2 个及 2 个以上护理单元时，通向公共走道的单元入口处应设乙级防火门，设在走道上的防火门采用常开防火门<br>3. 高层建筑内的门诊大厅，设有火灾自动报警系统和自动灭火系统并采用不燃或难燃材料装修时，地上部分防火分区的最大建筑面积为 4000m²<br>4. 医院建筑内的手术部，当设有火灾自动报警系统，并采用不燃或难燃材料装修时，地上部分防火分区的最大建筑面积为 4000m²<br>5. 防火分区内的病房、产房、手术部、精密贵重医疗设备用房等，均应采用耐火极限不低于 2.00h 的不燃材料与其他部分隔开 | 《建筑设计防火规范》GB 50016—2014（2018 年版）第 5.4.5 条<br>《综合医院建筑设计规范》GB 51039—2014 第 5.24.2 条 |

# 12.5 医院安全疏散

### 12.5.1 安全出口

表 12.5.1

| 类别 | 技术要求 | 规范依据 |
| --- | --- | --- |
| 安全出口 | 每个护理单元应有 2 个不同方向的安全出口 | 《综合医院建筑设计规范》GB 51039—2014 第 5.24.3 条 |
| | 尽端式护理单元，或自成一区的治疗用房，其最远一个房间门至外部安全出口的距离和房间内最远一点到房门的距离，均未超过建筑设计防火规范规定时，可设 1 个安全出口 | |

### 12.5.2 疏散楼梯、走道和门的净宽

疏散楼梯、走道和门的净宽　　表 12.5.2

<table>
<tr><th>类别</th><th>疏散楼梯净宽</th><th colspan="2">疏散走道净宽</th><th>疏散门净宽</th><th>规范依据</th></tr>
<tr><td rowspan="3">医院</td><td rowspan="3">疏散楼梯 1.3m<br>主楼梯 1.65m<br>楼梯平台 2.0m</td><td>单面布房</td><td>双面布房</td><td rowspan="3">楼梯间的首层疏散门、首层疏散外门 1.3m；抢救、病房、手术室 1.1m<br>放射科防护门 1.2m，一般门 1.0m</td><td rowspan="3">《建筑设计防火规范》GB 50016—2014（2018 年版）第 5.5.17 条、第 5.5.18 条<br>《综合医院建筑设计规范》GB 51039—2014 第 5.1.5 条、第 5.24.4 条</td></tr>
<tr><td>1.4m</td><td>1.5m</td></tr>
<tr><td colspan="2">推行病床走道 2.4m</td></tr>
</table>

注：1. 首层楼梯间应直通室外，确有困难时，可在首层采用扩大封闭楼梯间或防烟楼梯间前室。当层数不超过 4 层且未采用扩大的封闭楼梯间或防烟楼梯间前室时，可将直通室外的门设置在离楼梯间不大于 15m 处。

2. 医疗用房应设疏散指示标识，疏散走道及楼梯间均应设应急照明。

# 12.6 高层病房楼避难间

避　难　间　　表 12.6

| 类别 | 技术要求 | 规范依据 |
| --- | --- | --- |
| 高层病房楼应在二层及以上的病房楼层和洁净手术部设置避难间 | 避难间服务的护理单元不应超过 2 个，其净面积应按每个护理单元不小于 25.0m² 确定 | 《建筑设计防火规范》GB 50016—2014（2018 年版）第 5.5.24 条<br>《建筑防烟排烟系统技术标准》GB 51251—2018 第 3.2.3 条 |
| | 避难间兼作其他用途时，应保证人员的避难安全，且不得减少可供避难的净面积 | |
| | 应靠近楼梯间，并应采用耐火极限不小于 2.00h 的防火隔墙和甲级防火门与其他部位分隔 | |
| | 应设置消防专线电话和消防应急广播 | |
| | 避难间的入口处应设置明显的指示标志 | |
| | 应设置不同朝向的面积不小于 2m² 的可开启外窗或独立的机械防烟设施，外窗应采用乙级防火窗 | |

## 12.7 综合医院一般规定

一般规定　表 12.7

| 类别 | | 技术要求 | 规范依据 |
|---|---|---|---|
| 住院部 | | 1. 住院部分不应设置在地下或半地下<br>2. 病房楼内相邻护理单元之间应采用耐火极限不小于 2.00h 的防火隔墙分隔，隔墙上的门应采用乙级防火门，设置在走道上的防火门应采用常开防火门<br>3. 住院部婴儿间应有防鼠、防蚊蝇等措施 | 《建筑设计防火规范》GB 50016—2014（2018 年版）第 5.4.5 条<br>《综合医院建筑设计规范》GB 51039—2014 第 5.5.14 条 |
| 医技部 | 放射治疗科 | 1. 放射科用房防护设计应符合国家现行有关医用 X 射线诊断、卫生防护标准的规定<br>2. 钴 60 治疗室、加速器治疗室、γ 刀治疗室及后装机治疗室的出入口应设迷路，且有用线束照射方向应尽可能避免照射在迷路墙上。防护门和迷路门的净宽应满足设备要求<br>3. 放射治疗科用房防护应按国家现行有关后装 γ 源近距离卫生防护标准、γ 远距治疗室设计防护要求、医用电子加速器卫生防护标准、医用 X 射线治疗卫生防护标准等的规定设计<br>4. 核医学用房应按国家现行有关临床核医学卫生防护标准的规定设计。<br>5. 核医学的固体废弃物、废水应按国家现行有关医用放射性废弃管理卫生防护标准的规定处理后排放 | 《综合医院建筑设计规范》GB 51039—2014 第 5.8～5.19 条 |
| | 检验科 | 危险化学试剂附近应设有紧急洗眼处和淋浴 | |
| | 功能检查科 | 心脏运动负荷检查室应设氧气终端机 | |
| | 药剂科 | 贵重药、剧毒药、麻醉药、限量药的库房，以及易燃易爆药品的贮藏处，应有安全设施 | |
| 其他 | | 医疗建筑内的手术室或手术部、产房、重症监护室、贵重精密医疗装备用房、储藏室、实验室、胶片室等，应采用耐火极限不低于 2.00h 的防火墙和 1.00h 楼板与其他场所分隔，墙上必须设置的门、窗为乙级防火门、窗 | 《建筑设计防火规范》GB 50016—2014（2018 年版）第 6.2.2 条 |

## 12.8 传染病医院

传染病医院 表 12.8

| 类别 | 技术要求 | 规范依据 |
|---|---|---|
| 门诊部 | 1. 门诊部应按肠道、肝炎、呼吸道门诊等不同传染病分设不同门诊区域，并应分科室设置候诊室和诊室<br>2. 病人候诊区应与医务人员诊断工作区分开布置，并应在医务人员进出诊断工作区出入口处设医务人员卫生通过室 | 《传染病医院建筑设计规范》GB 50849—2014 第5.2～5.7条 |
| 急诊部 | 1. 急诊部入口处应设置筛查区（间），并应在急诊部入口毗邻处设置隔离观察病区或隔离病室<br>2. 隔离观察病区或病室应全部按1床间安排 | |
| 住院部 | 1. 住院病区应划分污染区、半污染区与清洁区，并应划分洁污人流、物流通道<br>2. 不同类型传染病人应分别安排在不同病区<br>3. 呼吸道传染病区，在医务人员走廊与病房之间应设置缓冲前室，并应设置非手动式或自动感应龙头洗手池，过道墙上应设置双门密闭式传递窗<br>4. 住院部应根据需要设置负压病房区和重症监护病房（ICU）隔离负压小间。呼吸道传染病重症监护病区应采用单床小隔间，并应采用负压系统 | |
| 后勤保障部 | 1. 洗衣房应按衣服、被单的洗涤、消毒、烘干、折叠加工流程布置，污染的衣服、被单接收口与清洁的衣服、被单发送应分开设置<br>2. 医疗废弃物暂存间应设置围墙与其他区域相对分隔，位置应位于院区下风向处<br>3. 太平间、病理解剖室、医疗垃圾暂存处的地面与墙面，均应采用耐洗涤消毒材料，地面与墙裙均应采用防昆虫、防鼠雀以及其他动物侵入的措施 | |

## 12.9 精神专科医院

精神专科医院 表 12.9

| 类别 | 技术要求 | 规范依据 |
|---|---|---|
| 门诊部 | 1. 诊室应设置医生应急撤离门或医生工作走廊<br>2. 用于司法鉴定的受检等候室与鉴定室应毗邻设置，外窗应采取视线遮挡措施，并应加装防护栏杆 | 《精神专科医院建筑设计规范》GB 51058—2014 第4.2.4、4.2.7、4.5.4、4.4.2、4.4.3条 |
| 住院部 | 每个病区内患者区域与医护人员区域应相对独立 | |
| 医技部 | 1. 医技部内部医护人员与患者流线宜相对分开，并应便于医院对门诊、住院两种不同类型患者进行检查时的管理<br>2. 电抽搐治疗用房应设置在安静、干扰少的地段，并应配置有充气袖带的病床，配备医疗槽，同时应设置氧气、负压、麻醉气体装置以及电气接口 | |

续表

| 类别 | 技术要求 | 规范依据 |
| --- | --- | --- |
| 室内装修与安全防护 | 1. 住院部病房、隔离室以及患者集中活动场所内，不应采用装配式吊顶构造和可被吊挂的构造或构件<br>2. 患者活动区域内的门窗设置应符合下列要求：<br>（1）窗的开启部分应做好水平、上下限位构造处理，开启部分宜设置防护栏杆。门窗插销宜选用按钮暗装构造，不应使用布幔窗帘。<br>（2）病房门、病人使用的盥洗室、淋浴间的门应朝外开。病房门应设长条观察窗，玻璃应选用安全玻璃。门的执手应选用不易被吊挂的形式，门铰链应采用短型铰链，不应设置闭门器。<br>（3）玻璃应选用安全玻璃。<br>（4）所有紧固件均应不易松动。<br>3. 患者活动区域内需设置嵌墙壁柜时，壁柜不应代替隔墙。壁柜的设置应避免人员在内藏匿。柜橱门拉手宜采用凹槽形式<br>4. 走廊安装防撞带时，应选择紧靠墙面型构件<br>5. 卫生间、盥洗室、浴室应符合下列要求：<br>（1）患者使用的卫生间、浴室隔间的宽度不应小于1.10m，深度不应小于1.40m，门闩应内外双向开启、闭锁。隔间门高度应方便医护人员巡视。<br>（2）不应设置输液吊钩、毛巾杆、浴帘杆、杆型把手（采用特殊设计的防打结把手除外）等。<br>（3）卫生间的地面应采用防滑防湿材料，并应符合排水要求。<br>（4）卫生间、盥洗室、浴室使用的镜子，应采用镜面金属板或其他不易碎裂材料制成。<br>6. 隔离室的设置应符合下列要求：<br>（1）隔离室墙面、地面及顶棚均应采用软材质材料装修。所有材料及构造做法应坚固。<br>（2）隔离室内应设置视频监控系统。<br>（3）除视频监控摄像头外，室内不应出现管线、吊架等任何突出物。<br>（4）隔离室门应设置观察窗，室内一侧不应设置突出的门执手 | 《精神专科医院建筑设计规范》GB 51058—2014 第4.7.1～4.7.8条 |

# 12.10 结　　构

## 12.10.1 抗震设防类别

**抗震设防类别**　　**表 12.10.1**

| 类别 | | 技术要求 | 规范依据 |
| --- | --- | --- | --- |
| 抗震设防类别 | 特殊设防类 | 三级医院中承担特别重要医疗任务的门诊、医技、住院用房 | 《建筑工程抗震设防分类标准》GB 50223—2008 第4.0.3条 |
| | 重点设防类 | 二、三级医院的门诊、医技、住院用房，具有外科手术室或急诊科的乡镇卫生院的医疗用房，县级及以上急救中心的指挥、通信、运输系统的重要建筑，县级及以上的独立采供血机构的建筑 | |

注：工矿企业的医疗建筑，可比照城市的医疗建筑示例确定其抗震设防类别。

**12.10.2** 特殊设防类的医疗建筑，应按高于本地区抗震设防烈度提高一度的要求加强其抗震措施；但抗震设防烈度为9度时应按比9度更高的要求采取抗震措施。同时，应按批准的地震安全性评价的结果且高于本地区抗震设防烈度的要求确定其地震作用。

**12.10.3** 重点设防类的医疗建筑，应按高于本地区抗震设防烈度一度的要求加强其抗震措施；但抗震设防烈度为9度时应按比9度更高的要求采取抗震措施；地基基础的抗震措施，应符合有关规定。同时应按本地区抗震设防烈度确定其地震作用。

**12.10.4** 医疗建筑结构抗震设计中的特殊设防类和重点设防类建筑，其安全等级宜规定为一级。

**12.10.5** 非结构构件，包括医疗建筑非结构构件和支承于医疗建筑的附属机电设备，自身强度及其与主体结构的连接，应进行抗震验算。

## 12.11 给 排 水

**12.11.1** 给水排水管道不应架空穿越洁净室、强电和弱电机房、CT和核磁共振等无菌或重要设备室。

**12.11.2** 下列场所的用水点应采用非接触性或非手动开关，并应防止污水外溅，具体如表。

**采用非接触性或非手动开关的用水点技术要求** **表 12.11.2**

| 类别 | 技术要求 | 规范依据 |
| --- | --- | --- |
| 采用非接触性或非手动开关的用水点 | 公共卫生间的洗手盆、小便斗、公共卫生间的大便器 | 《综合医院建筑设计规范》GB 51039—2014第6.2.5条 |
| | 诊室、检验科和配方室等房间的洗手盆 | |
| | 产房、手术刷手池室、护士站室、治疗室、洁净无菌室、供应中心、ICU、血液病房和烧伤病房等房间的洗手盆 | |
| | 传染病房或传染病门急诊的洗手盆水龙头应采用感应自动水龙头 | |
| | 其他有无菌要求或需要防止交叉感染的场所的卫生器具 | |

**12.11.3** 医院医疗区污废水的排放应与非医疗区污废水分流排放，非医疗区污废水可直接排入城市污水排水管道。

**12.11.4** 医院医疗区下列场所应采用独立的排水系统或间接排放。

**采用独立排水系统或间接排放的技术要求** **表 12.11.4**

| 类别 | 技术要求 | 规范依据 |
| --- | --- | --- |
| 采用独立的排水系统或间接排放 | 综合医院的传染病门急诊和病房的污水应单独收集处理，经灭活消毒二级生化处理后再排入城市污水管道 | 《综合医院建筑设计规范》GB 51039—2014第6.3.2条 |
| | 放射性废水应单独收集处理 | |
| | 牙科废水应单独收集处理 | |
| | 医院专用锅炉排污水、中心供应消毒凝结水等应单独收集并设置降温池或降温井 | |

**12.11.5** 排放含有放射性污水的管道应采用机制铸铁（含铅）管道，立管并应安装在壁厚不小于150mm混凝土管道井内。

**12.11.6** 当医院热水系统有防止烫伤要求时，淋浴或浴缸用水点应设置冷、热水混合水温控制装置，使用水点出水温度在任何时间均不应大于49℃。原则是随用随配。

**12.11.7** 手术室集中刷手池的水龙头应采用恒温供水，且末端温度可调节，供水温度宜为30～35℃。

**12.11.8** 洗婴池的供水应防止烫伤或冻伤且为恒温，末端温度可调节，供水温度宜为35～40℃。

## 12.12 电　　气

**12.12.1** 医疗建筑应由双路电源供电，三级医院应（二级医院宜）设置应急柴油发动机组。

**12.12.2** 变电所（柴油发电机房）、智能化机房安全设计要求。

变电所、智能机房安全设计要求　　表12.12.2

| 类别 | 技术要求 | 规范依据 |
| --- | --- | --- |
| 变电所（柴油发电机房） | 1. 不应设置在中心（消毒）供应、检验科、净化等医疗场所的正下方<br>2. 不应布置在厕所、浴室、厨房或其他经常积水场所的正下方，且不宜与其相贴邻<br>3. 装有可燃油电气设备的变配电室，不应设在人员密集场所的正上方、正下方、贴邻和疏散出口的两旁<br>4. 不应设置在地势低洼和可能积水的场所<br>5. 需要远离大型医技设备（如MRI）磁体中心，并应保持足够的安全距离<br>6. 不应（宜）与诊疗设备用房、住院病房、电子信息系统机房等相贴邻，如受条件限制而贴邻时，应作屏蔽和消声降噪等处理<br>7. 柴油发电机房应采取机组消声及机房隔声综合治理措施，排烟管道的设置应达到环境保护要求<br>8. 应设置防雨雪和小动物从采光窗、通风口、门、电缆沟等进入室内的设施<br>9. 电缆夹层、电缆沟和电缆室应采取防水、排水措施<br>10. 变配电所不宜设在对防电磁干扰较高要求的设备机房正上方、正下方或与其贴邻 | 《20kV及以下变电所设计规范》GB 50053—2013第2.0.1条、第2.0.3条、第2.0.4条<br>《民用建筑电气设计规范》JGJ 16—2008第4.2条、第4.9.6条、第4.9.10条、第4.9.12条 |
| 智能化机房（消防控制室） | 1. 不应设置在中心（消毒）供应、检验科、净化等医疗场所的正下方<br>2. 不应布置在厕所、浴室、厨房或其他经常积水场所的正下方，且不宜与其相贴邻<br>3. 不应设置在地势低洼和可能积水的场所<br>4. 重要机房应远离强磁场所<br>5. 应根据系统的风险评估采取防雷措施，应做等电位联结<br>6. 消防控制室不应设置在电磁场干扰较强及其他可能影响消防控制设备正常工作的房间附近 | 《民用建筑电气设计规范》JGJ 16—2008第23.2.1条<br>《火灾自动报警系统》GB 50116—2013第3.4.7条<br>《数据中心设计规范》GB 50174—2017第4.1.7条、第8.4.4条 |

**12.12.3** 生物电类检测设备、医疗影像等诊疗设备用房电气安全设计要求。

**生物电类检测设备、医疗影像设备房** **表 12.12.3**

| 类别 | 技术要求 | 规范依据 |
|---|---|---|
| 生物电类检测设备、医疗影像设备房 | 1. 应采取电磁泄漏防护措施，设置电磁屏蔽<br>2. 易受辐射干扰的诊疗设备用房不应与电磁干扰源用房贴邻<br>3. 不应设置在中心（消毒）供应、检验科、净化等医疗场所的正下方 | 《医疗建筑电气设计规范》JGJ 312—2013 第 9.5.1 条，第 9.5.2 条 |

**12.12.4** 手术室、抢救室、重症监护等 2 类医疗场所的配电安全设计要求。

**手术术室、抢救室、重症监护等 2 类医疗场所** **表 12.12.4**

| 类别 | 技术要求 | 规范依据 |
|---|---|---|
| 手术室、抢救室、重症监护等 2 类医疗场所 | 1. 应采用医用 IT 系统<br>2. 配置绝缘监测系统和等电位联结<br>3. 设置为其服务的不间断电源室、隔离变压器室等 | 《综合医院建筑设计规范》GB 51039—2014 第 8.1.1 条、第 8.1.2 条、第 8.3.5 条<br>《医疗建筑电气设计规范》JGJ 312—2013 第 5.4.3 条 |

# 12.13 空 调 通 风

**空调通风** **表 12.13**

| 类别 | 技术要求 | 规范依据 |
|---|---|---|
| 空调系统划分 | 1. 应根据室内空调设计参数、医疗设备、卫生学、使用时间、空调负荷等要求合理分区<br>2. 各功能区域宜独立，宜单独成系统<br>3. 各空调分区应能互相封闭，并应避免空气途径的医院感染<br>4. 有洁净度要求的房间和重污染的房间，应单独成一个系统<br>5. 所有区域应进行严格的风量平衡计算，确保气流组织符合医院控制感染的要求 | 《综合医院建筑设计规范》GB 51039—2014 第 7.1.7 条 |
| 通风系统设计 | 1. 集中空调通风系统风管应当光滑，易于清理，不得释放有毒有害物质<br>2. 采用集中空调系统医疗用房的送风量不宜小于 6 次/h，新风量每人不应小于 40m³/h 或 2 次/h<br>3. 集中空调系统和风机盘管机组的回风口必须设置初阻力小 50Pa、微生物一次通过率不大于 10%和颗粒物一次计重通过率不大于 5%的过滤设备<br>4. 没有特殊要求的排风机应设置在排风管路的末端，使整个管路为负压<br>5. 液氮冷却系统应单独设置排气系统，排放至室外安全区域<br>6. 核医学检查室、放射治疗室、病理取材室、检验科、传染病房等含有有害微生物、有害气溶胶等污染物质场所的排风，应处理达标后排放<br>7. 同位素治疗管理区域采用全新风空调方式，排气管宜采用氯乙烯衬里风管，排风系统中设置气密性阀门。储藏放射性同位素的房间应 24h 排风<br>8. 放射科自动洗片机排风管应采用防腐蚀的风管，且设置止回阀 | 《公共场所集中空调通风系统卫生规范》WS 394—2012 第 3.13 条<br>《综合医院建筑设计规范》GB 51039—2014 第 7.1.10～7.1.15 条、第 7.7.6～7.7.9 条 |

续表

| 类别 | 技术要求 | 规范依据 |
| --- | --- | --- |
| 冷却塔设置 | 1. 设置位置应远离人员聚集区域、建筑物新风取风口或自然通风口，不应设置在新风口的上风向<br>2. 宜设置冷却水系统持续消毒装置，不得检出嗜肺军团菌 | 《公共场所集中空调通风系统卫生规范》WS 394—2012第3.12条、第4.2条 |
| 防辐射设计 | 1. 放射科在有射线屏蔽的房间，对于穿墙后的风管和配管，应采取不小于墙壁铅当量的屏蔽措施<br>2. 磁共振扫描间采用无磁风管和屏蔽电磁波的风口，任何磁性管线不应穿越<br>3. 同位素治疗管理区域排气管宜采用氯乙烯衬里风管 | 《综合医院建筑设计规范》GB 51039—2014第7.7.6条、第7.7.7条、第7.7.9条 |

# 13 中小学校建筑

“安全第一”是学校建设必须遵循的基本原则，安全设计是保障学校建筑工程质量安全的基石和源头。中小学校安全设计应满足国家工程建设标准中有关校园安全的相关规范和规定，包括场地规划、用地通行、总平面设计、建筑设计、设施运行的安全可靠，以及应急避难、紧急疏散的安全保障，为师生的校内活动提供全过程的安全环境。

## 13.1 场 地 规 划

场地规划 表 13.1

| 类别 | 技 术 要 求 | 规 范 依 据 |
|---|---|---|
| 校址规划 | 学校应按服务范围均衡分布。服务半径以完小 500m、初中 1000m、九年制学校 500～1000m 为宜，步行上学时间控制在小学生约 10min、中学生约 15～20min，并以小学生避免穿越城市干道、中学生尽量不穿越城市主干道为适 | 《中小学校设计规范》GB 50099—2011 第 4.1.4 条及条文说明、第 4.1.5 条的条文说明 |
| 场地选址 | 学校应建设在阳光充足、空气流动、场地干燥、排水畅通、地势较高的安全地段 | 《中小学校设计规范》GB 50099—2011 第 4.1.1 条 |
| 市政交通 | 学校周边应有良好的交通条件。与学校毗邻的城市主干道应设置相应的安全设施，以保障学生安全通过 | 《中小学校设计规范》GB 50099—2011 第 4.1.5 条 |
| 防噪间距 | 学校主要教学用房的设窗外墙与铁路路轨的距离应≥300m，与高速路、地上轨道交通线、城市主干道的距离应≥80m。当距离不足时，应采取有效的隔声措施 | 《中小学校设计规范》GB 50099—2011 第 4.1.6 条 |
| 防火间距 | 学校建筑之间及与其他民用建筑之间，与单独建造的变电站、终端变电站及燃油、燃气或燃煤锅炉房，与燃气调压站、液化石油气气化站或混气站、城市液化石油气供应站瓶库等，防火间距应符合《建筑设计防火规范》GB 50016—2014（2018 年版）的相关规定 | 《建筑设计防火规范》GB 50016—2014（2018 年版）第 5.2.2 条（强条）、第 5.2.3 条、第 5.2.5 条、第 4.4.5 条（强条） |
| 防灾防污 | 学校严禁建设在地震、地质坍塌、暗河、洪涝等自然灾害及人为风险高的地段和污染超标的地段。学校与污染源的防护距离应符合环保部门的相关规定 | 《中小学校设计规范》GB 50099—2011 第 4.1.2 条（强条） |
| 防险防爆 | 学校严禁建设在高压电线、长输天然气管道、输油管道穿越或跨越的地段。学校与周界外危险管线的防护距离及安全措施应符合国家现行的相关规定 | 《中小学校设计规范》GB 50099—2011 第 4.1.8 条（强条） |
| 防病毒源 | 学校应远离殡仪馆、医院太平间、传染病院等各类病毒、病源集中的建筑 | 《中小学校设计规范》GB 50099—2011 第 4.1.3 条 |
| 防燃爆场 | 学校应远离甲、乙类厂房和仓库及甲、乙、丙类液体储罐（区），可燃、助燃气体储罐（区），可燃材料堆场等各类易燃、易爆的场所 | 《建筑设计防火规范》GB 50016—2014（2018 年版）第 3.4.1 条、第 3.5.1 条、第 3.5.2 条、第 4.2.1 条、第 4.3.1 条、第 4.5.1 条 |

# 13.2 用 地 通 行

## 13.2.1 校园出入口

校园出入口 表 13.2.1

| 类别 | 技 术 要 求 | 规 范 依 据 |
|---|---|---|
| 接口方式 | 校园出入口应与市政道路衔接，但不应直接与城市主干道连通 | 《中小学校设计规范》GB 50099—2011 第 8.3.2 条 |
| 分口出入 | 校园分位置、分主次应设≥2 个出入口，且应人车分流，并宜人车专用；消防出入口可利用校园出入口，但应满足消防车至少有两处进入校园、实施灭火救援的要求 | 《中小学校设计规范》GB 50099—2011 第 8.3.1 条，《建筑设计防火规范》GB 50016—2014（2018 年版）第 7.1.9 条 |
| 安全距离 | 校园出入口与周边相邻基地机动车出入口的间隔距离应≥20m | 《民用建筑设计统一标准》GB 50352—2019 第 4.2.4 条第 4 款 |
| 缓冲场地 | 主入口、正门外应设校前小广场，起缓冲场地的作用 | 《中小学校设计规范》GB 50099—2011 第 8.3.2 条 |
| 临时停车 | 主入口、正门外附近需设自行车及机动车停车场，供家长临时停车，以免堵塞校门 | 《中小学校设计规范》GB 50099—2011 第 4.1.5 条 |

## 13.2.2 校园道路

校园道路 表 13.2.2

| 类别 | 技 术 要 求 | 规 范 依 据 |
|---|---|---|
| 校园道路 | 应与校园主出入口、各建筑出入口、各活动场地出入口衔接，应与校园次出入口连通；消防车道、灭火救援场地可利用校园道路、广场，但应满足消防车通行、转弯、停靠和登高操作的要求 | 《中小学校设计规范》GB 50099—2011 第 8.4.1 条，《建筑设计防火规范》GB 50016—2014（2018 年版）第 7.1.9 条 |
| 道路宽度 | 车行道的宽度按双车道≥7m、单车道≥4m，人行道的宽度按通行人数 0.7m/100 人计算且宜≥3m；消防车道的净宽度和净空高度均应≥4m | 《民用建筑设计统一标准》GB 50352—2019 第 5.2.2 条第 1 款，《中小学校设计规范》GB 50099—2011 第 8.4.3 条，《建筑设计防火规范》GB 50016—2014（2018 年版）第 7.1.8 条第 1 款（强条） |
| 道路高差 | 校园内人流集中的道路不宜设台阶，宜采用坡道等无障碍设施处理道路高差；道路高差变化处如设台阶时，踏步级数应≥3 级且不得采用扇形踏步 | 《中小学校设计规范》GB 50099—2011 第 8.4.5 条及条文说明 |
| 道路安全 | 校园内停车场及地下停车库的出入口，不应直接通向师生人流集中的道路 | 《中小学校设计规范》GB 50099—2011 第 8.5.6 条 |
| 内院道路 | 当有短边长度>24m 的封闭内院式建筑围合时，宜设置进入建筑内院的消防车道 | 《建筑设计防火规范》建筑设计防火规范第 7.1.4 条 |

# 13.3 总 平 面

## 13.3.1 体育场地

体育场地　　表 13.3.1

| 类别 | 技 术 要 求 | 规范依据 |
| --- | --- | --- |
| 场地材料 | 应满足主要运动项目的沙质、弹性及构造要求，应满足环境卫生健康的要求。塑胶跑道、塑胶场地不得采用含有有毒成分、散发异味的有害材料 | 《中小学校设计规范》GB 50099—2011 第 4.3.6 条第 5 款、第 8.1.4 条，《中小学合成材料面层运动场地》GB 36246—2018 |
| 安全防护 | 各类运动场地应平整防滑、排水顺畅。各场地的周边应设无高差的安全防护空间和专用甬道。相邻场地间应预留安全分隔设施的安装条件 | 《中小学校设计规范》GB 50099—2011 第 4.3.6 条第 1、3、4 款 |
| 偏斜角度 | 室外田径场地及足、篮、排等各球类场地的长轴按南北向布置；南北长轴偏西宜＜10°、偏东宜＜20°，避免东西向投射、接球造成的眩光、冲撞 | 《中小学校设计规范》GB 50099—2011 第 4.3.6 条第 2 款 |

## 13.3.2 防污排污

防污排污　　表 13.3.2

| 类别 | 技 术 要 求 | 规范依据 |
| --- | --- | --- |
| 动植物园 | 种植园、小动物饲养园应设于校园下风向的位置。种植园的肥料、小动物饲养园的粪便均不得污染校园水源和周边环境 | 《中小学校设计规范》GB 50099—2011 第 5.3.3 条、第 5.3.17 条、第 5.3.23 条 |
| 防污间距 | 学校的饮用水管线、食堂与室外公厕、垃圾站等污染源的距离均应≥25m | 《中小学校设计规范》GB 50099—2011 第 6.2.2 条、第 6.2.18 条 |
| 排污处理 | 化学实验室的有害废水、食堂等的含油污水应经过除害、除油处理后再排入污水管道 | 《中小学校设计规范》GB 50099—2011 第 10.2.13 条 |

## 13.3.3 供水供电

供水供电　　表 13.3.3

| 类别 | 技 术 要 求 | 规范依据 |
| --- | --- | --- |
| 供水 | 学校应设置安全卫生的供水系统和自备水源。生活用水水质应符合《生活饮用水卫生标准》GB 5749 的相关规定，二次供水工程应符合《二次供水工程技术规程》CJJ 140 的相关规定 | 《中小学校设计规范》GB 50099—2011 第 10.2.3 条、第 10.2.6 条 |
| 直饮水 | 学校采用管道直饮水时，应符合《管道直饮水系统技术规程》CJJ 110 的相关规定 | 《中小学校设计规范》GB 50099—2011 第 10.2.10 条 |
| 中水 | 学校采用中水设施时，应符合《建筑中水设计规范》GB 50336 的相关规定，并采取防止学生误饮、误用的安全防范措施 | 《中小学校设计规范》GB 50099—2011 第 10.2.12 条及条文说明 |
| 供电 | 学校应设置安全可靠的供电设施和电缆线路。各建筑的电源引入处应设置电源总切断装置和接地装置，各楼层应分别设置电源切断装置 | 《中小学校设计规范》GB 50099—2011 第 10.3.1 条、第 10.3.2 条第 3 款 |

### 13.3.4 安防设施

安防设施 表 13.3.4

| 类别 | 技术要求 | 规范依据 |
| --- | --- | --- |
| 安全防范 | 学校周界、重点区域、关键部位应设置视频安防监控、入侵报警系统，有条件的学校应接入当地的公安机关监控平台 | 《中小学校设计规范》GB 50099—2011 第 8.1.1 条 |
| 设置标准 | 应符合《安全防范工程技术规范》GB 50348、《视频安防监控系统工程设计规范》GB 50395、《入侵报警系统工程设计规范》GB 50394 的相关规定 | |

### 13.3.5 应急避难

应急避难 表 13.3.5

| 类别 | 技术要求 | 规范依据 |
| --- | --- | --- |
| 应急场所 | 遵循校园具备防灾避难能力的原则，设计应与校园应急策略相结合。由当地政府确定为应急避难疏散场所的学校，设计应符合国家和地方的相关规定 | 《中小学校设计规范》GB 50099—2011 第 1.0.3 条第 3 款、第 3.0.5 条、第 3.0.6 条 |
| 应急设施 | 学校的广场、操场等室外场地应设置供水、供电、广播、通信等设施的接口 | 《中小学校设计规范》GB 50099—2011 第 4.3.8 条 |
| 应急厕所 | 当体育场地中心与最近卫生间的距离>90m 时，设室外厕所并预留扩建条件 | 《中小学校设计规范》GB 50099—2011 第 6.2.7 条 |

## 13.4 建 筑

### 13.4.1 选用材料

选用材料 表 13.4.1

| 类别 | 技术要求 | 规范依据 |
| --- | --- | --- |
| 防火防污染 | 中小学校设计所选用的建筑材料、装修材料、保温材料、产品、部件，均应符合《建筑内部装修设计防火规范》GB 50222—2017、《民用建筑工程室内环境污染控制规范》GB 50325 的相关规定，严格执行国家禁止使用、限制使用以及易燃可燃、污染环境的材料、产品、部件的相关规定 | 《中小学校设计规范》GB 50099—2011 第 8.1.3 条 |

### 13.4.2 玻璃幕墙

玻璃幕墙 表 13.4.2

| 类别 | 技术要求 | 规范依据 |
| --- | --- | --- |
| 文件性规定 | 中小学校新建、改建、扩建工程以及立面改造工程，在一层严禁采用全隐框玻璃幕墙，在二层及以上各层不得采用玻璃幕墙 | 住房城乡建设部、国家安全监管总局《关于进一步加强玻璃幕墙安全防护工作的通知》建标〔2015〕38 号、深圳市人民政府办公厅《关于进一步加强玻璃幕墙安全防护和管理工作的通知》深府办函〔2017〕34 号 |

### 13.4.3 防滑设计

中小学校的楼地面应采用防滑构造做法。以下有给水设施的用房，室内排水应采用防反溢功能的直通式密闭地漏。

防滑设计 表 13.4.3

| 类别 | 技术要求 | 规范依据 |
| --- | --- | --- |
| 教学用房 | 科学教室、化学实验室、热学实验室、生物实验室、美术教室、书法教室、游泳池（馆）等 | 《中小学校设计规范》GB 50099—2011 第 8.1.7 条第 3 款 |
| 其他用房 | 卫生室（保健室）、饮水处、卫生间、盥洗室、浴室等 | 《中小学校设计规范》GB 50099—2011 第 8.1.7 条第 4 款 |

### 13.4.4 防护设计

中小学校的临空处应采取防止学生坠落、满足防护高度的安全设计要求。

防护设计　表 13.4.4

| 类别 | 技术要求 | 规范依据 |
| --- | --- | --- |
| 窗台净高 | 室内房间（包括楼电梯间）临空处的窗台净高应≥0.9m，<0.9m时应采取防护措施（加护栏） | 《中小学校设计规范》GB 50099—2011第8.1.5条（强条） |
| 护栏净高 | 室内回廊及敞开式楼梯、中庭、内院、天井等临空处的护栏净高应≥1.2m；上人屋面及敞开式外廊、楼梯、平台、阳台等临空处的护栏净高应≥1.2m | 《民用建筑设计统一标准》GB 50352—2019第6.7.3条第2款 |
| 安全措施 | 室内、室外的护栏净高均应从"可踏面"算起（若出现时）。<br>护栏最薄弱处所能承受的水平推力应≥1.5kN/m。<br>护栏杆件或花饰的镂空净距应≤0.11m，应采用防攀登及防溜滑的构造 | 《中小学校设计规范》GB 50099—2011第8.1.6条（强条）、8.7.6条第5、6款 |

### 13.4.5 门窗设计

教学建筑的疏散门、内外窗应采取利于疏散顺畅、防止外窗脱落的安全设计要求。

门窗设计　表 13.4.5

| 类别 | 技术要求 | 规范依据 |
| --- | --- | --- |
| 疏散门 | 各教学用房的疏散门均应向疏散方向开启，开启后不得挤占走道的疏散宽度。<br>每间教学用房疏散门的数量和宽度应经计算确定且应≥2个门，门净宽应≥0.9m，相邻2个疏散门间距应≥5m。<br>位于袋形走道尽端的教室，当教室内任一点至疏散门的直线距离≤15m时，可设1个门且净宽应≥1.5m | 《中小学校设计规范》GB 50099—2011第8.1.8条第2款、8.8.1条，《建筑设计防火规范》GB 50016—2014（2018年版）第5.5.2条 |
| 内外窗 | 教学用房隔墙上的内窗，在距地高度<2m范围内，向走道开启后不得挤占走道的疏散宽度，向室内开启后不得影响教室的使用空间。（≥2m时不受此限）<br>教学用房临空处的外窗，在二层及以上各层不得向室外开启。（装有擦窗安全设施时不受此限）<br>教学及教辅用房的外窗应满足采光、通风、保温、隔热、散热、遮阳等节能标准和教学要求，且不得采用彩色玻璃 | 《中小学校设计规范》GB 50099—2011第8.1.8条第3、4款及条文说明、第5.1.9条第2、4款 |
| 救援窗 | 多、高层教学建筑的外墙，均应在每层的适当位置设消防专用的救援窗口 | 《建筑设计防火规范》GB 50016—2014（2018年版）第7.2.4条(强条)、第7.2.5条 |

### 13.4.6 走道设计

教学建筑的走道应满足疏散宽度、符合防火规定的安全设计要求。

走道设计　表 13.4.6

| 类别 | 技术要求 | 规范依据 |
| --- | --- | --- |
| 走道宽度 | 走道的疏散宽度应经计算确定且应≥2股人流，并应按0.6m/股整倍加宽 | 《中小学校设计规范》GB 50099—2011第8.2.2条 |
| 教学走道 | 单面布房的外廊及外走道净宽应≥1.8m；（≥3股人流）<br>双面布房的内廊及内走道净宽应≥2.4m。（≥4股人流） | 《中小学校设计规范》GB 50099—2011第8.2.3条 |
| 走道高差 | 走道高差变化处设台阶时，踏步级数应≥3级且不得采用扇形踏步。<br>走道高差不足3级踏步时应设坡道，坡道的坡度应≤1：8且宜≤1：12 | 《中小学校设计规范》GB 50099—2011第8.6.2条 |
| 安全措施 | 疏散走道应采用防滑构造做法。<br>疏散走道上不得使用弹簧门、旋转门、推拉门、大玻璃门等不利于疏散、安全的门。<br>走道的疏散宽度内不得设有壁柱、消火栓、开启的门窗扇等 | 《中小学校设计规范》GB 50099—2011第8.1.7条第1款、8.1.8条第1款、8.6.1条第2款 |

### 13.4.7 楼梯设计

教学建筑的楼梯应满足疏散宽度、符合防火规定的安全设计要求。

楼梯设计 表13.4.7

| 类别 | 技术要求 | 规范依据 |
|---|---|---|
| 楼梯宽度 | 楼梯的疏散宽度应经计算确定且应≥2股人流，并应按0.6m/股整倍加宽 | 《中小学校设计规范》GB 50099—2011第8.7.2条 |
| 楼梯踏步 | 小学楼梯每级踏步的踏宽应≥0.26m、踏高应≤0.15m。<br>中学楼梯每级踏步的踏宽应≥0.28m、踏高应≤0.16m | 《中小学校设计规范》GB 50099—2011第8.7.3条第1、2款 |
| 楼梯梯段 | 梯段净宽应≥1.2m、坡度应≤30°、3踏步级数应不少于3级且不应多于18级 | 《中小学校设计规范》GB 50099—2011第8.7.2条、第8.7.3条及第3款 |
| 楼梯平台 | 平台净深应≥梯段净宽且应≥1.2m | 《民用建筑设计统一标准》GB 50352—2019第6.8.4条 |
| 楼梯梯井 | 梯井净宽应≤0.11m，>0.11m时应采取防护措施（按临空处扶手净高） | 《中小学校设计规范》GB 50099—2011第8.7.5条 |
| 楼梯栏杆 | 梯栏杆件或花饰的镂空净距应≤0.11m，应采用防攀登及防溜滑的构造 | 《中小学校设计规范》GB 50099—2011第8.7.6条第5、6款 |
| 扶手设置 | 梯宽1.2m时可一侧设、1.8m时应两侧设、2.4m时两侧及中间均设 | 《中小学校设计规范》GB 50099—2011第8.7.6条第1、2、3款 |
| 扶手净高 | 敞开楼梯间或封闭楼梯间的梯段扶手净高应≥0.9m、临空处的梯段扶手净高应≥1.2m。<br>室内外敞开式楼梯的梯段扶手净高均应≥1.2m，室内外楼梯的水平扶手净高均应≥1.2m。<br>室内外楼梯的梯段扶手及水平扶手净高均应从"可踏面"算起（若出现时） | 《民用建筑设计统一标准》GB 50352—2019第6.7.3条第2款 |
| 安全措施 | 疏散楼梯不得采用螺旋楼梯和扇形踏步。<br>疏散楼梯间应有天然采光和自然通风，两梯段间不得设置遮挡视线的隔墙。<br>除首层及顶层外，中间各层的楼梯入口处宜设净深≥梯段净宽的缓冲空间 | 《中小学校设计规范》GB 50099—2011第8.7.4条、第8.7.7条、第8.7.8条、第8.7.9条 |

### 13.4.8 建筑出入口

教学建筑的出入口应满足安全疏散和灭火救援、符合防火规定的安全设计要求。

建筑出入口 表13.4.8

| 类别 | 技术要求 | 规范依据 |
|---|---|---|
| 接口方式 | 各建筑出入口应与校园道路衔接，应满足人员安全疏散、消防灭火救援的要求 | 《中小学校设计规范》GB 50099—2011第8.4.1条 |
| 安全出口 | 每栋首层安全出口的数量和宽度应经计算确定且应≥2个，应满足首层出入口疏散外门的总净宽度要求 | 《建筑设计防火规范》GB 50016—2014（2018年版）第5.5.8条（强条），《中小学校设计规范》GB 50099—2011第8.2.3条 |
| 分口出入 | 地下设停车库时，停车库与上部教学建筑的出入口（安全出口和疏散楼梯）应分别独立设置 | 《汽车库、修车库、停车场设计防火规范》GB 50067—2014第4.1.4条第2款 |

续表

| 类别 | 技术要求 | 规范依据 |
|---|---|---|
| 分流疏散 | 每栋建筑分位置、分人流应设≥2个出入口，相邻2个出入口间距应≥5m。<br>建筑总层数≤3F、每层建筑面积≤200m²、第二、三层的人数之和≤50人的单栋建筑，可设1个出入口（1个安全出口或1部疏散楼梯） | 《建筑设计防火规范》GB 50016—2014（2018年版）第5.5.2条、第5.5.8条表5.5.8（强条） |
| 疏散外门 | 教学建筑首层出入口外门净宽应≥1.4m，门内、外各1.5m范围内均无台阶 | 《中小学校设计规范》GB 50099—2011第8.5.3条 |
| 安全措施 | 教学建筑出入口应设置无障碍设施，并应采取防上部坠物、地面跌滑的措施。<br>无障碍出入口的门、过厅如设两道门，同时开启后两道门扇的间距应≥1.5m | 《中小学校设计规范》GB 50099—2011第8.5.5条，《无障碍设计规范》GB 50763—2012第3.3.2条第5款 |

### 13.4.9 建筑防火

中小学校建筑防火设计应符合《建筑设计防火规范》GB 50016—2014（2018年版）、《中小学校设计规范》GB 50099—2011的相关规定，尚应符合国家现行有关标准的相关规定。

**建筑防火** **表13.4.9**

| 类别 | 技术要求 | 规范依据 |
|---|---|---|
| 建筑分类 | 使用人数>500人（即≥12班）、较大规模的中小学校按重要公共建筑（包括教学楼、办公楼及宿舍楼）。<br>仅主要教学用房设在小学四层/中学五层及以下、$H\leqslant24$m时的教学建筑按多层重要公建。<br>教学辅助用房、行政办公用房增设在四层/五层以上、$H\leqslant24$m时按多层重要公建、$H>24$m时直接按一类 | 《汽车加油加气站设计与施工规范》GB 50156—2012（2014年版）附录B第B.0.1条第6款的定量规定，《建筑设计防火规范》GB 50016—2014（2018年版）第2.1.3条及条文说明的定性规定、第5.1.1条表5.1.1中一类公共建筑第3项 |
| 耐火等级 | 多层教学建筑的耐火等级不应低于二级，高层教学建筑的耐火等级不应低于一级 | 《建筑设计防火规范》GB 50016—2014（2018年版）第5.1.3条第1、2款（强条） |
| 防火分区 | 多层教学建筑每个防火分区建筑面积应≤2500m²，高层教学建筑每个防火分区建筑面积应≤1500m² | 《建筑设计防火规范》GB 50016—2014（2018年版）第5.3.1条表5.3.1 |
| 疏散楼梯 | 多层教学建筑可以采用敞开楼梯间（有条件时尽量采用封闭楼梯间），高层教学建筑应采用防烟楼梯间 | 《建筑设计防火规范》GB 50016—2014（2018年版）第5.5.13条第6款（强条）的除外规定、第5.5.12条（强条）的一类规定 |
| 疏散宽度 | 每层的房间疏散门、疏散走道、疏散楼梯和安全出口的各自总净宽度，应根据每层的班数及班额人数确定每层的疏散人数后，按与建筑总层数相对应的每层每100人的最小净宽度计算确定（见附表1）： | |
| 疏散距离 | 每层直通疏散走道的各房间疏散门至最近安全出口（疏散楼梯间）的直线距离：对于多层教学建筑，非首层的安全出口定为敞开楼梯间的梯口或封闭楼梯间的梯门；对于高层教学建筑，非首层的安全出口定为防烟楼梯间的前室或合用前室的前室门（见附表2） | |

## 附表 1：多层教学建筑防火设计疏散宽度计算表

**每层的房间疏散门、疏散走道、疏散楼梯和安全出口的最小净宽度（m/100 人）**

| 建筑总层数 | 耐火等级 | | |
|---|---|---|---|
| | 一、二级 | 三级 | 四级 |
| 地上四、五层时 | 地上每层均按≥1.05m/100 人 | ≥1.30m/100 人 | — |
| 地上三层时 | 地上每层均按≥0.80m/100 人 | ≥1.05m/100 人 | — |
| 地上一、二层时 | 地上每层均按≥0.70m/100 人 | ≥0.80m/100 人 | ≥1.05m/100 人 |
| 地下一、二层时 | 地下每层均按≥0.80m/100 人 | — | — |

注：1. 本表取自《中小学校设计规范》GB 50099—2011 表 8.2.3。教学建筑六层及以上时，地上每层仍按≥1.05m/100 人计算。非教学的学校建筑，建议可按《建筑设计防火规范》GB 50016—2014（2018 年版）表 5.5.21-1 计算。

2. 当每层疏散人数不等时，疏散楼梯的总净宽度可分层计算：
地上建筑内下层楼梯的总净宽度应按该层及以上疏散人数最多一层的人数计算；
地下建筑内上层楼梯的总净宽度应按该层及以下疏散人数最多一层的人数计算。

3. 首层出入口疏散外门的总净宽度应按该建筑内疏散人数最多一层的人数计算。

## 附表 2：多层教学建筑防火设计疏散距离计算表

**直通疏散走道的房间疏散门至最近安全出口的直线距离（m）**

| 单、多层教学建筑 | 位于两个安全出口之间的疏散门 | | |
|---|---|---|---|
| | 一、二级 | 三级 | 四级 |
| 至最近敞开楼梯间 | ≤30m | ≤25m | ≤20m |
| 至最近封闭楼梯间 | ≤35m | ≤30m | ≤25m |
| 单、多层教学建筑 | 位于袋形走道两侧或尽端的疏散门 | | |
| | 一、二级 | 三级 | 四级 |
| 至最近敞开楼梯间 | ≤20m | ≤18m | ≤8m |
| 至最近封闭楼梯间 | ≤22m | ≤20m | ≤10m |

注：1. 本表取自《建筑设计防火规范》GB 50016—2014（2018 年版）表 5.5.17 中教学建筑/单、多层。高层教学建筑的疏散距离应按表 5.5.17 中教学建筑/高层安全出口之间≤30m、袋形走道≤15m 及注 1、3 的规定执行。

2. 当疏散走道采用敞开式外廊时，至最近安全出口的直线距离可按本表增加 5m。

3. 当建筑内全部设置自喷系统时，至最近安全出口的直线距离可按本表增加 25%。

### 13.4.10 抗震设计

中小学校建筑抗震设计应符合《建筑工程抗震设防分类标准》GB 50223、《建筑抗震设计规范》GB 50011 的相关规定。

**抗震设计** **表 13.4.10**

| 类别 | 技术要求 | 规范依据 |
| --- | --- | --- |
| 抗震措施 | 教学用房、学生宿舍、食堂的抗震设防类别不应低于重点设防类（乙类），应按比本地区抗震设防烈度提高 1 度的要求加强其抗震措施，当该地区抗震设防烈度为 9 度时，应按比 9 度更高的要求加强其抗震措施。<br>地基基础的抗震措施，应符合有关规定，并应按本地区抗震设防烈度确定其地震作用 | 《建筑工程抗震设防分类标准》GB 50223 第 3.0.3 条第 2 款（强条）、第 6.0.8 条 |
| 建筑形体 | 形体不规则的建筑应按抗震设计要求采取加强措施，特别不规则的建筑应进行专门研究和论证，严重不规则的建筑不应采用 | 《建筑抗震设计规范》GB 50011 第 3.4.1 条（强条） |

### 13.4.11 防雷设计

中小学校建筑防雷设计应符合《建筑物防雷设计规范》GB 50057 的相关规定。

**防雷设计** **表 13.4.11**

| 类别 | 技术要求 | 规范依据 |
| --- | --- | --- |
| 防雷类别 | 学校的建（构）筑物可升级一个防雷类别，按第二类防雷建筑物 | 《建筑物防雷设计规范》GB 50057 第 3.0.3 条第 9 款的条文说明（学校按人员密集的公共建筑物） |
| 防雷措施 | 学校的建（构）筑物应采取防直击雷、防感应雷、防雷电波侵入措施 | 《建筑物防雷设计规范》GB 50057 第 4.5.1 条第 2 款 |

### 13.4.12 防爆设计

**防爆设计** **表 13.4.12**

| 类别 | 技术要求 | 规范依据 |
| --- | --- | --- |
| 学校实验室 | 在抗震设防烈度≥6 度的地区，学校实验室不宜采用管道燃气作为实验用的热源。如确需采用时，设计中应采取相应的保护性技术设施规避隐患 | 《中小学校设计规范》GB 50099—2011 第 8.1.9 条及条文说明 |

# 14 托儿所、幼儿园建筑

## 14.1 场　　地

**场　　地**　　　　**表 14.1**

| 类别 | | 技术要求 | 规范依据 |
|---|---|---|---|
| 地质安全 | 地段选择 | 基地不应置于易发生自然地质灾害的地段 | 《托儿所、幼儿园建筑设计规范》JGJ 39—2016（2019 年版）第 3.1.2 条 |
| | 管线控制 | 园内不应有高压输电线、燃气、输油管道主干道等穿过 | |
| 环境安全 | 场地环境条件 | 基地选择应方便家长接送、避免交通干扰，应建设在日照充足、场地平整干燥、排水通畅、环境优美、基础设施完善的地段，能为建筑功能分区、出入口、室外游戏场地的布置提供必要条件 | 《托儿所、幼儿园建筑设计规范》JGJ 39—2016（2019 年版）第 3.1.2 条 |
| | 周围场所性质 | 基地不应与大型公共娱乐场所、商场、批发市场等人流密集的场所相毗邻 | |
| | 噪声污染控制 | 应远离各种污染源、噪声源，并应符合国家现行有关卫生、防护标准的要求 | |
| | 危险性控制 | 与易发生危险的建筑物、仓库、储罐、可燃物品和材料堆场等之间的距离应符合国家现行有关标准的规定 | |
| | 日照条件控制 | 应避开四周高层建筑林立的夹缝中及其他建筑的阴影区内 | |
| 防火安全 | 与其他建筑合建 | 四个班及以上的托儿所、幼儿园建筑应独立设置。三个班及以下时，可与居住、养老、教学、办公建筑合建，但应符合下列规定：<br>1. 合建的既有建筑应经有关部门验收合格，符合抗震、防火等安全方面的规定；<br>2. 应设独立的疏散楼梯和安全出口，并应与其他建筑部分采取隔离措施；<br>3. 出入口处应设置人员安全集散和车辆停靠的空间；<br>4. 应设独立的室外活动场地，场地周围应采取隔离措施；<br>5. 建筑出入口及室外活动场地范围内应采取防止物体坠落措施 | 《托儿所、幼儿园建筑设计规范》JGJ 39—2016（2019 年版）第 3.2.2 条 |
| | 与汽车库合建 | 汽车库不应与托儿所、幼儿园组合建造。当符合下列要求时，汽车库可设置在托儿所、幼儿园的地下部分：<br>1. 汽车库与托儿所、幼儿园建筑之间，应采用耐火极限不低于 2.00h 的楼板完全分隔；<br>2. 汽车库与托儿所、幼儿园的安全出口和疏散楼梯应分别独立设置 | 《汽车库、修车库、停车场设计防火规范》GB 50067—2014 第 4.1.4 条 |

# 14.2 总 平 面

总 平 面 表 14.2

| 类别 | | 技术要求 | 规范依据 |
| --- | --- | --- | --- |
| 功能分区 | 管理 | 各用地及建筑间应分区合理、方便管理 | 《托儿所、幼儿园建筑设计规范》JGJ 39—2016（2019年版）第3.2.1条 |
| | 朝向 | 朝向适宜、日照充足 | |
| | 绿化 | 尽量扩大绿化用地范围 | |
| | 流线 | 流线互不干扰，合理安排园内道路，正确选择出入口位置 | |
| | 空间 | 创造符合幼儿生理、心理特点的环境空间 | |
| 出入口 | 与城市道路关系 | 不应直接设置在城市干道一侧；其出入口应设置供车辆和人员停留的场地，且不应影响城市道路交通 | 《托儿所、幼儿园建筑设计规范》JGJ 39—2016（2019年版）第3.2.5～3.2.7条、第4.2.4条<br>《幼儿园建设标准》建标175－2016第十三条 |
| | | 主要出入口应设于面向主要接送婴幼儿人流的次要道路上，或主要道路上的后退开阔处 | |
| | 次要出入口 | 次要出入口（供应用房使用）应与主要出入口分开设置，保证交通运输方便 | |
| | 围护设施 | 基地周围应设围护设施，围护设施应安全、美观 | |
| | | 园区内严禁设置带有尖状突出物的围栏，并应防止幼儿穿过和攀爬 | |
| | 警卫室设置 | 在出入口处应设大门和警卫室，警卫室对外应有良好的视野 | |
| | 合建要求 | 当托儿所和幼儿园合建时，托儿所生活部分应单独分区，并应设独立的安全出口，室外场地宜分开 | |
| 建筑物 | 日照要求 | 活动室、寝室及具有相同功能的区域应布置在用地最好位置与当地最好朝向，以保证良好的采光和自然通风条件，冬至日底层满窗日照不应小于3h | 《托儿所、幼儿园建筑设计规范》JGJ 39—2016（2019年版）第3.2.8、第3.2.9条 |
| | | 需要获得冬季日照的婴幼儿生活用房窗洞开口面积不应小于该房间面积的20% | |
| | 遮阳措施 | 夏热冬冷、夏热冬暖地区的幼儿生活用房不宜朝西向；当不可避免时，应采取遮阳措施 | |
| | 建筑层数 | 有独立基地的幼儿园生活用房应布置在三层及以下；托儿所生活用房应布置在首层。当布置在首层确有困难时，可将托大班布置在二层，其人数不应超过60人，并应符合有关防火安全疏散的规定 | 《托儿所、幼儿园建筑设计规范》JGJ 39—2016（2019年版）第4.1.3条 |
| | | 托儿所、幼儿园的婴幼儿生活用房不应设置在地下室或半地下室 | |

续表

| 类别 | | 技术要求 | 规范依据 |
|---|---|---|---|
| 建筑物 | 合建要求 | 城市居住区按规划要求应按需配套设置托儿所；当托儿所独立设置确有困难时，可联合建设 | 《托儿所、幼儿园建筑设计规范》JGJ 39—2016（2019年版）第4.1.17B条 |
| | | 确需设置在其他民用建筑内时，应符合下列规定：<br>1. 设置在一、二级耐火等级的建筑内时，应布置在首层、二层或三层；<br>2. 设置在高层建筑内时，应设置独立的安全出口和疏散楼梯；<br>3. 设置在单、多层建筑内时，宜设置独立的安全出口和疏散楼梯 | 《建筑设计防火规范》GB 50016—2014（2018年版）第5.4.4条 |
| 室外活动场地 | 日照条件 | 室外活动场地应有1/2以上的面积在标准建筑日照阴影线之外 | 《托儿所、幼儿园建筑设计规范》JGJ 39—2016（2019年版）第3.2.3条 |
| | | 集体活动场地应选择日照、通风良好，且不被道路穿行的独立地段上 | |
| | 地坪设计要求 | 地面应平整、防滑、无障碍、无尖锐突出物，并宜采用软质地坪 | |
| | | 游戏器具地面及周围应设软质铺装，宜设洗手池、洗脚池 | |
| | 器械活动场地 | 器械活动场地宜设置在共用游戏场地的边缘地带，自成一区 | |
| | 戏水池 | 戏水池面积不宜大于50m²，水深不应超过0.30m，可修建成各种形状 | |
| | 游泳池 | 游泳池形状和边角要求圆滑，在池边应设扒栏；水深应控制在0.50～0.80m，池底应平整，并设上岸踏步 | |
| | 种植园 | 种植园避免种植有毒、有刺的植物 | |
| | 小动物房舍 | 小动物房舍宜接近供应用房区，便于职工参与对小动物的照料 | |
| 绿化与道路 | 绿地率 | 托儿所、幼儿园场地内绿地率不应小于30% | 《托儿所、幼儿园建筑设计规范》JGJ 39—2016（2019年版）第3.2.4条 |
| | 场地设计要求 | 宜设置集中绿化用地 | |
| | | 从主要出入口到进入建筑的路线，应避免穿越室外游戏场地 | |
| | 种植禁忌 | 不应种植有毒、带刺、有飞絮、病虫害多、有刺激性的植物 | |
| 杂物院 | 设置位置 | 宜在供应区内设置杂物院，并应与其他部分相隔离 | 《托儿所、幼儿园建筑设计规范》JGJ 39—2016（2019年版）第3.2.5条 |
| | 出入口 | 杂物院应有单独的对外出入口 | |

# 14.3 建　　筑

平　　面　　　　表 14.3-1

| 类别 | | 技术要求 | 规范依据 |
|---|---|---|---|
| 门厅 | 必要性 | 托儿所、幼儿园建筑应设门厅 | 《托儿所、幼儿园建筑设计规范》JGJ 39—2016（2019 年版）第 4.4.2 条 |
| | 设置内容 | 门厅内应设置晨检室和收发室 | |
| | | 宜设置展示区、婴幼儿和成人使用的洗手池、婴幼儿车存储等空间，宜设卫生间 | |
| 活动室寝室 | 空间关系 | 同一个班的活动室与寝室应设置在同一楼层内 | 《托儿所、幼儿园建筑设计规范》JGJ 39—2016（2019 年版）第 4.2.3C 条、第 4.3.4～4.3.46 条、第 4.3.9 条 |
| | 室外活动平台 | 活动室宜设阳台或室外活动平台，且不应影响幼儿生活用房的日照 | |
| | 进深要求 | 单侧采光的活动室进深不宜大于 6.60m | |
| | 床位设置要求 | 寝室应保证每个婴幼儿设置一张床铺的空间，不应布置双层床，床位四周不宜贴靠外墙 | |
| 喂奶室配餐区 | 空间关系 | 乳儿班和托小班生活单元各功能分区之间宜采取分隔措施，并应互相通视 | 《托儿所、幼儿园建筑设计规范》JGJ 39—2016（2019 年版）第 4.2.5A 条 |
| | 位置要求 | 应临近婴幼儿生活空间；喂奶室应设置开向疏散走道的门 | |
| | 清洁区配置要求 | 清洁区应设淋浴、尿布台、洗涤池、洗手池、污水池、成人厕位等设施；成人厕位应与幼儿卫生间隔离 | |
| | 配餐区配置要求 | 配餐区应临近对外出入口，并设有调理台、洗涤池、洗手池、储藏柜等；应设加热设施；宜设通风或排烟设施 | |
| 卫生间（厕所盥洗室）淋浴室 | 位置要求 | 卫生间应临近活动室或寝室，且开门不宜直对寝室或活动室。盥洗室与厕所之间应有良好的视线贯通 | 《托儿所、幼儿园建筑设计规范》JGJ 39—2016（2019 年版）第 4.1.17A 条、第 4.3.10 条、第 4.3.12～4.3.14 条、第 6.1.4 条 |
| | | 不应设置在婴幼儿生活用房的上方 | |
| | 空间关系 | 厕所与盥洗室宜分间或分隔设置 | |
| | 地面 | 地面不应设台阶，地面应防滑和易于清洗 | |
| | 厕位 | 厕所大便器宜采用蹲式便器，大便器或小便槽均应设隔板，隔板处应加设幼儿扶手 | |
| | 设备 | 盥洗水龙头应采取降压措施 | |
| 衣帽储藏室 | | 封闭的衣帽储藏室宜设通风设施 | 《托儿所、幼儿园建筑设计规范》JGJ 39—2016（2019 年版）第 4.3.16 条 |

续表

| 类别 | | 技术要求 | 规范依据 |
| --- | --- | --- | --- |
| 多功能活动室 | 位置要求 | 宜临近幼儿生活单元，不应和服务、供应用房混设在一起 | 《托儿所、幼儿园建筑设计规范》JGJ 39—2016（2019 年版）第 4.3.17 条 |
| | 连廊设计要求 | 单独设置时，宜采用连廊与主体建筑连通，连廊应做雨棚，严寒地区应做封闭连廊 | |
| 晨检室（厅） | | 应设在建筑物的主入口处，并应靠近保健观察室 | 《托儿所、幼儿园建筑设计规范》JGJ 39—2016（2019 年版）第 4.1.17A 条、第 4.4.3 条、第 4.4.4 条 |
| 保健观察室 | 位置要求 | 应与幼儿生活用房有适当的距离，并应与幼儿活动路线分开 | |
| | | 不应设置在婴幼儿生活用房的上方 | |
| | 出入口 | 宜设单独出入口 | |
| | 厕所 | 应设独立的厕所，厕所内应设幼儿专用蹲位和洗手盆 | |
| 淋浴室 | 设置要求 | 夏热冬冷、夏热冬暖地区托儿所、幼儿园的幼儿生活单元内宜设淋浴室；寄宿制幼儿生活单元内应设置淋浴室，并应独立设置 | 《托儿所、幼儿园建筑设计规范》JGJ 39—2016（2019 年版）第 4.4.5 条、第 4.3.15 条 |
| | 空间关系 | 教职工的卫生间、淋浴室应单独设置，不应与幼儿合用 | |
| 厨房 | 位置要求 | 厨房应自成一区，并应与幼儿生活用房有一定距离 | 《托儿所、幼儿园建筑设计规范》JGJ 39—2016（2019 年版）第 4.1.17A 条、第 4.5.1 条、第 4.5.12 条、第 4.5.4 条<br>《幼儿园建设标准》建标 175—2016 第二十五条、第三十三条 |
| | | 不得设在婴幼儿生活用房的上方 | |
| | | 厨房与幼儿就餐地点不在同一栋建筑的，宜设封闭连廊 | |
| | 工艺流程 | 厨房应按工艺流程合理布局，避免生熟食物的流线交叉，并应符合国家现行有关卫生标准和现行行业标准《饮食建筑设计规范》JGJ 64 的规定 | |
| | 出入口 | 应设置专用对外出入口，杂物院同时作为燃料堆放和垃圾存放场地 | |
| | 防污措施 | 厨房室内墙面、隔断及各种工作台、水池等设施的表面应采用无毒、无污染、光滑和易清洁的材料；墙面阴角宜做弧形；地面应防滑，并应设排水设施 | |
| | 设备要求 | 通风排气良好，排烟排水通畅，应考虑防鼠、防潮、避蝇等设施 | |
| 其他用房 | | 应设玩具、图书、衣被等物品专用消毒间 | 《托儿所、幼儿园建筑设计规范》JGJ 39—2016（2019 年版）第 4.5.7 条、第 4.5.8 条 |
| | | 汽车库应与儿童活动区域分开，应设置单独的车道和出入口，并应符合现行行业标准《车库建筑设计规范》JGJ 100 和现行国家标准《汽车库、修车库、停车场设计防火规范》GB 50067 的规定 | |

**建筑防火** **表 14.3-2**

| 类别 | | 技术要求 | 规范依据 |
|---|---|---|---|
| 耐火等级 | | 不应低于二级 | 《幼儿园建设标准》建标175—2016第二十二条 |
| 安全疏散 | 房间疏散门数量 | 位于两个安全出口之间或袋形走道两侧的房间建筑面积不大于 $50m^2$ 时，可设置1个疏散门；其他房间的疏散门数量应经计算确定且不应少于2个 | 《建筑设计防火规范》GB 50016—2014（2018年版）第5.5.15条 |
| | 房门设计要求 | 生活用房开向疏散走道的幼儿使用的房门均应向人员疏散方向开启，开启的门扇不应妨碍走道疏散通行 | 《托儿所、幼儿园建筑设计规范》JGJ 39—2016（2019年版）第4.1.6条、第4.1.8条 |
| | | 活动室、寝室、多功能活动室等幼儿使用的房间应设双扇外开门，门净宽不应小于1.20m，且宜为木制门 | |
| | 走廊最小净宽 | 详见表14.3.3 | 《托儿所、幼儿园建筑设计规范》JGJ 39—2016（2019年版）第4.1.13条、第4.1.14条 |
| | 地面 | 幼儿经常通行和安全疏散的走道不应设有台阶，当有高差时，应设防滑坡道，其坡度不应大于1∶12 | |
| | 墙面 | 疏散走道的墙面距地面2m以下不应设有壁柱、管道、消火栓箱、灭火器、广告牌等突出物 | |
| 疏散楼梯 | | 楼梯间应有直接的天然采光和自然通风 | 《托儿所、幼儿园建筑设计规范》JGJ 39—2016（2019年版）第4.1.11条 |
| | | 在首层应直通室外 | |
| | | 幼儿使用的楼梯不应采用扇形、螺旋形踏步 | |
| 防火分隔 | | 附设在其他建筑内的托儿所、幼儿园的儿童用房，应采用耐火极限不低于2.00h的防火隔墙和1.00h的楼板与其他场所或部位分隔，墙上必须设置的门、窗应采用乙级防火门、窗 | 《建筑设计防火规范》GB 50016—2014（2018年版）第6.2.2条 |

**走廊的最小净宽** **表 14.3-3**

| 房间名称 \ 走廊布置 | 中间走廊（m） | 单面走廊或外廊（m） |
|---|---|---|
| 生活用房 | 2.4 | 1.8 |
| 服务、供应用房 | 1.5 | 1.3 |

注：此表引自《托儿所、幼儿园建筑设计规范》JGJ 39—2016（2019年版）表4.1.14。

**安全防护** **表 14.3-4**

| 类别 | | 技术要求 | 规范依据 |
|---|---|---|---|
| 安全避难场地 | | 平屋顶可作为安全避难和室外活动场地，但应有防护设施 | 《托儿所、幼儿园建筑设计规范》JGJ 39—2016（2019年版）第4.1.11条、第4.1.12条<br>《幼儿园建设标准》建标175—2016第二十七条 |
| 楼梯 | 防攀爬措施 | 幼儿使用的楼梯，当楼梯井净宽度大于0.11m时，必须采取防止幼儿攀滑措施 | |
| | 室外楼梯 | 严寒地区不应设置室外楼梯 | |

续表

| 类别 | | 技术要求 | 规范依据 |
|---|---|---|---|
| 电梯 | | 招收残疾幼儿的幼儿园宜设置电梯 | 《托儿所、幼儿园建筑设计规范》JGJ 39—2016（2019年版）第4.1.11条、第4.1.12条<br>《幼儿园建设标准》建标175—2016第二十七条 |
| 栏杆 | | 楼梯栏杆应采取不易攀爬的构造，当采用垂直杆件做栏杆时，其杆件净距不应大于0.09m | |
| 扶手 | | 楼梯除设成人扶手外，应在梯段两侧设幼儿扶手，其高度宜为0.60m | |
| 踏步 | 尺寸 | 供幼儿使用的楼梯踏步高度宜为0.13m，宽度宜为0.26m | |
| | 踏面 | 踏步面应采用防滑材料 | |
| | 踢面 | 踏步踢面不应漏空，踏步面应做明显警示标识 | |
| 护栏 | 设置位置 | 外廊、室内回廊、内天井、阳台、上人屋面、平台、看台及室外楼梯等临空处应设置防护栏杆 | 《托儿所、幼儿园建筑设计规范》JGJ 39—2016（2019年版）第4.1.9条 |
| | 受力要求 | 栏杆应以坚固、耐久的材料制作，防护栏杆水平承载能力应符合《建筑结构荷载规范》GB 50009的规定 | |
| | 高度 | 防护栏杆的高度应从可踏部位顶面起算，且净高不应小于1.30m，内侧不应设有支撑 | |
| | 防攀爬措施 | 防护栏杆必须采用防止幼儿攀登和穿过的构造，当采用垂直杆件做栏杆时，其杆件净距离不应大于0.09m | |
| | 窗台防护 | 当窗台面距楼地面高度低于0.90m时，应采取防护措施，防护高度应从可踏部位顶面起算，不应低于0.90m | 《托儿所、幼儿园建筑设计规范》JGJ 39—2016（2019年版）第4.1.5条、第4.1.16条 |
| | 出入口台阶 | 出入口台阶高度超过0.30m并侧面临空时，应设置防护设施，防护设施净高不应低于1.05m | |

**材料及构造** **表14.3-5**

| 类别 | | 技术要求 | 规范依据 |
|---|---|---|---|
| 门 | 门的类型 | 活动室、寝室、多功能活动室应设双扇外开门，宜为木制门 | 《托儿所、幼儿园建筑设计规范》JGJ 39—2016（2019年版）第4.1.6条 |
| | | 不应设置旋转门、弹簧门、推拉门，不宜设金属门 | 《托儿所、幼儿园建筑设计规范》JGJ 39—2016（2019年版）第4.1.8条 |
| | 玻璃 | 距离地面1.20m以下部分，当使用玻璃材料时，应采用安全玻璃 | |
| | | 门上应设观察窗，观察窗应安装安全玻璃 | |
| | 防夹设施 | 平开门距离地面1.20m以下部分，应设防止夹手设施 | |
| | 拉手 | 距离地面0.60m处宜加设幼儿专用拉手 | |
| | 表面 | 门的双面均应平滑、无棱角 | |
| | 门槛 | 门下不应设置门槛 | |
| | 门洞 | 班级活动单元内各项用房之间宜设门洞，不宜安装门窗 | 《幼儿园建设标准》建标175—2016第三十条 |
| | 门斗 | 严寒地区托儿所、幼儿园建筑的外门应设门斗，寒冷地区宜设门斗 | 《托儿所、幼儿园建筑设计规范》JGJ 39—2016（2019年版）第4.1.7条 |

续表

| 类别 | | 技术要求 | 规范依据 |
| --- | --- | --- | --- |
| 窗 | 窗台高度 | 活动室、多功能活动室的窗台面距地面高度不宜大于0.60m | 《托儿所、幼儿园建筑设计规范》JGJ 39—2016（2019年版）第4.1.5条 |
| | 内开启扇要求 | 窗距离楼地面的高度小于或等于1.80m的部分，不应设内悬窗和内平开窗扇 | |
| | 纱窗 | 外窗开启扇均应设纱窗 | |
| | 亮子 | 寝室的窗宜设下亮子，无外廊时须设栏杆 | |
| 地面 | 房间地面 | 乳儿室、活动室、寝室及多功能活动室等幼儿使用的房间应做暖性、软质面层地面，以木地板为首选 | 《托儿所、幼儿园建筑设计规范》JGJ 39—2016（2019年版）第4.3.7条、第4.3.14条 |
| | 通道地面 | 儿童使用的通道地面，如门厅、走道、楼梯、衣帽储藏室、卫生间、淋浴室等应采用防滑材料 | |
| | 有水房间地面 | 厕所、盥洗室、淋浴室地面不应设台阶，应为易清洗、不渗水并防滑的地面 | |
| 墙面 | 幼儿经常接触墙面 | 幼儿经常接触的距离地面高度1.30m以下的室内外墙面，宜采用光滑、易清洁的材料 | 《托儿所、幼儿园建筑设计规范》JGJ 39—2016（2019年版）第4.1.10条 |
| | 阳角处处理 | 墙角、窗台、暖气罩、窗口竖边等阳角处应做成圆角 | |
| | 疏散走道墙面 | 疏散走道的墙面距地面2m以下不应设有壁柱、管道、消火栓箱、灭火器、广告牌等突出物 | 《托儿所、幼儿园建筑设计规范》JGJ 39—2016（2019年版）第4.1.13条 |
| 雨篷 | | 建筑室外出入口应设雨棚，雨棚挑出长度宜超过首级踏步0.5m以上 | 《托儿所、幼儿园建筑设计规范》JGJ 39—2016（2019年版）第4.1.15条 |
| 通风竖井 | | 公共厨房、淋浴室、无外窗卫生间等，宜设置有防回流构造的排气通风竖井，并应安装机械排风装置 | 《托儿所、幼儿园建筑设计规范》JGJ 39—2016（2019年版）第6.2.12条 |

**室内环境** **表14.3-6**

| 类别 | | 技术要求 | 规范依据 |
| --- | --- | --- | --- |
| 采光要求 | 天然采光要求 | 各类房间均应有直接天然采光和自然通风 | 《托儿所、幼儿园建筑设计规范》JGJ 39—2016（2019年版）第5.1.1条 |
| | 窗地面积比 | 托儿所睡眠区、活动区、幼儿园活动室、寝室、多功能活动室、保健观察室、办公室等窗地面积比应≥1/5 | |
| 隔声要求 | 生活单元、保健观察室 | 生活单元、保健观察室允许噪声级≤45dB，空气声隔声标准≥50dB，楼板撞击声隔声量≤65dB | 《托儿所、幼儿园建筑设计规范》JGJ 39—2016（2019年版）第5.2.1条、第5.2.2条 |
| | 多功能活动室 | 多功能活动室允许噪声级≤50dB，空气声隔声标准≥45dB，楼板撞击声隔声量≤75dB | |
| | 办公室 | 办公室允许噪声级≤50dB，空气声隔声标准≥50dB，楼板撞击声隔声量≤65dB | |

续表

| 类别 | | 技术要求 | 规范依据 |
|---|---|---|---|
| 空气质量 | 自然通风要求 | 幼儿生活用房应有良好的自然通风，其通风口面积不应小于地板面积的1/20 | 《托儿所、幼儿园建筑设计规范》JGJ 39—2016（2019年版）第5.3.2条 |
| | 通风设施 | 夏热冬冷、严寒和寒冷地区的幼儿生活用房应采取有效的通风设施 | |
| | 材料选择 | 建筑材料、装修材料和室内设施应符合现行国家标准《民用建筑工程室内环境污染控制规范》GB 50325的有关规定 | 《托儿所、幼儿园建筑设计规范》JGJ 39—2016（2019年版）第5.3.3条 |

# 14.4 建筑设备

给水排水　　表14.4-1

| 类别 | 技术要求 | 规范依据 |
|---|---|---|
| 供水总进口管道 | 供水总进口管道上可设置紫外线消毒设备 | 《托儿所、幼儿园建筑设计规范》JGJ 39—2016（2019年版）第6.1.2条 |
| 增压给水设备 | 当设有二次供水设施时，供水设施不应对水质产生污染 | 《托儿所、幼儿园建筑设计规范》JGJ 39—2016（2019年版）第6.1.3条 |
| | 当设置水箱时，应设置消毒设备，并宜采用紫外线消毒方式 | |
| | 消防水池、各种供水机房、各种换热机房及变配电房等不得与婴幼儿生活单元贴邻设置 | |
| 清扫间消毒间 | 单独设置的清扫间、消毒间应配备给水和排水设施 | 《托儿所、幼儿园建筑设计规范》JGJ 39—2016（2019年版）第6.1.8条～第6.1.11条 |
| 厨房的含油污水处理 | 厨房的含油污水，应经除油装置处理后再排入户外污水管道 | |
| 消防设施的设置 | 当设置消火栓灭火设施时，消防立管阀门布置应避免幼儿碰撞，并应将消火栓箱暗装设置；单独配置的灭火器应设置在不妨碍通行处 | |
| 饮用水开水炉 | 应设置饮用水开水炉，宜采用电开水炉 | |
| | 开水炉应设置在专用房间内，并应设置防止幼儿接触的保护措施 | |
| 中水、直饮水系统 | 托儿所、幼儿园不应设置中水系统 | 《托儿所、幼儿园建筑设计规范》JGJ 39—2016（2019年版）第6.1.12条 |
| | 托儿所、幼儿园不应设置管道直饮水系统 | |

**建筑电气** **表 14.4-2**

<table>
<tr><th>类　别</th><th>技术要求</th><th>规范依据</th></tr>
<tr><td rowspan="2">灯具</td><td>室内照明应采用带保护罩的节能灯具，不宜采用裸灯</td><td rowspan="4">《托儿所、幼儿园建筑设计规范》JGJ 39—2016（2019年版）第6.3.1条～第6.3.3条<br>《幼儿园建设标准》建标175－2016第三十六条</td></tr>
<tr><td>照明开关距楼地面高度不应低于1.4m</td></tr>
<tr><td rowspan="2">紫外线<br>杀菌灯</td><td>活动室、寝室、幼儿卫生间等幼儿用房宜设置紫外线杀菌灯，也可采用安全型移动式紫外线杀菌消毒设备，灯具距楼地面高度宜为2.5m</td></tr>
<tr><td>托儿所、幼儿园的紫外线杀菌灯的控制装置应单独设置，距楼地面高度不应低于1.8m，并应设置警示标识，采取防误开措施</td></tr>
<tr><td>插座</td><td>应采用安全型插座，安装高度不应低于1.8m；插座回路与照明回路应分开设置，插座回路应设置剩余电流动作保护</td><td rowspan="2">《托儿所、幼儿园建筑设计规范》JGJ 39—2016（2019年版）第6.3.5条、第6.3.6条</td></tr>
<tr><td>配电箱、<br>控制箱等</td><td>幼儿活动场所不宜安装配电箱、控制箱等电气装置；当不能避免时，应采取安全措施，装置底部距地面高度不得低于1.8m</td></tr>
<tr><td rowspan="5">安全技术<br>防范系统</td><td>幼儿园园区大门、建筑物出入口、楼梯间、走廊等应设置视频安防监控系统</td><td rowspan="5">《托儿所、幼儿园建筑设计规范》JGJ 39—2016（2019年版）第6.3.7条</td></tr>
<tr><td>园区大门、厨房宜设置出入口控制系统</td></tr>
<tr><td>幼儿园周界宜设置入侵报警系统、电子巡查系统</td></tr>
<tr><td>厨房、重要机房、财务室应设置入侵报警系统</td></tr>
<tr><td>建筑物出入口、楼梯间、厨房、配电间等处宜设置入侵报警系统</td></tr>
</table>

**供暖通风和空气调节** **表 14.4-3**

<table>
<tr><th>类　别</th><th>技术要求</th><th>规范依据</th></tr>
<tr><td>地面辐射供暖<br>地表温度</td><td>采用低温地面辐射供暖方式时，地面表面温度不应超过28℃</td><td rowspan="4">《托儿所、幼儿园建筑设计规范》JGJ 39—2016（2019年版）第6.2.2条、第6.2.4条～第6.2.6条</td></tr>
<tr><td rowspan="3">供暖设施<br>的设置</td><td>用于供暖系统总体调节和检修的设施，应设置于幼儿活动室和寝室之外</td></tr>
<tr><td>当采用散热器供暖时，散热器应暗装</td></tr>
<tr><td>当采用电采暖时，应有可靠的安全防护措施</td></tr>
<tr><td>电风扇<br>的安装</td><td>幼儿活动室、寝室等房间不设置空调设施时，每间幼儿活动室、寝室等房间宜安装具有防护网且可变风向的吸顶式电风扇</td><td rowspan="3">《托儿所、幼儿园建筑设计规范》JGJ 39—2016（2019年版）第6.2.13条、第6.2.14条</td></tr>
<tr><td rowspan="2">设置空调设备<br>的条件</td><td>当采用集中空调系统或集中新风系统时，应设置空气净化消毒装置和供风管系统清洗、消毒用的可开闭窗口</td></tr>
<tr><td>当采用分散空调方式时，应保证室内新风量满足国家现行卫生标准</td></tr>
<tr><td rowspan="3">非集中空调<br>设备</td><td>应对空调室外机的位置统一设计</td><td rowspan="3">《托儿所、幼儿园建筑设计规范》JGJ 39—2016（2019年版）第6.2.15条</td></tr>
<tr><td>空调设备的冷凝水应有组织排放</td></tr>
<tr><td>空调室外机应安装在室外地面或通道地面2.0m以上，且幼儿无法接触的位置</td></tr>
</table>

# 15 高等院校建筑

## 15.1 大学校园场地规划

**大学校园场地规划　　表 15.1**

| 大学校园场地规划 | 内容 |
| --- | --- |
| 选址安全规划 | 大学校园宜选址在地质条件良好，排水畅通，场地干燥且地势较高的场地 |
| 校园建筑群体安全规划 | 校园建筑群体规划应合理分区，建筑间距应满足防火间距要求，并充分满足防灾防污、防险防爆、防病毒源等安全设计要求 |
| 校园消防安全规划 | 校园内部应设置完善的消防车道系统，并至少设置两个消防车出入口；短边长度大于 24 m 的内院，应保证消防车道进入 |
| 校园交通安全规划 | 通过整体规划校园道路网络，合理设置集中停车设施，减少机动车流对教学区、行政区、生活区等主要功能区不必要的穿越。校园内部道路设计应通过道路线型设计、断面设计、路障设计等手段，有效控制校园内部机动车车速。<br>校园内部宜设置相对独立和便捷的步行系统，减少人车冲突，在人车交叉的交通节点应通过铺装、标识设计及有效的交通管理，提升行人安全 |
| 校园环境安全规划 | 通过完善的校园空间设计和设施布局，提升校园环境的整体安全性，如完善校园内部标识系统和夜间照明设施规划等 |

## 15.2 一般教学用房（如图书馆、学生活动中心、学生健身活动中心等）

**15.2.1** 高等学校建筑物涉及建筑功能种类较多，其安全设计参照相应功能类型建筑设计规范。如实验室等教学用房须按该专业特定要求（如行业标准、规范）进行设计。

**15.2.2** 高等学校建筑安全设计主要涉及建筑防火、安全疏散、无障碍设计、幕墙设计以及相关国家及地方规范和规定等。

**高等学校建筑安全设计　　表 15.2.2**

| 位置 | 相关内容 | 技术要求 | 规范依据 |
| --- | --- | --- | --- |
| 建筑物出入口（包括室外、室内连接） | 建筑物防火间距 | 多层≥6m，高层≥13m | 《建筑设计防火规范》(2018年版) GB 50016—2014 第5.2.2条、第5.5.19条<br>《民用建筑设计统一标准》GB 50352—2019 第6.7.1条<br>《无障碍设计规范》GB 50763—2012 第3.4.4条 |
| | 室内外高差 | $H$≥300mm | |
| | 踏步高/深 | 100mm≤$H$≤150mm<br>$D$≥300mm | |
| | 无障碍坡道坡度 | 坡度 1∶8～1∶20 | |
| | 疏散口宽度 | $W$≥1400mm；不应设置门槛；疏散门内外各 1.4m 范围内不应设踏步 | |

续表

| 位置 | 相关内容 | 技术要求 | 规范依据 |
|---|---|---|---|
| 建筑物出入口（包括室外、室内连接处） | 防坠落 | 建筑物无障碍出入口的上方应设置雨棚 | 《无障碍设计规范》GB 50763—2012第3.3.2.6条 |
| | 地面防滑 | 地面采用防滑材料和选用防滑构造 | 《建筑地面工程防滑技术规程》JGJ/T 331—2014 第4.1.1条 |
| 建筑物内部 | 防火分区 | 详见《建筑设计防火规范》（2018年版）GB 50016—2014 | 《建筑设计防火规范》（2018年版）GB 50016—2014第5.5.17条、第5.5.18条、第5.5.21条、第5.3条<br>《民用建筑设计统一标准》GB 50352—2019 第6.8.10条、第6.7.3条、第6.7.4条、第6.11.6条 |
| | 疏散距离 | | |
| | 疏散宽度 | 疏散门和安全出口$W$（净）≥900mm，疏散走道和疏散楼梯$W$（净）≥1100mm；疏散宽度按不小于1m/100人计算 | |
| | 栏杆高度$H_1$及透空间距$D$ | $D$（净）≤110mm<br>$H_1$（踩踏面以上）临空高度在24m以下时≥1050mm，临空高度在24m及以上时≥1100mm，临开敞中庭时≥1200mm | |
| | 落地窗护栏高度$H_2$及透空间距$D$ | | |
| | 楼梯踏步高/深 | $H$≤165mm，$D$≥280mm | |
| | 卫生间地面防滑；游泳池区域及淋浴间、更衣间地面防滑 | 地面采用防滑材料（包括泳池周边过道） | 《建筑地面工程防滑技术规程》JGJ/T 331—2014第4.1.1条<br>《图书馆建筑设计规范》JGJ 38—2015第4.2.9条 |
| | 书库内工作人员专用楼梯 | 梯段净宽≥800mm，坡度≤45°，并应采取防滑措施 | |
| 屋顶（上人） | 女儿墙（护栏）净高度 | $H$≥1200mm | 《民用建筑设计统一标准》GB 50352—2019第6.7.3条<br>《建筑地面工程防滑技术规程》JGJ/T 331—2014第4.1.1条 |
| | 地面防滑 | 地面采用防滑材料和选用防滑构造 | |

## 15.3 学生宿舍

**15.3.1** 高等学校学生宿舍建筑安全设计按《宿舍建筑设计规范》标准执行。

**15.3.2** 高等学校学生宿舍安全设计主要涉及建筑防火、安全疏散、无障碍设计、幕墙设计以及相关国家及地方规范和规定等，主要涉及以下方面。

**宿舍安全设计** **表 15.3.2**

| 位置 | 相关内容 | 技术要求 | 规范依据 |
|---|---|---|---|
| 建筑物出入口（包括室外、室内连接处） | 建筑物防火间距 | 多层≥6m<br>高层≥13m | 《建筑设计防火规范》（2018年版）GB 50016—2014 第5.2.2条<br>《民用建筑设计统一标准》GB 50352—2019 第6.7.1条<br>《无障碍设计规范》GB 50763—2012 第3.4.4条<br>《宿舍建筑设计规范》JGJ 36—2016 第5.2.5条 |
| | 室内外高差 | $H$≥300mm | |
| | 踏步高/深 | 100mm≤$H$≤150mm<br>$D$≥300mm | |
| | 无障碍坡道坡度 | 坡度1：8～1：20 | |
| | 疏散口宽度 | $W$≥1400mm；不应设置门槛；出入口处距门的1.4m范围内不应设踏步 | |
| | 防坠落 | 建筑无障碍出入口的上方应设置雨棚 | 《无障碍设计规范》GB 50763—2012 第3.3.2.6条 |
| | 地面防滑 | 地面采用防滑材料 | 《建筑地面工程防滑技术规程》JGJ/T 331—2014 第4.1.1条 |
| 建筑物内部 | 防火分区 | 详见《建筑设计防火规范》（2018年版）GB 50016—2014 | 《建筑设计防火规范》（2018年版）GB 50016—2014 第5.5.17条、第5.3条<br>《宿舍建筑设计规范》JGJ 36—2016 第5.2.4.1条<br>《民用建筑设计统一标准》GB 50352—2019 第6.8.10条、第6.7.3条、第6.7.4条、第6.11.6条 |
| | 疏散距离 | | |
| | 疏散楼梯宽度 | 净宽$W$≥1200mm，疏散宽度按不小于1m/100人计算 | |
| | 栏杆高度$H_1$及透空间距$D$ | $D$（净）≤110mm<br>$H_1$（踩踏面以上）临空高度小于24m时≥1050mm，临空高度大于24m时≥1100mm<br>$H_2$高度≥900mm | |
| | 落地窗护栏高度$H_2$及透空间距$D$ | | |
| | 楼梯踏步高/深 | $H$≤165mm<br>$D$≥270mm | |
| | 柴油发电机房、变配电室和锅炉房等不应布置在宿舍居室、疏散楼梯间及出入口门厅等部位的上一层、下一层或贴邻，并应采用防火墙与相邻区域进行分隔<br>宿舍建筑内不应设置使用明火、易产生油烟的餐饮店。学校宿舍建筑内不应布置与宿舍功能无关的商业店铺<br>除与敞开式外廊直接相连的楼梯间外，应采用封闭楼梯间。建筑高度>32m时，应采用防烟楼梯间<br>建筑物≥6层或居室最高入口楼面距室外设计地面高度>15m时，宜设电梯；高度>18m时，应设置电梯，并宜有一部电梯供担架平入<br>通廊式宿舍走道净宽：单面居室布置≥1.6m，双面居室布置≥2.20m；单元式宿舍公共走道净宽≥1.40m<br>宿舍建筑内的宿舍功能与其他非宿舍功能部分合建时，安全出口与疏散楼梯宜各自独立设置，并应采用防火墙及耐火极限≥2.0h的楼板进行防火分隔<br>每栋宿舍在主要入口层至少设置1间无障碍居室，并宜附设无障碍卫生间；<br>建筑内应设消防安全疏散示意图及明显的安全疏散标识，且疏散走道应设疏散照明和灯光疏散指示标志 | | 《宿舍建筑设计规范》JGJ 36—2016 第5.1.2条、第5.1.3条、第5.2.1条、第4.5.4条、第5.2.4.3条、第5.2.2条、第4.2.7条、第5.2.6条 |
| 屋顶（上人） | 女儿墙（护栏）净高度 | $H$≥1200mm | 《民用建筑设计统一标准》GB 50352—2019 第6.7.3条 |
| | 地面防滑 | 地面采用防滑材料和选用防滑构造 | 《建筑地面工程防滑技术规程》JGJ/T 331J—2014 第4.1.1条 |

# 15.4 生物安全实验室建筑

## 15.4.1 原则

表 15.4.1

| 类别 | 技术要求 | 规范依据 |
| --- | --- | --- |
| 原则 | 生物安全实验室的建设应切实遵循物理隔离的建筑技术原则，以生物安全为核心，确保实验人员的安全和实验室周围环境的安全，并应满足实验对象对环境的要求，做到实用、经济。生物安全实验室所用设备和材料应有符合要求的合格证、检验报告，并在有效期之内。属于新开发的产品、工艺，应有鉴定证书或试验证明材料 | 《生物安全实验室建筑技术规范》GB 50346—2011 第 1.0.3 条 |

## 15.4.2 术语与定义（建筑设计常用）

表 15.4.2

| 类别（术语） | 技术要求（定义） | 规范依据 |
| --- | --- | --- |
| 一级屏障 | 操作者和被操作对象之间的隔离，也称一级隔离 | 《生物安全实验室建筑技术规范》GB 50346—2011 第 2.0.1 条～第 2.0.15 条 |
| 二级屏障 | 生物安全实验室和外部环境的隔离，也称二级隔离 | |
| 生物安全实验室 | 通过防护屏障和管理措施，达到生物安全要求的微生物实验室和动物实验室。包括主实验室及其辅助用房 | |
| 实验室防护区 | 是指生物风险相对较大的区域，对围护结构的严密性、气流流向等有要求的区域 | |
| 实验室辅助工作区 | 实验室辅助工作区指风险相对较小的区域，也指生物安全实验室中防护区以外的区域 | |
| 主实验室 | 是生物安全实验室中污染风险最高的房间，包括实验操作间、动物饲养间、动物解剖间等，主实验室也称核心工作间 | |
| 缓冲间 | 设置在被污染概率不同的实验室区域间的密闭室。需要时，可设置机械通风系统，其门具有互锁功能，不能同时处于开启状态 | |
| 独立通风笼具 | 一种以饲养盒为单位的独立通风的屏障设备，洁净空气分别送入各独立笼盒使饲养环境保持一定压力和洁净度，用以避免环境污染动物（正压）或动物污染环境（负压），一切实验操作均需要在生物安全柜等设备中进行。该设备用于饲养清洁、无特定病原体或感染（负压）动物 | |
| 动物隔离设备 | 是指动物生物安全实验室内饲育动物采用的隔离装置的统称。该设备的动物饲育内环境为负压和单向气流，以防止病原体外泄至环境并能有效防止动物逃逸。常用的动物隔离设备有隔离器、层流柜等 | |
| 气密门 | 为密闭门的一种，气密门通常具有一体化的门扇和门框，采用机械压紧装置或充气密封圈等方法密闭缝隙 | |
| 活毒废水 | 被有害生物因子污染了的有害废水 | |

续表

| 类别（术语） | 技术要求（定义） | 规范依据 |
|---|---|---|
| 洁净度7级 | 空气中大于等于0.5μm的尘粒数大于35200粒/$m^3$到小于等于352000粒/$m^3$，大于等于1μm的尘粒数大于8320粒/$m^3$到小于等于83200粒/$m^3$，大于等于5μm的尘粒数大于293粒/$m^3$到小于等于2930粒/$m^3$ | 《生物安全实验室建筑技术规范》GB 50346—2011第2.0.1条～第2.0.15条 |
| 洁净度8级 | 空气中大于等于0.5μm的尘粒数大于352000粒/$m^3$到小于等于3520000粒/$m^3$，大于等于1μm的尘粒数大于83200粒/$m^3$到小于等于832000粒/$m^3$，大于等于5μm的尘粒数大于2930粒/$m^3$到小于等于29300粒/$m^3$ | |
| 静态 | 实验室内的设施已经建成，工艺设备已经安装，通风空调系统和设备正常运行，但无工作人员操作且实验对象尚未进入时的状态 | |
| 综合性能评定 | 对已竣工验收的生物安全实验室的工程技术指标进行综合检测和评定 | |

### 15.4.3 生物安全实验室的分级、分类和技术指标

#### 15.4.3.1 生物安全实验室的分级

表15.4.3.1-1

| 类别 | 技术要求 | | 规范依据 |
|---|---|---|---|
| 分级和分类 | 生物安全实验室可由防护区和辅助工作区组成 | | 《生物安全实验室建筑技术规范》GB 50346—2011第3.1.1和3.1.2条 |
| | 根据实验室处理对象的生物危害程度和采取的防护措施 | 生物安全实验室分为四级（表3.1.1） | |
| | 微生物生物安全实验室 | 可采用BSL-1、BSL-2、BSL-3、BSL-4表示相应级别的实验室 | |
| | 动物生物安全实验室 | 可采用ABSL-1、ABSL-2、ABSL-3、ABSL-4表示相应级别的实验室 | |

生物安全实验室的分级　　表15.4.3.1-2

| 类别 | 技术要求 | | 规范依据 |
|---|---|---|---|
| 分级 | 生物危害程度 | 操作对象 | |
| 一级 | 低个体危害、低群体危害 | 对人体、动植物或环境危害较低，不具有对健康成人、动植物致病的致病因子 | 《生物安全实验室建筑技术规范》GB 50346—2011表3.1.1 |
| 二级 | 中个体危害、有限群体危害 | 对人体、动植物或环境具有中等危害或具有潜在危险的致病因子，对健康成人、动植物不会造成严重危害。有有效的预防和治疗措施 | |
| 三级 | 高个体危害、低群体危害 | 对人体、动植物或环境具有高度危险性，通过直接接触或气溶胶使人传染上严重的甚至是致命疾病。或对动植物和环境具有高度危害的致病因子。通常有预防和治疗措施 | |
| 四级 | 高个体危害、高群体危害 | 对人体、动植物或环境具有高度危险性，通过气溶胶途径传播或传播途径不明，或未知的、高度危险的致病因子。没有预防和治疗措施 | |

**15.4.3.2** 生物安全实验室的分类

**15.4.3.2.1** 生物安全实验室根据所操作致病性生物因子的传播途径可分为 a 类和 b 类

**表 15.4.3.2.1**

| 类别 | | 技术要求 | | 规范依据 |
|---|---|---|---|---|
| 实验室类型 | | 分类定义 | | 《生物安全实验室建筑技术规范》GB 50346—2011 第 3.2.1 条 |
| a 类 | | 操作非经空气传播生物因子的实验室 | | |
| b 类 | b1 | 操作经空气传播生物因子的实验室 | 可有效利用安全隔离装置进行操作 | |
| | b2 | | 不能有效利用安全隔离装置进行操作 | |

**15.4.3.2.2** 四级生物安全实验室根据使用生物安全柜的类型和穿着防护服的不同，可分为生物安全柜型和正压服型两类，并按下表的规定：

**表 15.4.3.2.2**

| 类别 | 技术要求 | 规范依据 |
|---|---|---|
| 生物安全柜型 | 使用Ⅲ级生物安全柜 | 《生物安全实验室建筑技术规范》GB 50346—2011 第 3.2.2 条 |
| 正压服型 | 使用Ⅱ级生物安全柜和具有生命支持供气系统的正压防护服 | |

**15.4.3.3** 生物安全实验室的技术指标

**表 15.4.3.3-1**

| 类别 | 技术要求 | | 规范依据 |
|---|---|---|---|
| 实验室级别 | 屏障级别 | 备注 | 《生物安全实验室建筑技术规范》GB 50346—2011 第 3.3.1 条～第 3.3.3 条 |
| 二级 | 宜实施一级屏障和二级屏障 | 1. 一级屏障：操作者和被操作对象之间的隔离，也称一级隔离。<br>2. 二级屏障：生物安全实验室和外部环境的隔离，也称二级隔离 | |
| 三级 | 应实施一级屏障和二级屏障 | | |
| 四级 | 应实施一级屏障和二级屏障 | | |

生物安全实验室二级屏障的主要技术指标：

**表 15.4.3.3-2**

| 类别 | 技术要求 | | | | | | | | | 规范依据 |
|---|---|---|---|---|---|---|---|---|---|---|
| 级别 | 相对于大气的最小负压（Pa） | 与室外方向上相邻相通房间的最小负压（Pa） | 洁净度级别 | 最小换气次数（次/h） | 温度（℃） | 相对湿度（%） | 噪声［dB（A）］ | 平均照度（lx） | 围护结构严密性（包括主实验室及相邻缓冲间） | 《生物安全实验室建筑技术规范》GB 50346—2011 表 3.3.2 |
| BSL-1/ABSL-1 | — | — | — | 可开窗 | 18～28 | 不大于 70 | 不大于 60 | 200 | — | |
| BSL-2/ABSL-2 的 a、b1 类 | — | — | — | 可开窗 | 18～27 | 30～70 | 不大于 60 | 300 | — | |
| ABSL-2 的 b2 类 | −30 | −10 | 8 | 12 | 18～27 | 30～70 | 不大于 60 | 300 | — | |

续表

<table>
<tr><th>类别</th><th colspan="9">技术要求</th><th>规范依据</th></tr>
<tr><td>级别</td><td>相对于大气的最小负压（Pa）</td><td>与室外方向上相邻相通房间的最小负压（Pa）</td><td>洁净度级别</td><td>最小换气次数（次/h）</td><td>温度（℃）</td><td>相对湿度（%）</td><td>噪声[dB（A）]</td><td>平均照度（lx）</td><td>围护结构严密性（包括主实验室及相邻缓冲间）</td><td rowspan="7">《生物安全实验室建筑技术规范》GB 50346—2011 表 3.3.2</td></tr>
<tr><td>BSL-3 的 a 类</td><td>−30</td><td>−10</td><td rowspan="6">7<br>或<br>8</td><td rowspan="6">15<br>或<br>12</td><td rowspan="6">18<br>～<br>25</td><td rowspan="6">30<br>～<br>70</td><td rowspan="6">不大于<br>60</td><td rowspan="6">300</td><td rowspan="3">所有缝隙应无可见泄露</td></tr>
<tr><td>BSL-3 的 B1 类</td><td>−40</td><td>−15</td></tr>
<tr><td>ABSL-3 的 a、b1 类</td><td>−60</td><td>−15</td></tr>
<tr><td>ABSL-3 的 b2 类</td><td>−80</td><td>−25</td><td>房间相对负压值维持在−250Pa时，房间内每小时泄露的空气量不应超过受测房间净容积的 10%</td></tr>
<tr><td>BSL-4</td><td>−60</td><td>−25</td><td rowspan="2">房间相对负压值达到−500Pa，经 20 分钟自然衰减后，其相对负压值不应高于−250Pa</td></tr>
<tr><td>ABSL-4</td><td>−100</td><td>−25</td></tr>
</table>

注：1. 三级和四级动物生物安全实验室的解剖间应比主实验室低 10Pa；

2. 本表中的噪声不包括生物安全柜、动物隔离设备等的噪声，当包括生物安全柜、动物隔离设备等的噪声时，最大不应超过 68dB（A）；

3. 动物生物安全实验室内的参数尚应符合现行《实验动物设施建筑技术规范》GB 50447 的有关规定。

三级和四级生物安全实验室其他房间的主要技术指标：

**表 15.4.3.3-3**

<table>
<tr><th>类别</th><th colspan="7">技术要求</th><th>规范依据</th></tr>
<tr><td>房间名称</td><td>洁净度级别</td><td>最小换气次数（次/h）</td><td>向上相邻相通房间的最小负压差（Pa）</td><td>温度（℃）</td><td>相对湿度（%）</td><td>噪声[dB(A)]</td><td>平均照度（lx）</td><td rowspan="8">《生物安全实验室建筑技术规范》GB 50346—2011 第 3.3.4 条、第 3.3.5 条、表 3.3.3</td></tr>
<tr><td>主要实验室的缓冲间</td><td>7 或 8</td><td>15 或 12</td><td>−10</td><td>18～27</td><td>30～70</td><td>不大于 60</td><td>200</td></tr>
<tr><td>隔离走廊</td><td>7 或 8</td><td>15 或 12</td><td>−10</td><td>18～27</td><td>30～70</td><td>不大于 60</td><td>200</td></tr>
<tr><td>准备间</td><td>7 或 8</td><td>15 或 12</td><td>−10</td><td>18～27</td><td>30～70</td><td>不大于 60</td><td>200</td></tr>
<tr><td>防护服更换间</td><td>8</td><td>10</td><td>−10</td><td>18～26</td><td>—</td><td>不大于 60</td><td>200</td></tr>
<tr><td>防护区内的淋浴间</td><td>—</td><td>10</td><td>−10</td><td>18～26</td><td>—</td><td>不大于 60</td><td>150</td></tr>
<tr><td>非防护区内的淋浴间</td><td>—</td><td>—</td><td>—</td><td>18～26</td><td>—</td><td>不大于 60</td><td>75</td></tr>
<tr><td>化学淋浴间</td><td>—</td><td>4</td><td>−10</td><td>18～28</td><td>—</td><td>不大于 60</td><td>150</td></tr>
</table>

续表

| 类别 | 技术要求 | | | | | | | 规范依据 |
|---|---|---|---|---|---|---|---|---|
| 房间名称 | 洁净度级别 | 最小换气次数（次/h） | 向上相邻相通房间的最小负压差（Pa） | 温度（℃） | 相对湿度（%） | 噪声[dB(A)] | 平均照度（lx） | 《生物安全实验室建筑技术规范》GB 50346—2011第3.3.4条、第3.3.5条、表3.3.3 |
| ABSL-4的动物尸体处理设备间和防护区污水处理设备间 | — | 4 | －10 | 18～28 | — | — | 200 | |
| 清洁衣物更换间 | — | — | — | 18～26 | — | 不大于60 | 150 | |

注：1. 三级和四级生物安全实验室其他房间的主要技术指标应符合表15.4.3.3-3的规定；
2. 当房间处于值班运行时，在各房间压差保持不变的前提下，值班换气次数可低于本章表15.4.3.3-2和表15.4.3.3-3中规定的数值；
3. 对有特殊要求的生物安全实验室，空气洁净度级别可高于本表15.4.3.3-2和表15.4.3.3-3的规定，换气次数也应随之提高；
4. 当在准备间安装生物安全柜时，最大噪声不应超过68dB（A）。

### 15.4.4 建筑、装修

#### 15.4.4.1 建筑

生物安全实验室的位置要求应符合下表的规定：

**表15.4.4.1-1**

| 类别 | 技术要求 | | 规范依据 |
|---|---|---|---|
| 实验室级别 | 平面位置 | 选址和建筑间距 | 《生物安全实验室建筑技术规范》GB 50346—2011表4.1.1 |
| 一级 | 可共用建筑物，实验室有可控制进出的门 | 无要求 | |
| 二级 | 可共用建筑物，与建筑物其他部分可相通，但应设可自动关闭的带锁的门 | 无要求 | |
| 三级 | 与其他实验室可共用建筑物，但应自成一区，宜设在其一端或一侧 | 满足排风间距要求 | |
| 四级 | 独立建筑物，或与其他级别的生物安全实验室共用建筑物，但应在建筑物中独立的隔离区域内 | 宜远离市区。主要实验室所在建筑物离相邻建筑物或构筑物的距离不应小于相邻建筑物或构筑物高度的1.5倍 | |

**表 15.4.4.1-2**

| 类别 | 技术要求 | | | | | 规范依据 |
|---|---|---|---|---|---|---|
| | 生物安全实验室 | | | | | 《生物安全实验室建筑技术规范》GB 50346—2011 第4.1.2条，第4.1.16条 |
| | BSL-3(a类) | BSL-3(b1类) | ABSL-3 | ABSL-3(b2类) | ABSL-4 | |
| 主实验室 | 不宜直接与其他公共区域相邻 | | — | — | — | |
| 防护区 | 应包括主实验室、缓冲间等，缓冲间可兼作防护服更换间 | — | | | — | |
| 辅助工作区 | 应包括清洁衣物更换间、监控室、洗消间、淋浴间等 | | | | | |
| 一般要求 | 入口处设置更衣室或更衣柜 | | | | | |
| | — | | | 宜独立于其他建筑 | 动物尸体处理设备间和防护区污水处理设备间应设缓冲间 | |
| 其他要求 | — | — | 产生大动物尸体或数量较多的小动物尸体时，宜设置动物尸体处理设备。动物尸体处理设备的投放口宜设置在产生动物尸体的区域。动物尸体处理设备的投放口宜高出地面或设置防护栏杆 | | | |

**表 15.4.4.1-3**

| 类别 | 技术要求 | | | | | | | 规范依据 |
|---|---|---|---|---|---|---|---|---|
| 生物安全实验室 | 防护区 | 辅助工作区 | 主实验室 | 实验室的室内净高 | 实验室设备层 | 人流路线 | 其他要求 | 《生物安全实验室建筑技术规范》GB 50346—2011条第4.1.2条～第4.1.16条 |
| 二级 | — | — | 建筑内配备高压灭菌器或其他消毒灭菌设备； | — | — | — | — | |
| 三级 | 1. 围护结构宜远离建筑外墙<br>2. 设置生物安全型双扉高压灭菌器，主体一侧应有维护空间 | — | 1. 位置宜设置在防护区的中部<br>2. 相邻区域和相邻房间之间应根据需要设置传递窗（互锁），并应设有消毒灭菌装置，其结构承压力及严密性应符合所在区域的要求；当传递不能灭活的样本出防护区时，应采用具有熏蒸消毒功能的传递窗或药液传递箱 | 宜不少于2.6m | 宜不少于2.2m | 应符合空气洁净技术关于污染控制和物理隔离的原则 | 安全柜和负压解剖台应布置于排风口附近，并应远离房间门 | |

续表

| 类别 | 技术要求 | | | | | | | 规范依据 |
|---|---|---|---|---|---|---|---|---|
| 生物安全实验室 | 防护区 | 辅助工作区 | 主实验室 | 实验室的室内净高 | 实验室设备层 | 人流路线 | 其他要求 | |
| 四级 | 1. 应包括主实验室、缓冲间、外防护服更换间等<br>2. 围护结构宜远离建筑外墙<br>3. 应设置生物安全型双扉高压灭菌器，主体所在房间应为负压 | 应包括监控室、清洁衣物更换间等 | 1. 位置宜设置在防护区的中部<br>2. 建筑外墙不宜作为主实验室的围护结构<br>3. 相邻区域和相邻房间之间应根据需要设置传递窗（互锁），并应设有消毒灭菌装置，其结构承压力及严密性应符合所在区域的要求；当传递不能灭活的样本出防护区时，应采用具有熏蒸消毒功能的传递窗或药液传递箱 | 宜不少于2.6m | 宜不少于2.2m | 应符合空气洁净技术关于污染控制和物理隔离的原则 | 1. 宜独立于其他建筑<br>2. 应设置安全通道和紧急出口，并有明显的标志<br>3. 实验室建筑外墙不宜作为主实验室的围护结构<br>4. 安全柜和负压解剖台应布置于排风口附近，并应远离房间门 | 《生物安全实验室建筑技术规范》GB 50346—2011第4.1.2条～第4.1.16条 |
| 四级（设有生命支持系统） | 1. 应包括主实验室、化学淋浴间（可兼作缓冲间）、外防护服更换间等围护结构宜远离建筑外墙<br>2. 应设置生物安全型双扉高压灭菌器，主体所在房间应为负压 | — | 1. 位置宜设置在防护区的中部<br>2. 建筑外墙不宜作为主实验室的围护结构<br>3. 相邻区域和相邻房间之间应根据需要设置传递窗（互锁），并应设有消毒灭菌装置，其结构承压力及严密性应符合所在区域的要求；当传递不能灭活的样本出防护区时，应采用具有熏蒸消毒功能的传递窗或药液传递箱 | — | — | — | 1. 宜独立于其他建筑<br>2. 应设置安全通道和紧急出口，并有明显的标志。实验室建筑外墙不宜作为主实验室的围护结构<br>3. 安全柜和负压解剖台应布置于排风口附近，并应远离房间门 | 《生物安全实验室建筑技术规范》GB 50346—2011第4.1.2条～第4.1.16条 |
| 其他要求 | 设置生命支持系统的生物安全实验室，应紧邻主实验室设化学淋浴间 | | | | | | | |

### 15.4.4.2 装修

**表 15.4.4.2**

<table>
<tr><th>类别</th><th colspan="4">技术要求</th><th>规范依据</th></tr>
<tr><td rowspan="2">部位</td><td colspan="4">生物安全实验室</td><td rowspan="9">《生物安全实验室建筑技术规范》GB 50346—2011 第 4.2.1 条～第 4.2.8 条</td></tr>
<tr><td>一级</td><td>二级</td><td>三级</td><td>四级</td></tr>
<tr><td>地面</td><td>—</td><td>—</td><td colspan="2">应采用无缝的防滑耐腐蚀地面，踢脚宜与墙面齐平或略缩进不大于 2～3mm。地面与墙面的相交位置及其他围护结构的相交位置，宜作半径不小于 30mm 的圆弧处理</td></tr>
<tr><td>墙面、顶棚</td><td>—</td><td>—</td><td colspan="2">材料应易于清洁消毒、耐腐蚀、不起尘、不开裂、光滑防水，表面涂层宜具有抗静电性能</td></tr>
<tr><td>外窗</td><td>1. 可设带纱窗的外窗<br>2. 没有机械通风系统时，ABSL-2 中的 a 类、b1 类和 BSL-2 生物安全实验室可设外窗进行自然通风，且外窗应设置防虫纱窗</td><td>—</td><td colspan="2">ABSL-2 中 b2 类、三级和四级生物安全实验室的防护区不应设外窗，但可在内墙上设密闭观察窗，观察窗应采用安全的材料制作</td></tr>
<tr><td>门</td><td>—</td><td colspan="3">1. 主入口的门和动物饲养间的门、放置生物安全柜实验间的门应能自动关闭，实验室门应设置观察窗，并应设置门锁<br>2. 当实验室有压力要求时，实验室的门宜开向相对压力要求高的房间侧。缓冲间的门应能单向锁定<br>3. ABSL-3 中 b2 类主实验室及其缓冲间和四级生物安全实验室主实验室及其缓冲间应采用气密门</td></tr>
<tr><td>检修口</td><td>—</td><td>—</td><td colspan="2">防护区内的顶棚上不得设置检修口</td></tr>
<tr><td>入口</td><td>—</td><td colspan="3">1. 应明确标示出生物防护级别、操作的致病性生物因子、实验室负责人姓名、紧急联络方式等，并应标示出国际通用生物危险符号<br>2. 生物危险符号应按下图绘制，颜色应为黑色，背景为黄色 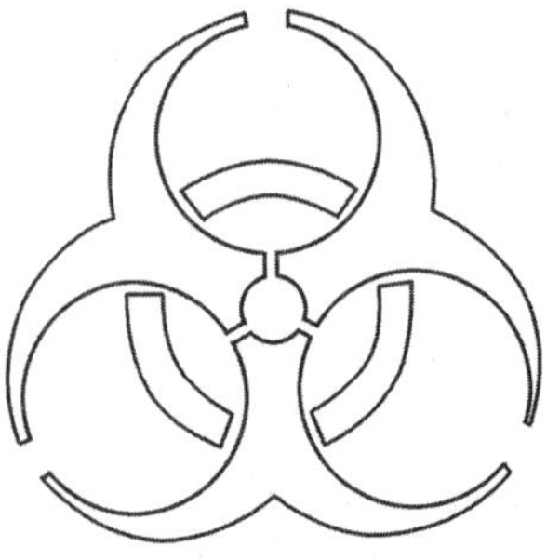<br>国际通用生物危险符号</td></tr>
<tr><td>其他规定</td><td colspan="4">1. 生物安全实验室应有防止节肢动物和啮齿动物进入和外逃的措施<br>2. 应充分考虑生物安全柜、动物隔离设备、高压灭菌器、动物尸体处理设备、污水处理设备等设备的尺寸和要求，必要时应留有足够的搬运孔洞，以及设置局部隔离、防振、排热、排湿设施</td></tr>
</table>

### 15.4.4.3 结构要求

表 15.4.4.3

<table>
<tr><th>类别</th><th colspan="8">技术要求</th><th>规范依据</th></tr>
<tr><td rowspan="2">实验室级别</td><td colspan="8">生物安全实验室建筑的结构要求</td><td rowspan="6">《生物安全实验室建筑技术规范》GB 50346—2011第 4.3.1 条～第 4.3.5 条</td></tr>
<tr><td colspan="2">结构安全等级</td><td colspan="2">抗震设防</td><td colspan="2">地基基础设计</td><td>主体结构体系</td><td>吊顶作为技术维修夹层时</td></tr>
<tr><td>一级</td><td rowspan="4">按《建筑结构可靠度设计统一标准》GB 50068 规定</td><td></td><td rowspan="4">按《建筑抗震设防分类标准》GB 50223 规定</td><td></td><td rowspan="4">按《建筑地基基础设计规范》GB 50007 规定</td><td></td><td></td><td></td></tr>
<tr><td>二级</td><td></td><td></td><td></td><td></td><td></td></tr>
<tr><td>三级</td><td>不宜低于一级</td><td>宜按特殊设防</td><td>宜按甲级设计</td><td rowspan="2">宜采用混凝土结构或砌体结构</td><td rowspan="2">其吊顶的活荷载不应小于 0.75kN/m²，对于吊顶内特别重要的设备宜做单独的维修通道</td></tr>
<tr><td>四级</td><td>不应低于一级</td><td>应按特殊设防</td><td>应按甲级设计</td></tr>
</table>

## 15.4.5 空调、通风和净化

### 15.4.5.1 一般规定

表 15.4.5.1

| 类别 | 技术要求 | 规范依据 |
| --- | --- | --- |
| 空调净化系统 | 1. 应根据操作对象的危害程度、平面布置等情况经技术经济比较后确定，并应采取有效措施避免污染和交叉污染。空调净化系统的划分应有利于实验室消毒灭菌、自动控制系统的设置和节能运行<br>2. 设计应考虑各种设备的热湿负荷<br>3. 送、排风系统的设计应考虑所用生物安全柜、动物隔离设备等的使用条件 | 《生物安全实验室建筑技术规范》GB 50346—2011 第 5.1.1 条～第 5.1.3 条 |

#### 15.4.5.1.1 生物安全柜

表 15.4.5.1.1

<table>
<tr><th>类别</th><th colspan="2">技术要求</th><th>规范依据</th></tr>
<tr><td rowspan="2"></td><td colspan="2">生物安全实验室选用生物安全柜的原则</td><td rowspan="8">《生物安全实验室建筑技术规范》GB 50346—2011 表 5.1.4</td></tr>
<tr><td>防护类型</td><td>选用生物安全柜类型</td></tr>
<tr><td>1</td><td>保护人员，一级、二级、三级生物安全防护水平</td><td>Ⅰ级、Ⅱ级、Ⅲ级</td></tr>
<tr><td>2</td><td>保护人员，四级生物安全防护水平，生物安全柜型</td><td>Ⅲ级</td></tr>
<tr><td>3</td><td>保护人员，四级生物安全防护水平，正压服型</td><td>Ⅱ级</td></tr>
<tr><td>4</td><td>保护实验对象</td><td>Ⅱ级、带层流的Ⅲ级</td></tr>
<tr><td>5</td><td>少量的、挥发的放射和化学防护</td><td>Ⅱ级 B1，排风到室外的Ⅱ级 A2</td></tr>
<tr><td>6</td><td>挥发的放射和化学防护</td><td>Ⅰ级、Ⅱ级 B2、Ⅲ级</td></tr>
</table>

#### 15.4.5.1.2 空调系统选用

表 15.4.5.1.2

| 类别 | 技术要求 | | | | 规范依据 |
|---|---|---|---|---|---|
| | 生物安全实验室 | | | | 《生物安全实验室建筑技术规范》GB 50346—2011第5.1.5条～第5.1.11条 |
| | 一级 | 二级 | 三级 | 四级 | |
| 带循环风 | — | a类和b1类实验室 | — | — | |
| 全新风 | — | 1. b2类（宜）<br>2. 防护区的排风应根据风险评估来确定是否需经高效空气过滤器过滤后排出 | 1. 应采用全新风系统<br>2. 送风、排风支管和排风机前应安装耐腐蚀的密闭阀，阀门严密性应与所在管道严密性要求相适应<br>3. 防护区内不应安装普通的风机盘管机组或房间空调器<br>4. 防护区应能对排风高效空气过滤器进行原位消毒和检漏。四级生物安全实验室防护区应能对送风高效空气过滤器进行原位消毒和检漏 | | |
| 所有类型 | 1. 生物安全实验室空调净化系统和高效排风系统所用风机应选用风压变化较大时风量变化较小的类型。<br>2. 生物安全实验室的防护区宜临近空调机房 | | | | |

#### 15.4.5.2 送风系统

表 15.4.5.2

| 类别 | 技术要求 | 规范依据 |
|---|---|---|
| 空气净化系统 | 至少应设置粗、中、高三级空气过滤，并应符合下列规定 | 《生物安全实验室建筑技术规范》GB 50346—2011第5.2.1条～第5.2.4条 |
| 第一级过滤器（粗效过滤器） | 1. 全新风系统的粗效过滤器可设在空调箱内<br>2. 对于带回风的空调系统，粗效过滤器宜设置在新风口或紧靠新风口处 | |
| 第二级过滤器（中效过滤器） | 宜设置在空气处理机组的正压段 | |
| 第三级过滤器（高效过滤器） | 应设置在系统的末端或紧靠末端，不应设在空调箱内 | |
| 注：1. 全新风系统宜在表冷器前设置一道保护用的中效过滤器；<br>2. 送风系统新风口的设置应符合下列规定：<br>2.1 新风口应采取有效的防雨措施；<br>2.2 新风口处应安装防鼠、防昆虫、阻挡绒毛等的保护网，且易于拆装；<br>2.3 新风口应高于室外地面2.5m以上，并应远离污染源；<br>2.4 BSL-3实验室宜设置备用送风机；<br>2.5 ABSL-3实验室和四级生物安全实验室应设置备用送风机。 | | |

### 15.4.5.3 排风系统

**一般规定** **表 15.4.5.3-1**

| 类别 | 技术要求 | 规范依据 |
|---|---|---|
| | 三级和四级生物安全实验室排风系统的设置应符合下列规定： | 《生物安全实验室建筑技术规范》GB 50346—2011 第 5.3.1 条 |
| 1 | 排风必须与送风连锁，排风先于送风开启，后于送风关闭 | |
| 2 | 主实验室必须设置室内排风口，不得只利用生物安全柜或其他负压隔离装置作为房间排风出口 | |
| 3 | b1 类实验室中可能产生污染物外泄的设备必须设置带高效空气过滤器的局部负压排风装置，负压排风装置应具有原位检漏功能 | |
| 4 | 动物隔离设备与排风系统的连接应采用密闭连接或设置局部排风罩 | |
| 5 | 排风机应设平衡基座，并应采取有效的减振降噪措施 | |

**不同级别、种类生物安全柜与排风系统的连接方式** **表 15.4.5.3-2**

| 类别 | | 技术要求 | | | | 规范依据 |
|---|---|---|---|---|---|---|
| 生物安全柜级别 | | 工作口平均进风速度(m/s) | 循环风比例(%) | 排风比例(%) | 连接方式 | 《生物安全实验室建筑技术规范》GB 50346—2011 表 5.3.1 |
| Ⅰ级 | | 0.38 | 0 | 100 | 密闭连接 | |
| Ⅱ级 | A1 | 0.38～0.59 | 70 | 30 | 可排列房间或套管连接或密闭连接 | |
| | A2 | 0.5 | 70 | 30 | 密闭连接 | |
| | B1 | 0.5 | 30 | 70 | 密闭连接 | |
| | B2 | 0.5 | 0 | 100 | 密闭连接 | |
| Ⅲ级 | | — | 0 | 100 | 密闭连接 | |

**排风要求** **表 15.4.5.3-3**

| 类别 | 技术要求 | | | | 规范依据 |
|---|---|---|---|---|---|
| | 生物安全实验室 | | | | |
| | 一级 | 二级 | 三级 | 四级 | |
| 排风要求 | — | — | 1. 防护区的排风必须经过高效过滤器过滤后排放<br>2. 排风高效过滤器宜设置在室内排风口处或紧邻排风口处<br>3. 防护区高效过滤器的位置与排风口结构应易于对过滤器进行安全更换和检漏<br>4. 防护区排风管道的正压段不应穿越房间，排风机宜设置于室外排风口附近<br>5. 防护区应设置备用排风机，备用排风机应能自动切换，切换过程中应能保持有序的压力梯度和定向流<br>6. 应有能够调节排风或送风以维持室内压力和压差梯度稳定的措施<br>7. 防护区室外排风口应设置在主导风的下风向，与新风口的直线距离应大于 12m，并应高于所在建筑物屋面 2m 以上 | | 《生物安全实验室建筑技术规范》GB 50346—2011 第 5.3.2 条～第 5.3.8 条 |

续表

| 类别 | 技术要求 | | | | 规范依据 |
|---|---|---|---|---|---|
| | 生物安全实验室 | | | | 《生物安全实验室建筑技术规范》GB 50346—2011 第 5.3.2 条～第 5.3.8 条 |
| | 一级 | 二级 | 三级 | 四级 | |
| 排风要求 | — | — | 1. 有特殊要求时可设两道高效过滤器<br>2. 室外排风口与周围建筑的水平距离不应小于 20m | 防护区除在室内排风口处设第一道高效过滤器外，还应在其后串联第二道高效过滤器 | |
| | 1. ABSL-4 的动物尸体处理设备间和防护区污水处理设备间的排风应经过高效过滤器过滤<br>2. 防护区高效过滤器的位置与排风口结构应易于对过滤器进行安全更换和检漏 | | | | |

**15.4.5.4** 气流组织

**表 15.4.5.4**

| 类别 | 技术要求 | | | | 规范依据 |
|---|---|---|---|---|---|
| | 生物安全实验室 | | | | 《生物安全实验室建筑技术规范》GB 50346—2011 第 5.4.1 条～第 5.4.6 条 |
| | 一级 | 二级 | 三级 | 四级 | |
| 气流组织要求 | — | — | 1. 各区之间的气流方向应保证由辅助工作区流向防护区，辅助工作区与室外之间宜设一间正压缓冲室<br>2. 内部各种设备的位置应有利于气流由被污染风险低的空间向被污染风险高的空间流动，最大限度减少室内回流与涡流 | | |
| | 1. 宜采用上送下排方式，送风口和排风口布置应有利于室内可能被污染空气的排出。饲养大动物生物安全实验室的气流组织可采用上送上排方式<br>2. 在生物安全柜操作面或其他有气溶胶产生地点的上方附近不应设送风口<br>3. 高效过滤器排风口应设在室内被污染风险最高的区域，不应有障碍<br>4. 气流组织上送下排时，高效过滤器排风口下边沿离地面不宜低于 0.1m，且不宜高于 0.15m；上边沿高度不宜超过地面之上 0.6m。排风口排风速度不宜大于 1m/s | | | | |

**15.4.5.5** 空调净化系统的部件与材料

**表 15.4.5.5**

| 类别 | 技术要求 | | | | 规范依据 |
|---|---|---|---|---|---|
| | 生物安全实验室 | | | | 《生物安全实验室建筑技术规范》GB 50346—2011 第 5.5.1 条～第 5.5.4 条 |
| | 一级 | 二级 | 三级 | 四级 | |
| 空气净化要求 | — | — | 1. 防护区的高效过滤器应耐消毒气体的侵蚀，防护区内淋浴间、化学淋浴间的高效过滤器应防潮<br>2. 高效过滤器的效率不应低于现行国家标准《高效空气过滤器》GB/T 13554 中的 B 类 | | |

续表

| 类别 | 技术要求 | | | | 规范依据 |
|---|---|---|---|---|---|
| | 生物安全实验室 | | | | 《生物安全实验室建筑技术规范》GB 50346—2011 第5.5.1条～第 5.5.4 条 |
| | 一级 | 二级 | 三级 | 四级 | |
| 空气净化要求 | 3. 送、排风高效过滤器均不得使用木制框架<br>4. 需要消毒的通风管道应采用耐腐蚀、耐老化、不吸水、易消毒灭菌的材料制作，并应为整体焊接<br>5. 排风机外侧的排风管上室外排风口处应安装保护网和防雨罩 | | | | |
| 空调设备要求 | 1. 不应采用淋水式空气处理机组。当采用表面冷却器时，通过盘管所在截面的气流速度不宜大于 2.0m/s<br>2. 各级空气过滤器前后应安装压差计，测量接管应通畅，安装严密<br>3. 宜选用干蒸汽加湿器<br>4. 加湿设备与其后的过滤段之间应有足够的距离<br>5. 在空调机组内保持 1000Pa 的静压值时，箱体漏风率不应大于 2%<br>6. 消声器或消声部件的材料应能耐腐蚀、不产尘和不易附着灰尘<br>7. 送、排风系统中的中效、高效过滤器不应重复使用 | | | | |

## 15.4.6 给水排水与气体供应

### 15.4.6.1 一般规定

表 15.4.6.1

| 类别 | 技术要求 | 规范依据 |
|---|---|---|
| 给水排水与气体供应 | 1. 生物安全实验室的给水排水干管、气体管道的干管，应敷设在技术夹层内<br>2. 生物安全实验室防护区应少敷设管道，与本区域无关管道不应穿越<br>3. 引入三级和四级生物安全实验室防护区内的管道宜明敷<br>4. 给水排水管道穿越生物安全实验室防护区围护结构处应设可靠的密封装置，密封装置的严密性应能满足所在区域的严密性要求<br>5. 进出生物安全实验室防护区的给水排水和气体管道系统应不渗漏、耐压、耐温、耐腐蚀。实验室内应有足够的清洁、维护和维修明露管道的空间<br>6. 生物安全实验室使用的高压气体或可燃气体，应有相应的安全措施<br>7. 化学淋浴系统中的化学药剂加压泵应一用一备，并应设置紧急化学淋浴设备，在紧急情况下或设备发生故障时使用 | 《生物安全实验室建筑技术规范》GB 50346—2011 第 6.1.1 条～第 6.1.5 条 |

### 15.4.6.2　给水

表 15.4.6.2

<table>
<tr><th>类别</th><th colspan="5">技术要求</th><th>规范依据</th></tr>
<tr><td rowspan="2"></td><td colspan="5">生物安全实验室</td><td rowspan="10">《生物安全实验室建筑技术规范》GB 50346—2011 第6.2.1条～第6.2.9条</td></tr>
<tr><td>一级</td><td>二级</td><td>三级</td><td>四级</td><td>ABSL-3</td></tr>
<tr><td>断流水箱</td><td>—</td><td>—</td><td>—</td><td colspan="2">宜设置断流水箱，水箱容积宜按一天的用水量进行计算</td></tr>
<tr><td rowspan="2">给水管路</td><td colspan="5">生物安全实验室防护区的给水管道应采取设置倒流防止器或其他有效的防止回流污染的装置，并且这些装置应设置在辅助工作区</td></tr>
<tr><td>—</td><td>—</td><td colspan="2">1. 应以主实验室为单元设置检修阀门和止回阀<br>2. 应涂上区别于一般水管的醒目的颜色</td><td>—</td></tr>
<tr><td>洗手装置</td><td colspan="2">应设洗手装置，并宜设置在靠近实验室的出口处</td><td colspan="2">应设置在主实验室出口处，对于用水的洗手装置的供水应采用非手动开关</td><td>—</td></tr>
<tr><td>紧急冲眼装置</td><td>室内操作刺激或腐蚀性物质时，应在30m内设紧急冲眼装置，必要时应设紧急淋浴装置</td><td colspan="3">应设紧急冲眼装置</td><td>—</td></tr>
<tr><td>淋浴间</td><td>—</td><td>—</td><td>—</td><td colspan="2">防护区的淋浴间应根据工艺要求设置强制淋浴装置</td></tr>
<tr><td>其他</td><td colspan="5">1. 大动物生物安全实验室和需要对笼具、架进行冲洗的动物实验室应设必要的冲洗设备<br>2. 给水管材宜采用不锈钢管、铜管或无毒塑料管等，管道应可靠连接</td></tr>
</table>

**15.4.6.3** 排水

表 15.4.6.3

<table>
<tr><th>类别</th><th colspan="5">技术要求</th><th>规范依据</th></tr>
<tr><td rowspan="2">部位</td><td colspan="5">生物安全实验室</td><td rowspan="15">《生物安全实验室建筑技术规范》GB 50346—2011 第6.3.1条～第6.3.11条</td></tr>
<tr><td>一级</td><td>二级</td><td>三级</td><td>四级</td><td>ABSL-2</td></tr>
<tr><td>地面地漏、存水弯</td><td>—</td><td>—</td><td colspan="2">1. 有排水功能要求的地面设置地漏<br>2. 其他地方不宜设地漏<br>3. 大动物房和解剖间等处的密闭型地漏内应带活动网框，活动网框应易于取放及清理<br>4.（防护区）应根据压差要求设置存水弯和地漏的水封深度；构造内无存水弯的卫生器具与排水管道连接时，必须在排水口以下设存水弯，排水管道水封处必须保证充满水或消毒液<br>5.（防护区）排水应进行消毒灭菌处理<br>6. 主实验室应设独立的排水支管，并应安装阀门</td><td>—</td></tr>
<tr><td rowspan="2">活毒废水处理设备</td><td colspan="5">1. 宜设在最低处，便于污水收集和检修<br>2. 应在适当位置预留采样口和采样操作空间</td></tr>
<tr><td colspan="2">—</td><td colspan="2">（防护区）应采用高温灭菌方式</td><td>—</td></tr>
<tr><td>污水处理装置</td><td>—</td><td>—</td><td colspan="2"></td><td>（防护区）可采用化学消毒或高温灭菌方式</td></tr>
<tr><td rowspan="2">通气管口</td><td colspan="5">（防护区）排水系统上应单独设置，不应接入空调通风系统的排风管道</td></tr>
<tr><td>—</td><td>—</td><td colspan="2">应设高效过滤器或其他可靠的消毒装置，同时应使通气管口四周通风良好</td><td>—</td></tr>
<tr><td>辅助工作区的排水</td><td>—</td><td>—</td><td colspan="2">应进行监测，并应采取适当处理措施，以确保排放到市政管网之前达到排放要求</td><td>—</td></tr>
<tr><td>防护区的所有排水管线</td><td>—</td><td>—</td><td colspan="2">1. 宜明设，并与墙壁保持一定距离便于检查维修<br>2. 宜采用不锈钢或其他合适的管材、管件。排水管材、管件应满足强度、温度、耐腐蚀等性能要求</td><td>—</td></tr>
<tr><td>双扉高压灭菌器</td><td>—</td><td>—</td><td>—</td><td>双扉高压灭菌器的排水应接入防护区废水排放系统</td><td>—</td></tr>
</table>

## 15.4.7 电 气

### 15.4.7.1 配电

表 15.4.7.1

<table>
<tr><th>类别</th><th colspan="8">技术要求</th><th>规范依据</th></tr>
<tr><td rowspan="2"></td><td colspan="8">生物安全实验室</td><td rowspan="9">《生物安全实验室建筑技术规范》GB 50346—2011 第 7.1.1 条～第 7.1.6 条</td></tr>
<tr><td>一级</td><td>二级</td><td>三级</td><td>四级</td><td>ABSL-3<br>(b2 类)</td><td>ABSL-3<br>(a 类)</td><td>ABSL-3<br>(b1 类)</td><td>BSL-3</td></tr>
<tr><td rowspan="2">供电要求</td><td colspan="8">应保证用电的可靠性</td></tr>
<tr><td>—</td><td>用电负荷不宜低于二级</td><td>—</td><td colspan="2">必须按一级负荷供电，特别重要负荷应同时设置不间断电源和自备发电设备作为应急电源，不间断电源应能确保自备发电设备启动前的电力供应</td><td colspan="3">1. 应按一级负荷供电<br>2. 当按一级负荷供电有困难时，应采用一个独立供电电源，且特别重要负荷应设置应急电源<br>3. 应急电源采用不间断电源的方式时，不间断电源的供电时间不应小于 30min<br>4. 应急电源采用不间断电源加自备发电机的方式时，不间断电源应能确保自备发电设备启动前的电力供应</td></tr>
<tr><td rowspan="2">配电箱</td><td colspan="8">生物安全实验室应设专用配电箱</td></tr>
<tr><td>—</td><td>—</td><td colspan="2">专用配电箱应设在该实验室的防护区外</td><td>—</td><td>—</td><td>—</td><td>—</td></tr>
<tr><td>电源插座</td><td colspan="8">所有生物安全实验室应设置足够数量的固定电源插座，重要设备应单独回路配电，且应设置漏电保护装置</td></tr>
<tr><td rowspan="2">配电管线</td><td colspan="8">管线密封措施应满足生物安全实验室严密性要求</td></tr>
<tr><td>—</td><td>—</td><td colspan="2">应采用金属管敷设，穿过墙和楼板的电线管应加套管或采用专用电缆穿墙装置，套管内用不收缩、不燃材料密封</td><td>—</td><td>—</td><td>—</td><td>—</td><td></td></tr>
</table>

### 15.4.7.2 照明

表 15.4.7.2

| 类别 | 技术要求 | | | | 规范依据 |
| --- | --- | --- | --- | --- | --- |
| | 生物安全实验 | | | | 《生物安全实验室建筑技术规范》GB 50346—2011 第7.2.1条~第7.2.3条 |
| | 一级 | 二级 | 三级 | 四级 | |
| 照明灯具 | — | — | 室内照明灯具宜采用吸顶式密闭洁净灯，并宜具有防水功能 | | |
| 应急照明 | — | — | 应设置不少于 30min 的应急照明及紧急发光疏散指示标志 | | |
| 工作状态的显示装置 | — | — | 入口和主实验室缓冲间入口处应设置主实验室工作状态的显示装置 | | |

### 15.4.7.3 自动控制

表 15.4.7.3

| 类别 | 技术要求 | | | | 规范依据 |
| --- | --- | --- | --- | --- | --- |
| | 生物安全实验室 | | | | 《生物安全实验室建筑技术规范》GB 50346—2011 第 7.3.1 条~第 7.3.15 条 |
| | 一级 | 二级 | 三级 | 四级 | |
| 空调净化自动控制系统 | 应能保证各房间之间定向流方向的正确及压差的稳定 | | | | |
| 自控系统 | — | — | 1. 应具有压力梯度、温湿度、连锁控制、报警等参数的历史数据存储显示功能<br>2. 自控系统控制箱应设于防护区外 | | |
| 自控系统报警信号 | — | — | 1. 应分为重要参数报警和一般参数报警。重要参数报警应为声光报警和显示报警，一般参数报警应为显示报警<br>2. 应在主实验室内设置紧急报警按钮 | | |
| 负压控制 | — | — | 1. 应在有负压控制要求的房间入口的显著位置，安装显示房间负压状况的压力显示装置<br>2. 空调净化系统启动和停机过程应采取措施防止实验室内负压值超出围护结构和有关设备的安全范围 | | |
| 风机保护装置 | — | — | 防护区的送风机和排风机应设置保护装置，并应将保护装置报警信号接入控制系统 | | |
| 风压差检测装置 | — | — | 防护区的送风机和排风机宜设置风压差检测装置，当压差低于正常值时发出声光报警 | | |
| 正常运转的标志 | — | — | 防护区应设送排风系统正常运转的标志，当排风系统运转不正常时应能报警。备用排风机组应能自动投入运行，同时应发出报警信号 | | |
| 空调通风系统开机顺序 | — | — | 防护区的送风和排风系统必须可靠连锁，空调通风系统开机顺序应符合要求（见排风系统规定） | | |

续表

| 类别 | 技术要求 | | | | 规范依据 |
|---|---|---|---|---|---|
| | 生物安全实验室 | | | | |
| | 一级 | 二级 | 三级 | 四级 | |
| 风检测装置 | 当空调机组设置电加热装置时应设置送风机有风检测装置，并在电加热段设置监测温度的传感器，有风信号及温度信号应与电加热连锁 | | | | 《生物安全实验室建筑技术规范》GB 50346—2011 第 7.3.1 条～第 7.3.15 条 |
| 自动和手动控制 | — | — | 空调通风设备应能自动和手动控制，应急手动应有优先控制权，且应具备硬件连锁功能 | | |
| 压差传感器 | — | — | — | 内外压差传感器采样管应配备与排风高效过滤器过滤效率相当的过滤装置 | |
| | | | 应设置监测送风、排风高效过滤器阻力的压差传感器 | | |
| 密闭阀 | 在空调通风系统未运行时，防护区送风、排风管上的密闭阀应处于常闭状态 | | | | |

### 15.4.7.4 安全防范

表 15.4.7.4

| 类别 | 技术要求 | | | | 规范依据 |
|---|---|---|---|---|---|
| | 生物安全实验室 | | | | |
| | 一级 | 二级 | 三级 | 四级 | |
| 安防系统 | — | — | — | 建筑周围应设置安防系统 | 《生物安全实验室建筑技术规范》GB 50346—2011 第 7.4.1 条～第 7.4.5 条 |
| | | | 应设门禁控制系统 | | |
| 互锁措施 | — | — | 1. 防护区内的缓冲间、化学淋浴间等房间的门应采取互锁措施<br>2. 应在互锁门附近设置紧急手动解除互锁开关<br>3. 中控系统应具有解除所有门或指定门互锁的功能 | | |
| 监视系统 | — | — | 应设闭路电视监视系统 | | |
| | 1. 关键部位应设置监视器，需要时，可实时监视并录制生物安全实验室活动情况和生物安全实验室周围情况<br>2. 监视设备应有足够的分辨率，影像存储介质应有足够的数据存储容量 | | | | |

### 15.4.7.5 通信

表 15.4.7.5

| 类别 | 技术要求 | | | | 规范依据 |
|---|---|---|---|---|---|
| | 生物安全实验室 | | | | |
| | 一级 | 二级 | 三级 | 四级 | |
| 通信设备 | — | — | 应设置必要的通信设备 | | 《生物安全实验室建筑技术规范》GB 50346—2011 第7.5.1条、第 7.5.2 条 |
| 内部电话或对讲系统 | — | — | 1. 实验室内与实验室外应有内部电话或对讲系统<br>2. 安装对讲系统时，宜采用向内通话受控、向外通话非受控的选择性通话方式 | | |

### 15.4.8 消防

表 15.4.8

<table>
<tr><th>类别</th><th colspan="4">技术要求</th><th>规范依据</th></tr>
<tr><td rowspan="2"></td><td colspan="4">生物安全实验室</td><td rowspan="12">《生物安全实验室建筑技术规范》GB 50346—2011 第 8.0.1 条～第 8.0.9 条</td></tr>
<tr><td>一级</td><td>二级</td><td>三级</td><td>四级</td></tr>
<tr><td>耐火等级</td><td>—</td><td>不宜低于二级</td><td>不应低于二级</td><td>应为一级</td></tr>
<tr><td rowspan="2">防火分区</td><td rowspan="2">—</td><td rowspan="2">—</td><td>—</td><td>应为独立防火分区</td></tr>
<tr><td colspan="2">共用一个防火分区时，其耐火等级应为一级</td></tr>
<tr><td>疏散出口</td><td colspan="4">所有疏散出口都应有消防疏散指示标志和消防应急照明措施</td></tr>
<tr><td>燃烧性能和耐火极限</td><td>—</td><td>—</td><td colspan="2">1. 吊顶材料的燃烧性能和耐火极限不应低于所在区域隔墙的要求<br>2. 与其他部位隔开的防火门应为甲级防火门</td></tr>
<tr><td>消防设备</td><td colspan="4">应设置火灾自动报警装置和合适的灭火器材</td></tr>
<tr><td>灭火措施</td><td>—</td><td>—</td><td colspan="2">防护区不应设置自动喷水灭火系统和机械排烟系统，但应根据需要采取其他灭火措施</td></tr>
<tr><td>通风系统的防火阀</td><td>—</td><td>—</td><td colspan="2">独立于其他建筑的三级和四级生物安全实验室的送风、排风系统可不设置防火阀</td></tr>
<tr><td>消防疏散原则</td><td>—</td><td>—</td><td colspan="2">1. 防火设计应以保证人员能尽快安全疏散、防止病原微生物扩散为原则<br>2. 火灾必须能从实验室的外部进行控制，使之不会蔓延</td></tr>
</table>

# 16 住 宅 建 筑

## 16.1 选址与总平面

### 16.1.1 选址

选 址 表 16.1.1

| 技术要求 | 规范依据 |
| --- | --- |
| 应选择在安全、适宜居住的地段进行建设 | 《城市居住区规划设计规范》GB 50180—2018 第 3.0.2 条 |
| 不得在有滑坡、泥石流、山洪等自然灾害威胁的地段进行建设 | |
| 与危险化学品及易燃易爆品等危险源的距离，必须满足有关安全规定 | |
| 存在噪声污染、光污染的地段，应采取相应的降低噪声和光污染的防护措施 | |
| 土壤存在污染的地段，必须采取有效措施进行无害化处理，并应达到居住用地土壤环境质量的要求 | |

### 16.1.2 用地工程防护措施

用地工程防护措施 表 16.1.2

| 条件 | 部位 | 技术要求 | 规范依据 |
| --- | --- | --- | --- |
| 台地高差>1.5m | 挡土墙/护坡顶（坡比值>0.5） | 加设安全防护设施 | 《住宅建筑规范》GB 50368—2005 第 4.5.2 条 |
| 台地高差>2.0m | 挡土墙/护坡上缘 | 与住宅间的水平距离≥3m | |
| | 挡土墙/护坡下缘 | 与住宅间的水平距离≥2m | |
| 土质护坡坡比值≤0.5 | | | |

### 16.1.3 水景安全

水景安全 表 16.1.3

| 防护位置 | 技术要求 | 规范依据 |
| --- | --- | --- |
| 无护栏的水岸及园桥、汀步附近 2m 范围 | 水深不超过 0.5m | 《住宅建筑规范》GB 50368—2005 第 4.4.3 条 |
| 人工景观水体 | 禁止使用自来水 | |

# 16.2 建　筑

## 16.2.1 无障碍设计

无障碍设计　　表 16.2.1

| 无障碍设计的部位 | | 技术要求 | 规范依据 |
| --- | --- | --- | --- |
| 居住区道路、公共绿地和公共服务设施 | | 与城市道路无障碍设施相连接 | 《住宅建筑规范》GB 50368—2005 第 5.3.1 条、第 5.3.2 条<br>《住宅设计规范》GB 50096—2011 第 6.6.1 条～第 6.6.4 条<br>《无障碍设计》GB 50763—2012 |
| 7 层及 7 层以上的住宅 | 建筑入口 | 设台阶时应设轮椅坡道和扶手 | |
| | | 不应采用力度大的弹簧门，在旋转门一侧应另设残疾人使用的门 | |
| | | 门槛高度及门内外地面高差不应>15mm，并应以斜坡过渡 | |
| | 入口平台 | 宽度≥2.00m | |
| | 候梯厅 | 净宽≥1.80m | |
| | 公共走道 | 净宽≥1.20m | |
| | 无障碍住房 | 每 100 套至少设 2 套 | |
| 7 层以下住宅 | 入口平台 | 宽度≥1.50m | |

## 16.2.2 安全防护及防坠落

公共出入口　　表 16.2.2-1

| 防护位置 | 技术要求 | 规范依据 |
| --- | --- | --- |
| 台阶高度>0.7m 并侧面临空时 | 应设防护设施，防护设施净高≥1.05m | 《住宅设计规范》GB 50096—2011 第 6.1.2 条、第 6.1.4 条、第 6.5.2 条、第 6.7.1 条<br>《住宅建筑规范》GB 50368—2005 第 5.2.4 条 |
| 位于阳台、外廊及开敞楼梯平台的下部时 | 应采取防止物体坠落伤人的安全措施 | |
| 台阶宽度>1.8m 时 | 两侧宜设栏杆扶手，高度应为 0.9m | |
| 主要出入口处应每套配套设置信报箱 | | |

临空处/楼梯井安全设计及防坠落　　表 16.2.2-2

| 防护位置 | 技术要求 | 规范依据 |
| --- | --- | --- |
| 阳台 | 设置栏杆 | 《住宅设计规范》GB 50096—2011 第 5.6.2 条～第 5.6.4 条、第 6.1.3 条<br>《住宅建筑规范》GB 50368—2005 第 5.2.3 条 |
| | 封闭阳台栏板或栏杆也应满足阳台栏板或栏杆净高要求 | |
| | 7 层及 7 层以上住宅和寒冷、严寒地区住宅宜采用实体栏板 | |
| | 放置花盆处应采取防坠落措施 | |
| | 宜采取防止攀登入室的措施 | |
| 外廊、内天井及上人屋面等临空处 | 设置栏杆 | |
| | 放置花盆处应采取防坠落措施 | |
| 楼梯井 | 净宽>0.11m 时，必须采取防止儿童攀滑的措施 | |

**栏杆设置要求** **表 16.2.2-3**

| 部位及设施 | 技术要求 | 规范依据 |
|---|---|---|
| 栏杆 | 应以坚固、耐久的材料制作，并能承受荷载规范规定的水平荷载 | 《住宅设计规范》GB 50096—2011<br>《住宅建筑规范》GB 50368—2005<br>《民用建筑设计统一标准》GB 50352—2019 |
| | 栏杆底部有宽度≥0.22m，且高度≤0.45m的可踏部位，应从可踏部位顶面起计算 | |
| | 离楼面或屋面0.10m高度内不应留空 | |
| | 必须采用防止儿童攀登的构造 | |
| | 垂直杆件间净距≤0.11m | |

**栏杆及扶手安全高度** **表 16.2.2-4**

| 栏杆（扶手） | 适用场所 | 高度 | 规范依据 |
|---|---|---|---|
| 栏杆/栏板/楼梯栏杆（水平段≥500mm）/室外楼梯栏杆（扶手） | 7层及7层以下住宅/临空高度在24m以下 | ≥1.05m | 《住宅设计规范》GB 50096—2011<br>《住宅建筑规范》GB 50368—2005<br>《民用建筑设计统一标准》GB 50352—2019 |
| | 7层及7层以上住宅/临空高度在24m及24m以上 | ≥1.10m | |
| | 上人屋面 | ≥1.20m | |
| 楼梯扶手 | | ≥0.9m | |
| 供残疾人使用的扶手 | 坡道、楼梯、走廊等的下层扶手 | 0.65m | |
| | 坡道、楼梯、走廊等的上层扶手 | 0.9m | |

防坠落设施

住宅应具有防止外窗玻璃、外墙装饰等坠落伤人的措施。

**门窗及玻璃幕墙** **表 16.2.2-5**

<table>
<tr><th>防护位置</th><th colspan="2">技术要求</th><th>规范依据</th></tr>
<tr><td rowspan="2">门</td><td colspan="2">户门应采用具防盗、隔声功能的防护门</td><td rowspan="8">《住宅设计规范》GB 50096—2011第5.8.1条~第5.8.5条<br>《住宅建筑规范》GB 50368—2005第5.1.5条</td></tr>
<tr><td colspan="2">向外开启的户门不应妨碍公共交通及相邻户门开启</td></tr>
<tr><td rowspan="3">窗</td><td>户内</td><td rowspan="2">窗外没有阳台且外窗台距楼面、地面的净高＜0.90m时，应有防护设施</td></tr>
<tr><td>楼梯间、电梯厅等共用部分</td></tr>
<tr><td colspan="2">面临走廊、共用上人屋面或凹口的窗应避免视线干扰，向走廊开启的窗扇不应妨碍交通</td></tr>
<tr><td colspan="3">底层外窗、阳台门及紧邻公共区且下沿低于2m的门窗，应采取防卫措施</td></tr>
<tr><td>幕墙</td><td colspan="2">不得在二层及以上采用玻璃幕墙</td></tr>
</table>

### 16.2.3 建筑防火

**平面布置与防火分隔** **表 16.2.3-1**

| 类别 | 技术要求 | | | | 规范依据 |
|---|---|---|---|---|---|
| 住宅部分与非住宅部分之间 | 防火分隔措施 | 单、多层住宅 | 墙体 | ≥2.00h 防火隔墙（无门窗洞口） | 《建筑设计防火规范》GB 50016—2014（2018年版） |
| | | | 楼板 | ≥1.50h 不燃性楼板 | |
| | | 高层住宅 | 墙体 | 防火墙（无门窗洞口） | |
| | | | 楼板 | ≥2.00h 不燃性楼板 | |
| | 安全出口和疏散楼梯 | 应分别独立设置（包括为住宅服务的地上车库） | | | |
| | 安全疏散、防火分区和室内消防设施配置 | 可根据各自的建筑高度分别按照建规有关住宅建筑规定执行 | | | |
| | 其他防火设计 | 应根据建筑的总高度和建筑规模按建规有关公共建筑的规定执行 | | | |
| 住宅的居住部分与商业服务网点之间 | 防火分隔措施 | 墙体 | ≥2.00h 防火隔墙（无门窗洞口） | | |
| | | 楼板 | ≥1.50h 不燃性楼板 | | |
| | 安全出口和疏散楼梯 | 应分别独立设置 | | | |
| 商业服务网点 | 每个分隔单元之间 | ≥2.00h 防火隔墙（无门窗洞口） | | | |
| | 安全出口数量 | 每个分隔单元任一层建筑面积>200$m^2$时，该层设 2 个安全出口或疏散门 | | | |
| | 安全疏散距离 | 不应大于建规有关多层其他建筑位于袋形走道两侧或尽端的疏散门至最近安全出口的最大距离<br>注：室内楼梯的距离可按其水平投影长度的 1.5 倍计算 | | | |
| 附属库房、附设在住宅内的机动车库 | 防火分隔措施 | 墙体 | ≥2.00h 防火隔墙 | | |
| | | 墙上的门、窗 | 乙级防火门、窗，可采用防火卷帘 | | |

**外墙上下层开口及邻户开口之间的防火措施** **表 16.2.3-2**

| 设置部位 | 技术要求 | | | | 规范依据 |
|---|---|---|---|---|---|
| 建筑外墙上、下层开口之间 | 实体墙 | 高度≥1.2m | | | 《建筑设计防火规范》GB 50016—2014（2018年版） |
| | | 不应<0.8m（设置自动喷水灭火系统） | | | |
| | 防火玻璃墙 | 高度 | 同实体墙 | | |
| | | 耐火完整性（含外窗） | 高层 | ≥1.00h | |
| | | | 多层 | ≥0.50h | |
| | 或防火挑檐 | 挑出宽度≥1.0m、长度≥开口宽度 | | | |
| 住宅建筑外墙上相邻户开口之间 | 墙体宽度 | ≥1.0m | | | |
| | 或突出外墙隔板深度 | ≥0.6m | | | |
| 实体墙、防火挑檐和隔板的耐火极限和燃烧性能，均不应低于相应耐火等级建筑外墙的要求 | | | | | |

**安全出口个数** **表 16.2.3-3**

<table>
<tr><th>住宅高度（$H$）</th><th>安全出口个数</th><th>设置条件</th><th>规范依据</th></tr>
<tr><td rowspan="3">$H \leqslant 27m$</td><td>1</td><td>每个单元任一层的建筑面积 $S \leqslant 650m^2$，且任一户门至最近安全出口的距离$\leqslant$15m</td><td rowspan="9">《建筑设计防火规范》GB 50016—2014（2018 年版）</td></tr>
<tr><td rowspan="2">$\geqslant$2</td><td>每个单元任一层的建筑面积 $S > 650m^2$</td></tr>
<tr><td>任一户门至最近安全出口的距离>15m</td></tr>
<tr><td rowspan="6">$27m < H \leqslant 54m$</td><td>1</td><td>每个单元任一层的建筑面积 $S \leqslant 650m^2$，且任一户门至最近安全出口的距离$\leqslant$10m</td></tr>
<tr><td rowspan="5">$\geqslant$2</td><td>每个单元任一层的建筑面积 $S > 650m^2$</td></tr>
<tr><td>任一户门至最近安全出口的距离>10m</td></tr>
<tr><td>疏散楼梯未通至屋面</td></tr>
<tr><td>单元之间的疏散楼梯不能通过屋面连通</td></tr>
<tr><td>户门未采用乙级防火门</td></tr>
<tr><td>$H > 54m$</td><td colspan="2">每个单元每层的安全出口不应少于 2 个</td></tr>
</table>

**疏散楼梯** **表 16.2.3-4**

<table>
<tr><th>住宅高度（$H$）</th><th colspan="2">技术要求</th><th>规范依据</th></tr>
<tr><td rowspan="3">$H \leqslant 21m$</td><td rowspan="2">敞开楼梯间</td><td>可采用</td><td rowspan="7">《建筑设计防火规范》GB 50016—2014（2018 年版）</td></tr>
<tr><td>当疏散楼梯与电梯井相邻布置，户门采用乙级防火门时，可采用</td></tr>
<tr><td>封闭楼梯间</td><td>当疏散楼梯与电梯井相邻布置时，应采用</td></tr>
<tr><td rowspan="2">$21m < H \leqslant 33m$</td><td>敞开楼梯间</td><td>当户门采用乙级防火门时，可采用</td></tr>
<tr><td>封闭楼梯间</td><td>应采用</td></tr>
<tr><td>$H > 33m$</td><td>防烟楼梯间</td><td>应采用，且仅 3 樘户门（乙级防火门）可直接开向前室</td></tr>
<tr><td colspan="3">当分散设置两部疏散楼梯确有困难且任一户门至最近疏散楼梯间入口的距离$\leqslant$10m 时，可采用剪刀楼梯间</td></tr>
</table>

**住宅建筑的户门、安全出口、疏散走道和疏散楼梯的最小净宽度** **表 16.2.3-5**

<table>
<tr><th>设置部位</th><th>最小净宽</th><th>规范依据</th></tr>
<tr><td>户门和安全出口</td><td>0.90m</td><td rowspan="3">《建筑设计防火规范》GB 50016—2014（2018 年版）</td></tr>
<tr><td>疏散走道、疏散楼梯和首层疏散外门</td><td>1.10m</td></tr>
<tr><td>建筑高度不大于 18m 的住宅中一边设置栏杆的疏散楼梯</td><td>1.0m</td></tr>
</table>

**前室（含开敞式阳台及凹廊等）　　表 16.2.3-6**

| 类别 | 技术要求 | | 规范依据 |
|---|---|---|---|
| 防烟楼梯间前室 | 使用面积 | ≥4.5m² | 《建筑设计防火规范》GB 50016—2014（2018年版） |
| | | 与消防电梯合用时≥6.0m² | |
| | 应采用乙级防火门 | | |
| | 首层可将走道和门厅等包括在前室内形成扩大前室，并用乙级防火门与其他走道和房间分隔 | | |
| 剪刀楼梯间前室 | 应满足防烟楼梯间前室的设置要求 | | |
| | 不宜共用 | | |
| | 不宜与消防电梯的前室合用 | | |
| | 使用面积 | 共用前室≥6.0m² | |
| | | 合用前室≥12.0m²，且短边≥2.4m | |
| 消防电梯前室 | 使用面积 | ≥6.0m²，且短边≥2.4m | |
| | 应采用乙级防火门，不应设置卷帘 | | |
| | 除前室出入口、正压送风口及户门外，不应开设其他门、窗、洞口 | | |
| | 应在首层直通室外或经过长度不大于30m的通道通向室外 | | |

**避　　难　　表 16.2.3-7**

| 住宅高度 | 技术要求 | | | 规范依据 |
|---|---|---|---|---|
| >54m | 每户应有一间房间 | 应靠外墙设置 | | 《建筑设计防火规范》GB 50016—2014（2018年版） |
| | | 外窗（耐火完整性） | 可开启，≥1.00h | |
| | | 内、外墙体（耐火极限） | ≥1.00h | |
| | | 房间的门 | 宜采用乙级防火门 | |
| >100m | 应设置避难层 | | | |

### 16.2.4 防水设计

**防水设计　　表 16.2.4**

| 房间名称 | 技术要求 | 规范依据 |
|---|---|---|
| 卫生间 | 不应布置在食品加工与贮存、医药及其原材料生产与贮存、生活供水、电气、档案、文物等有严格卫生、安全要求房间的直接上层；否则应采取同层排水和严格的防水措施 | 《住宅设计规范》GB 50096—2011第5.4.4条、第5.4.5条<br>《民用建筑设计统一标准》GB 50352—2019<br>《住宅建筑规范》GB 50368—2005第5.1.3条、第5.1.7条 |
| | 不应布置在餐厅、医疗用房等有较高卫生要求用房的直接上层；否则应采取同层排水和严格的防水措施<br>不应设置在下层住户的卧室、起居室（厅）、厨房和餐厅的直接上层 | |
| | 当卫生间布置在本套内的卧室、起居室（厅）、厨房和餐厅的直接上层时，均应有防水和便于检修的措施 | |
| | 当吊顶内敷设有水管线时，应采取防止产生冷凝水的措施 | |
| | 地面和局部墙面应有防水构造 | |
| 阳台 | 地面构造应有排水措施 | |

### 16.2.5 地下室与附属用房

地下室与附属用房　　表 16.2.5

| 防护位置 | 技术要求 | 规范依据 |
|---|---|---|
| 卧室、起居室（厅）、厨房 | 不应布置在地下室；当布置在半地下室时，必须对采光、通风、日照、防潮、排水及安全防护采取措施 | 《住宅设计规范》GB 50096—2011 第 6.9.1 条、第 6.9.2 条、第 6.9.5 条～第 6.9.7 条、第 6.10.1 条～第 6.10.4 条<br>《住宅建筑规范》GB 50368—2005 第 5.4.1 条、第 5.4.2 条、第 5.4.4 条、第 9.1.3 条 |
| 除卧室、起居室（厅）、厨房以外的其他功能房 | 可以布置在地下室，但应采取采光、通风、防潮、排水及安全防护措施 | |
| 地上住宅楼、电梯间 | 严禁利用楼、电梯间为地下车库进行自然通风，并宜采取安全防盗措施 | |
| 地下室、半地下室 | 应采取防水、防潮及通风措施，采光井应采取排水措施 | |
| 地下机动车库 | 库内坡道严禁将宽的单车道兼作双向车道 | |
| | 库内不应设置修理车位，并不应设有使用或存放易燃、易爆物品的房间 | |
| 附建公共用房 | 住宅建筑内严禁布置存放和使用甲、乙类火灾危险性物品的商店、车间和仓库，以及产生噪声、振动和污染环境卫生的商店、车间和娱乐设施 | |
| | 住宅建筑内不应布置易产生油烟的餐饮店。当住宅底层商业网点布置有产生刺激性气味或噪声的配套用房，应做排气、消声处理 | |
| | 住宅主体建筑内不宜设置水泵房、冷热源机房、变配电机房等公共机电用房，并不宜贴邻布置。在无法满足上述要求贴临设置时，应增加隔声减震处理 | |
| | 与住户的公共出入口分开设置 | |

### 16.2.6 住宅结构

住宅结构　　表 16.2.6

| 类别 | | 技术要求 | 规范依据 |
|---|---|---|---|
| 使用年限 | 住宅 | 不应低于 50 年 | 《住宅建筑规范》GB 50368—2005 第 6.1.1 条～第 6.1.6 条 |
| | 临近住宅的永久性边坡 | 不应低于受其影响的住宅 | |
| 安全等级 | | 不应低于二级 | |
| 抗震设防烈度 6 度及以上 | | 必须进行抗震设计 | |
| | | 设防类别不应低于丙级 | |
| 不利地段 | | 应提出避开要求或采取有效措施 | |
| 抗震危险地段 | | 严禁建造 | |
| 设计应取得合格的岩土工程勘察文件 | | | |
| 应能承受在正常建造和正常使用过程中可能发生的各种作用和环境影响 | | | |
| 不应产生影响结构安全的裂缝 | | | |

### 16.2.7 住宅设备

**住宅设备** **表 16.2.7**

| 类别 | 技术要求 | | 规范依据 |
|---|---|---|---|
| 不应设置在户内的设施 | 公共管道，布置在开敞式阳台的雨水立管除外 | | 《住宅设计规范》GB 50096—2011 第 6.8.1、6.8.2、6.8.4、6.8.5、8.1.7、8.2.6、8.2.7、8.2.8、8.4.2、8.4.3、8.4.4、8.5.3、8.7.3、8.7.4、8.7.5、8.7.8、8.7.9 条<br>《住宅建筑规范》GB 50368—2005 第 8.2.7、8.3.6、8.3.7、8.4.4、8.4.6、8.4.7、8.4.8、8.5.5、9.4.3 条 |
| | 公共的管道阀门、电气设备和用于总体调节和检修的部件，户内排水立管修口除外 | | |
| | 采暖管沟和电缆沟的检查孔 | | |
| 排水管 | 厨、卫排水立管应分开设置 | | |
| | 不得穿越卧室，贴邻时，应采用低噪声管材 | | |
| | 污、废水横管宜设在本层 | | |
| | 污、废水横管设在下一层时，清扫口应设于本层，并应进行夏季管道外壁结露验算和采取相应的防止结露的措施 | | |
| | 污、废水立管应每层设检查口 | | |
| 燃气管道及设备 | 燃气管道 | 应设置在有自然通风的厨房或与厨房相连的阳台内，且宜明装设置，不得设在通风排气竖井内 | |
| | 立管 | 严禁设置在卧室、暖气沟、排烟道、垃圾道和电梯井内 | |
| | 燃气设备 | 人工煤气、天然气用气设备设置在地下、半地下室内时，必须采取安全措施 | |
| | | 严禁在浴室内安装直接排气式、半密闭式燃气热水器等在使用空间内积聚有害气体的加热设备 | |
| | | 户内燃气灶应安装在通风良好的厨房、阳台内 | |
| | | 应安装在通风良好的厨房、阳台内或其他非居住房间 | |
| | | 安装燃气设备的房间应预留安装位置和排气孔洞位置 | |
| | | 户内燃气热水器、分户设置的采暖或制冷燃气设备的排气管不得与燃气灶排油烟机的排气管合并接入同一管道 | |
| | 应满足与电气设备和相邻管道的净距要求 | | |
| 配电箱 | 每套住宅应设置户配电箱 | | |
| 插座 | 安装在 1.80m 及以下的插座均应采用安全型插座 | | |
| 共用部位人工照明 | 应采用高效节能的照明装置和节能控制措施。当应急照明采用节能自熄开关时，必须采取消防时应急点亮的措施 | | |
| 安全防范系统 | 宜设置 | | |
| 门禁 | 发生火警时，疏散通道上和出入口处的门禁应能集中解锁或能从内部手动解锁 | | |

续表

<table>
<tr><th>类别</th><th colspan="2">技术要求</th><th>规范依据</th></tr>
<tr><td rowspan="8">管井</td><td rowspan="3">电梯井</td><td>应独立设置</td><td rowspan="17">《住宅设计规范》GB 50096—2011 第 6.8.1、6.8.2、6.8.4、6.8.5、8.1.7、8.2.6、8.2.7、8.2.8、8.4.2、8.4.3、8.4.4、8.5.3、8.7.3、8.7.4、8.7.5、8.7.8、8.7.9 条<br>《住宅建筑规范》GB 50368—2005 第 8.2.7、8.3.6、8.3.7、8.4.4、8.4.6、8.4.7、8.4.8、8.5.5、9.4.3 条</td></tr>
<tr><td>井内严禁敷设燃气管道，并不应敷设与电梯无关的电缆、电线等</td></tr>
<tr><td>井壁除开设电梯门洞和通气孔洞外，不应开设其他洞口</td></tr>
<tr><td rowspan="5">竖向各类管道井</td><td>应分别独立设置</td></tr>
<tr><td>其井壁应为耐火极限不低于 1.00h 的不燃性构件</td></tr>
<tr><td>井壁上的检查门应采用丙级防火门</td></tr>
<tr><td>在每层楼板处采用不低于楼板耐火极限的不燃性材料或防火封堵材料封堵</td></tr>
<tr><td>与房间或走道相连通的孔洞，其缝隙应采用防火封堵材料封堵</td></tr>
<tr><td rowspan="7">共用排气道</td><td>厨房</td><td>宜设，接口直径应>150mm，进气口应朝向灶具方向</td></tr>
<tr><td>卫生间</td><td>无外窗时设，接口直径应>80mm</td></tr>
<tr><td rowspan="3">出口</td><td>风帽高于屋面砌体</td></tr>
<tr><td>高于屋面或露台地面 2m</td></tr>
<tr><td>4m 范围内有门窗，高出门窗上皮 0.6m</td></tr>
<tr><td colspan="2">采用各层防止回流的定型产品</td></tr>
<tr><td colspan="2">厨、卫排气道应分开设置</td></tr>
<tr><td colspan="3">住宅内各类用气设备的烟气必须排至室外；排气口应采取防风措施</td></tr>
<tr><td colspan="3">当多台设备合用竖向排气道排放烟气时，应保证互不影响</td></tr>
</table>

# 17 酒店建筑

## 17.1 基地

**总平面** **表 17.1**

| 类别 | 分项 | 技术要求 | 规范依据 |
|---|---|---|---|
| 项目选址 | 间距 | 建筑物与高压走廊的安全距离详本书 2.4 章节 | 《城市电力规划规范》GB/T 50293—2014 |
| | | 防火间距与防爆间距详建筑防火设计相关章节 | 《建筑设计防火规范》GB 50016—2004（2018 年版） |
| | 污染源 | 远离污染源，避免在有害气体和烟尘影响的区域内 | 《旅馆建筑设计规范》JGJ 62—2014<br>《全国民用建筑工程设计技术措施 规划·建筑·景观》(2009) |
| | 地质条件 | 应避开自然灾害易发地段，不能避开的应采取特殊防护措施 | |
| | 自然条件 | 选择日照、采光、通风条件良好的地段 | |
| 基地防灾 | 基地安全 | 山地建筑应视山坡态势、坡度、土质、稳定性等因素，采取护坡、挡土墙等防护措施，同时按当地洪水量确定截洪排洪措施 | |
| | | 结构挡土墙设计高度>5m 时，应进行专项设计 | |
| | | 应根据其所在位置考虑防灾措施，符合防震、防洪、防海潮、防风、防崩塌、防泥石流、防滑坡等防灾标准 | |
| | 防洪、防潮 | 设计标高应不低于城市设计防洪、防涝标高。场地设计标高应高于设计洪水位标高 0.5～1.0m | |
| | | 场地设计标高应高于周边道路设计标高，且应比周边道路的最低路段高程高出 0.2m 以上 | |
| | | 场地设计标高与建筑物首层地面标高之间的高差应大于 0.15m | |
| | 地下水 | 保护和合理利用，增加渗水地面面积，促进地下水补、径、排达到平衡 | |

## 17.2 场地与景观

**场地与景观** **表 17.2**

| 类别 | 位置及特点 | 技术要求 | 规范依据 |
|---|---|---|---|
| 场地安全 | 高差不足设置 2 级台阶 | 应按坡道设置 | 《全国民用建筑工程设计技术措施 规划·建筑·景观》(2009) |
| | 所有路面和硬铺地面设计 | 应采用粗糙防滑材料，或作防滑处理 | |
| | 安全疏散与经常出入的通道有高差时 | 宜设防滑坡道，坡度≤1∶12 | |
| | 室内外高差≤0.4m | 应设置缓坡 | |
| | 活动场地坡度 | ≤3% | |

# 17.3 建 筑 防 火

**建筑防火设计要点** **表 17.3**

<table>
<tr><th>类别</th><th>分项</th><th colspan="4">技术要求</th></tr>
<tr><td rowspan="2">总平面布局</td><td>位置</td><td colspan="4">应合理确定建筑的坐落位置及消防水源</td></tr>
<tr><td>防火间距</td><td colspan="4">应符合《建筑设计防火规范》GB 50016 的要求</td></tr>
<tr><td rowspan="8">防火分区</td><td rowspan="8">中庭</td><td colspan="4">其防火分区的建筑面积应按上、下层相连通的建筑面积叠加计算</td></tr>
<tr><td rowspan="7">叠加建筑面积大于规范要求</td><td rowspan="4">与周围连通空间应进行防火分隔</td><td colspan="2">应采用耐火极限不低于 1.00h 防火隔墙</td></tr>
<tr><td colspan="2">采用耐火隔热性和耐火完整性≥1.00h 的防火玻璃墙</td></tr>
<tr><td colspan="2">采用耐火完整性≥1.00h 的非隔热性防火玻璃墙时，应设置自动喷水灭火系统进行保护</td></tr>
<tr><td colspan="2">采用防火卷帘时，其耐火极限应≥3.00h</td></tr>
<tr><td colspan="3">高层建筑内的中庭回廊应设置自动喷水灭火系统和火灾自动报警系统</td></tr>
<tr><td colspan="3">中庭应设置排烟设施</td></tr>
<tr><td colspan="3">中庭内不应布置可燃物</td></tr>
<tr><td rowspan="11">平面布置</td><td rowspan="5">会议厅、多功能厅、宴会厅等</td><td colspan="4">人员密集的场所宜布置在首层、二层或三层</td></tr>
<tr><td colspan="4">三级耐火等级的建筑内时位置不应≥三层</td></tr>
<tr><td rowspan="3">一、二级耐火等级建筑的其他楼层</td><td colspan="3">一个厅、室的疏散门不应少于 2 个，且建筑面积不宜>400m²</td></tr>
<tr><td colspan="3">设置在地下或半地下时，宜设置在地下一层，不应设置在地下三层及以下楼层</td></tr>
<tr><td colspan="3">在高层建筑内时应设置火灾自动报警系统和自动喷水灭火系统等自动灭火系统</td></tr>
<tr><td rowspan="6">歌舞、录像、夜总会、卡拉 OK、游艺、桑拿浴室、网吧等娱乐厅室</td><td colspan="4">不应布置在地下二层及以下楼层</td></tr>
<tr><td colspan="4">宜布置在一、二级耐火等级建筑内的首层、二层或三层的靠外墙部位</td></tr>
<tr><td colspan="4">不宜布置在袋形走道的两侧或尽端</td></tr>
<tr><td colspan="4">确需布置在地下一层时，地下一层的地面与室外出入口地坪的高差不应>10m</td></tr>
<tr><td colspan="4">确需布置在地下或四层及以上楼层时，一个厅、室的建筑面积不应>200m²</td></tr>
<tr><td colspan="4">厅、室之间及与建筑的其他部位之间应采用耐火极限≥2.00h 的防火隔墙和≥1.00h 的不燃性楼板分隔，设置在厅、室墙上的门和该场所与建筑内其他部位相通的门均应采用乙级防火门</td></tr>
</table>

续表

| 类别 | 分项 | 技术要求 | | |
|---|---|---|---|---|
| 平面布置 | 设备用房 | 燃油或燃气锅炉、油浸变压器、充有可燃油的高压电容器和多油开关 | | 宜设置在建筑外的专用房间内 |
| | | | | 贴邻民用建筑布置时，应采用防火墙与所贴邻的建筑分隔，且不应贴邻人员密集场所，该专用房间的耐火等级不应低于二级 |
| | | | 布置在民用建筑内 | 不应布置在人员密集场所的上一层、下一层或贴邻 |
| | | | | 应设置在首层或地下一层的靠外墙部位 |
| | | | | 常（负）压燃油或燃气锅炉可设置在地下二层或屋顶上。设置在屋顶上的常（负）压燃气锅炉，距离通向屋面的安全出口不应＜6m |
| | | | | 疏散门均应直通室外或安全出口 |
| | | | | 与其他部位之间应采用耐火极限≥2.00h的防火隔墙和≥1.50h的不燃性楼板分隔。在隔墙和楼板上不应开设洞口，确需在隔墙上设置门、窗时，应采用甲级防火门、窗 |
| | | | | 锅炉房内设置储油间时，其总储存量应≤$1m^3$，且储油间应采用耐火极限≥3.00h的防火隔墙与锅炉间分隔；确需在防火隔墙上设置门时，应采用甲级防火门 |
| | | | | 变压器室之间、变压器室与配电室之间，应设置耐火极限≥2.00h的防火隔墙 |
| | | | | 应设置火灾报警装置 |
| | | | | 燃气锅炉房应设置爆炸泄压设施。燃油或燃气锅炉房应设置独立的通风系统 |
| | | 柴油发电机房 | | 宜布置在首层或地下一、二层 |
| | | | | 不应布置在人员密集场所的上一层、下一层或贴邻 |
| | | | | 应采用耐火极限≥2.00h的防火隔墙和≥1.50h的不燃性楼板与其他部位分隔，门应采用甲级防火门 |
| | | | | 内设置储油间时，其总储存量应≤$1m^2$，储油间应采用耐火极限≥3.00h的防火隔墙与发电机间分隔；确需在防火隔墙上开门时，应设置甲级防火门 |
| | | | | 应设置火灾报警装置 |
| | | | | 应设置与柴油发电机容量和建筑规模相适应的灭火设施，当建筑内其他部位设置自动喷水灭火系统时，机房内应设置自动喷水灭火系统 |
| 安全疏散 | 除与敞开式外廊直接相连的楼梯间外，均应采用封闭楼梯间 | | | |
| | 客、货电梯宜设置电梯候梯厅，不宜直接设置在营业厅、展览厅、多功能厅等场所内 | | | |
| | 房间可设置1个疏散门的条件 | 建筑面积≤$120m^2$ | | |
| | | 于走道尽端的房间，建筑面积＜$50m^2$且疏散门的净宽度≥0.90m，或由房间内任一点至疏散门的直线距离≤15m、建筑面积≤$200m^2$且疏散门的净宽度≥1.40m | | |
| | | 歌舞娱乐放映游艺场所内建筑面积≤$50m^2$且经常停留人数≤15人的厅、室 | | |

续表

<table>
<tr><th>类别</th><th>分项</th><th colspan="3">技术要求</th></tr>
<tr><td rowspan="18">安全疏散</td><td rowspan="11">疏散距离</td><td rowspan="2">位于两个安全出口之间的疏散门</td><td>单、多层</td><td>一、二级：30m；三级：35m；四级：25m</td></tr>
<tr><td>高层</td><td>一、二级：22m</td></tr>
<tr><td rowspan="2">位于袋形走道两侧或尽端的疏散门</td><td>单、多层</td><td>一、二级 30m；三级：20m；四级：15m</td></tr>
<tr><td>高层</td><td>一、二级：15m</td></tr>
<tr><td colspan="3">建筑内开向敞开式外廊的房间疏散门至最近安全出口的直线距离可按本表的规定增加5m</td></tr>
<tr><td colspan="3">直通疏散走道的房间疏散门至最近敞开楼梯间的直线距离，当房间位于两个楼梯间之间时，应按本表的规定减少 5m</td></tr>
<tr><td colspan="3">当房间位于袋形走道两侧或尽端时，应按本表的规定减少 2m</td></tr>
<tr><td colspan="3">建筑物内全部设置自动喷水灭火系统时，其安全疏散距离可按本表的规定增加 25%</td></tr>
<tr><td rowspan="3">一、二级耐火等级建筑内疏散门或安全出口不少于2个的观众厅、展览厅、多功能厅、餐厅、营业厅</td><td colspan="2">室内任一点至最近疏散门或安全出口的直线距离≤30m</td></tr>
<tr><td colspan="2">当疏散门不能直通室外地面或疏散楼梯间时，应采用长度≤10m 的疏散走道通至最近的安全出口</td></tr>
<tr><td colspan="2">当该场所设置自动喷水灭火系统时，室内任一点至最近安全出口的安全疏散距离可分别增加 25%</td></tr>
<tr><td rowspan="7">疏散净宽度</td><td colspan="2">疏散门和安全出口</td><td>≥0.90m</td></tr>
<tr><td colspan="2">疏散走道和疏散楼梯</td><td>≥1.10m</td></tr>
<tr><td rowspan="3">高层</td><td>楼梯间的首层疏散门、首层疏散外门</td><td>≥1.20m</td></tr>
<tr><td>疏散走道</td><td>单面布房：≥1.30m；双面布房：≥1.40m</td></tr>
<tr><td>疏散楼梯</td><td>≥1.20m</td></tr>
<tr><td colspan="3">人员密集的公共场所、观众厅的疏散门不应设置门槛，其净宽度应≥1.40m，且紧靠门口内外各 1.40m 范围内不应设置踏步</td></tr>
<tr><td colspan="3">人员密集的公共场所的室外疏散通道的净宽度应≥3.00m，并应直接通向宽敞地带</td></tr>
<tr><td rowspan="8">建筑构造</td><td rowspan="3">厨房</td><td colspan="3">采用耐火极限≥2.00h 的防火隔墙与其他部位分隔，墙上的门、窗应采用乙级防火门、窗，确有困难时，可采用防火卷帘</td></tr>
<tr><td colspan="3">高层旅馆建筑的厨房内宜设置厨房专用灭火装置</td></tr>
<tr><td colspan="3">当设有厨房垃圾道时，井道内应设置自动喷水灭火装置</td></tr>
<tr><td rowspan="2">设备间</td><td colspan="3">附设在建筑内的消防控制室、灭火设备室、消防水泵房和通风空气调节机房、变配电室等，应采用耐火极限≥2.00h 的防火隔墙和≥1.50h 的楼板与其他部位分隔</td></tr>
<tr><td colspan="3">通风、空气调节机房和变配电室开向建筑内的门应采用甲级防火门，消防控制室和其他设备房开向建筑内的门应采用乙级防火门</td></tr>
<tr><td>电梯层门</td><td colspan="3">耐火极限应≥1.00h</td></tr>
<tr><td rowspan="2">污衣井</td><td colspan="3">应设置在独立的服务间内，服务间应采用耐火极限≥2.00h 的隔墙和楼板与其他部位分隔，房间门应采用甲级防火门</td></tr>
<tr><td colspan="3">客房层宜设污衣井道，污衣井道或污衣井道前室的出入口应设乙级防火门</td></tr>
</table>

续表

| 类别 | 分项 | 技术要求 |
|---|---|---|
| 建筑构造 | 污衣井 | 顶部应设置自动喷水灭火系统的洒水喷头和火灾探测器 |
| | | 应每隔一层设置一个自动喷水灭火系统的洒水喷头 |
| | | 投入门和检修门应采用甲级防火门，并应在火灾发生时自行关闭 |
| | | 底部的出口应设置带易熔链杆构件的常开甲级防火门 |

注：本表主要根据《建筑设计防火规范》GB 50016—2014（2018年版）编制。

## 17.4 安全技术措施

安全技术措施 表17.4

| 类别 | 分项 | 技术要求 | 规范依据 |
|---|---|---|---|
| 无障碍设计 | 地面要求 | 地面应平整、防滑 | 《无障碍设计规范》GB 50763—2012 |
| | 门的类型 | 不宜采用弹簧门、采用玻璃门时应有醒目提示标志 | |
| | 无障碍客房 | 应设置在距离室外安全出口最近的客房楼层，并应设在该楼层进出便捷的位置 | |
| | | 房间内应有空间（包括卫生间等）能保证轮椅使用，回转直径≥1.50m | |
| | | 客房及卫生间应设置高度为400～500mm的救助呼叫按钮 | |
| 主要出入口 | 流线组织 | 应有明显的导向标识，应能引导客人直接到达门厅，宜人车分流 | 《旅馆建筑设计规范》JGJ 62—2014 |
| | 安全防护 | 出入口上方宜设雨棚，多雨雪地区的出入口上方应设雨棚，地面应防滑 | |
| 平面布局 | 卫生间、盥洗室、浴室 | 不应设在餐厅、厨房、食品贮藏等有严格卫生要求用房的直接上层 | |
| | | 不应设在变配电室等有严格防潮要求用房的直接上层 | |
| | 公寓式酒店 | 客房中的卧室及采用燃气的厨房或操作间应直接采光、自然通风 | |
| 构造设计 | 设计原则 | 安全牢靠，易于维护 | |
| | 防坠落设施 | 公共出入口位于阳台、外廊及开敞楼梯平台的下部时应设置 | |
| | | 楼层≥20层、高度≥60m、临街或下部有行人通行的建筑外墙应保证其安全性，使用粘贴型外墙面砖和陶瓷锦砖等外墙瓷质贴面材料时，应设置，或地面留出足够的安全空间 | |
| | | 玻璃幕墙下出入口处应设雨棚或安全遮棚，靠近的首层地面处宜设置绿化带防行人靠近 | |
| | 防滑构造 | 疏散通道、公共场所、卫生间、浴室需采用防滑材料或构造设计，以及日常维护 | |

续表

<table>
<tr><th>类别</th><th>分项</th><th colspan="2">技术要求</th><th>规范依据</th></tr>
<tr><td rowspan="7">构造设计</td><td rowspan="2">中庭栏杆</td><td colspan="2">栏杆或栏板高度应≥1.20m</td><td rowspan="9">《旅馆建筑设计规范》JGJ 62—2014</td></tr>
<tr><td colspan="2">并应以坚固、耐久的材料制作，应能承受《建筑结构荷载规范》GB 50009 规定的水平荷载</td></tr>
<tr><td rowspan="2">防潮与防水</td><td rowspan="2">厨房、卫生间、盥洗室、浴室、游泳池、水疗室等</td><td>与相邻房间的隔墙、顶棚应采取防潮或防水措施</td></tr>
<tr><td>与其下层房间的楼板应采取防水措施</td></tr>
<tr><td rowspan="3">游泳池</td><td colspan="2">成人非比赛游泳池的水深宜≤1.50m</td></tr>
<tr><td colspan="2">儿童游泳池水深≤0.5～1.0m</td></tr>
<tr><td colspan="2">池底和池岸应防滑，池壁应平整光滑，池岸应作圆角处理，并应符合游泳池的技术规定</td></tr>
<tr><td rowspan="2">建筑材料</td><td rowspan="2">选择原则</td><td colspan="2">应环保、健康，符合国家、地方相关标准规定</td></tr>
<tr><td colspan="2">耐用坚固，易于维护与清洁</td></tr>
<tr><td rowspan="16">玻璃使用</td><td rowspan="11">安全玻璃使用范围</td><td colspan="2">7 层及 7 层以上建筑物外开窗</td><td rowspan="16">《建筑玻璃应用规程》JGJ 11—2015</td></tr>
<tr><td colspan="2">面积大于 1.5m² 的窗玻璃</td></tr>
<tr><td colspan="2">玻璃底边离最终装修面小于 500mm 的落地窗</td></tr>
<tr><td colspan="2">幕墙（全玻幕墙除外）</td></tr>
<tr><td colspan="2">倾斜装配窗、各类天棚（含天窗、采光顶）、吊顶、各类玻璃雨棚</td></tr>
<tr><td colspan="2">观光电梯及其外围护</td></tr>
<tr><td colspan="2">室内隔断、浴室围护和屏风</td></tr>
<tr><td colspan="2">楼梯、阳台、平台走廊的栏板和中庭内栏板</td></tr>
<tr><td colspan="2">用于承受行人行走的地面板</td></tr>
<tr><td colspan="2">酒店出入口、大堂等部位</td></tr>
<tr><td colspan="2">易遭受撞击、冲击而造成人体伤害的其他部位</td></tr>
<tr><td rowspan="3">安全玻璃注意要点</td><td colspan="2">安全玻璃暴露边不得存在锋利的边缘和尖锐的角部</td></tr>
<tr><td colspan="2">需防人体冲击时，最大许用面积应符合规范规定</td></tr>
<tr><td colspan="2">除半钢化、钢化玻璃外，均应进行玻璃热炸裂设计计算</td></tr>
<tr><td rowspan="2">碰撞保护</td><td colspan="2">当安装在易于受到人体或物体碰撞部位时应采用保护措施</td></tr>
<tr><td colspan="2">易发生碰撞的处可采用在视线高度设置醒目标志或设置护栏</td></tr>
<tr><td rowspan="6">安保设计</td><td rowspan="3">监控系统</td><td colspan="2">高级酒店在客房层应设置视频安防监控摄像机</td><td rowspan="6">《旅馆建筑设计规范》JGJ 62—2014；《旅游饭店星级的划分与评定》GB/T 14308—2010</td></tr>
<tr><td colspan="2">重点部位宜设置入侵报警及出入口控制系统，或两者结合</td></tr>
<tr><td colspan="2">安全疏散通道上设置的出入口控制系统必须与火灾自动报警系统联动</td></tr>
<tr><td>电视监控</td><td colspan="2">主要设置位置包括主要出入口、大堂、楼梯、总台、重要通道、电梯厅和轿厢、车库及重要公共活动场所</td></tr>
<tr><td rowspan="2">安全防范</td><td colspan="2">客房入口门宜设安全防范设施</td></tr>
<tr><td colspan="2">酒店停车场的客用电梯不宜直接到达客房层，宜通过酒店大堂转换；否则，客用电梯需采用门卡控制的按钮</td></tr>
</table>

续表

<table>
<tr><th>类别</th><th>分项</th><th>技术要求</th><th>规范依据</th></tr>
<tr><td rowspan="7">卫生防疫</td><td>游泳池</td><td>客人进入游泳池路径应按卫生防疫的要求布置</td><td rowspan="7">《旅馆建筑设计规范》JGJ 62—2014；《旅游饭店星级的划分与评定》GB/T 14308—2010</td></tr>
<tr><td>运输流线</td><td>避免洁污混杂</td></tr>
<tr><td>直饮水</td><td>设有直饮水系统时，其设计应符合现行行业标准《管道直饮水系统技术规程》CJJ 110</td></tr>
<tr><td rowspan="2">厨房</td><td>平面布置应符合加工流程，避免往返交错，并应符合卫生防疫要求，防止生食与熟食混杂</td></tr>
<tr><td>厨房进、出餐厅的门宜分开设置</td></tr>
<tr><td rowspan="2">垃圾清运</td><td>应设集中垃圾间，位置宜靠近卸货平台或辅助部分的货物出入口</td></tr>
<tr><td>垃圾应分类、按干、湿分设垃圾间，应采取通风、除湿、防蚊蝇等措施，湿垃圾宜采用专用冷藏间或专用湿垃圾处理设备</td></tr>
<tr><td rowspan="2">室内空气质量</td><td rowspan="2">室内装饰装修</td><td>室内装饰装修材料的选择</td><td rowspan="2">应符合现行国家标准《民用建筑工程室内环境污染控制规范》GB 50325—2010（2013年修订版）的规定</td></tr>
<tr><td>建筑室内环境污染物浓度限量</td></tr>
</table>

# 18 民用机场旅客航站楼建筑

## 18.1 总 平 面

总平面 表 18.1

| 特定设施 | 航站楼总平面布局要求 | 规范依据 |
| --- | --- | --- |
| 油库 | 航站楼在其全年主导风向的上风侧 | 《民用机场航站楼设计防火规范》GB 51236 2017 第 3.1 条 |
| 液化石油气储罐 | 500.0m | |
| 甲、乙类液体储罐和可燃、助燃气体储罐 | 300.0m | |
| 丙类液体储罐 | 150.0m | |
| 直埋地下的甲、乙、丙类液体储罐 | 可按上述规定值减少 50% | |
| 林地 | 300.0m | |
| 潜在漏油点 | 航站楼的玻璃外窗与潜在漏油点的最近水平距离不应小于 30.0m；当小于 30.0m 时，玻璃窗应采用耐火完整性不低于 1.00h 的防火窗，且其下缘距离楼地面不应小于 2.0m | |
| 设置环形消防车道 | 边长大于 300.0m 的航站楼，应在其适当位置增设穿过航站楼的消防车道。消防车道可利用高架桥和机场的公共道路 | |
| 尽头式消防车道应设置回车道或回车场 | 不宜小于 18.0m×18.0m | |
| 消防车道 | 净宽度和净空高度均不宜小于 4.5m，消防车道的转弯半径不宜小于 9.0m。供消防车停留的空地，其坡度不宜大于 3% | |

## 18.2 建 筑 耐 火

建筑耐火 表 18.2

| 航站楼 | 耐火等级 | 规范依据 |
| --- | --- | --- |
| 一层式、一层半式航站楼 | 不应低于二级 | 《民用机场航站楼设计防火规范》GB 51236—2017 第 3.2 条 |
| 其他航站楼 | 应为一级 | |
| 航站楼的地下或半地下室 | 应为一级 | |

# 18.3 平面布置和防火分区

**平面布置** **表 18.3-1**

<table>
<tr><th>设施</th><th>航站楼布置</th><th>规范依据</th></tr>
<tr><td rowspan="3">地铁车站、轻轨车站和公共汽车站等城市公共交通设施</td><td>不应与其贴邻或上、下组合建造</td><td rowspan="3">《民用机场航站楼设计防火规范》GB 51236—2017 第3.3.1条</td></tr>
<tr><td>必要连通时，应在连通部位设置间隔不小于10.0m的露天开敞分隔空间</td></tr>
<tr><td>间隔为非露天开敞的空间时，除人员通行的连通口可采用耐火极限不低于3.00h的防火卷帘或甲级防火门外，其他连通处均应采用耐火极限不低于2.00h的防火隔墙或防火玻璃墙进行分隔</td></tr>
<tr><td rowspan="2">其他使用功能</td><td>不应与其上、下组合建造</td><td rowspan="2">《民用机场航站楼设计防火规范》GB 51236—2017 第3.3.2条</td></tr>
<tr><td>贴邻建造时，应采用防火墙分隔，建筑间的连通开口处应设置甲级防火门</td></tr>
<tr><td>航站楼内的不同功能区</td><td>相对独立、集中布置</td><td>《民用机场航站楼设计防火规范》GB 51236—2017 第3.3.3条</td></tr>
</table>

**防火分区** **表 18.3-2**

<table>
<tr><th>区域</th><th colspan="2">技术要求</th><th>规范依据</th></tr>
<tr><td>主楼与指廊</td><td colspan="2">连接处宜设置防火墙、甲级防火门或耐火极限不低于3.00h的防火卷帘</td><td rowspan="3">《民用机场航站楼设计防火规范》GB 51236—2017 第3.3.4条</td></tr>
<tr><td>出发区、到达区、候机区等公共区可按功能划分防火分区</td><td colspan="2" rowspan="2">航站楼设置自动灭火系统和火灾自动报警系统<br>采用不燃或难燃装修材料<br>公共区内的商业服务设施、办公室和设备间等功能房间采取了防火分隔措施</td></tr>
<tr><td>非公共区应独立划分防火分区</td></tr>
<tr><td>行李提取区</td><td colspan="2">宜独立划分防火分区</td><td rowspan="5">《民用机场航站楼设计防火规范》GB 51236—2017 第3.3.5条</td></tr>
<tr><td>迎客区</td><td colspan="2">宜独立划分防火分区</td></tr>
<tr><td rowspan="4">行李处理用房</td><td colspan="2">应独立划分防火分区</td></tr>
<tr><td>采用人工分拣</td><td>按《建筑设计防火规范》GB 50016有关单层或多层丙类厂房的要求划分防火分区</td></tr>
<tr><td>采用机械分拣</td><td>符合下列条件时，行李处理用房的防火分区大小可按工艺要求确定：<br>1. 设置自动灭火系统和火灾自动报警系统；<br>2. 采用不燃装修材料；<br>3. 里面的办公室、休息室、储藏间等采用耐火极限不低于2.00h的防火隔墙、乙级防火门进行分隔</td></tr>
<tr><td colspan="2">当采用多套独立的行李分拣设施时，应按每套行李分拣设施的服务区域分别划分防火分区</td><td>《民用机场航站楼设计防火规范》GB 51236—2017 第3.3.6条</td></tr>
</table>

续表

| 区域 | 技术要求 | 规范依据 |
| --- | --- | --- |
| 地下或半地下室 | 采取防火分隔措施与地上空间分隔 | 《民用机场航站楼设计防火规范》GB 51236—2017 第3.3.7条 |
| | 地下公共走道、无任何商业服务设施且仅供人员通行或短暂停留和自助值机的地下空间，可与地上公共区按同一个区域划分防火分区 | |

**航站楼内房间设施布置** **表 18.3-3**

| 房间或设施 | 技术要求 | 规范依据 |
| --- | --- | --- |
| 公共区内上、下层连通的开口部位 | 当无法采取防火分隔措施时，该开口周围5.0m范围内不应布置任何商业服务设施 | 《民用机场航站楼设计防火规范》GB 51236—2017 第3.3.8条 |
| 商业服务设施 | 不应影响人员疏散，距离值机柜台、安检区均不应<5.0m | |
| | 公共区中的商业服务设施宜靠近航站楼的外墙布置 | |
| 存放甲、乙类物品的房间 | 不应布置。白酒、香水类化妆品等类似商品除外，且该房间应避开人员经常停留的区域，并应靠近航站楼的外墙布置 | 《民用机场航站楼设计防火规范》GB 51236—2017 第3.3.9条 |
| 使用液化石油气的场所 | 不应设置 | 《民用机场航站楼设计防火规范》GB 51236—2017 第3.3.10条 |
| 使用天然气的场所 | 应靠近航站楼的外墙布置 | |
| | 使用相对密度（与空气密度的比值）≥0.75的燃气的场所不应设置在地下或半地下。燃气管道的布置应符合现行国家标准《城镇燃气设计规范》GB 50028的规定 | |

# 18.4 安 全 疏 散

**航站楼内安全出口要求** **表 18.4-1**

| 类别 | 技术要求 | 规范依据 |
| --- | --- | --- |
| 安全出口数量 | 每个防火分区应至少设置1个直通室外或避难走道的安全出口，或设置1部直通室外的疏散楼梯 | 《民用机场航站楼设计防火规范》GB 51236—2017 第3.4.1条 |
| 可利用的安全出口 | 通向相邻防火分区的甲级防火门 | 《民用机场航站楼设计防火规范》GB 51236—2017 第3.4.4条 |
| | 通向高架桥的门（当出发区内的人员利用高架桥等可直接疏散至室外时，该区域的疏散净宽度可按《建筑设计防火规范》GB 50016有关单层公共建筑的疏散要求确定） | |
| | 通向登机桥的门。登机桥设计要求如下：<br>1. 出口处应设置不需要任何工具即能从公共区一侧易于开启门的装置；<br>2. 出口处附近的明显位置应设置相应的使用标识；<br>3. 登机桥一端应与航站楼固定连接；<br>4. 设置直通地面的楼梯（楼梯的倾斜角度不应>45°，栏杆扶手的高度不应<1.1m；梯段和休息平台均应采用不燃材料制作；通向楼梯的门和梯段的净宽度均不应小于0.9m） | 《民用机场航站楼设计防火规范》GB 51236—2017 第3.4.5条 |

续表

| 类别 | 技术要求 | | | 规范依据 |
|---|---|---|---|---|
| | 区域 | 类型 | 净宽要求 | |
| 疏散楼梯 | 公共区 | 可采用敞开楼梯（间） | ≥1.4m | 《民用机场航站楼设计防火规范》GB 51236—2017 第3.4.6条 |
| | 非公共区 | 应采用封闭楼梯间（包括在首层扩大的封闭楼梯间）或室外疏散楼梯 | ≥1.1m | |
| | 层数≥3层 | 防烟楼梯间 | | |
| | 埋深>10.0m的地下或半地下场所 | | | |

**疏散距离** **表 18.4-2**

| 区域类别 | 技术要求 | | 规范依据 |
|---|---|---|---|
| 公共区的疏散距离 | 任一点均应至少有2条不同方向的疏散路径 | | 《民用机场航站楼设计防火规范》GB 51236—2017 第3.4.2条 |
| | 室内平均净高 | 任一点至最近安全出口的直线距离 | |
| | <6.0m | 不应>40.0m | |
| | >20.0m时 | 不应>90.0m | |
| | 其余 | 不应>60.0m | |
| 行李处理用房 | 任一点至最近安全出口的直线距离不应>60.0m | | 《民用机场航站楼设计防火规范》GB 51236—2017 第3.4.3条 |
| 非公共区 | 符合《建筑设计防火规范》GB 50016有关公共建筑的规定 | | |

**航站楼内不同功能区的设计疏散人数** **表 18.4-3**

| 功能区 | | 设计疏散人数 | 规范依据 |
|---|---|---|---|
| 出发区 | | [国内出港高峰小时人数×（国内集中系数＋国内迎送比）＋国际出港高峰小时人数×（国际集中系数＋国际迎送比）]×0.5＋核定工作人员数量 | 《民用机场航站楼设计防火规范》GB 51236—2017 第3.4.7条 |
| 候机区 | 近机位 | （设计机位的飞机满载人数之和）×0.8＋核定工作人员数量 | |
| | 远机位 | 候机区的固定座位数＋核定工作人员数量 | |
| 到港区 | 到港通道 | （国内进港高峰小时人数×国内集中系数＋国际进港高峰小时人数×国际集中系数）÷3＋核定工作人员数量 | |
| | 行李提取区 | （国内进港高峰小时人数×国内集中系数＋国际进港高峰小时人数×国际集中系数）÷4＋核定工作人员数量 | |
| | 迎客区 | （国内进港高峰小时人数×国内集中系数＋国际进港高峰小时人数×国际集中系数）÷6＋国内进港高峰小时人数×国内迎送比＋国际进港高峰小时人数×国际迎送比＋核定工作人员数量 | |
| 非公共区及其他机场服务人员的工作场所 | | 按核定人数确定 | |

**机位类别与设计机位的满载人数　　表 18.4-4**

| 机位类别 | 设计机位的飞机满载人数（人） | 规范依据 |
|---|---|---|
| C | 180 | 《民用机场航站楼设计防火规范》GB 51236—2017 第 3.4.7 条 |
| D | 280 | |
| E | 400 | |
| F | 550 | |

# 18.5　防火分隔和防火构造

**防火分隔和防火构造　　表 18.5**

| 部位 | | 技术要求 | 标准及规范出处 |
|---|---|---|---|
| 航站楼连通地下交通联系通道等地下通道 | | 应采取防火分隔，其耐火极限不应低于 3.00h，连通处的门应采用甲级防火门 | 《民用机场航站楼设计防火规范》GB 51236—2017 第 3.5 条 |
| 设置在地下通道两侧的设备间之间 | | 应设置耐火极限不低于 2.00h 的防火隔墙 | |
| 航站楼内地下通道 | | 按《建筑设计防火规范》GB 50016—2014 有关城市交通隧道的规定确定 | |
| 在公共区内布置的商店、休闲、餐饮等商业服务设施 | 面积要求 | 每间商店的建筑面积不应大于 200m² | |
| | | 每间休闲、餐饮等其他场所的建筑面积不应大于 500m² | |
| | | 连续成组布置时，每组的总建筑面积不应大于 2000m²，组与组的间距不应小于 9.0m | |
| | 防火分隔 | 每间商铺之间应设置耐火极限不低于 2.00h 的防火隔墙，且防火隔墙处两侧应设置总宽度不小于 2.0m 的实体墙 | |
| | | 商铺与其他场所之间应设置耐火极限不低于 2.00h 的防火隔墙（有困难时采用防火卷帘）和耐火极限不低于 1.00h 的顶板 | |
| | 其他情况 | 当每间的建筑面积小于 20m² 且连续布置的总建筑面积小于 200m² 时，每间商铺之间应采用耐火极限不低于 1.00h 的防火隔墙分隔，或间隔不应小于 6.0m，与公共区内的开敞空间之间可不采取防火分隔措施，但与可燃物之间的间隔不应小于 9.0m | |
| 行李处理用房与公共区之间 | | 应设置防火墙，行李传送带穿越防火墙处的洞口应采用耐火极限不低于 3.00h 的防火卷帘等进行分隔 | |
| 吊顶内的行李传输通道 | | 应采用耐火极限不低于 2.00h 的防火板等封闭，行李传输夹层应采用耐火极限均不低于 2.00h 的防火隔墙和楼板与其他空间分隔 | |

续表

| 部位 | 技术要求 | 规范依据 |
| --- | --- | --- |
| 有明火作业的厨房及其他热加工区 | 应采用耐火极限不低于 2.00h 的防火隔墙和耐火极限不低于 1.00h 的顶板与其他部位分隔，防火隔墙上的门、窗和直接通向公共区的房间门应采用乙级防火门、窗 | 《民用机场航站楼设计防火规范》GB 51236—2017 第 3.5 条 |
| 库房、设备间、贵宾室或头等舱休息室、公共区内的办公室等用房 | | |
| 公共区内未采取防火分隔措施的中庭、自动扶梯和敞开楼梯等上、下层连通的开口部位周围 | 应设置凸出顶棚不小于 500mm 且耐火极限不低于 0.50h 的挡烟垂壁，但挡烟垂壁距离楼地面不应小于 2.2m | |
| 综合管廊与航站楼 | 采用耐火极限不低于 3.00h 的不燃性结构行分隔 | |
| | 综合管廊应符合《城市综合管廊工程技术规范》GB 50838 的规定 | |
| 航站楼内的电缆夹层 | 采用耐火极限不低于 2.00h 的防火隔墙和耐火极限不低于 1.00h 的楼板与其他空间分隔 | |
| 航站楼外墙和屋面的保温材料 | 燃烧性能均应为 A 级 | |

## 18.6 机场安全保卫等级分类及要求

**机场安全保卫等级分类及要求　　表 18.6**

| 类别 | 一类 | 二类 | 三类 | 四类 | 规范依据 |
| --- | --- | --- | --- | --- | --- |
| 年旅客量 | ≥1000 万人次 | ≥200 万人次<br><1000 万人次 | ≥50 万人次<br><200 万人次 | <50 万人次 | 《民用运输机场安全保卫设施》MH/T 7003—2017 第 4.2.1 条、第 5.1.2 条 |
| 基本要求 | 应将航班旅客及其行李所使用的区域与通用航空（含公务航空）所使用的区域分开 | | | 宜将航班旅客及其行李所使用的区域与通用航空（含公务航空）所使用的区域分开 | |
| 空侧布局 | 1. 周围不应有可能影响航空器安全的危险区域<br>2. 周围不应建有可能影响空侧或受空侧影响的设施，如监狱、军事设施等具有自身安全保卫要求的设施（军民合用机场除外）<br>3. 周围不宜有能够藏匿威胁航空器或重要机场设施的人员和物体的隐蔽区域<br>4. 不应受周围学校、酒店、公园或社区设施的影响<br>5. 应保留满足需要的运行空旷区域，并且应建有满足快速反应要求的应急反应路线 | | | | 《民用运输机场安全保卫设施》MH/T 7003—2017 第 5.2 条 |

续表

| 类别 | 一类 | 二类 | 三类 | 四类 | 规范依据 |
|---|---|---|---|---|---|
| 陆侧布局 | 应符合公共安全方面的技术规范 | | | | 《民用运输机场安全保卫设施》MH/T 7003—2017第5.3条 |
| 航站楼布局 | 由航站楼内对人员及物品的安全检查区，划分机场及航站楼的空侧和陆侧 | | | | 《民用运输机场安全保卫设施》MH/T 7003—2017第5.4条 |

# 18.7 功能区及设施地理布局的安全保卫要求

**功能区及设施地理布局的安全保卫要求　　表18.7**

| 区域类别 | 空侧 | 空侧陆侧交界 | 陆侧 | 技术要求 | 规范依据 |
|---|---|---|---|---|---|
| 航空器活动区 | √ | | | 进入该区域需要实施适当的安保措施 | 《民用运输机场安全保卫设施》MH/T 7003—2017第5.5条 |
| 航空器维修区 | | √ | | 包含航空器停机坪或机库区域，同时又涉及公众进出和供应配送 | |
| 隔离停机位 | √ | | | 用于航空器遭受到非法干扰时，装卸和检查货物、邮件和机供品，以及对航空器实施安保搜查 | |
| 航空货运区 | √ | √ | √ | 货运公共区应位于陆侧，货物存放区应位于空侧，货物安检区应位于空陆侧交界上 | |
| 车辆治安检查站 | | | √ | 与航站楼（一类、二类机场）直线距离不宜小于100m | |
| 停车场、公共停车场与员工停车场 | | | √ | 距离航站楼主体建筑和空侧不少于50m | |
| 综合交通换乘点 | | | √ | | |
| 交通车辆蓄车区 | | | √ | | |
| 租赁车辆停放区 | | | √ | | |
| 航空器救援和消防设施 | √ | | √ | 应符合应答时间要求的相关规定 | |
| 爆炸物处理区 | √ | | | 位于空侧的爆炸物处理区距离航空器停机位、航站楼和油库等区域应不少于100m，位于陆侧的爆炸物处理区距离变电站、空管设施、机场工作区、机场生活区等区域应不少于100m，减少爆炸冲击波造成的伤害 | |
| 公共停车场 | | | √ | 航站楼主体建筑50m范围内（包括地下）不应设置公共停车场。新建航站楼地下不应设置员工停车场和员工车辆通道 | 《民用运输机场安全保卫设施》MH/T 7003—2017第7.5条 |

# 18.8 航站楼安防设计要求

基本要求 表 18.8-1

| 类别 | 技术要求 | 规范依据 |
| --- | --- | --- |
| 分区 | 航站楼应实行分区管理（公共活动区、安检（联检）工作区、旅客候机隔离区、行李分拣装卸区和行李提取区等）各区域之间应进行隔离，并根据区域安全保卫需要设有封闭管理、安全检查、通行管制、报警、视频监控、防爆、业务用房等安全保卫设施 | 《民用运输机场安全保卫设施》MH/T 7003—2017第8.1条 |
| 旅客 | 航站楼旅客流程设计中，国际旅客与国内旅客分开，国际进、出港旅客分流，国际、地区中转旅客再登机时应经过安全检查 | |
| 空陆侧隔离设施 | 航站楼的空侧和陆侧之间应设置空陆侧隔离设施，实施非透视物理隔离，隔离设施净高度不低于2.5m，公共区域一侧不应有用于攀爬的受力点和支撑点，并设置视频监控系统（物理隔断为全高度的情况除外），防止未经授权人员和违禁物品非法进入候机隔离区，并应能及时发现向空侧投掷物品 | |
| 管道 | 应对连接公共活动区和机场控制区的通风道、排水道、地下公用设施、隧道和通风井等进行物理隔离，并加以保护，防止未经授权人员和违禁物品非法进入机场控制区 | |
| 拆卸装置 | 空陆侧隔离设施的拆卸装置均应设在空侧（安全侧） | |
| 风口 | 空调回风口不应设置在公众可接触区域，否则应位于视频监控覆盖范围内 | |
| 标识 | 航站楼内应设置安全保卫、应急疏散等标识，并置于明显位置 | |
| 垂直交通 | 同一电梯或楼梯应只能通往具有相同权限的控制区域；如果出现同一电梯或楼梯可通往不同权限控制区域的，应设置有效的安全保卫设施，防止出现不同安全保卫要求区域或空陆侧互通的情况 | |
| 布局开阔 | 航站楼内应布局合理开阔，尽可能减少有可能隐匿危险物品或装置的区域，并便于安全检查 | |

各区域安防设施要求 表 18.8-2

| 类别 | 区域 | 技术要求 | 规范依据 |
| --- | --- | --- | --- |
| 航站楼公共活动区 | 售票处、乘机手续办理柜台、安全检查通道等位置 | 安全保卫相关的告示牌、动态电子显示屏或广播等 | 《民用运输机场安全保卫设施》MH/T 7003—2017第8.2条 |
| | 售票柜台、值机柜台、行李传送带等设施的结构 | 应能防止无关人员和物品由此进入机场控制区 | |
| | 公共活动区 | 应配备可疑物品处置装置，如防爆罐、防爆球和防爆毯等。一类、二类机场设公安执勤室或执勤点 | |

续表

| 类别 | 区域 | 技术要求 | 规范依据 |
|---|---|---|---|
| 航站楼公共活动区 | 从公共活动区俯视观察到航空器活动区的所有区域 | 均应实施物理隔离，净高度不低2.5m，公共区域一侧不应有可用于攀爬的受力点和支撑点，并设置视频监控系统（物理隔断为全高度的情况除外），防止人员非法进入机场控制区，并应能及时发现人员和物品的非法进入 | 《民用运输机场安全保卫设施》MH/T 7003—2017第8.2条 |
| | 公共活动区应急疏散门 | 属于空陆侧隔离设施的，应满足空陆侧隔离设施要求，并对其内外两侧区域实施视频监控。当发生紧急情况时，应急疏散门应能自动、通过消防控制室远程控制、通过机械装置或破坏易碎装置等方式打开，并伴有声光警报 | |
| | 小件行李寄存 | 配置实施安全检查的设备，小件行李寄存处应能锁闭 | |
| | 通道、管廊、管道出入口 | 应有安保设施，并置于视频监控覆盖范围内 | |
| | 垃圾箱 | 应置于视频监控覆盖范围内，并便于检查 | |
| | 卫生间门前区域 | 应在视频监控覆盖范围内，对进出卫生间人员实施监控 | |
| | 公用设备间、杂物间、管道井及类似的封闭空间，灭火器储存柜和消防栓箱 | 应设有锁闭装置，应便于检查，防止藏匿危险物品或装置 | |
| | 饮水设施的可接触饮用水的位置 | 应具有锁闭功能 | |
| | 航站楼出入口数量 | 应在保证通行顺畅的前提下尽可能少 | |
| | 门禁系统 | 一类、二类和三类机场应在公共活动区通往候机隔离区、航空器活动区之间的通行口，以及安全保卫要求不同的区域之间设置门禁系统；四类机场宜在公共活动区通往候机隔离区、航空器活动区之间的通行口，以及安全保卫要求不同的区域之间设置门禁系统，对进出人员进行身份验证和记录 | |
| 安检工作区 | 安检工作区 | 通告设施，可以采用机场动态电子显示屏、宣传栏、实物展示柜等形式 | 《民用运输机场安全保卫设施》MH/T 7003—2017第8.3条 |
| | 航站楼内所有区域 | 均不应俯视观察到安检工作现场，否则应实施非透视物理隔离，净高度不低于2.5m，公共区域一侧不应有用于攀爬的受力点和支撑点，并设置视频监控系统（物理隔断为全高度的情况除外）；必要时，应能够对公众关闭 | |

续表

| 类别 | 区域 | 技术要求 | 规范依据 |
|---|---|---|---|
| 候机区 | 应封闭管理 | 凡与公共活动区相邻或相通的门、窗和通道等，均应设置安全保卫设施，并对所有进入该区域的人员和物品进行安全检查 | 《民用运输机场安全保卫设施》MH/T 7003—2017 第8.4条 |
| | 工作人员通道 | 应在满足必要运营需求的情况下，数量最少 | |
| | 候机区 | 1. 不应在候机隔离区或候机隔离区上方设置属于公共活动区的通道或阳台<br>2. 应急反应路线及通道应满足应急救援人员和应急装备，如担架、轮椅、爆炸物探测装置、运输设备、医疗护理设备等快速进入的需求<br>3. 商品安检工作区宜与旅客人身和手提行李安检工作区分开<br>4. 应为特许经营商的运货、仓储、员工出入路线设计适当的流程 | |
| 行李 | 行李分拣装卸 | 应设置通行管制设施或采取通行管制措施，确保行李分拣装卸区仅允许授权人员进入 | 《民用运输机场安全保卫设施》MH/T 7003—2017 第8.5条 |
| | 行李提取 | 应设置通行管制设施或采取通行管制措施，防止未经授权人员从公共活动区进入行李提取区、从行李提取区进入候机隔离区或其他机场控制区 | |
| 出入口 | 航站楼入口 | 应预留实施安全保卫措施的空间放置防爆和防生化威胁等的安全保卫设施设备 | 《民用运输机场安全保卫设施》MH/T 7003—2017 第8.6条 |
| | 登机口 | 应预留实施安全保卫措施的空间，用于实施旅客身份验证、旅客及其行李信息的二次核对、开包检查等安全保卫措施 | |
| 办公区 | 航站楼内办公区 | 一类、二类机场办公区出入口应设置门禁系统。警用设施存放地点、急救室等应合理布局，以提高快速反应能力 | 《民用运输机场安全保卫设施》MH/T 7003—2017 第8.8条 |

**航站楼的物理保护** **表 18.8-3**

| 类别 | 技术要求 | 规范依据 |
|---|---|---|
| 基本要求 | 防止由试图闯进航站楼的车辆或放置在航站楼前面的爆炸物造成的直接攻击；如果设计有玻璃幕墙，则应考虑玻璃幕墙的防爆，如加贴防爆膜等，以减缓破碎时造成的二次伤害 | 《民用运输机场安全保卫设施》MH/T 7003—2017 第8.7条 |
| 航站楼前 | 应设置坚固护柱或阻挡设施，防止车辆开上人行道或进入航站楼 | |
| 对外大门 | 应无法从外侧拆卸 | |
| 应急疏散口 | 机场控制区内应急疏散口应设置安全保卫设施，防止未经授权人员利用 | |

续表

<table>
<tr><th>类别</th><th>技术要求</th><th>规范依据</th></tr>
<tr><td>窗户</td><td>航站楼内可从公共活动区进入机场控制区的窗户，包括地下室、一层、靠近消防紧急出口和阳台的窗户等，都应确保无法从外部拆卸，并应采取相应的安全保卫措施，防止未经授权人员攀爬或利用</td><td rowspan="2">《民用运输机场安全保卫设施》MH/T 7003—2017 第 8.7 条</td></tr>
<tr><td>通行口</td><td>从航站楼内外所有通往航站楼楼顶的通行口和管道，以及航站楼的天窗应设置物理防护设施，防止未经授权人员攀爬或利用</td></tr>
</table>

**人身和手提行李的安检工作区** **表 18.8-4**

<table>
<tr><th>类别</th><th colspan="2">技术要求</th><th>规范依据</th></tr>
<tr><td rowspan="8">安检工作区基本要求</td><td colspan="2">每个独立的安检工作区均应设置人身和行李的安全检查设施设备，应设置能满足无障碍通过的安全检查通道，应配备可疑物品处置装备，防爆球、防爆罐和防爆毯等</td><td rowspan="8">《民用运输机场安全保卫设施》MH/T 7003—2017 第 13.1 条</td></tr>
<tr><td colspan="2">一类机场应配备移动式 X 射线安全检查设备，二类机场宜配备移动式 X 射线安全检查设备</td></tr>
<tr><td colspan="2">设有贵宾室并有贵宾通道的航站楼应设置贵宾安全检查通道，设施设备配备标准同航站楼旅客人身和手提行李安全检查通道</td></tr>
<tr><td colspan="2">一类、二类机场应设置机组和工作人员专用安全检查通道</td></tr>
<tr><td colspan="2">应设置满足无障碍通过的安全检查通道，应设置旅客反向通道，并配备视频监控系统</td></tr>
<tr><td colspan="2">配置液态物品检测设备、必要的人身防护装备</td></tr>
<tr><td colspan="2">与公共活动区之间应实施全高度、非透视物理隔离；如不能实施全高度封闭，隔离，设施净高度应不低于 2.5m，公共区域一侧不应有可用于攀爬的受力点和支撑点，并设置视频监控系统</td></tr>
<tr><td colspan="2">应能够对公众关闭</td></tr>
<tr><td rowspan="7">安检工作区设施</td><td rowspan="7">旅客人身和手提行李安全检查通道要求及设施</td><td>应设置安检值班室、安检现场备勤室、特别检查室和暂存物品保管室等</td><td rowspan="7">《民用运输机场安全保卫设施》MH/T 7003—2017 第 13.2 条</td></tr>
<tr><td>按照高峰小时旅客出港流量每 180 人设置一个通道及备用通道</td></tr>
<tr><td>每条安全检查通道设置验证区、检查区、整理区。每条安全检查通道前的候检区长度应不小于 20m 或面积应不小于 40m$^2$</td></tr>
<tr><td>一类、二类和三类机场每个安全检查通道长度应不小于 13m（包括验证柜台），其中 X 射线安全检查设备前端应设置长度不小于 3.5m 并与传送带相连的待检台；采用单门单机模式的每条安全检查通道宽度应不小于 4m，采用单门双机模式的两条安全检查通道宽度应不小于 8m。四类机场每个安全检查通道的安全检查现场面积应不小于 40m$^2$</td></tr>
<tr><td>每个安全检查通道应在工作区前端设置能够锁闭的门，宜在工作区后端设置能够锁闭的门，门体打开时应不影响安检人员的视线和操作</td></tr>
<tr><td>错位式通道之间应设置不低于 2.5m 的非透视的物理隔断，防止人员串行或物品传递</td></tr>
<tr><td>在安全检查通道内应设置旅客自弃物品箱；安全检查通道光照环境应满足安全检查各岗位工作的需要</td></tr>
</table>

续表

<table>
<tr><th>类别</th><th colspan="5">技术要求</th><th>规范依据</th></tr>
<tr><td rowspan="8">安检工作区设施</td><td rowspan="8">服务用房</td><td colspan="4">规模按照每人不少于6m² 的面积指标设置</td><td rowspan="8">《民用运输机场安全保卫设施》MH/T 7003—2017第17.2条</td></tr>
<tr><td rowspan="6">安检工作区安检值班室和特别检查室的使用面积应符合</td><td>机场类型</td><td>安检值班室（m²）</td><td>特别检查室（m²）</td></tr>
<tr><td>一类</td><td>≥25</td><td>≥15</td></tr>
<tr><td>二类</td><td>≥20</td><td>≥15</td></tr>
<tr><td>三类、四类</td><td>≥15</td><td>≥10</td></tr>
<tr><td colspan="4">二类机场安检现场备勤室、监护备勤室使用面积应按照执勤人员数量的1/3进行设置，每人使用面积应不少于2m²；三类、四类机场备勤室可与安检值班室共用</td></tr>
</table>

**安全保卫控制中心、监控中心、公安业务用房　　表 18.8-5**

<table>
<tr><th>类别</th><th colspan="2">技术要求</th><th>规范依据</th></tr>
<tr><td>安全保卫控制中心</td><td colspan="2">可设在机场或航站楼运行控制中心内，功能性使用面积不小于60m²</td><td rowspan="7">《民用运输机场安全保卫设施》MH/T 7003—2017 第15.7条、第16.3条、第17.1条</td></tr>
<tr><td rowspan="2">视频监控中心</td><td colspan="2">总控室功能性使用面积不小于60m²，不包含设备间和业务用房</td></tr>
<tr><td colspan="2">分控室功能性使用面积不小于20m²</td></tr>
<tr><td rowspan="4">一类、二类机场公安业务用房</td><td>公安执勤室</td><td>不小于20m²</td></tr>
<tr><td>警卫室</td><td>不小于15m²</td></tr>
<tr><td>办证室</td><td>不小于15m²</td></tr>
<tr><td>器械室</td><td>不小于10m²</td></tr>
</table>

# 19 商 业 建 筑

## 19.1 场　　地

**场　　地**　　　　**表 19.1**

<table>
<tr><th colspan="2">类　别</th><th>技术要求</th><th>规范依据</th></tr>
<tr><td rowspan="4">总平面</td><td>城市道路关系</td><td>场地沿城市道路的长度应按建筑规模或疏散人数确定，并至少不小于场地周长的 1/6</td><td rowspan="2">《民用建筑设计统一标准》GB 50325—2019 第 4.2.5 条</td></tr>
<tr><td>出入口</td><td>场地应至少有两个，且不宜设置在同一城市道路上</td></tr>
<tr><td rowspan="2">集散场地</td><td>大型和中型商业建筑的主要出入口前，应留有人员集散场地，且场地的面积和尺度应根据零售业态、人数及规划部门的要求确定</td><td>《商店建筑设计规范》JGJ 48—2014 第 3.2.1 条</td></tr>
<tr><td>绿化和停车场布置不应影响集散空地的使用，并不宜设置围墙、大门等障碍物</td><td>《民用建筑设计统一标准》GB 50325—2019 第 4.2.5 条</td></tr>
<tr><td rowspan="4">环境安全</td><td>光污染控制</td><td>为避免交通安全隐患等风险，建筑及照明设计应避免产生光污染；其中，玻璃幕墙可见光反射比≤0.2，室外夜景照明光污染的限制符合现行行业标准</td><td rowspan="3">《绿色商店建筑评价标准》GB/T 51100—2015 第 4.2.4 条、第 4.2.5 条、第 4.2.11 条</td></tr>
<tr><td>场地风环境</td><td>冬季建筑物周围人行区距地 1.5m 高处风速＜5m/s，以避免对人们正常室外活动的影响</td></tr>
<tr><td>径流量控制</td><td>场地设计应合理评估和预测场地可能存在的水涝风险，对场地雨水实施减量控制，尽量使场地雨水就地消纳或利用，防止径流外排到其他区域形成水涝和污染</td></tr>
<tr><td>噪声污染控制</td><td>根据噪声源的位置、方向和强度，应在建筑功能分区、道路布置、建筑朝向、距离以及地形、绿化和建筑物的屏障作用等方面采取综合措施，防止或降低环境噪声</td><td>《民用建筑设计统一标准》GB 50325—2019 第 5.1.4 条</td></tr>
</table>

# 19.2 建　　筑

**防火分区面积限值　　表 19.2-1**

| 类　别 | | 技术要求 | 规范依据 |
|---|---|---|---|
| 营业厅防火分区 | 一、二级耐火等级高层建筑内 | ≤4000$m^2$（不含餐饮功能） | 《建筑设计防火规范》GB 50016—2014（2018年版）第5.3.4条 |
| | 一、二级耐火等级单层建筑或仅设置在多层建筑的首层内 | ≤10000$m^2$（不含餐饮功能） | |
| | 一级耐火等级地下或半地下建筑内 | ≤2000$m^2$（不含餐饮功能）<br>不应设置在地下三层及以下楼层 | |
| | 餐饮功能 | 防火分区的建筑面积需要按照民用建筑的其他功能（非营业厅）的防火分区要求划分，并要与其他商业营业厅进行防火分隔；设置自动灭火系统时，一、二级高层为3000$m^2$，一、二级裙房，单、多层为5000$m^2$ | 《建筑设计防火规范》GB 50016—2014（2018年版）第5.3.1条、第5.3.4条条文说明 |
| 总建筑面积＞20000$m^2$的地下或半地下商业 | 分隔 | 应采用无门、窗、洞口的防火墙、耐火极限≥2.00h的楼板分隔为多个建筑面积≤20000$m^2$的区域 | 《建筑设计防火规范》GB 50016—2014（2018年版）第5.3.5条 |
| | 局部连通 | 应采用下沉式广场等室外开敞空间、防火隔间、避难走道、防烟楼梯间等方式进行连通 | |

注：本表面积为设置自动灭火系统和火灾自动报警系统并采用不燃或难燃装修材料时的上限值。

**局部连通防火设计要求　　表 19.2-2**

| 类　别 | | 技 术 要 求 | 规范依据 |
|---|---|---|---|
| 下沉式广场 | 不同区域的开口水平距离 | 分隔后的不同区域通向下沉式广场等室外开敞空间的开口最近边缘之间的水平距离≥13m | 《建筑设计防火规范》GB 50016—2014（2018年版）第6.4.12条 |
| | 室外开敞空间用途 | 室外开敞空间除用于人员疏散外不得用于其他商业或可能导致火灾蔓延的用途 | |
| | 用于疏散的净面积 | ≥169$m^2$（不包括景观、水池） | |
| | 直通地面的疏散楼梯 | 应设置不少于1部 | |
| | 疏散楼梯的总净宽度 | 不应小于任一防火分区通向室外开敞空间的设计疏散总净宽度 | |
| | 防风雨篷 | 不应完全封闭，四周开口部位应均匀布置，开口的面积不应小于该空间地面面积的25%，开口高度≥1.0m；开口设置百叶时，百叶的有效排烟面积可按百叶通风口面积的60%计算 | |

续表

| 类别 | | 技术要求 | 规范依据 |
|---|---|---|---|
| 防火隔间 | 建筑面积 | $\geqslant 6m^2$ | 《建筑设计防火规范》GB 50016—2014（2018年版）第6.4.13条 |
| | 门 | 应采用甲级防火门，不同防火分区通向防火隔间的门不应计入安全出口，门的最小间距应≥4m | |
| | 内部装修材料 | 应为A级 | |
| | 用途 | 不应用于除人员通行外的其他用途 | |
| 避难走道 | 直通地面的出口 | 不应少于2个，并应设置在不同方向；当避难走道仅与一个防火分区相同且该防火分区至少有一个直通室外的安全出口时，可设置1个直通地面的出口 | 《建筑设计防火规范》GB 50016—2014（2018年版）第6.4.14条 |
| | 疏散距离 | 任一防火分区通向避难走道的门至该避难走道最近直通地面的出口的距离应≤60m | |
| | 净宽度 | 不应小于任一防火分区通向该避难走道的设计疏散总净宽度 | |
| | 内部装修材料 | 应为A级 | |
| | 防烟前室 | 防火分区至避难走道入口处应设置防烟前室，前室的使用面积应$\geqslant 6.0m^2$，开向前室的门应采用甲级防火门，前室开向避难走道的门应采用乙级防火门 | |
| | 设备要求 | 应设置消火栓、消防应急照明、应急广播和消防专线电话 | |

**中庭防火设计要求** **表19.2-3**

| 类别 | | 技术要求 | 规范依据 |
|---|---|---|---|
| 中庭防火分区叠加计算面积大于相应限值时 | 与周围连通空间的防火分隔 | 采用防火隔墙时，其耐火极限应≥1.00h<br>采用防火玻璃墙时，其耐火隔热性和耐火完整性应≥1.00h<br>采用耐火完整性≥1.00h的非隔热性防火玻璃墙时，应设置自动喷水灭火系统进行保护<br>采用防火卷帘时，其耐火极限应≥3.00h | 《建筑设计防火规范》GB 50016—2014（2018年版）第5.3.2条 |
| | 与中庭相连通的门、窗 | 应采用火灾时能自行关闭的甲级防火门、窗 | |
| | 高层建筑内的中庭回廊 | 应设置自动喷水灭火系统和火灾自动报警系统 | |
| | 其他 | 中庭内应设置排烟措施，不应布置可燃物 | |

安全疏散距离（m） 表 19.2-4

<table>
<tr><th colspan="2">类别</th><th colspan="6">技术要求</th><th>规范依据</th></tr>
<tr><td rowspan="5">距离要求</td><td>位置</td><td colspan="3">位于两个安全出口之间的疏散门</td><td colspan="3">位于袋形走道两侧或尽端的疏散门</td><td rowspan="5">《建筑设计防火规范》GB 50016—2014（2018年版）第5.5.17条</td></tr>
<tr><td>防火等级</td><td>一、二级</td><td>三级</td><td>四级</td><td>一、二级</td><td>三级</td><td>四级</td></tr>
<tr><td>歌舞娱乐放映游艺场所</td><td>25</td><td>20</td><td>15</td><td>9</td><td>—</td><td>—</td></tr>
<tr><td>单、多层</td><td>40</td><td>35</td><td>25</td><td>22</td><td>20</td><td>15</td></tr>
<tr><td>高层</td><td>40</td><td>—</td><td>—</td><td>20</td><td>—</td><td>—</td></tr>
<tr><td rowspan="6">专项规定</td><td>敞开式外廊</td><td colspan="6">建筑内开向敞开式外廊的房间疏散门至最近安全出口的直线距离可按本表的规定增加5m</td><td rowspan="6">《建筑设计防火规范》GB 50016—2014（2018年版）第5.5.17条</td></tr>
<tr><td>敞开楼梯间</td><td colspan="6">直通疏散走道的房间疏散门至最近敞开楼梯间的直线距离，当房间位于两个楼梯间之间时，应按本表的规定减少5m；当房间位于袋形走道两侧或尽端时，应按本表的规定减少2m</td></tr>
<tr><td>自动喷水灭火系统</td><td colspan="6">建筑物内全部设置自动喷水灭火系统时，其安全疏散距离可按本表的规定增加25%</td></tr>
<tr><td>首层大堂楼梯间</td><td colspan="6">楼梯间应在首层直通室外，确有困难时，可在首层采用扩大的封闭楼梯间或防烟楼梯间前室；当层数不超过4层且未采用扩大的封闭楼梯间或防烟楼梯间前室时，可将直通室外的门设置在离楼梯间≤15m处</td></tr>
<tr><td>房间内疏散</td><td colspan="6">房间内任一点至房间直通疏散走道的疏散门的直线距离，不应大于本表规定的袋形走道两侧或尽端的疏散门至最近安全出口的直线距离</td></tr>
<tr><td>营业厅等室内疏散距离</td><td colspan="6">一、二级耐火等级建筑内疏散门或安全出口不少于2个的观众厅、多功能厅、餐厅、营业厅等，其室内任一点至最近疏散门或安全出口的直线距离应≤30m；当疏散门不能直通室外地面或疏散楼梯间时，应采用长度≤10m的疏散走道通至最近的安全出口；当该场所设置自动喷水灭火系统时，室内任一点至最近安全出口的安全疏散距离可分别增加25%</td></tr>
</table>

安全疏散宽度　　表 19.2-5

<table>
<tr><th colspan="3">类　别</th><th colspan="5">技　术　要　求</th><th>规范依据</th></tr>
<tr><td colspan="3">疏散宽度计算公式</td><td colspan="5">$计算所需宽度=\frac{建筑面积\times人员密度\times每百人疏散净宽}{100}$</td><td rowspan="3">《建筑设计防火规范》GB 50016—2014（2018年版）第 5.5.20 条、第 5.5.21 条及其条文说明</td></tr>
<tr><td rowspan="2">建筑面积</td><td colspan="2">面积计算范围</td><td colspan="5">营业厅的建筑面积，既包括营业厅内展示货架、柜台、走道等顾客参与购物的场所，也包括营业厅内的卫生间、楼梯间、自动扶梯等的建筑面积</td></tr>
<tr><td colspan="2">不计面积范围</td><td colspan="5">对于进行了严格的防火分隔，并且疏散时无需进入营业厅内的仓储、设备房、工具间、办公室等，可不计入营业厅的建筑面积</td></tr>
<tr><td rowspan="5">商业营业厅内的人员密度（人/m²）</td><td colspan="2">楼层位置</td><td>地下二层</td><td>地下一层</td><td>地上一、二层</td><td>地上三层</td><td>地上四层及以上各层</td><td rowspan="2">《建筑设计防火规范》GB 50016—2014（2018年版）第 5.5.21 条</td></tr>
<tr><td colspan="2">人员密度</td><td>0.56</td><td>0.60</td><td>0.43～0.60</td><td>0.39～0.54</td><td>0.30～0.42</td></tr>
<tr><td colspan="2">商业建筑的疏散人数确定</td><td colspan="5">商业建筑的疏散人数应按每层营业厅的建筑面积乘以本表规定的人员密度计算，当营业厅的建筑面积<3000m² 时宜取上限值；对于建材商店、家具和灯饰展示建筑，其人员密度可按本表规定值的 30%折减；但当设置有多种商业用途时，仍需按照该建筑的主要商业用途来确定人员密度值，不能折减</td><td>《建筑设计防火规范》GB 50016—2014（2018年版）第 5.5.21 条文说明</td></tr>
<tr><td colspan="2">歌舞娱乐放映游艺场所的人员密度</td><td colspan="5">歌舞娱乐放映游艺场所中录像厅的疏散人数，应根据厅、室的建筑面积按≥1.0 人/m² 计算；其他歌舞娱乐放映游艺场所的疏散人数，应根据厅、室的建筑面积≥0.5 人/m² 计算</td><td rowspan="2">《建筑设计防火规范》GB 50016—2014（2018年版）第 5.5.21 条</td></tr>
<tr><td colspan="2">有固定座位的场所的人员密度</td><td colspan="5">有固定座位的场所，其疏散人数可按实际座位数的 1.1 倍计算</td></tr>
<tr><td rowspan="7">每 100 人最小疏散净宽度（m/百人）</td><td colspan="2">耐火等级</td><td colspan="2">一、二级</td><td colspan="2">三级</td><td>四级</td><td rowspan="7">《建筑设计防火规范》GB 50016—2014（2018年版）第 5.5.21 条</td></tr>
<tr><td rowspan="3">地上楼层</td><td>1～2 层</td><td colspan="2">0.65</td><td colspan="2">0.75</td><td>1.00</td></tr>
<tr><td>3 层</td><td colspan="2">0.75</td><td colspan="2">1.00</td><td>—</td></tr>
<tr><td>≥4 层</td><td colspan="2">1.00</td><td colspan="2">1.25</td><td>—</td></tr>
<tr><td rowspan="2">地下楼层</td><td>$\Delta H\leqslant10m$</td><td colspan="2">0.75</td><td colspan="2">—</td><td>—</td></tr>
<tr><td>$\Delta H>10m$</td><td colspan="2">1.00</td><td colspan="2">—</td><td>—</td></tr>
<tr><td colspan="2">地下或半地下人员密集场所每 100 人最小疏散净宽度</td><td colspan="5">地下或半地下人员密集的厅、室和歌舞娱乐放映游艺场所，其房间疏散门、安全出口、疏散走道和疏散楼梯的各自总净宽度，应根据疏散人数按每 100 人不少于 1.00m 计算确定</td></tr>
</table>

续表

<table>
<tr><th colspan="2">类　别</th><th>技　术　要　求</th><th>规范依据</th></tr>
<tr><td rowspan="3">总净宽度</td><td rowspan="2">各层总净宽度</td><td>每层的房间疏散门、安全出口、疏散走道和疏散楼梯的各自总净宽度，应根据疏散人数按每 100 人的最小疏散净宽度不小于本表的规定计算确定</td><td rowspan="3">《建筑设计防火规范》GB 50016—2014（2018 年版）第 5.5.21 条</td></tr>
<tr><td>当每层疏散人数不等时，疏散楼梯的总净宽度可分层计算，地上建筑内下层楼梯的总净宽度应按该层及以上疏散人数最多的一层人数计算；地下建筑内上层楼梯的总净宽度应按该层及以下疏散人数最多一层的人数计算</td></tr>
<tr><td>外门总净宽度</td><td>首层外门的总净宽度应按该建筑疏散人数最多一层的人数计算确定，不供其他楼层人员疏散的外门，可按本层的疏散人数计算确定</td></tr>
<tr><td rowspan="5">专项规定</td><td rowspan="2">疏散门</td><td>商业营业厅的疏散门应为平开门，应向疏散方向开启，其净宽应≥1.40m</td><td>《商店建筑设计规范》JGJ 48—2014 第 5.2.3 条</td></tr>
<tr><td>紧靠门口内外各 1.40m 范围内不应设置踏步，并不宜设置门槛</td><td>《建筑设计防火规范》GB 50016—2014（2018 年版）第 5.5.19 条</td></tr>
<tr><td>饮食店铺的灶台</td><td>大型和中型商业建筑内连续排列的饮食店铺的灶台不应面向公共通道，并应设置机械排烟通风设施</td><td>《商店建筑设计规范》JGJ 48—2014 第 4.2.11 条</td></tr>
<tr><td>等候区、内摆或外摆空间</td><td>因店铺营业需要所设置的等候区、内摆或外摆空间，疏散通道和楼梯间内的装修、橱窗和广告牌等，均不应影响疏散宽度</td><td>《商店建筑设计规范》JGJ 48—2014 第 5.2.4 条及工程经验总结</td></tr>
<tr><td>安全出口</td><td>商业部分安全出口必须与建筑其他部分隔开</td><td>《商店建筑设计规范》JGJ 48—2014 第 5.1.4 条</td></tr>
</table>

注：$\Delta H$ 为与地面出入口地面的高差。

**有顶步行商业街**　　**表 19.2-6**

<table>
<tr><th colspan="2">类　别</th><th>技 术 要 求</th><th>规范依据</th></tr>
<tr><td rowspan="8">商业街</td><td rowspan="2">宽度</td><td>利用现有街道改造的步行商业街，其街道最窄处不宜<6m，新建步行商业街应留有宽度不<4m 的消防车通道</td><td>《商店建筑设计规范》JGJ 48—2014 第 3.3 条</td></tr>
<tr><td>两侧建筑相对面的最近距离不应小于相应高度建筑的防火间距且不应<9m</td><td rowspan="7">《建筑设计防火规范》GB 50016—2014（2018 年版）第 5.3.6 条</td></tr>
<tr><td>长度</td><td>不宜>300m</td></tr>
<tr><td>高度</td><td>顶棚下檐距地面高度不应<6m</td></tr>
<tr><td>端部</td><td>在各层均不宜封闭，确需封闭时，应在外墙上设置可开启的门窗，且可开启门窗的面积不应小于该部位外墙面积的一半</td></tr>
<tr><td rowspan="2">顶棚</td><td>顶棚材料应采用不燃或难燃材料，其承重结构的耐火极限不应<1.00h</td></tr>
<tr><td>顶棚应设置自然排烟设施并宜采用常开式的排烟口，且自然排烟口的有效面积不应小于步行街地面面积的 25%；常闭式自然排烟设施应能在火灾时手动和自动开启</td></tr>
</table>

续表

| 类别 | | 技术要求 | 规范依据 |
|---|---|---|---|
| 商业街 | 疏散楼梯 | 应靠外墙设置并宜直通室外，确有困难时，可在首层直接通至步行街 | 《建筑设计防火规范》GB 50016—2014（2018年版）第5.3.6条 |
| | 疏散距离 | 首层商铺的疏散门可直接通至步行街，步行街内任一点到达最近室外安全地点的步行距离不应>60m | |
| | | 二层及以上各层商铺的疏散门至该层最近疏散楼梯口或其他安全出口的直线距离不应>37.5m | |
| | 回廊、挑檐 | 出挑宽度不应<1.2m | |
| | 回廊、连接天桥 | 各层楼板的开口面积不应小于步行街地面面积的37%，且开口宜均匀布置 | |
| 两侧建筑 | 商铺面积 | 每间不宜大于$300m^2$ | 《建筑设计防火规范》GB 50016—2014（2018年版）第5.3.6条 |
| | 首层商铺疏散门 | 可直接通至步行街 | |
| | 耐火等级 | 不应低于二级 | |
| | 隔墙 | 商铺之间应设置耐火极限不<2.00h的防火隔墙 | |
| | 面向步行街一侧构件防火 | 面向步行街一侧的围护构件的耐火极限不应<1.00h，并宜采用实体墙，其门、窗应采用乙级防火门、窗 | |
| | | 相邻商铺之间面向步行街一侧应设置宽度不小于1.0m、耐火极限不低于1.00h的实体墙 | |
| 消防设备 | | 步行街两侧建筑的商铺外应每隔30m设置*DN*65的消火栓，并应配备消防软管卷盘或消防水龙 | 《建筑设计防火规范》GB 50016—2014（2018年版）第5.3.6条 |
| | | 商铺内应设置自动喷水灭火系统和火灾自动报警系统 | |
| | | 每层回廊均应设置自动喷水灭火系统 | |
| | | 步行街内宜设置自动跟踪定位射流灭火系统 | |
| | | 步行街两侧建筑的商铺内外均应设置疏散照明、灯光疏散指示标志和消防应急广播系统 | |

**专项要求** **表 19.2-7**

| 类别 | | 技术要求 | 规范依据 |
|---|---|---|---|
| 自动扶梯、自动人行道 | 倾斜角度 | 自动扶梯倾斜角度不应>30°，自动人行道倾斜角度不应>12° | 《商店建筑设计规范》JGJ 48—2014第4.1.8条 |
| | 缓冲区域 | 自动扶梯、自动人行道上下两端水平距离3m范围内应保持畅通，不得兼作他用 | |
| | 扶手带中心线与外侧构件水平距离 | 扶手带中心线与平行墙面或楼板开口边缘间的距离、相邻设置的自动扶梯或自动人行道的两梯（道）之间扶手带中心线的水平距离应>0.50m，否则应采取措施，以防对人员造成伤害 | |
| | 防坠落防护措施 | 根据工程实践经验，自动扶梯扶手带顶面距梯级前缘或踏板表面或胶带表面之间的垂直距离（0.90～1.10m）为适宜扶握尺寸，应同时满足栏杆临空高度的要求，当扶梯悬空高度较高时，宜于外侧设置防护栏杆或防护网，以免高空坠落造成人员伤害 | 《自动扶梯和自动人行道的制造与安装安全规范》GB 16899—2011第5.5.2.1条及工程经验总结 |

续表

| 类别 | | 技术要求 | 规范依据 |
|---|---|---|---|
| 自动扶梯、自动人行道 | 垂直净高 | 自动扶梯的梯级、自动人行道的踏板或胶带上空，垂直净高不应＜2.30m | 《民用建筑设计统一标准》GB 50325—2019第6.9.2条 |
| | 单向设置时 | 自动扶梯和层间相通的自动人行道单向设置时，应就近布置相匹配的楼梯 | |
| | 上下层贯通空间防火 | 设置自动扶梯或自动人行道所形成的上下层贯通空间，应符合防火规范所规定的有关防火分区等要求 | |
| 栏杆 | 防攀爬构造、垂直杆件净距 | 楼梯、室内回廊、内天井等临空处的栏杆应采用防攀爬的构造，当采用垂直杆件做栏杆时，其杆件净距不应＞0.11m | 《民用建筑设计统一标准》GB 50325—2019第6.7.3条 |
| | | 临空高度＜24m时，栏杆高度不应＜1.05m，临空高度≥24m时，栏杆高度不应＜1.10m | |
| | 栏杆高度 | 人员密集的大型商业建筑的中庭应提高栏杆的高度，当采用玻璃栏板时，应符合现行行业标准《建筑玻璃应用技术规程》JGJ 113的规定 | 《商店建筑设计规范》JGJ 48—2014第4.1.6条 |
| 楼地面 | | 商业建筑中有大量人流、小型推车行驶的地面，其面层应采用防滑、耐磨、不易起尘的磨光地砖、花岗石、微晶玻璃石板或经增强的细石混凝土等材料 | 《全国民用建筑工程设计技术措施-规划、建筑、景观》（2009）第6.2.3条 |
| | | 存放食品、饮料或药物的房间，其存放物有可能与地面接触者，严禁采用有毒性的或有气味的塑料、涂料或沥青地面 | |
| 幕墙 | 全隐框玻璃幕墙 | 人员密集、流动性大的商业建筑，临近道路、广场及下部为出入口、人员通道的区域，严禁采用全隐框玻璃幕墙 | 《住房城乡建设部国家安全监管总局关于进一步加强玻璃幕墙安全防护工作的通知 建标[2015] 38号》 |
| | 缓冲区域 | 在二层及以上安装玻璃幕墙的，应在幕墙下方周边区域合理设置绿化带或裙房等缓冲区域，也可采用挑檐、防冲击雨篷等防护设施 | |
| 招牌、广告等附着物 | | 商店建筑外部的招牌、广告等附着物应与建筑物之间牢固结合，且凸出的招牌、广告等的底部至室外地面的垂直距离不应＜5m | 《商店建筑设计规范》JGJ 48—2014第4.1.3条 |
| 标识设计 | | 商业建筑标识设计应满足正常使用情况下人、车流和业态指引要求，并应满足紧急情况下疏散和避难指引要求 | 工程经验总结 |

## 19.3 结　　构

**结　　构**　　**表19.3**

| 类别 | 技术要求 | 规范依据 |
|---|---|---|
| 百货超市 | 活荷载5.0kPa | 《建筑结构荷载规范》DBJ 15—101—2014第5.1.1条 |

续表

| 类别 | | 技术要求 | 规范依据 |
|---|---|---|---|
| 大型仓储式商业使用荷载 | 储存笨重商品 | 30kPa | 《建筑结构荷载规范》DBJ 15—101—2014 第 5.1.2 条 |
| | 储存容重较大商品 | 20kPa | |
| | 储存容重较轻商品 | 15kPa | |
| | 储存轻泡商品 | 8kPa | |
| | 综合商品仓库 | 15kPa | |
| | 各类库房的底层地面 | 20kPa | |
| 玻璃顶棚 | | 根据工程经验，商业建筑公共空间玻璃顶棚常因经营需要，吊挂宣传条幅和大型装饰构筑物，故其钢架荷载取值宜对此作适当考虑 | 工程经验总结 |

# 19.4 给 排 水

给排水　　表 19.4

| 类别 | | 技术要求 | 规范依据 |
|---|---|---|---|
| 给水、排水 | 雨水设计重现期 | 一般场地不小于 5 年，下沉广场、车库出入口不小于 50 年，屋面不小于 10 年 | 《建筑给水排水设计规范》GB 50015—2003（2009 年版）第 4.9.5 条 |
| | 防止误饮误用 | 在非饮用水管道上接出水嘴或取水短管时，应采取防止误饮误用的措施 | 《建筑给水排水设计规范》GB 50015—2003（2009 年版）第 3.2.14 条 |
| | 超级市场生鲜食品区、菜市场 | 超级市场生鲜食品区、菜市场应设给水和排水设施，采用明沟排水时，排水沟与排水管道连接处应设置格栅或带网框地漏，并应设水封装置 | 《商店建筑设计规范》JGJ 48—2014 第 7.1.6 条 |
| | 防结露 | 对于可能结露的给水排水管道，应采取防结露措施 | 《商店建筑设计规范》JGJ 48—2014 第 7.1.7 条 |
| | 通气立管 | 公共卫生间的生活污水立管应设通气立管 | 《建筑给水排水设计规范》GB 50015—2003（2009 年版）第 4.6.2 条 |
| | 地漏 | 带水封的地漏水封深度不得小于 50mm<br>应优先采用具有防涸功能的地漏<br>食堂、厨房和公共浴室等排水宜设置网框式地漏<br>严禁采用钟罩（扣碗）式地漏 | 《建筑给水排水设计规范》GB 50015—2003（2009 年版）第 4.5.9 条、第 4.5.10 条、第 4.5.10A 条 |
| | 沉箱底部排水 | 下沉式卫生间、厨房间等有可能积水的沉箱底部应设排水措施 | 参见《深圳市建筑防水工程技术规范》SJG 19—2013 第 7.2.5 条 |

续表

| 类别 | | 技术要求 | 规范依据 |
|---|---|---|---|
| 消防设施 | 消防软管卷盘 | 商业建筑和建筑面积＞200m² 的商业服务网点内应设置消防软管卷盘或轻便消防水龙 | 《建筑设计防火规范》GB 50016—2014（2018年版）第8.2.4条 |
| | 设备室 | 大型商业建筑中的变配电室、特殊重要设备室应设置自动灭火系统，并宜采用气体灭火系统 | 《建筑设计防火规范》GB 50016—2014（2018年版）第8.3.9条<br>《大型商业建筑设计防火规范》DBJ 50—054—2013第7.1.12条 |
| | 自动喷水灭火系统 | 公共娱乐场所、中庭环廊、地下商业及仓储用房宜采用快速响应喷头 | 《自动喷水灭火系统设计规范》GB 50084—2017第6.1.7条 |
| | | 净空高度大于800mm的闷顶和技术夹层内应设置洒水喷头，当同时满足下列情况时，可不设置洒水喷头：<br>1. 闷顶内敷设的配电线路采用不燃材料套管或封闭式金属线槽保护；<br>2. 风管保温材料等采用不燃、难燃材料制作；<br>3. 无其他可燃物 | 《自动喷水灭火系统设计规范》GB 50084—2017第7.1.11条 |

# 19.5 暖通空调

**暖通空调** **表19.5**

| 类别 | | 技术要求 | 规范依据 |
|---|---|---|---|
| 供暖、通风和空气调节 | 应急预案 | 公共场所经营者应当制定预防空调系统传播疾病的应急预案 | 《公共场所集中空调通风系统卫生规范》WS 394—2012第5.5条～第5.7条 |
| | | 应包括不同送风区域隔离控制措施、最大新风量或全新风运行方案、空调系统的清洗消毒方法等 | |
| | 空气传播性传染病流行期间 | 卫生应满足卫生行政部门的相应要求 | |
| | 新风系统 | 集中空调系统的新风应直接取自室外，不应从机房、楼道及天棚吊顶等处间接吸取新风 | 《公共场所集中空调通风系统卫生规范》WS 394—2012第3.8条 |
| | 集中空调系统的新风口 | 应设置防护网和初效过滤器 | 《公共场所集中空调通风系统卫生规范》WS 394—2012第3.9条 |
| | | 设置在室外空气清洁的地点，远离开放式冷却塔和其他污染源 | |

续表

| 类别 | | 技术要求 | 规范依据 |
|---|---|---|---|
| 供暖、通风和空气调节 | 集中空调系统的新风口 | 低于排风口 | 《公共场所集中空调通风系统卫生规范》WS 394—2012 第 3.9 条 |
| | | 进风口的下缘距室外地坪宜≥2m，当设在绿化地带时，宜≥1m | |
| | | 进排风不应短路 | |
| | 集中空调系统应具备的设施 | 应急关闭回风和新风的装置 | 《公共场所集中空调通风系统卫生规范》WS 394—2012 第 3.6 条 |
| | | 控制空调系统分区域运行的装置 | |
| | | 供风管系统清洗、消毒用的可开闭窗口，或便于拆卸的≥300mm×250mm 的风口 | |
| 消防设施 | | 供暖、通风和空气调节系统应采取防火措施 | 《建筑设计防火规范》GB 50016—2014（2018 年版）第 9.1.1 条 |
| | | 防排烟风道、事故通风风道及相关设备应采用抗震支吊架 | 《建筑机电工程抗震设计规范》GB 50981—2014 第 5.1.4 条 |

## 19.6 电　　气

**电　　气**　　　　**表 19.6**

| 类别 | | 技术要求 | 规范依据 |
|---|---|---|---|
| 电气设施 | 室内照明设计 | 商店建筑内的照明设计应与室内设计及商店工艺设计同步进行，一般照明、局部重点照明和装饰艺术照明应有机结合 | 《商店建筑设计规范》JGJ 48—2014 第 7.3.2 条 |
| | 夜间照明设计 | 大中型商店建筑、步行商业街应做建筑夜间照明设计，并满足相应安全通行照度要求 | 工程经验总结 |
| | 应急疏散 | 大中型商店建筑及建筑面积≥500m² 的地下和半地下商店通往安全出口的疏散走道地面上设置能够保持视觉连续的灯光或蓄光疏散指示标志 | 《商店建筑电气设计规范》JGJ 392—2016 第 5.3.6 条 |
| 电气设施 | 电气安全标志 | 商店建筑内电气用房、公共区域电气设备等应设置相应电气安全标志，标志的颜色、几何形状、尺寸应符合《电气安全标志》GB/T 29481 的规定 | 工程经验总结 |
| | 消防控制室 | 应采取防水淹的技术措施，不应设置在电磁场干扰较强及其他可能影响消防控制设备正常工作的房间附近 | 《民用建筑电气设计规范》JGJ 16—2008 第 3.4.6 条、第 3.4.7 条 |

续表

| 类别 | | 技术要求 | 规范依据 |
|---|---|---|---|
| 配变电室、所 | 设置位置 | 配变电所不应设在厕所、浴室、厨房或其他经常积水场所的正下方，且不宜与上述场所贴邻；如果贴邻，相邻隔墙应做无渗漏、无结露等防水处理 | 《20kV及以下变电所设计规范》GB 50053—2013第2.0.1条、第2.0.3条、第6.2.4条、第6.2.6条、第6.2.9条 |
| | | 装有可燃油电气设备的变配电室，不应设在人员密集场所的正上方、正下方、贴邻和疏散出口的两旁，不应设置在低洼和可能积水的场所 | |
| | | 当配变电所的正上方、正下方为居住、客房、办公室等场所时，配变电所应作屏蔽处理 | |
| | | 配变电所可设置在建筑物的地下层，但不宜设置在最底层 | |
| | 封闭设计 | 变压器室、配电室等应设置防雨雪和小动物从采光窗、通风窗、门、电缆沟等进入室内的设施 | |
| | 防水、排水措施 | 变配电室的电缆夹层、电缆沟和电缆室应采取防水、排水措施 | |
| | 地面 | 变配电室地面应抬高200～300mm，防止进水 | |
| | 出口 | 长度大于7m的配电装置室应设两个出口，并宜布置在配电室的两端 | |
| 民用建筑内的柴油发电机房 | 设置位置 | 不应布置在人员密集场所的上一层、下一层或贴邻 | 《建筑设计防火规范》GB 50016—2014（2018年版）第5.4.13条、第5.4.15条 |
| | 防火分隔 | 应采用耐火极限≥2.00h的防火隔墙和≥1.50h的不燃性楼板与其他部位分隔，门应采用甲级防火门 | |
| | 储油间 | 机房内设置储油间时，其总储存量应≤1m³，储油间应采用耐火极限≥3.00h的防火隔墙与发电机间分隔；确需在防火隔墙上开门时，应设置甲级防火门 | |
| | | 储油间的油箱应密闭且应设置通向室外的通气管，通气管应设置带阻火器的呼吸阀，油箱的下部应设置防止油品流散的设施 | |
| | 切断阀 | 在进入建筑物前和设备间内的管道上均应设置自动和手动切断阀 | |
| | 隔声措施 | 发电机房应采取机组消声及机房隔声综合治理措施 | 《民用建筑电气设计规范》JGJ 16—2008第6.1.3条 |
| | 排烟 | 排烟管道应装设消声器，达到环境保护要求 | |

续表

| 类别 | | 技术要求 | 规范依据 |
| --- | --- | --- | --- |
| 设备、管线安装 | | 电缆桥架、保护管及相关设备安装应采取抗震措施 | 《建筑机电工程抗震设计规范》GB 50981—2014 第7.1条、第7.4条 |
| 智能化系统 | 机房位置 | 不应设在厕所、浴室或其他经常积水场所的正下方，且不宜与上述场所相贴临。重要机房应远离强磁场所 | 《民用建筑电气设计规范》JGJ 16—2008 第23.2.1条 |
| | 防雷 | 信息系统应根据系统的等级采取防雷措施，应做等电位联结 | 《建筑物电子信息系统防雷技术规范》GB 50343—2012 第4.1条、第5.2.2条 |

# 20 博物馆建筑

## 20.1 藏品保存环境

### 20.1.1 基本要求

**基本要求** **表 20.1.1**

| 技术要求 | 规范依据 |
|---|---|
| 稳定的、适于藏品长期保存的环境 | 《博物馆建筑设计规范》JGJ 66—2015 第6.0.1条、第6.0.2条 |
| 防止藏品受人为破坏的安全条件 | |
| 不遭受火灾危险的消防条件 | |
| 保障藏品保存环境、安全和消防条件等不受破坏的监控设施 | |
| 对温度、相对湿度、空气质量、污染物浓度、光辐射的控制 | |
| 防生物危害、防水、防潮、防尘、防振动、防地震、防雷等 | |

### 20.1.2 温湿度控制

**温湿度控制** **表 20.1.2-1**

| 用　房 | 原 则 | 技术要求 | 规范依据 |
|---|---|---|---|
| 收藏、展示或修复对温度、湿度敏感藏品的库房、展厅、藏品技术用房等 | 应设置空气调节设备；其温度和相对湿度应保持稳定 | 温度日较差应控制在2～5℃范围，相对湿度日波动值应控制在5%以内，并应根据藏品材质类别确定 | 《博物馆建筑设计规范》JGJ 66—2015 第6.0.3条 |
| 未设空气调节设备的藏品库房 | 贯彻恒湿变温的原则 | 相对湿度不应大于70%<br>昼夜间的相对湿度差不宜大于5% | |

注：温度、相对湿度及其变化幅度的限值应根据藏品的材质类别及相关因素确定。

**博物馆藏品保存环境相对湿度标准** **表 20.1.2-2**

| 材质 | 藏　品 | 温度（℃） | 相对湿度（%） | 规范依据 |
|---|---|---|---|---|
| 金属 | 青铜器、铁器、金银器、金属币 | 20 | 0～40 | 《博物馆建筑设计规范》JGJ 66—2015 第6.0.3条 |
| | 锡器、铅器 | 25 | 0～40 | |
| | 珐琅器、搪瓷器 | 20 | 40～50 | |
| 硅酸盐 | 陶器、陶俑、唐三彩、紫砂器、砖瓦 | 20 | 40～50 | |
| | 瓷器 | 20 | 40～50 | |
| | 玻璃器 | 20 | 0～40 | |

续表

| 材质 | 藏　品 | 温度（℃） | 相对湿度（%） | 规范依据 |
|---|---|---|---|---|
| 岩石 | 石器、碑刻、石雕、石砚、画像石、岩画、玉器、宝石 | 20 | 40～50 | 《博物馆建筑设计规范》JGJ 66—2015 第 6.0.3 条 |
| | 古生物化石、岩矿标本 | 20 | 40～50 | |
| | 彩绘泥塑、壁画 | 20 | 40～50 | |
| 纸类 | 纸张、文献、经卷、书法、国画、书籍、拓片、邮票 | 20 | 50～60 | |
| 织品类、油画等 | 丝毛棉麻纺织品、织绣、服装、帛书、唐卡、油画 | 20 | 50～60 | |
| 竹木制品类 | 漆器、木器、木雕、竹器、藤器、家具、版画 | 20 | 50～60 | |
| 动植物材料 | 象牙制品、甲骨制品、角制品、贝壳制品 | 20 | 50～60 | |
| | 皮革、皮毛 | 5 | 50～60 | |
| | 动物标本、植物标本 | 20 | 50～60 | |
| 其他 | 黑白照片及胶片 | 15 | 40～50 | |
| | 彩色照片及胶片 | 0 | 40～50 | |

### 20.1.3 防污染控制

**防污染控制**　　**表 20.1.3-1**

| 区域 | 技　术　要　求 | 规范依据 |
|---|---|---|
| 藏品保存场所 | 墙体内壁材料应易清洁、易除尘并能增加墙体密封性<br>地面材料应防滑、耐磨、消声、无污染、易清洁、具弹性 | 《建筑设计资料集》第三版第四册博物馆［16］藏品保护 |
| 藏品区域 | 应配备空气净化过滤系统 | |
| 固定的保管和陈列装具 | 应采用环保材料 | |

**藏品库房、展厅空气中烟雾灰尘和有害气体浓度限值**　　**表 20.1.3-2**

| 污染物 | 日平均浓度限值（$mg/m^3$） | 规范依据 |
|---|---|---|
| 二氧化硫 | ≤0.05 | 《博物馆建筑设计规范》JGJ 66—2015 第 6.0.4 条 |
| 二氧化氮 | ≤0.08 | |
| 一氧化碳 | ≤4.00 | |
| 臭氧 | ≤0.12（1h 平均浓度限值） | |
| 可吸入颗粒物 | ≤0.12 | |

藏品库房室内环境污染物浓度限值　　表 20.1.3-3

| 污染物 | 日平均浓度限值（mg/m³） | 规范依据 |
| --- | --- | --- |
| 甲醛 | ≤0.08 | 《博物馆建筑设计规范》JGJ 66—2015 第 6.0.5 条 |
| 苯 | ≤0.09 | |
| 氨 | ≤0.2 | |
| 氡 | ≤200BQ/m³ | |
| 总挥发性有机化合物 | ≤0.5 | |

### 20.1.4 建筑构件、构造

建筑构件、构造　　表 20.1.4

| 部　位 | 要　　求 | 规范依据 |
| --- | --- | --- |
| 门窗 | 符合保温、密封、防生物入侵、防日光和紫外线辐射、防窥视的要求 | 《博物馆建筑设计规范》JGJ 66—2015 第 6.0.7 条 |
| 库房区通风外窗 | 窗墙比不宜大于 1∶20，且不应采用跨层或跨间的窗户 | |
| 室内装修 | 宜采用在使用中不产生挥发性气体或有害物质，在火灾事故中不产生烟尘和有害物质的材料 | |
| 操作平台、藏具、展具 | 应牢固，表面平整，构造紧密 | |
| 易碎易损藏品及展品 | 应采取防振、减振措施 | |

### 20.1.5 防盗

防　　盗　　表 20.1.5

| 区域 | 技 术 要 求 | 规范依据 |
| --- | --- | --- |
| 藏品库区 | 不宜开设除门窗外的其他洞口，否则应采取防火、防盗措施 | 《建筑设计资料集》第三版第四册博物馆［16］藏品保护 |
| 珍品库 | 不宜设窗 | |
| 藏品库房总门、珍品库房和陈列室 | 应设置安全监控系统和防盗自动报警系统 | |
| 展柜 | 必须安装安全锁，并配备安全玻璃 | |
| 展柜的照明空间、设备空间、检修空间 | 与展示空间要有隔离措施，避免内部人员检修时对展品的保管安全造成威胁 | |

### 20.1.6 防潮和防水

防潮和防水　　表 20.1.6

| 区　域 | 技术要求 | 规范依据 |
|---|---|---|
| 屋面防水等级 | Ⅰ级 | 《建筑设计资料集》第三版第四册博物馆［16］藏品保护 |
| 地下防水等级 | Ⅰ级 | |
| 平屋面的屋面排水坡度 | ≥5% | |
| 夏热冬冷和夏热冬暖地区的平屋面 | 宜设置架空隔热层 | |
| 珍品库、无地下室的首层库房、地下库房 | 必须采取防潮、防水和防结露措施 | |
| 库房区的楼地面 | 应比库房区外高出 15mm | |
| 藏品库房、展厅设置在地下室或半地下室 | 应设置可靠的地坪排水装置 | |
| 排水泵 | 应设置排水管单独排至室外，排水管不得产生倒灌现象 | |

注：库房区当采用水消防时，地面应有排水设施，确保库房地面不受水浸。

### 20.1.7 防生物危害

防生物危害　　表 20.1.7

| 区　域 | 技术要求 | 规范依据 |
|---|---|---|
| 藏品保存场所 | 门下沿与楼地面之间的缝隙不得大于 5mm | 《建筑设计资料集》第三版第四册博物馆［16］藏品保护 |
| 藏品库房、陈列室 | 应在通风孔洞设置防鼠、防虫装置 | |
| 管道通过的墙面、楼面、地面等处 | 均应用不燃材料填塞密实 | |
| 建筑物的木质材料 | 应经消毒杀虫处理 | |
| 利用非文物的旧建筑改造的博物馆建筑 | 宜将其地基砖木结构改成石质结构和钢筋水泥材料 | |

## 20.2 光　环　境

### 20.2.1 基本要求

基本要求　　表 20.2.1

| 技术要求 | 规范依据 |
|---|---|
| 充分考虑减少照明对文物的损害 | 《建筑设计资料集》第三版第四册博物馆［14］光环境 |
| 不应有直射阳光 | |
| 采光口应有减少紫外辐射、调节和限制天然光照度值和减少曝光时间的构造措施 | |
| 应有防止产生直接眩光、反射眩光、映像和光幕反射等现象的措施 | |
| 展厅室内天棚、地面、墙面应选择无反光的饰面材料 | |

### 20.2.2 眩光控制

应选择有效控制眩光的照明方式及眩光抑制良好的灯具，最大限度地避免眩光对观展人的影响。

眩光控制　　表 20.2.2

| 常用的控制灯具眩光的光学配件 | 规范依据 |
| --- | --- |
| 防眩光套 | 《建筑设计资料集》第三版第四册博物馆［15］光环境 |
| 遮光扉页 | |
| 蜂窝网 | |
| 防眩光环 | |

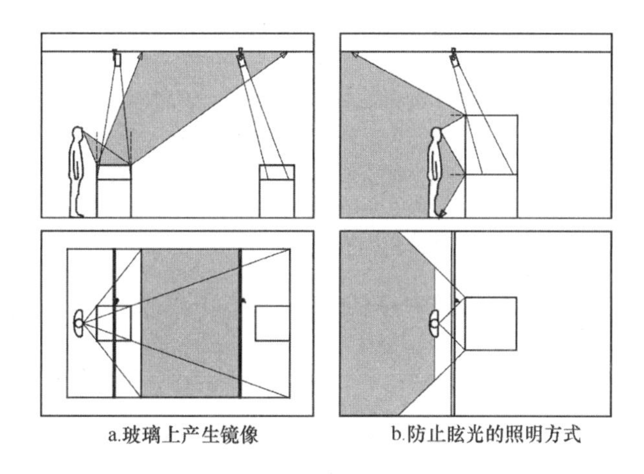

a.玻璃上产生镜像　　b.防止眩光的照明方式

注：阴影部分是在玻璃上产生镜像的区域。在此区域内，不应安装灯具；如确需安装，应通过调节灯具的投光角度或者减少灯具出光口亮度的方式来抑制眩光。

## 20.3 建 筑 防 火

### 20.3.1 耐火等级

博物馆建筑耐火等级　　表 20.3.1

| 耐火等级 | 博物馆建筑类型 | 规范依据 |
| --- | --- | --- |
| 二级 | 一般博物馆建筑 | 《博物馆建筑设计规范》JGJ 66—2015 第 7.1.2 条 |
| 一级 | 地下或半地下建筑和高层建筑 | |
| | 总建筑面积＞10000m$^2$的建筑 | |
| | 重要博物馆建筑 | |

### 20.3.2 防火分区

博物馆防火分区面积　　表 20.3.2

| 功能区域 | 博物馆类型 | 防火分区设计要求 | 规范依据 |
| --- | --- | --- | --- |
| 陈列展览区 | 一般博物馆 | 单层、多层建筑应≤2500m$^2$ | 《博物馆建筑设计规范》JGJ 66—2015 第 7.2.3 条、第 7.2.8 条 |
| | | 高层建筑应≤1500m$^2$ | |
| | | 地下或半地下建筑应≤500m$^2$ | |
| | | 设自动灭火系统时，防火分区面积可以增加一倍 | |

续表

| 功能区域 | 博物馆类型 | 防火分区设计要求 | 规范依据 |
|---|---|---|---|
| 陈列展览区 | 一般博物馆 | 防火分区内一个厅、室的建筑面积应≤1000$m^2$；展厅为单层或位于首层，且展厅内展品的火灾危险性为丁、戊类物品时，展厅面积可适当增加，但宜≤2000$m^2$ | 《博物馆建筑设计规范》JGJ 66—2015第7.2.3条、第7.2.8条 |
| | 科技馆和技术博物馆（展品火灾危险性为丁、戊类物品）并设有自动灭火系统和火灾自动报警系统 | 设在高层建筑内时应≤4000$m^2$ | |
| | | 设在单层建筑内或多层建筑的首层时应≤10000$m^2$ | |
| | | 设在地下或半地下时应≤2000$m^2$ | |
| | | 单个展厅的建筑面积宜≤2000$m^2$ | |
| 藏品库区 | 藏品火灾危险性类别为丙类液体 | 设在单层或多层建筑的首层时应≤1000$m^2$ | |
| | | 在多层建筑时应≤700$m^2$ | |
| | 藏品火灾危险性类别为丙类固体 | 设在单层或多层建筑的首层时应≤1500 $m^2$ | |
| | | 多层建筑应≤1200$m^2$ | |
| | | 高层建筑应≤1000$m^2$ | |
| | | 地下或半地下建筑应≤500$m^2$ | |
| | | 设在单层或多层建筑的首层时，应≤3000$m^2$ | |
| | 藏品火灾危险性类别为丁类 | 设在单层或多层建筑的首层时，应≤3000$m^2$ | |
| | | 多层建筑应≤1500$m^2$ | |
| | | 高层建筑应≤1200$m^2$ | |
| | | 地下或半地下建筑应≤1000$m^2$ | |
| | 藏品火灾危险性类别为戊类 | 设在单层或多层建筑的首层时，应≤4000$m^2$ | |
| | | 多层建筑应≤2000$m^2$ | |
| | | 高层建筑应≤1500$m^2$ | |
| | | 地下或半地下建筑应≤1000$m^2$ | |

注：当藏品库区内全部设置自动灭火系统和火灾自动报警系统时，可按表内规定增加1倍。

### 20.3.3 安全疏散

陈列展览区每个防火分区的疏散人数应按区内全部展厅的高峰限制之和计算确定。展厅内观众的合理密度和高峰密度如下所示。

**展厅观众合理密度 $e_1$ 和展厅观众高峰密度 $e_2$** **表 20.3.3-1**

| 编号 | 展品特征 | 展览方式 | 展厅观众合理密度 $e_1$（人/$m^2$） | 展厅观众高峰密度 $e_2$（人/$m^2$） | 规范依据 |
|---|---|---|---|---|---|
| Ⅰ | 设置玻璃橱、柜保护的展品 | 沿墙布置 | 0.18～0.20 | 0.34 | 《建筑设计资料集》第三版第四册博物馆［6］陈列展览区 |
| Ⅱ | | 沿墙、岛式混合布置 | 0.14～0.16 | 0.28 | |
| Ⅲ | 设置安全警告线保护的展品 | 沿墙布置 | 0.15～0.17 | 0.25 | |
| Ⅳ | | 沿墙、岛式、隔板混合布置 | 0.14～0.16 | 0.23 | |
| Ⅴ | 无须特殊保护或互动性的展品 | 展品沿墙布置 | 0.18～0.20 | 0.34 | |
| Ⅵ | | 展品沿墙、岛式、隔板混合布置 | 0.16～0.18 | 0.30 | |
| Ⅶ | 展品特征和展览方式不确定（临时展厅） | | — | 0.34 | |
| Ⅷ | 展品展示空间与陈列展览区的交通空间无间隔（综合大厅） | | — | 0.34 | |

注：本表不适于展品占地率大于40%的展厅；计算综合大厅高峰限值M2时，展厅净面积应按综合大厅中展示区域面积计算。

**安全疏散类别及技术要求** **表 20.3.3-2**

| 类　别 | 技术要求 | 规范依据 |
|---|---|---|
| 展厅内任一点至最近疏散门或安全出口的直线距离 | ≤30m | 《建筑设计防火规范》GB 50016—2014（2018年版）第5.5.17条 |
| 当疏散门不能直通室外地面或疏散楼梯间时，应采用直通至最近的安全出口的疏散走道长度 | ≤10m | |
| 位于两个安全出口之间的疏散门至最近安全出口的直线距离 | ≤30m | |
| 位于袋形走道两侧或尽端的疏散门至最近安全出口的直线距离 | ≤15m | |

注：设置自动喷水灭火系统时，室内任一点至最近安全出口的安全疏散距离可分别增加25%。

### 20.3.4 其他要求

**其他要求** **表 20.3.4**

| 类　别 | 技 术 要 求 | 规范依据 |
|---|---|---|
| 藏品保存场所的安全疏散楼梯 | 应采用封闭楼梯间或防烟楼梯间 | 《建筑设计资料集》第三版第四册博物馆［16］藏品保护 |
| 电梯 | 应设前室或防烟前室 | |
| 藏品库区电梯和安全疏散楼梯 | 不应设在库房区内 | |
| 珍品库和一级纸（绢）质文物的展厅 | 应设置气体灭火系统 | |
| 藏品数在1万件以上的特大型、大型、中（一）型、中（二）型博物馆的藏品库房和藏品保护技术室、图书资料室 | 应设置气体灭火系统 | |
| 其他博物馆展厅、藏品库房、藏品技术保护室、图书资料室等 | 可设置细水雾灭火系统或自动喷水预作用灭火系统，此时对陈列有机质地藏品的陈列柜和收藏箱柜应采用不燃材料且密封严实 | |

# 21 图书馆建筑

## 21.1 文献资料防护

### 21.1.1 基本要求

基本要求 表 21.1.1

| 技术要求 | 规范依据 |
|---|---|
| 应包括围护结构保温、隔热、温度和湿度要求、防水、防潮、防尘、防有害气体、防阳光直射和紫外线照射、防磁、防静电、防虫、防鼠、消毒和安全防范等 | 《图书馆建筑设计规范》JGJ 38—2015 第5.1.1条 |
| 各类书库的防护要求应根据图书馆的性质、规模、重要性及书库类型确定 | 《图书馆建筑设计规范》JGJ 38—2015 第5.1.2条 |

### 21.1.2 温湿度要求

基本书库与特藏书库、阅览室温湿度要求 表 21.1.2-1

| 用房或场所 | 温度变化（℃） | 相对湿度变化（%） | 规范依据 |
|---|---|---|---|
| 基本书库 | 5～30 | 30～65 | 《图书馆建筑设计规范》JGJ 38—2015 第8.2.3条 |
| 特藏书库 | ≤±2 | ≤±5 | 《图书馆建筑设计规范》JGJ 38—2015 第8.2.4条 |
| 特藏阅览室 | ≤±2 | ≤±10 | |

其他部分的温湿度控制应根据其不同的要求进行设计，详见表 21.1.2-2 和表 21.1.2-3。

集中采暖系统室内温度设计参数 表 21.1.2-2

| 房间名称 | 室内温度（℃） | 房间名称 | 室内温度（℃） | 规范依据 |
|---|---|---|---|---|
| 少年儿童阅览室 | 20 | 会议室 | 18 | 《图书馆建筑设计规范》JGJ 38—2015 第8.2.1条表8.2.1-1 |
| 普通阅览室 | | 报告厅（多功能厅） | | |
| 舆图阅览室 | | 装裱、修整室 | | |
| 缩微阅览室 | | 复印室 | | |
| 电子阅览室 | | 门厅 | 16 | |
| 开架阅览室、开架书库 | | 走廊 | | |
| 视听室 | | 楼梯间 | | |
| 研究室 | | 卫生间 | | |

续表

| 房间名称 | 室内温度（℃） | 房间名称 | 室内温度（℃） | 规范依据 |
| --- | --- | --- | --- | --- |
| 内部业务办公室 | 20 | 基本书库 | 14 | 《图书馆建筑设计规范》JGJ 38—2015 第 8.2.1 条表 8.2.1-1 |
| 目录、出纳厅（室） | | 特藏书库 | | |
| 读者休息室 | | 陈列室 | | |

**空气调节系统室内设计参数** **表 21.1.2-3**

<table>
<tr><th colspan="3" rowspan="2">房间名称</th><th rowspan="2">感光层</th><th colspan="2">干球温度（℃）</th><th colspan="2">相对湿度（%）</th><th colspan="2">风速（m/s）</th></tr>
<tr><th>冬</th><th>夏</th><th>冬</th><th>夏</th><th>冬</th><th>夏</th></tr>
<tr><td rowspan="6">特藏书库</td><td colspan="2">珍善本书库</td><td></td><td colspan="2">14～24</td><td colspan="2">45～60</td><td colspan="2">—</td></tr>
<tr><td rowspan="4">缩微胶卷胶片及照片</td><td>长期（100 年以上）保存</td><td rowspan="2">银-明胶型<br>干银<br>微泡<br>重氮</td><td colspan="2">≤21<br>≤15<br>≤10</td><td colspan="2">20～30<br>20～40<br>20～50</td><td colspan="2">—</td></tr>
<tr><td>中期（10 年以上）保存</td><td colspan="2">≤25</td><td colspan="2">20～50</td><td colspan="2">—</td></tr>
<tr><td>长期（100 年以上）保存</td><td>彩色</td><td colspan="2">≤2<br>≤−3<br>≤−10</td><td colspan="2">20～30<br>20～40<br>20～50</td><td colspan="2">—</td></tr>
<tr><td>中期（10 年以上）保存</td><td>彩色</td><td colspan="2">≤25</td><td colspan="2">20～50</td><td colspan="2">—</td></tr>
<tr><td colspan="2">唱片、光盘库</td><td>—</td><td colspan="2">15～20</td><td colspan="2">25～45</td><td colspan="2">—</td></tr>
<tr><td colspan="3">少年儿童阅览室</td><td>—</td><td>18～20</td><td>25～27</td><td>30～60</td><td>40～65</td><td><0.2</td><td><0.3</td></tr>
<tr><td colspan="3">普通阅览室</td><td>—</td><td>18～20</td><td>25～27</td><td>30～60</td><td>40～65</td><td><0.2</td><td><0.3</td></tr>
<tr><td colspan="3">缩微阅览室</td><td>—</td><td>18～20</td><td>25～27</td><td>30～60</td><td>40～65</td><td><0.2</td><td><0.3</td></tr>
<tr><td colspan="3">电子阅览室</td><td>—</td><td>18～20</td><td>25～27</td><td>30～60</td><td>40～65</td><td><0.2</td><td><0.3</td></tr>
<tr><td colspan="3">开架阅览室、开架书库</td><td>—</td><td>18～20</td><td>25～27</td><td>30～60</td><td>40～65</td><td><0.2</td><td><0.3</td></tr>
<tr><td colspan="3">基本书库</td><td>—</td><td>≥14</td><td>≤28</td><td>30～60</td><td>40～65</td><td><0.2</td><td><0.3</td></tr>
<tr><td colspan="3">视听室</td><td>—</td><td>18～20</td><td>25～27</td><td>30～60</td><td>40～65</td><td><0.2</td><td><0.3</td></tr>
<tr><td colspan="3">报告厅</td><td>—</td><td>18～20</td><td>24～27</td><td>30～60</td><td>40～65</td><td><0.2</td><td><0.3</td></tr>
<tr><td colspan="3">会议室</td><td>—</td><td>18～20</td><td>25～27</td><td>30～60</td><td>40～65</td><td><0.2</td><td><0.3</td></tr>
<tr><td colspan="3">目录、出纳厅（室）</td><td>—</td><td>18～20</td><td>25～27</td><td>30～60</td><td>40～65</td><td><0.2</td><td><0.3</td></tr>
<tr><td colspan="3">研究室</td><td>—</td><td>18～20</td><td>25～27</td><td>30～60</td><td>40～65</td><td><0.2</td><td><0.3</td></tr>
<tr><td colspan="3">内部业务办公室</td><td>—</td><td>18～20</td><td>25～27</td><td>30～60</td><td>40～65</td><td><0.2</td><td><0.3</td></tr>
<tr><td colspan="3">装裱、修整室</td><td>—</td><td>18～20</td><td>25～27</td><td>30～60</td><td>40～65</td><td><0.2</td><td><0.3</td></tr>
<tr><td colspan="3">美工室</td><td>—</td><td>18～20</td><td>25～27</td><td>30～60</td><td>40～65</td><td><0.2</td><td><0.3</td></tr>
<tr><td colspan="3">公共活动空间</td><td>—</td><td>18～20</td><td>25～27</td><td>30～60</td><td>40～65</td><td><0.2</td><td><0.3</td></tr>
<tr><td colspan="10">规范依据：《图书馆建筑设计规范》JGJ 38—2015 第 8.2.1 条表 8.2.1-2</td></tr>
</table>

### 21.1.3 防水和防潮

防水与防潮措施 表 21.1.3

| 用房或场所 | | 防水与防潮措施 | 规范依据 |
|---|---|---|---|
| 书库 | 室外场地 | 排水通畅，防止积水倒灌 | 《图书馆建筑设计规范》JGJ 38—2015 第 5.3 条 |
| | 室内 | 防止地面、墙身返潮，不得出现结露现象 | |
| | 底层地面基层 | 采用架空地面或其他防潮设施 | |
| | 设于地下室时 | 不应跨越变形缝，防水等级应为一级 | |
| 屋面 | 雨水宜采用有组织外排法，不得在屋面上直接放置水箱等蓄水设施。当采用内排水时，雨水管道应采取防渗漏措施 | | |

### 21.1.4 防尘和防污染

防尘和防污染措施 表 21.1.4

| 用房或场所 | | 防尘和防污染措施 | 规范依据 |
|---|---|---|---|
| 图书馆室外环境绿化 | | 宜选择具有净化空气能力的树种 | 《图书馆建筑设计规范》JGJ 38—2015 第 5.4 条 |
| 书库 | 楼、地面 | 应坚实耐磨 | |
| | 墙面、顶棚 | 应表面平整、不易积灰 | |
| | 外门窗 | 应有防尘的密闭措施 | |
| 特藏书库 | | 应设固定窗，必要时可设少量开启窗扇 | |
| 锅炉房、除尘室、洗印暗室等用房 | | 应设在对图书馆污染影响较少部位，并应设通风设施 | |

### 21.1.5 防日光直射和紫外线照射

防日光直射和紫外线照射措施 表 21.1.5

| 用房或场所 | 防日光直射和紫外线照射措施 | 规范依据 |
|---|---|---|
| 书库及阅览室 | 采用天然采光的，应采取遮阳措施，防止阳光直射 | 《图书馆建筑设计规范》JGJ 38—2015 第 5.5 条 |
| | 应采取消除或减轻紫外线对文献资料危害的措施 | |
| 珍善本书库及其阅览室 | 人工照明应采取防止紫外线的措施 | |

### 21.1.6 防磁和防静电

防磁和防静电措施 表 21.1.6

| 用房或场所 | 防磁和防静电 | 规范依据 |
|---|---|---|
| 计算机房和数字资源储存区域 | 应远离产生强磁干扰的设备，并应符合现行国家标准《电子信息系统机房设计规范》GB 50174 的规定 | 《图书馆建筑设计规范》JGJ 38—2015 第 5.6 条 |
| | 楼、地面应采用防静电的饰面材料 | |

### 21.1.7 防虫和防鼠

防虫和防鼠措施 表 21.1.7

| 用房或场所 | 防虫和防鼠措施 | 规范依据 |
| --- | --- | --- |
| 图书馆的绿化 | 应选择不滋生、引诱害虫的植物 | 《图书馆建筑设计规范》JGJ 38—2015 第 5.7 条 |
| 书库外窗的开启扇 | 应采取防蚊蝇的措施 | |
| 食堂、快餐室、食品小卖部等 | 应远离书库布置 | |
| 鼠患地区 | 宜采用金属门，门下沿与楼地面之间的缝隙应≤5mm；墙身通风口应用金属网封罩 | |
| 白蚁危害地区 | 应对木质构件及木制品等采取白蚁防治措施 | |

### 21.1.8 安全防范

安全防范措施 表 21.1.8

| 用房或场所 | 安全防范措施 | 规范依据 |
| --- | --- | --- |
| 主要出入口、特藏书库、开架阅览室、系统网络机房等<br>位于底层及有入侵可能部位的外门窗 | 应设安全防范装置 | 《图书馆建筑设计规范》JGJ 38—2015 第 5.8 条<br>《安全防范工程技术规范》GB 50348—2018 |
| 各通道出入口 | 宜设置出入口控制系统，并应按开放时间、区域、使用功能等需求设置安全防范系统 | |
| 陈列和贮藏珍贵文献资料的房间 | 应能单独锁闭，并应设置入侵报警系统 | |

## 21.2 建 筑 防 火

### 21.2.1 耐火等级

建筑耐火等级 表 21.2.1

| 耐火等级 | 图书馆建筑类型 | 规范依据 |
| --- | --- | --- |
| 一级 | 藏书量超过 100 万册的高层图书馆、书库 | 《图书馆建筑设计规范》JGJ 38—2015 第 6.1 条<br>《建筑设计防火规范》GB 50016—2014（2018 年版） |
| | 特藏书库 | |
| 不低于二级 | 除藏书量超过 100 万册的高层图书馆、书库之外的图书馆、书库 | |

### 21.2.2 防火分区

防火分区的相关规定 表 21.2.2

| 用房或场所 | | 最大允许建筑面积 | | 规范依据 |
| --- | --- | --- | --- | --- |
| 基本书库 | 采用防火墙和甲级防火门与其毗邻的其他部位分隔 | 单层建筑 | ≤1500m$^2$ | 《图书馆建筑设计规范》JGJ 38—2015 第 6.2 条 |
| 特藏书库 | | 建筑高度≤24m 的多层建筑 | ≤1200m$^2$ | |
| 密集书库 | | 建筑高度>24m | ≤1000m$^2$ | |
| 开架书库 | — | 地下室或半地下室 | ≤300m$^2$ | |

续表

| 用房或场所 | 最大允许建筑面积 | 规范依据 |
| --- | --- | --- |
| 当防火分区设有自动灭火系统 | 可按本规范规定增加1.0倍 | 《图书馆建筑设计规范》JGJ 38—2015第6.2条 |
| 当局部设置自动灭火系统 | 增加面积可按该局部面积的1.0倍计算 | |
| 阅览室及藏阅合一的开架阅览室 | 应按阅览室功能划分其防火分区 | |
| 采用积层书架的书库 | 防火分区面积应按书架层的面积合并计算 | |

### 21.2.3 消防设施

**消防设施设置** **表21.2.3**

| 用房或场所 | 消防设施 | 规范依据 |
| --- | --- | --- |
| 藏书量≥100万册 | 设火灾自动报警系统 | 《图书馆建筑设计规范》JGJ 38—2015第6.3条 |
| 建筑高度≥24m的书库以及特藏书库 | | |
| 非书资料库 | | |
| 珍善本书库 | 设火灾自动报警系统和气体等灭火系统 | |
| 特藏库 | 设气体等灭火系统 | |
| 系统网络机房、电子计算机房 | 宜设气体等灭火系统 | |
| 贵重设备用房（不宜用水扑救） | | |

### 21.2.4 安全疏散

**安全出口的相关规定** **表21.2.4-1**

| 用房或场所 | 安全出口 | 规范依据 |
| --- | --- | --- |
| 图书馆每层 | 不应少于两个，并应分散布置 | 《图书馆建筑设计规范》JGJ 38—2015第6.4.1条、第6.4.2条 |
| 书库每个防火分区 | 不应少于两个，但符合下列条件之一时，可设一个安全出口：<br>1. 占地面积不超过300m$^2$的多层书库；<br>2. 建筑面积不超过100m$^2$的地下、半地下书库 | |

**疏散设施的相关规定** **表21.2.4-2**

| 用房或场所 | 疏散设施的设计要求 | 规范依据 |
| --- | --- | --- |
| 建筑面积不超过100m$^2$的特藏书库 | 可设一个疏散门，并应为甲级防火门 | 《图书馆建筑设计规范》JGJ 38—2015第6.4.3条～第6.4.6条 |
| 当公共阅览室只设一个疏散门时 | 疏散门净宽度应≥1.20m | |
| 书库的疏散楼梯 | 宜设置在书库门附近 | |
| 图书馆需要控制人员随意出入的疏散门 | 可设置门禁系统，但在发生紧急情况时，应有易于从内部开启的装置，并应在显著位置设置标识和使用提示 | |

# 21.3 室 内 环 境

### 21.3.1 室内光环境

1. 图书馆建筑应充分利用自然条件，采用天然采光和自然通风。

2. 图书馆各类用房或场所的天然采光标准值不应小于表 21.3.1 规定。

各类用房或场所的天然采光标准值　　表 21.3.1

| 用房或场所 | 采光等级 | 侧面采光 | | | 顶部采光 | | | 规范依据 |
|---|---|---|---|---|---|---|---|---|
| | | 采光系数标准值（%） | 天然光照度标准值（lx） | 窗地面积比（$A_c/A_d$） | 采光系数标准值（%） | 天然光照度标准值（lx） | 窗地面积比（$A_c/A_d$） | |
| 阅览室、开架书库、行政办公、会议室、业务用房、咨询服务、研究室 | Ⅲ | 3 | 450 | 1/5 | 2 | 300 | 1/10 | 《图书馆建筑设计规范》JGJ 38—2015 第 7.2 条 |
| 检索空间、陈列厅、特种阅览室、报告厅 | Ⅳ | 2 | 300 | 1/6 | 1 | 150 | 1/13 | |
| 基本书库、走廊、楼梯间、卫生间 | Ⅴ | 1 | 150 | 1/10 | 0.5 | 75 | 1/23 | |

### 21.3.2 室内声环境

1. 图书馆各类用房或场所的噪声级分区及允许噪声级应符合表 21.3.2 的规定。

各类用房或场所的噪声级分区及允许噪声级　　表 21.3.2

| 噪声级分区 | 用房或场所 | 允许噪声级（A 声级，dB） | 规范依据 |
|---|---|---|---|
| 静区 | 研究室、缩微阅览室、珍善本阅览室、舆图阅览室、普通阅览室、报刊阅览室 | 40 | 《图书馆建筑设计规范》JGJ 38—2015 第 7.3.1 条 |
| 较静区 | 少年儿童阅览室、电子阅览室、视听室、办公室 | 45 | |
| 闹区 | 陈列室、读者休息区、目录室、咨询服务、门厅、卫生间、走廊及其他公共活动区 | 50 | |

2. 电梯井道及产生噪声和振动的设备用房不宜与有安静需求的场所毗邻，否则应采取隔声、减振措施。水泵等供水设备应采取减振、降噪措施（规范依据：《图书馆建筑设计规范》JGJ 38—2015 第 7.3 条）。

# 22 体育场馆建筑

## 22.1 公共安全的基本要求

基本要求　　表 22.1

| 类别 | 基本要求 | 规范依据 |
|---|---|---|
| 选址 | 1. 应远离危险源。与污染源、高压输电线路及油库、化学品仓库、油气管线等易燃易爆品场所之间的距离应符合有关规定；应防止洪涝、滑坡等自然灾害的严重后果，并注意体育设施使用时对周围环境的影响<br>2. 应交通方便。根据体育场馆规模大小，至少应有一面或两面临接城市道路。该道路应有足够的通行宽度，以保证疏散和交通 | 《体育建筑设计规范》JGJ 31—2003 第 3.0.2 条<br>《体育场馆公共安全通用要求》GB 22185—2008 第 4.1.1 条 |
| 建筑物设计 | 1. 应考虑体育运动的特点（如足球）和观众情绪激动带来的危险（如共振引起的破坏）；考虑体育场馆的使用特点提高其安全度；考虑建筑物防雷和用电的具体要求；考虑建筑装修材料对安全的影响<br>2. 应采取必要的措施，如适当的分区隔离设施，以保障观众、运动员、裁判员、工作人员的人身安全，以及内部设施设备的安全。临时增加设施（包括看台、疏散等）的安全要求，对和观众直接接触的建筑构件（如栏杆）应经过结构验算，保证观众的安全 | 《体育场馆公共安全通用要求》GB 22185—2008 第 4.1.2 条 |
| 运动场地 | 应符合《体育建筑设计规范》JGJ 31—2003 有关体育场地标准的要求。如根据不同的运动项目，对场地使用的材料（阻燃、有毒有害物质剂量、放射性物质剂量等）、设施（牢固度、结构）、设备应按相关标准提出相应的技术要求 | 《体育场馆公共安全通用要求》GB 22185—2008 第 4.1.3 条 |
| 工作地点（用房） | 应符合《体育建筑设计规范》JGJ 31—2003 有关条款的要求。如对用房的面积、位置、供电接口及通信接口的位置、数量、规格等应根据使用目的提出具体要求 | 《体育场馆公共安全通用要求》GB 22185—2008 第 4.1.4 条 |
| 公共安全防护系统基本构成 | 主要由建筑物安全系统、消防、安防、疏散、通信和信息传输防护，以及与安全有关的其他系统、安全管理/应急指挥中心等构成 | 《体育场馆公共安全通用要求》GB 22185—2008 第 4.2 条 |

## 22.2 结构设计使用年限和建筑物耐火等级

**22.2.1** 体育场馆建筑等级应根据其使用要求分级，不同等级的体育场馆的建筑结构设计使用年限和耐火等级应符合表22.2.1规定。

结构设计使用年限和建筑物耐火等级　　表22.2.1

| 等级 | 主要使用要求 | 主体结构设计使用年限 | 耐火等级 | 规范依据 |
|---|---|---|---|---|
| 特级 | 举办亚运会、奥运会及世界级比赛主场 | 大于100年 | 不低于一级 | 《体育建筑设计规范》JGJ 31—2003 第1.0.7条、第1.0.8条 |
| 甲级 | 举办全国性和国际单项比赛 | 50～100年 | 不低于二级 | |
| 乙级 | 举办地区性和全国单项比赛 | 50～100年 | 不低于二级 | |
| 丙级 | 举办地方性、群众性运动会 | 25～50年 | 不低于二级 | |

**22.2.2** 不同耐火等级体育场馆建筑相应构件的燃烧性能和耐火极限不应低于《建筑设计防火规范》GB 50016—2014（2018年版）表5.1.2的规定。

## 22.3 建筑防火

### 22.3.1 总平面设计要求

总平面设计要求　　表22.3.1

| 类别 | 指标要求 | 设计要求 | 规范依据 |
|---|---|---|---|
| 出入口 | 不宜少于2处，有效宽度不宜小于0.15m/100人 | 以不同方向通向城市道路，车行出入口避免直接开向城市主干路，并尽量与观众出入口设在不同临街面 | 《体育建筑设计规范》JGJ 31—2003 第3.0.5条<br>《建筑设计防火规范》GB 50016—2014（2018年版）第7.1.8条 |
| 道路 | 净宽度不应小于3.5m且总宽度不宜小于0.15m/100人 | 避免集中人流与机动车流相互干扰 | |
| 集散场地 | 不得小于0.2m²/100人 | 靠近观众出口，可利用道路、空地、屋顶、平台等 | |
| 消防车道 | 净宽度和净空高度均不应小于4m，坡度不宜大于8% | 超过3000座的体育馆，应设置环形消防车道。当消防车确实不能按规定靠近建筑物时，应采取下列措施之一满足对火灾扑救的需要：<br>1. 消防车在平台下部空间靠近建筑主体；<br>2. 消防车直接开入建筑内部；<br>3. 消防车到达平台上部以接近建筑主体；<br>4. 平台上部设消火栓 | |

### 22.3.2 防火设计

应按照现行国家标准《建筑设计防火规范》GB 50016—2014（2018年版）、《体育建筑设计规范》JGJ 31—2003执行。

防火设计一般规定 表 22.3.2

| 类别 | 技术要求 | 规范依据 |
| --- | --- | --- |
| 建筑分类 | 应根据体育场馆建筑使用功能的层数和建筑高度综合确定是按单、多层建筑还是高层建筑进行防火设计：<br>1. 无其他附加功能（或附加功能部分的高度不超过 24m）的单层大空间体育建筑，当单层大空间的高度超过 24m 时，按多层建筑进行防火设计；<br>2. 有其他附加功能的单层大空间体育建筑，当附加功能部分的高度超过 24m 时，应按高层建筑进行防火设计 | 《体育建筑设计规范》JGJ 31—2003 第 8.1.3 条文说明及工程经验 |
| 防火分区 | 应结合建筑布局、功能分区和使用要求加以划分；在进行充分论证，综合提高建筑消防安全水平的前提下，对于体育馆的观众厅，其防火分区的最大允许建筑面积可适当增加；并应报当地公安消防部门认定 | 《体育建筑设计规范》JGJ 31—2003 第 8.1.9 条<br>《建筑设计防火规范》GB 50016—2014（2018 年版）第 5.3.1 条 |
| 安全出口 | 观众厅、比赛厅或训练厅的安全出口应设置乙级防火门<br>位于地下室的训练用房应按规定设置足够的安全出口 | 《体育建筑设计规范》JGJ 31—2003 第 8.1.3 条 |
| 重要设备用房 | 比赛和训练建筑的照明控制室、声控室、配电室、发电机房、空调机房、重要库房、控制中心等部位，应采用耐火墙体、耐火楼板、耐火孔洞、耐火门窗和（或）设自动水喷淋、自动气体灭火系统作为防火保护措施 | 《体育建筑设计规范》JGJ 31—2003 第 8.1.8 条 |
| 比赛、训练大厅 | 设有直接对外开口时，应满足自然排烟的条件<br>没有直接对外开口的或无外窗的地下训练室、贵宾室、裁判员室、重要库房、设备用房等应设机械排烟系统 | 《体育建筑设计规范》JGJ 31—2003 第 8.1.9 条 |
| 看台结构耐火 | 室内、外观众看台的耐火等级，应与表 22.2.1 规定的建筑等级和耐久年限相一致<br>室外观众看台上面的罩棚结构的金属构件可无防火保护，其屋面板可采用经阻燃处理的燃烧体材料 | 《体育建筑设计规范》JGJ 31—2003 第 8.1.4 条 |
| 内部装修材料 | 1. 用于比赛、训练部位的室内墙面装修和顶棚（包括吸声、隔热和保温处理），应采用不燃烧体材料；当此场所内设有火灾自动灭火系统和火灾自动报警系统时，可采用难燃烧体材料<br>2. 看台座椅的阻燃性应满足《体育场馆公共座椅》QB/T 2601 的相关要求<br>3. 地面可采用不低于难燃等级的材料 | 《体育建筑设计规范》JGJ 31—2003 第 8.1.5 条 |
| 屋盖承重钢结构的防火保护 | 比赛或训练部位的屋盖承重钢结构在下列情况中的一种时，可不做防火保护：<br>1. 比赛或训练部位的墙面（含装修）用不燃烧体材料；<br>2. 比赛或训练部位设有耐火极限不低于 0.5h 的不燃烧体材料的吊顶；<br>3. 游泳馆的比赛或训练部位 | 《体育建筑设计规范》JGJ 31—2003 第 8.1.6 条 |
| 马道 | 比赛、训练大厅的顶棚内可根据顶棚结构、检修要求、顶棚高度等因素设置马道，其宽度不应小于 0.65m，马道应采用不燃材料，其垂直交通可采用钢质梯 | 《体育建筑设计规范》JGJ 31—2003 第 8.1.7 条 |

### 22.3.3 安全疏散与交通设计

**安全疏散与交通设计** **表 22.3.3-1**

| 类　别 | | 技术要求 | 规范依据 |
|---|---|---|---|
| 交通路线 | | 应合理组织并均匀布置安全出口、内部和外部的通道，使分区明确，路线短捷合理 | 《体育建筑设计规范》JGJ 31—2003 第8.2.1条 |
| 人员密集场所安全出口和走道的设置 | 安全出口 | 应均匀布置，独立的看台至少应有2个安全出口，且体育馆每个安全出口的平均疏散人数不宜超过400～700人，体育场每个安全出口的平均疏散人数不宜超过1000～2000人 | 《体育建筑设计规范》JGJ 31—2003 第4.3.8条第1点 |
| | 观众席走道 | 走道的布局应与观众席各分区容量相适应，与安全出口联系顺畅。通向安全出口的纵走道设计总宽度应与安全出口的设计总宽度相等。经过纵走道通向安全出口的设计人流股数应与安全出口的设计通行人流股数相等。<br>观众看台的疏散设计要求详见表22.3.4-1 | 《体育建筑设计规范》JGJ 31—2003 第4.3.8条第2点 |
| | 安全出口和走道的有效总宽度 | 应通过计算确定，体育馆每100人所需最小疏散净宽度。指标详见表22.3.3-2 | 《建筑设计防火规范》GB 50016—2014(2018年版)表5.5.20-2 |
| | 每个安全出口的宽度 | 应为人流股数的整数倍，4股和4股以下人流时每股宽按0.55m计，大于4股人流时每股宽按0.5m计 | 《体育建筑设计规范》JGJ 31—2003 第4.3.8条第4点 |
| 疏散内门及疏散外门 | | 1. 疏散门的净宽度不应小于1.4m，并应向疏散方向开启<br>2. 疏散门不得做门槛，在紧靠门口1.4m范围内不应设置踏步<br>3. 疏散门应采用推闩外开门，不应采用推拉门，转门不得计入疏散门的总宽度 | 《体育建筑设计规范》JGJ 31—2003 第8.2.3条 |
| 观众厅外的疏散走道 | | 1. 室内坡道坡度不应大于1：8，室外坡道坡度不应大于1：10，并应有防滑措施。为残疾人设置的坡道，应符合现行国家标准《无障碍设计规范》GB 50763的规定<br>2. 穿越休息厅或前厅时，厅内陈设物的布置不应影响疏散的通畅<br>3. 当疏散走道有高差变化时宜做坡道；当设置台阶时应有明显标志和采光照明；疏散通道上的大台阶应设便于人员分流的护栏<br>4. 疏散走道宜有天然采光和自然通风（设有排烟和事故照明者除外） | 《体育建筑设计规范》JGJ 31—2003 第8.2.4条 |
| 疏散楼梯 | | 1. 踏步深度不应小于0.28m，踏步高度不应大于0.16m，楼梯最小宽度不得小于1.2m，转折楼梯平台深度不应小于楼梯宽度，直跑楼梯的中间平台深度不应小于1.2m<br>2. 不得采用螺旋楼梯和扇形踏步；当踏步上下两级形成的平面角度不超过10°，且每级离扶手0.25m处的踏步宽度大于0.22m时，可不受此限 | 《体育建筑设计规范》JGJ 31—2003 第8.2.5条 |

**体育馆每100人所需最小疏散净宽度（m/百人）　　表22.3.3-2**

| 观众厅座位数范围（座） | | | 3000～5000 | 5001～10000 | 10001～20000 |
|---|---|---|---|---|---|
| 疏散部位 | 门和走道 | 平坡地面 | 0.43 | 0.37 | 0.32 |
| | | 阶梯地面 | 0.50 | 0.43 | 0.37 |
| | 楼梯 | | 0.50 | 0.43 | 0.37 |

注：1. 本表中对应较大座位数范围按规定计算的疏散总净宽度，不应小于对应相邻座位数范围按其最多座位数计算的疏散总净宽度。对于观众厅座位数少于3000个的体育馆，计算供观众疏散的所有内门、外门、楼梯和走道的各自总净宽度时，每100人的最小疏散净宽度不应小于《建筑设计防火规范》GB 50016—2014（2018年版）第5.5.20条中表5.5.20-1的规定。

2. 本表规范依据《建筑设计防火规范》GB 50016—2014（2018年版）第5.5.20条表5.5.20-2。

### 22.3.4 观众看台疏散设计

**观众看台疏散设计要求　　表22.3.4-1**

<table>
<tr><th>类　别</th><th colspan="2">技术要求</th><th>规范依据</th></tr>
<tr><td>疏散时间</td><td colspan="2">根据观众厅的规模、耐火等级确定；通常体育场的疏散时间为6～8min，体育馆为3～4min<br>控制安全疏散时间参考值见表22.3.4-2</td><td>《建筑设计资料集（第三版）》第6分册第8页</td></tr>
<tr><td rowspan="3">观众厅内疏散通道</td><td>净宽度</td><td>应按0.6m/100人计算，且不应小于1.0m；边走道净宽不宜小于0.8m；主要纵横过道不应小于1.1m（指走道两边有观众席）</td><td rowspan="3">《建筑设计防火规范》GB 50016—2014（2018年版）第5.5.20条第1点<br>《体育建筑设计规范》JGJ 31—2003第4.3.8条第4点</td></tr>
<tr><td>横走道之间的座位排数</td><td>不宜超过20排</td></tr>
<tr><td>纵走道之间的连续座位数</td><td>体育馆每排不宜超过26个（排距不小于0.9m时可增加一倍，但不得超过50个）；仅一侧有纵走道时，座位数应减少一半<br>体育场每排连续座位不宜超过40个</td></tr>
<tr><td rowspan="2">疏散方式</td><td colspan="2">疏散方式分类：上行式疏散、中间式疏散、下行式疏散、复合式疏散 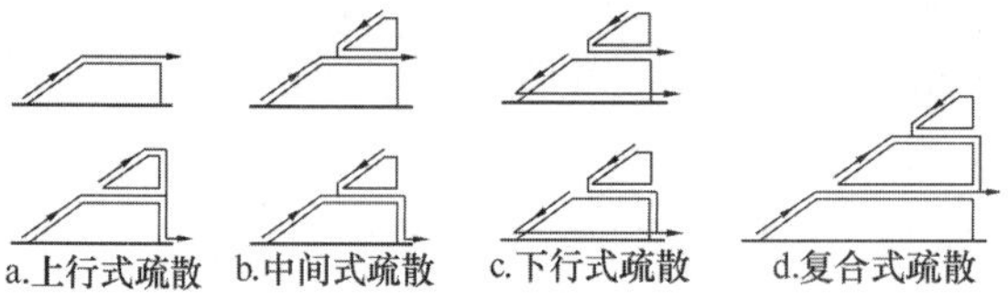<br>a.上行式疏散　b.中间式疏散　c.下行式疏散　d.复合式疏散</td><td>—</td></tr>
<tr><td colspan="2">疏散口及过道的几种布置方式示意 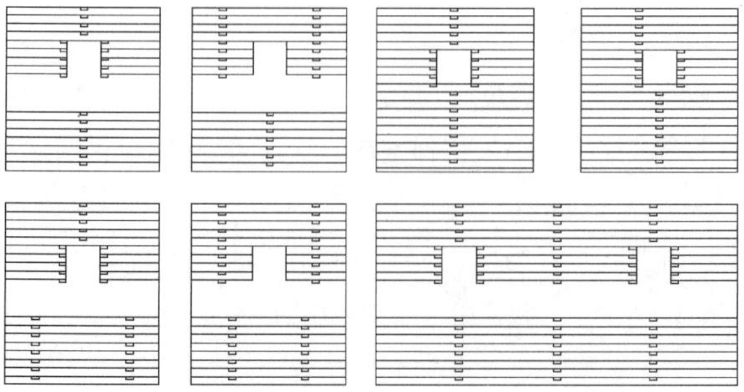</td><td>—</td></tr>
</table>

续表

| 类 别 | 技术要求 | 规范依据 |
| --- | --- | --- |
| 控制疏散时间的计算方法 | 1. 性能化消防论证-计算机仿真模拟设计（大型复杂场馆）<br>2. 密度法（无靠背坐凳或直接坐在看台上）<br>3. 人流股数法（适用于有靠背椅，人流疏散有规律时）。计算公式如下：<br>$T=\frac{N}{BA}$ —— 适用于中小型体育场馆<br>$T=\frac{N}{BA}+\frac{S}{V}$ —— 适用于大型体育场馆<br>式中：$T$——控制疏散时间；<br>$N$——疏散的总人数；<br>$A$——单股人流通行能力（40～42 人/min）；<br>$B$——外门可以通过的人流股数；<br>$V$——疏散时在人流不饱满情况下人的行走速度（45m/min）；<br>$S$——使外门的人流量达到饱和时的几个内门至外门距离的加权平均数。<br>$S=\frac{S_1b_1+S_2b_2+\cdots S_nb_n}{b_1+b_2+\cdots b_n}$<br>式中：$S_n$——各第一道疏散口到外门的距离；<br>$b_n$——各第一道疏散口可通行的人数。 | 《建筑设计资料集（第三版）》第 6 分册第 9 页 |

**控制安全疏散时间参考表** **表 22.3.4-2**

| 观众规模<br>控制时间 | ≤1200 | 1201～2000 | 2001～5000 | 5001～10000 | 10001～50000 | 50001～100000 |
| --- | --- | --- | --- | --- | --- | --- |
| 室内（min） | 4 | 5 | 6 | 6 | — | — |
| 室外（min） | 4 | 5 | 6 | 7 | 10 | 12 |

注：本表依据《建筑设计资料集（第三版）》第 6 分册第 8 页表 1。

# 22.4 各类设施的安全要求

## 22.4.1 一般规定

**各类设施安全的一般规定** **表 22.4.1**

| 类别 | 技术要求 | 规范依据 |
| --- | --- | --- |
| 基本原则 | 应考虑维护管理的方便和经济性，使用中发生紧急情况和意外事件时应有安全、可靠的对策 | 《体育建筑设计规范》JGJ 31—2003 第 4.1.2 条 |
| 运动场地界限外围 | 必须按照规则满足缓冲距离、通行宽度及安全防护等要求。裁判和记者工作区域要求、运动场地上空净高尺寸应满足比赛和练习的要求 | 《体育建筑设计规范》JGJ 31—2003 第 4.2.2 条 |
| 运动场地对外出入口 | 不应少于 2 处，其大小应满足人员出入方便、疏散安全和器材运输的要求 | 《体育建筑设计规范》JGJ 31—2003 第 4.2.4 条 |

续表

| 类别 | 技术要求 | 规范依据 |
| --- | --- | --- |
| 场地与周围区域的分隔 | 1. 比赛场地与观众看台之间应有分隔和防护，保证运动员和观众的安全，避免观众对比赛场地的干扰<br>2. 室外练习场外围及场地之间，应设置围网，以方便使用和管理 | 《体育建筑设计规范》JGJ 31—2003 第 4.2.6 条 |
| 观众看台栏杆 | 1. 栏杆高度不应低于 0.9m，在室外看台后部危险性较大处严禁小于 1.1m<br>2. 栏杆形式不应遮挡观众视线并保障观众安全。当设楼座时，栏杆下部实心部分不得低于 0.4m<br>3. 横向过道两侧至少一侧应设栏杆<br>4. 当看台坡度较大、前后排高差大于 0.5m 时，其纵向过道上应加设栏杆扶手；采用无靠背座椅时不宜大于 10 排，超过时必须增设横向过道或横向栏杆<br>5. 栏杆的构造做法应经过结构计算，以确保使用安全 | 《体育建筑设计规范》JGJ 31—2003 第 4.3.9 条 |
| 为运动员服务的医务急救室 | 应接近比赛场地或运动员出入口，门外应有急救车停放处 | 《体育建筑设计规范》JGJ 31—2003 第 4.4.3 条第 3 点 |

## 22.4.2 体育场、体育馆、游泳设施相关设施的安全要求

**体育场、体育馆、游泳设施相关设施的安全要求　　表 22.4.2**

| 类别 | 技术要求 | | 规范依据 |
| --- | --- | --- | --- |
| 体育场 | 比赛场地与观众看台之间 | 1. 应采取有效的隔离措施<br>2. 正式比赛场地外围应设置围栏或供记者和工作人员使用的环形交通道或交通沟，其宽度不宜小于 2.5m，并用不低于 0.9m 的栏杆与比赛场地隔离<br>3. 交通道（沟）与观众席之间也应采取有效的隔离措施，但不应阻挡观众视线。沟内应有良好的排水措施 | 《体育建筑设计规范》JGJ 31—2003 第 5.5.7 条 |
| | 室内田径练习馆 | 1. 室内墙面要平整光滑，距地面至少 2m 高度内不应有突出墙面的物件或设施，以保证运动员安全<br>2. 在直道终点后缓冲段的尽端应有缓冲挂垫墙，应能承受运动员冲撞力<br>3. 地板电气插孔，临时安装用挂钩或插穴等，应有盖子与地面平<br>4. 从弯道过渡区到下一个直道开始前的弯道外缘应提供一个保护性的跑道<br>5. 如果跑道内缘的垂直下降大于 0.10m，就要实施保护性措施 | 《体育建筑设计规范》JGJ 31—2003 第 5.8.6 条 |
| 体育馆 | 比赛场地 | 比赛场地周围应根据比赛项目的不同要求满足高度、材料、色彩、悬挂护网等方面的要求，当场地周围有玻璃门窗时，应考虑防护措施 | 《体育建筑设计规范》JGJ 31—2003 第 6.2.4 条 |
| | 训练房场地 | 场地四周墙体及门、窗玻璃、散热片、灯具等应有一定的防护措施，墙体应平整、结实，2m 以下应能承受身体的碰撞，并无任何突出的障碍物，墙体转角处应无棱角或呈弧形 | 《体育建筑设计规范》JGJ 31—2003 第 6.4.3 条 |

续表

| 类别 | 技术要求 | | 规范依据 |
|---|---|---|---|
| 游泳设施 | 原则 | 游泳设施各水池的设计应安全、可靠，不得产生下沉、漏水、开裂等现象 | 《体育建筑设计规范》JGJ 31—2003 第7.1.8条 |
| | 比赛池 | 1. 池壁及池岸应防滑，池岸、池身的阴阳交角均应按弧形处理<br>2. 出发台应坚固而没有弹性，台面防滑<br>3. 池身两侧应设置嵌入池身不少于4个的攀梯，攀梯不得突出池壁，池壁水面下1.2m处宜设通长歇脚台，宽0.10～0.15m | 《体育建筑设计规范》JGJ 31—2003 第7.2.2条 |
| | 跳水池及跳水设施 | 1. 当跳水池与游泳比赛池合在一起并为群众使用时，在水深变换处应设分隔栏杆，保证安全<br>2. 除1m跳台外，各种跳台的后面及两侧，必须用栏杆围住；栏杆最低高度应为1m，栏杆之间最小距离应为1.8m，栏杆距跳台前端应为0.8m，并安装在跳台外面；应有楼梯到达各层跳台，通向10m跳台的楼梯应设若干休息平台。跳台结构应有足够的刚度和稳定性能<br>3. 跳板与跳台上空的无障碍空间、与池壁间距离、下部水深、跳水设施间的距离等均应符合有关竞赛规则和国际泳联提出的要求<br>4. 跳水设施布置的方向应避免自然光或人工光源对运动员造成眩光，室外跳水池的跳板和跳台宜朝北设置<br>5. 跳水池池底不应做活动底板，以保证安全；池底应平滑，宜采用深蓝色面层 | 《体育建筑设计规范》JGJ 31—2003 第7.2.5条 |
| | 池岸 | 1. 池岸宽度应满足规范要求<br>2. 池岸材料应防滑并易于清洗，有一定排水坡度<br>3. 游泳设施设有的广播设备及电源插座，应有必要的防水、防潮措施<br>4. 在池岸和水池交接处应有清晰易见的水深标志 | 《体育建筑设计规范》JGJ 31—2003 第7.2.7条 |
| | 水下观察窗 | 1. 专业训练和正式比赛的游泳池和跳水池的池壁宜设水下观察窗或观察廊，其位置和尺寸根据要求确定<br>2. 观察窗和观察廊的构造做法和选用材料应性能良好，安全可靠，与游泳池和跳水池联系方便，其外部廊道应为封闭的防水结构，并应设紧急泄水设施和人员安全疏散口 | 《体育建筑设计规范》JGJ 31—2003 第7.2.8条 |
| | 辅助用房与设施 | 1. 当采用液氯等化学药物进行水处理时应有独立的加氯室及化学药品储存间，并防火、防爆，有良好通风<br>2. 应设控制中心，其位置应设于跳水池处的跳水设施一侧，在游泳池处应设于距终点3.5m处。地面高出池岸0.5～1.0m，并能不受阻碍地观察到比赛场区<br>3. 观众区与游泳跳水区及池岸间应有良好的隔离设施，观众的交通路线不应与运动员、裁判员及工作人员的活动区域交叉，供观众使用的设施不应与运动员合并使用。观众区的污水、污物不得进入池区内 | 《体育建筑设计规范》JGJ 31—2003 第7.3.1条 |

# 23 剧院及多厅影院建筑

## 23.1 总 平 面

**场 地** **表 23.1.1**

| 类别 | | 技术要求 | 规范依据 |
|---|---|---|---|
| 总平面 | 城市道路关系 | 大型、特大型文化馆建筑基地与城市道路邻接的总长度不应小于建筑基地周长的1/6 | 《民用建筑设计统一标准》GB 50325—2019 第4.2.5条 |
| | | 至少有一面临接城市道路，或直接通向城市道路的空地<br>临接的城市道路的可通行宽度不应小于剧场安全出口宽度的总和<br>基地沿城市道路的长度应按建筑规模或疏散人数确定，并不应小于基地周长的1/6 | 《剧场建筑设计规范》JGJ 57—2016 第3.1.2条 |
| | | 至少应有一面直接临接城市道路。与基地临接的城市道路的宽度不宜小于电影院安全出口宽度总和，且与小型电影院连接的道路宽度不宜小于8m，与中型电影院连接的道路宽度不宜小于12m，与大型电影院连接的道路宽度不宜小于20m，与特大型电影院连接的道路宽度不宜小于25m | 《电影院建筑设计规范》JGJ 58—2008 第3.1.2条 |
| | 出入口 | 基地应至少有两个不同方向的通向城市道路的出口<br>基地的主要出入口不应与快速道路直接连接，也不应直接面对城镇主要干道的交叉口 | 《剧场建筑设计规范》JGJ 57—2016 第3.1.2条 |
| | | 基地应有两个或两个以上不同方向通向城市道路的出口<br>基地和电影院的主要出入口，不应和快速道路直接连接，也不应直对城镇主要干道的交叉口 | 《电影院建筑设计规范》JGJ 58—2008 第3.1.2条 |
| | | 大型、特大型文化馆建筑基地的出入口不应少于2个，且不宜设置在同一条城市道路上 | 《民用建筑设计统一标准》GB 50325—2019 第4.2.5条 |
| | 集散场地 | 当建筑基地设置绿化、停车或其他构筑物时，不应对人员集散造成障碍 | |
| | | 剧院建筑应按不小于0.2m²/座留出集散空地 | 《剧场建筑设计规范》JGJ 57—2016 第3.1.3条 |
| | | 电影院主要出入口前应设有供人员集散用的空地或广场，其面积指标不应小于0.2m²/座，且大型及特大型电影院的集散空地的深度不应小于10m；特大型电影院的集散空地宜分散设置 | 《电影院建筑设计规范》JGJ 58—2008 第3.1.2条 |

续表

| 类别 | | 技术要求 | 规范依据 |
|---|---|---|---|
| 总平面 | 流线 | 交通流线合理、避免人流与车流、货流交叉，防止干扰并有利于消防、停车、人员集散以及无障碍设施的设置 | 《民用建筑设计统一标准》GB 50352—2019 第5.1.1条 |
| | | 道路设计应满足消防车和货运车的通行要求，其净宽不应小于4.00m，穿越建筑物时净高不应小于4.00m | 《剧场建筑设计规范》JGJ 57—2016 第3.2.3条 |
| 环境安全 | 污染控制 | 场地内不应有排放超标的污染源 | 《绿色建筑评价标准》GB/T 50378—2019 第8.1.6条 |
| | 径流控制 | 场地内的竖向设计应有利于雨水的收集或排放，应有效组织雨水的下渗、滞蓄或再利用 | 《绿色建筑评价标准》GB/T 50378—2019 第8.1.4条 |
| | 噪声污染控制 | 根据噪声源的位置、方向和强度，应在建筑功能分区、道路布置、建筑朝向、距离以及地形、绿化和建筑物的屏障作用等方面采取综合措施，防止或降低环境噪声 | 《民用建筑设计统一标准》GB 50325—2019 第5.1.4条 |
| | | 剧场建筑基地内的设备用房不应对观众厅、舞台及其周围环境产生噪声、振动干扰 | 《剧场建筑设计规范》JGJ 57—2016 第3.2.5条 |
| | | 贴邻观众厅的停车场（库）产生的噪声应采取适当的措施进行处理，防止对观众厅产生影响 | 《电影院建筑设计规范》JGJ 58—2008 第3.2.3条 |

# 23.2 观 众 区

## 23.2.1 剧场观众厅的技术要求

**剧场观众厅技术要求** **表23.2.1**

| 类别 | 技术要求 | 规范依据 |
|---|---|---|
| 每座平均面积 | 1. 甲等剧场不应小于0.80m²/座<br>2. 乙等剧场不应小于0.70m²/座 | 《剧场建筑设计规范》JGJ 57—2016 第5.2.1条 |
| 每排座位数目 | 每排座位排列数目应符合下列规定：<br>1. 短排法：双侧有走道时不宜超过22座，单侧有走道时不宜超过11座；超过限额时，每增加一个座位，排距应增大25mm；<br>2. 长排法：双侧有走道时不应超过50座，单侧有走道时不应超过25座 | 《剧场建筑设计规范》JGJ 57—2016 第5.2.6条 |
| 走道布局 | 观众厅内走道的布局应与观众席片区容量相适应，并应与安全出口联系顺畅，宽度应满足安全疏散的要求 | 《剧场建筑设计规范》JGJ 57—2016 第5.3.1条 |

续表

| 类别 | 技术要求 | 规范依据 |
| --- | --- | --- |
| 走道宽度 | 走道的宽度除应满足安全疏散的要求外，尚应符合下列规定：<br>1. 短排法：边走道净宽度不应小于 0.80m；纵向走道净宽度不应小于 1.10m，横向走道除排距尺寸以外的通行净宽度不应小于 1.10m；<br>2. 长排法：边走道净宽度不应小于 1.20m | 《剧场建筑设计规范》JGJ 57—2016 第 5.3.4 条 |
| 走道材料 | 观众厅纵走道铺设的地面材料燃烧性能等级不应低于 B1 级材料，且应固定牢固，并应做防滑处理 | 《剧场建筑设计规范》JGJ 57—2016 第 5.3.5 条 |
| 走道坡度 | 观众厅纵走道坡度大于 1∶8 时应做成高度不大于 0.20m 的台阶 | |
| 安全照明 | 观众厅的主要疏散走道、坡道及台阶应设置地灯或夜光装置 | 《剧场建筑设计规范》JGJ 57—2016 第 5.3.6 条 |
| 安全栏杆 | 当观众厅座席地坪高于前排 0.50m 以及座席侧面紧临有高差的纵向走道或梯步时，应在高处设栏杆，且栏杆应坚固，高度不应小于 1.05m，并不应遮挡视线 | 《剧场建筑设计规范》JGJ 57—2016 第 5.3.7 条 |
| | 观众厅应采取措施保证人身安全，楼座前排栏杆和楼层包厢栏杆不应遮挡视线，高度不应大于 0.85m，下部实体部分不得低于 0.45m | 《剧场建筑设计规范》JGJ 57—2016 第 5.3.8 条 |

### 23.2.2 多厅影院观众厅的技术要求

**多厅影院观众厅技术要求** **表 23.2.2**

| 类别 | 技术要求 | 规范依据 |
| --- | --- | --- |
| 活荷载取值 | 楼面均布活荷载标准值应取 3kN/m² | 《电影院建筑设计规范》JGJ 58—2008 第 4.2.1 条 |
| 楼座 | 新建电影院的观众厅不宜设置楼座 | |
| 每座平均面积 | 乙级及以上电影院观众厅每座平均面积不宜小于 1.0m²<br>丙级电影院观众厅每座平均面积不宜小于 0.6m² | |
| 每排座位数目 | 每排座位的数量应符合下列规定：<br>1. 短排法：两侧有纵走道且硬椅排距不小于 0.80m 或软椅排距不小于 0.85m 时，每排座位的数量不应超过 22 个，在此基础上排距每增加 50mm，座位可增加 2 个；当仅一侧有纵走道时，上述座位数相应减半；<br>2. 长排法：两侧有走道且硬椅排距不小于 1.0m 或软椅排距不小于 1.1m 时，每排座位的数量不应超过 44 个；当仅一侧有纵走道时，上述座位数相应减半 | 《电影院建筑设计规范》JGJ 58—2008 第 4.2.6 条 |
| 座位排数 | 两条横走道之间的座位不宜超过 20 排<br>靠后墙设置座位时，横走道与后墙之间的座位不宜超过 10 排 | 《电影院建筑设计规范》JGJ 58—2008 第 4.2.7 条 |
| 走道 | 观众厅走道最大坡度不宜大于 1∶8。当坡度为 1∶10～1∶8 时，应做防滑处理；当坡度大于 1∶8 时，应采用台阶式踏步<br>走道踏步高度不宜大于 0.16m 且不应大于 0.20m | |

### 23.2.3 剧院前厅和休息厅的最小使用面积指标

剧院前厅和休息厅的最小使用面积　　表 23.2.3

| 等级 | 前厅（$m^2$/座） | 休息厅（$m^2$/座） | 前厅与休息厅合并（$m^2$/座） | 规范依据 |
| --- | --- | --- | --- | --- |
| 甲等 | 0.30 | 0.30 | 0.50 | 《剧场建筑设计规范》JGJ 57—2016 第 4.0.1 条 |
| 乙等 | 0.20 | 0.20 | 0.30 | |

### 23.2.4 多厅影院前厅与休息厅合计使用面积指标

多厅影院前厅与休息厅合计使用面积　　表 23.2.4

| 等级 | 前厅与休息厅合计使用面积指标（$m^2$/座） | 规范依据 |
| --- | --- | --- |
| 特、甲级 | 0.50 | 《电影院建筑设计规范》JGJ 58—2008 第 4.3.2 条 |
| 乙级 | 0.30 | |
| 丙级 | 0.10 | |

## 23.3 演出、管理及辅助用房

### 23.3.1 剧院舞台区的技术要求

剧院舞台区技术要求　　表 23.3.1

| 区域 | 技术要求 | 规范依据 |
| --- | --- | --- |
| 台唇和耳台 | 台唇和耳台最窄处的宽度不应小于 1.50m | 《剧场建筑设计规范》JGJ 57—2016 第 6.1.2 条 |
| 台面 | 主舞台和台唇、耳台的台面应平整防滑，并应避免反光 | 《剧场建筑设计规范》JGJ 57—2016 第 6.1.3 条 |
| 台口镜框 | 主舞台台口镜框应避免反光 | |
| 乐池 | 剧场设置乐池的面积应按容纳乐队人数进行计算，演奏员平均每人不应小于 $1m^2$，伴唱每人不应小于 $0.25m^2$，乐池面积不宜小于 $80m^2$ | 《剧场建筑设计规范》JGJ 57—2016 第 6.2.1 条 |
| 舞台灯光 | 当楼座挑台前沿设置灯具时，应采取相应的防护措施 | 《剧场建筑设计规范》JGJ 57—2016 第 6.4.6 条 |
| 舞台音响 | 观众厅台口上方应留出安装扬声器的空间，采用明装时，应根据扬声器所需吊装位置，预留设备荷载不少于 10kN 集中力的吊点 | 《剧场建筑设计规范》JGJ 57—2016 第 6.5.2 条 |
| 舞台台面荷载 | 台面均布活荷载取值不应小于 $5.0kN/m^2$<br>当台面上有车载转台等移动设施时，等效均布活荷载取值应根据其实际重量按现行国家标准《建筑结构荷载规范》GB 50009 进行计算，且不应小于 $5.0kN/m^2$<br>各种机械舞台台面上作用的均布活荷载取值应根据舞台工艺设计的要求确定，且静止时其值不应小于 $5.0kN/m^2$，升降时不应小于 $2.5kN/m^2$ | 《剧场建筑设计规范》JGJ 57—2016 第 6.8.2 条 |

续表

| 区域 | 技术要求 | 规范依据 |
| --- | --- | --- |
| 屋盖悬挂荷载 | 对于主舞台屋盖等效均布活荷载，甲等剧场不宜小于6.5kN/m²，乙等剧场不宜小于6.0kN/m²<br>对于侧舞台、后舞台屋盖等效均布活荷载，甲等剧场分别不宜小于2.5kN/m²、4.0kN/m²，乙等剧场均不宜小于2.0kN/m² | 《剧场建筑设计规范》JGJ 57—2016第6.8.3条 |

### 23.3.2 多厅影院放映机房的技术要求

多厅影院放映机房技术要求　　表23.3.2

| 区域 | 技术要求 | 规范依据 |
| --- | --- | --- |
| 布局 | 各观众厅的放映机房宜集中设置<br>集中设置的放映机房每层不宜多于两处，并应有走道相通，走道宽度不宜小于1.20m | 《电影院建筑设计规范》JGJ 58—2008第4.4.2条 |
| 房间尺寸 | 当放映机房后墙处无设备时，放映机房的净深不宜小于2.80m，机身后部距放映机房后墙不宜小于1.20m<br>当放映机房为两侧放映时，放映机房的净深不宜小于4.80m | 《电影院建筑设计规范》JGJ 58—2008第4.4.3条 |
| | 放映机房的净高不宜小于2.60m | 《电影院建筑设计规范》JGJ 58—2008第4.4.4条 |
| 放映机房荷载 | 放映机房楼面均布活荷载标准值不应小于3kN/m。当有较重设备时，应按实际荷载计算 | 《电影院建筑设计规范》JGJ 58—2008第4.4.5条 |

### 23.3.3 辅助用房的面积、空间及设施要求

辅助用房面积、空间及设施要求　　表23.3.3

| 区域 | | 技术要求 | | 规范依据 |
| --- | --- | --- | --- | --- |
| | | 规模（人数或使用面积）、人均使用面积 | 空间、设施要求 | |
| 剧场 | 排练厅 | 1. 宜按不同剧种使用要求进行设定，尺寸宜与舞台表演区相近。当兼顾不同剧种使用要求时，厅内净高不应小于6.0m。室内净高大于5.0m的排练厅宜设马道<br>2. 宜设单独的音响灯光控制室<br>3. 不宜靠近主舞台，并应防止对舞台演出产生干扰 | | 《剧场建筑设计规范》JGJ 57—2016第7.2.1条、第7.2.5条、第7.2.7条 |
| 剧场 | 乐队排练厅 | 应按乐队规模大小设定，面积可按2.0～2.4 m²/人计 | | 《剧场建筑设计规范》JGJ 57—2016第7.2.2条 |
| 剧场 | 合唱排练厅 | 1.4m²/人 | 应设台阶式站席 | 《剧场建筑设计规范》JGJ 57—2016第7.2.3条 |

续表

<table>
<tr><th rowspan="2" colspan="2">区域</th><th colspan="2">技术要求</th><th rowspan="2">规范依据</th></tr>
<tr><th>规模（人数或使用面积）、人均使用面积</th><th>空间、设施要求</th></tr>
<tr><td rowspan="3">剧场</td><td>舞蹈排练厅</td><td colspan="2">1. 厅内净高不宜小于 5.0m<br>2. 地面应为弹性木地板或舞蹈地胶毯<br>3. 练功扶手高度应为 0.80～1.20m，距墙应为 0.20～0.30m；一个墙面应设通长镜子，高度应大于 2.0m</td><td>《剧场建筑设计规范》JGJ 57—2016 第 7.2.4 条</td></tr>
<tr><td rowspan="2">琴房</td><td rowspan="2">不宜＜$6m^2$</td><td>琴房应设置单独控制的空调</td><td>《剧场建筑设计规范》JGJ 57—2016 第 7.2.6 条</td></tr>
<tr><td>不宜靠近主舞台，并应防止对舞台演出产生干扰</td><td>《剧场建筑设计规范》JGJ 57—2016 第 7.2.7 条</td></tr>
<tr><td rowspan="4">多厅影院</td><td>贵宾接待室</td><td colspan="2">甲级及特级电影院宜设置贵宾接待室，贵宾接待室应与观众用房分开，并宜有单独的出入口</td><td>《电影院建筑设计规范》JGJ 58—2008 第 4.5.2 条</td></tr>
<tr><td>建筑设备用房</td><td colspan="2">电影院宜设置空调机房、通风机房、冷冻机房、水泵房、变配电室、灯光控制室等<br>各种设备用房的位置应接近电力负荷中心，运行、管理、维修应安全、方便，同时应避免其噪声和振动对公共区域和观众厅的干扰</td><td>《电影院建筑设计规范》JGJ 58—2008 第 4.5.3 条</td></tr>
<tr><td>智能化系统机房</td><td colspan="2">电影院可根据建筑等级和规模的需要设置智能化系统机房，宜包括消防控制室、安防监控中心、有线电视机房、计算机机房、有线广播机房及控制室；智能化系统机房可单独设置，也可合用设置</td><td>《电影院建筑设计规范》JGJ 58—2008 第 4.5.4 条</td></tr>
<tr><td>员工用房</td><td colspan="2">员工用房宜包括行政办公、会议、职工食堂、更衣室、厕所等用房，应根据电影院的实际需要设置<br>员工用房的位置及出入口应避免员工人流路线与观众人流路线互相交叉</td><td>《电影院建筑设计规范》JGJ 58—2008 第 4.5.5 条</td></tr>
</table>

### 23.3.4 业务、管理及辅助用房的声环境要求

**业务、管理及辅助用房声环境要求** **表 23.3.4**

| 区域 | 技术要求 | 规范依据 |
| --- | --- | --- |
| 建筑设备用房 | 空调机房、风机房、冷却塔、冷冻机房、锅炉房等产生噪声或振动的设施，宜远离观众厅及舞台区域，并应采取有效的隔声、隔振、降噪措施 | 《剧场建筑设计规范》JGJ 57—2016 第 9.4.5 条 |

续表

| 区域 | 技术要求 | | 规范依据 |
|---|---|---|---|
| 剧场辅助用房 | 噪声控制要求 | | 《剧场建筑设计规范》JGJ 57—2016 第 9.4.7 条 |
| | 房间类型 | 背景噪声（NR） | |
| | 音响控制室 | ≤30 | |
| | 多功能排练厅 | ≤35 | |
| | 乐队排练厅 | ≤30 | |
| | 合唱排练厅 | ≤35 | |
| | 琴房 | ≤30 | |

## 23.4 建筑防火

### 23.4.1 耐火等级

**耐火等级** **表 23.4.1**

| 类别 | 耐火等级 | 规范依据 |
|---|---|---|
| 地下或半地下和一类高层剧院及多厅影院建筑 | 耐火等级不低于一级 | 《建筑设计防火规范》GB 50016—2014（2018 年版）第 5.1.3 条 |
| 单、多层和二类高层剧院及多厅影院建筑 | 耐火等级不低于二级 | |

### 23.4.2 防火分区

**防火分区** **表 23.4.2**

| 类别 | 防火分区的最大允许建筑面积（$m^2$） | 规范依据 |
|---|---|---|
| 耐火等级为一、二级的高层剧院及多厅影院建筑 | 1500 | 《建筑设计防火规范》GB 50016—2014（2018 年版）第 5.3.1 条 |
| 耐火等级为一、二级的单、多层剧院及多厅影院建筑 | 2500 | |
| 地下或半地下剧院及多厅影院建筑 | 500 | |

注：1. 表中规定的防火分区最大允许建筑面积，当建筑内设置自动灭火系统时，可按本表的规定增加 1.0 倍；局部设置时，防火分区的增加面积可按该局部面积的 1.0 倍计算。

2. 裙房与高层建筑主体之间设置防火墙时，裙房的防火分区可按单、多层建筑的要求确定。

### 23.4.3 中庭防火设计要求

建筑内设置中庭时，其防火分区的建筑面积应按上、下层相连通的建筑面积叠加计算；当叠加计算后的建筑面积大于最大允许建筑面积时，应符合下表规定：

**中庭防火** **表 23.4.3**

| 类别 | 技术要求 | 规范依据 |
| --- | --- | --- |
| 与周围连通空间的防火分隔 | 1. 采用防火隔墙时，其耐火极限应≥1.00h；<br>采用防火玻璃墙时，其耐火隔热性和耐火完整性应≥1.00h<br>2. 采用耐火完整性≥1.00h 的非隔热性防火玻璃墙时，应设置自动喷水灭火系统进行保护<br>3. 采用防火卷帘时，其耐火极限应≥3.00h | 《建筑设计防火规范》GB 50016—2014（2018年版）第 5.3.2 条 |
| 与中庭相连通的门、窗 | 应采用火灾时能自行关闭的甲级防火门、窗 | |
| 中庭 | 中庭应设置排烟措施；中庭内不应布置可燃物 | |
| 高层剧院及多厅影院建筑内的中庭回廊 | 应设置自动喷水灭火系统和火灾自动报警系统 | |

## 23.4.4 安全疏散

**安全疏散** **表 23.4.4**

| 区域 | | 技术要求 | | 规范依据 |
| --- | --- | --- | --- | --- |
| | | 位于两个安全出口之间的疏散门（m） | 位于袋形走道两侧或尽端的疏散门（m） | |
| 多厅影院 | | 25 | 9 | 《建筑设计防火规范》GB 50016—2014（2018 年版）第 5.5.17 条 |
| 业务、管理及辅助用房 | 单、多层 | 40 | 22 | |
| | 高层 | 40 | 20 | |
| 观众厅、多功能厅 | | 厅内任一点至最近疏散门或安全出口的直线距离≤30m；当疏散门不能直通室外地面或疏散楼梯间时，应采用直通至最近的安全出口的疏散走道长度≤10m | | |

注：设置自动喷水灭火系统时，其安全疏散距离可按本表的规定增加 25%。

## 23.4.5 防火及疏散的其他要求

**其他要求** **表 23.4.5**

| 区域 | 技术要求 | 规范依据 |
| --- | --- | --- |
| 一般规定 | 当剧场建筑与其他建筑合建或毗连时，应形成独立的防火分区，并应采用防火墙隔开，且防火墙不得开窗洞；当设门时，应采用甲级防火门。防火分区上下楼板耐火极限不应低于 1.5h | 《剧场建筑设计规范》JGJ 57—2016 第 8.1.14 条 |
| | 疏散门应设双扇门，净宽不应小于 1.40m，并应向疏散方向开启 | 《剧场建筑设计规范》JGJ 57—2016 第 8.2.2 条 |
| | 剧场设置在一、二级耐火等级的建筑内时，观众厅宜设在首层，也可设在第二、三层；确需布置在四层及以上楼层时，一个厅、室的疏散门不应少于 2 个，且每个观众厅的建筑面积不宜大于 400m²；设置在三级耐火等级的建筑内时，不应布置在三层及以上楼层；应设独立的楼梯和安全出口通向室外地坪面 | 《剧场建筑设计规范》JGJ 57—2016 第 8.2.10 条 |

续表

| 区域 | 技术要求 | 规范依据 |
| --- | --- | --- |
| 一般规定 | 灭火器配置应按现行国家标准《建筑灭火器配置设计规范》GB 50140 中的有关规定执行 | 《电影院建筑设计规范》JGJ 58—2008 第 6.1.14 条 |
| | 设置自动喷水系统时，应按现行国家标准《自动喷水灭火系统设计规范》GB 50084 中的有关规定设计系统及水量 | 《电影院建筑设计规范》JGJ 58—2008 第 6.1.15 条 |
| 舞台及后台 | 大型、特大型剧场舞台台口应设防火幕 | 《剧场建筑设计规范》JGJ 57—2016 第 8.1.1 条 |
| | 舞台区通向舞台区外各处的洞口均应设甲级防火门或设置防火分隔水幕，运景洞口应采用特级防火卷帘或防火幕 | 《剧场建筑设计规范》JGJ 57—2016 第 8.1.4 条 |
| | 舞台与后台的隔墙及舞台下部台仓的周围墙体的耐火极限不应低于 2.5h | 《剧场建筑设计规范》JGJ 57—2016 第 8.1.5 条 |
| | 当高、低压配电室与主舞台、侧舞台、后舞台相连时，必须设置面积不小于 6m²的前室，高、低压配电室应设甲级防火门 | 《剧场建筑设计规范》JGJ 57—2016 第 8.1.7 条 |
| | 舞台内严禁设置燃气设备。当后台使用燃气设备时，应采用耐火极限不低于 3.0h 的隔墙和甲级防火门分隔，且不应靠近服装室、道具间 | 《剧场建筑设计规范》JGJ 57—2016 第 8.1.13 条 |
| 观众厅 | 观众厅吊顶内的吸声、隔热、保温材料应采用不燃材料 | 《剧场建筑设计规范》JGJ 57—2016 第 8.1.9 条 |
| | 观众厅和乐池的顶棚、墙面、地面等装修材料宜为不燃材料 | 《剧场建筑设计规范》JGJ 57—2016 第 8.1.10 条 |
| | 观众厅出口应均匀布置，主要出口不宜靠近舞台；楼座与池座应分别布置安全出口，且楼座宜至少有两个独立的安全出口，面积不超过 200m²且不超过 50 座时，可设一个安全出口 | 《剧场建筑设计规范》JGJ 57—2016 第 8.2.1 条 |
| | 多厅影院面积大于 100m²的地上观众厅和面积大于 50m²的地下观众厅应设置机械排烟设施 | 《电影院建筑设计规范》JGJ 58—2008 第 6.1.9 条 |
| 放映机房 | 放映机房应采用耐火极限不低于 2.0h 的隔墙和不低于 1.5h 的楼板与其他部位隔开<br>顶棚装修材料不应低于 A 级，墙面、地面材料不应低于 B1 级 | 《电影院建筑设计规范》JGJ 58—2008 第 6.1.7 条 |
| | 放映机房应设火灾自动报警装置 | 《电影院建筑设计规范》JGJ 58—2008 第 6.1.10 条 |

# 24 文化馆建筑

## 24.1 总平面

总平面　　表 24.1

| 类别 | | 技术要求 | 规范依据 |
|---|---|---|---|
| 总平面 | 城市道路关系 | 大型、特大型文化馆建筑基地与城市道路邻接的总长度不应小于建筑基地周长的 1/6 | 《民用建筑设计统一标准》GB 50325—2019 第 4.2.5 条 |
| | 出入口 | 基地至少应设有两个出入口，且当主要出入口紧邻城市交通干道时，应符合城乡规划的要求并应留出疏散缓冲距离 | 《文化馆建筑设计规范》JGJ/T 41—2014 第 3.2.1 条 |
| | | 大型、特大型文化馆建筑基地的出入口不应少于 2 个，且不宜设置在同一条城市道路上 | 《民用建筑设计统一标准》GB 50325—2019 第 4.2.5 条 |
| | 集散场地 | 当建筑基地设置绿化、停车或其他构筑物时，不应对人员集散造成障碍 | |
| 环境安全 | 污染控制 | 场地内不应有排放超标的污染源 | 《绿色建筑评价标准》GB/T 50378—2019 第 8.1.6 条 |
| | 径流控制 | 场地内的竖向设计应有利于雨水的收集或排放，应有效组织雨水的下渗、滞蓄或再利用 | 《绿色建筑评价标准》GB/T 50378—2019 第 8.1.4 条 |
| | 噪声污染控制 | 根据噪声源的位置、方向和强度，应在建筑功能分区、道路布置、建筑朝向、距离以及地形、绿化和建筑物的屏障作用等方面采取综合措施，防止或降低环境噪声 | 《民用建筑设计统一标准》GB 50325—2019 第 5.1.4 条 |
| | | 当文化馆基地距医院、学校、幼儿园、住宅等建筑较近时，室外活动场地及建筑内噪声较大的功能用房应布置在医院、学校、幼儿园、住宅等建筑的远端，并应采取防干扰措施 | 《文化馆建筑设计规范》JGJ/T 41—2014 第 3.2.6 条 |

# 24.2 群众活动用房

**群众活动用房的面积、空间及设施要求** **表 24.2-1**

<table>
<tr><th rowspan="2" colspan="2">区域</th><th colspan="2">技术要求</th><th rowspan="2">规范依据</th></tr>
<tr><th>规模（人数或使用面积）、人均使用面积</th><th>空间、设施要求</th></tr>
<tr><td colspan="2">展览陈列用房</td><td>每个展览厅宜≥65$m^2$</td><td>展览陈列厅应满足展览陈列品的防霉、防蛀要求，并宜设置温度、湿度监测设施及防止虫菌害的措施<br>根据展品，应选用紫外线少的光源或灯具</td><td>《文化馆建筑设计规范》JGJ/T 41—2014 第4.2.3条、第5.3.3条</td></tr>
<tr><td colspan="2">报告厅</td><td>宜≤300座，≥1.0$m^2$/座</td><td>应设置活动座椅<br>当规模较小或条件不具备时，报告厅宜与小型排演厅合并为多功能厅</td><td>《文化馆建筑设计规范》JGJ/T 41—2014 第4.2.4条</td></tr>
<tr><td colspan="2">排演厅</td><td>宜≤600座</td><td>当观众厅为300座以下时，可将观众厅做成水平地面、伸缩活动座椅；当观众厅规模超过300座时，观众厅的座位排列、走道宽度，应符合国家现行标准《剧场建筑设计规范》JGJ 57—2016的有关规定<br>排练厅舞台高度应满足排练演出和舞台机械设备的安装尺度要求<br>不宜有排水管穿越</td><td>《文化馆建筑设计规范》JGJ/T 41—2014 第4.2.5条、第5.1.3条</td></tr>
<tr><td rowspan="2">文化教室</td><td>普通教室</td><td>宜40人一间，≥1.4$m^2$/人</td><td rowspan="2">文化教室课桌椅的布置及有关尺寸，不宜小于现行国家标准《中小学校设计规范》GB 50099有关规定<br>不宜有排水管穿越</td><td rowspan="2">《文化馆建筑设计规范》JGJ/T 41—2014 第4.2.6条、第5.1.3条</td></tr>
<tr><td>大教室</td><td>宜80人一间，≥1.4$m^2$/人</td></tr>
<tr><td rowspan="2">计算机与网络教室</td><td>50座教室</td><td>≥73$m^2$</td><td rowspan="2">室内净高不应小于3.0m<br>平面布置应符合现行国家标准《中小学校设计规范》GB 50099对计算机教室的规定，且计算机桌应采用全封闭双人单桌<br>不应采用易产生粉尘的黑板<br>宜设置防静电地板；各种管线宜暗敷设，竖向走线宜设管井，不宜有排水管穿越</td><td rowspan="2">《文化馆建筑设计规范》JGJ/T 41—2014 第4.2.7条、第5.1.3条、第5.3.13条</td></tr>
<tr><td>25座教室</td><td>≥54$m^2$</td></tr>
</table>

续表

| 区域 | | 技术要求 | | 规范依据 |
|---|---|---|---|---|
| | | 规模（人数或使用面积）、人均使用面积 | 空间、设施要求 | |
| 多媒体视听教室 | | 宜控制在每间100～200人 | 宜设置防静电地板 | 《文化馆建筑设计规范》JGJ/T 41—2014第4.2.8条、第5.3.13条 |
| 舞蹈排练室 | 普通舞蹈排练室 | 80～200$m^2$，≥6.0$m^2$/人 | 室内净高不应低于4.5m<br>地面应平整，且宜做有木龙骨的双层木地板<br>三面墙上应设置高度不低于0.90m的可升降把杆，把杆距墙不宜小于0.40m<br>舞蹈排练室的墙面应平直，室内不得设有独立柱及墙壁柱，墙面及顶棚不得有妨碍活动安全的突出物<br>采暖设施应暗装，不宜有排水管穿越；宜采用嵌入式或吸顶式照明灯具 | 《文化馆建筑设计规范》JGJ/T 41—2014第4.2.9条、第5.1.3条、第5.3.7条 |
| | 综合排练室 | 200～400$m^2$，≥6.0$m^2$/人 | | |
| 琴房 | | ≥6.0$m^2$/人 | 不宜设在温度、湿度常变的位置，不宜有排水管穿越 | 《文化馆建筑设计规范》JGJ/T 41—2014第4.2.10条、第5.1.3条 |
| 美术书法教室 | | 宜≤30人，≥2.8$m^2$/人 | 书法学习桌应采用单桌排列，其排距不宜小于1.2m，且教室内的纵向走道宽度不应小于0.70m | 《文化馆建筑设计规范》JGJ/T 41—2014第4.2.11条 |
| 图书阅览室 | | 应设于文化馆内静态功能区<br>阅览桌椅的排列间隔尺寸及每座使用面积，可按现行行业标准《图书馆建筑设计规范》JGJ 38执行<br>不宜有排水管穿越 | | 《文化馆建筑设计规范》JGJ/T 41—2014第4.2.12条、第5.1.3条 |
| 儿童、老人活动用房 | | 应布置在三层及三层以下，且朝向良好和出入安全、方便的位置<br>严寒地区宜做暖性地面 | | 《文化馆建筑设计规范》JGJ/T 41—2014第4.1.5条、第4.1.6条 |
| 群众活动用房 | | 应设置无障碍卫生间<br>应采用易清洁、耐磨的地面 | | 《文化馆建筑设计规范》JGJ/T 41—2014第4.1.4条、第4.1.6条 |
| 大型排演厅、观演厅、多功能厅、展览厅 | | 依据《建筑工程抗震设防分类标准》GB 50223，应按重点设防类建筑设防<br>依据《建筑结构可靠度设计统一标准》GB 50068，安全等级应为一级，其余区域安全等级不低于二级 | | 《文化馆建设标准》建标136—2010第二十八条 |

**群众活动用房的光环境要求** **表 24.2-2**

| 区域 | 技术要求 | 规范依据 |
| --- | --- | --- |
| 展览陈列用房 | 宜以自然采光为主，并应避免眩光及直射光 | 《文化馆建筑设计规范》JGJ/T 41—2014 第4.2.3条 |
| 计算机与网络教室 | 宜北向开窗 | 《文化馆建筑设计规范》JGJ/T 41—2014 第4.2.7条 |
| 舞蹈排练室 | 采光窗应避免眩光，或设置遮光设施 | 《文化馆建筑设计规范》JGJ/T 41—2014 第4.2.9条 |
| 琴房 | 宜避开直射阳光，并应设具有吸声效果的窗帘 | 《文化馆建筑设计规范》JGJ/T 41—2014 第4.2.10条 |
| 美术书法教室 | 应为北向或顶部采光，并应避免直射阳光 | 《文化馆建筑设计规范》JGJ/T 41—2014 第4.2.11条 |
| 图书阅览室 | 应光线充足，照度均匀，并应避免眩光及直射光 | 《文化馆建筑设计规范》JGJ/T 41—2014 第4.2.12条 |
| 排演用房、报告厅、教学用房、音乐、美术工作室等 | 应按不同功能要求设置相应的外窗遮光设施 | 《文化馆建筑设计规范》JGJ/T 41—2014 第4.1.7条 |

**群众活动用房的声环境要求** **表 24.2-3**

| 区域 | 技术要求 | 规范依据 |
| --- | --- | --- |
| 报告厅 | 声学环境宜以建筑声学为主，且扩声指标不应低于现行国家标准《厅堂扩声系统设计规范》GB 50371 中会议类二级标准的要求 | 《文化馆建筑设计规范》JGJ/T 41—2014 第4.2.4条 |
| 排演厅 | 声学设计应符合国家现行标准《剧场建筑设计规范》JGJ 57、《剧场、电影院和多用途厅堂建筑声学设计规范》GB/T 50356 的有关规定 | 《文化馆建筑设计规范》JGJ/T 41—2014 第4.2.5条 |
| 多媒体视听教室 | 室内装修应满足声学要求，且房间门应采用隔声门 | 《文化馆建筑设计规范》JGJ/T 41—2014 第4.2.8条 |
| 琴房 | 墙面不应相互平行，墙体、地面及顶棚应采用隔声材料或做隔声处理，且房间门应为隔声门，内墙面及顶棚表面应做吸声处理<br>不宜有通风管道等穿过，当需要穿过时，管道及穿墙洞口处应做隔声处理 | 《文化馆建筑设计规范》JGJ/T 41—2014 第4.2.10条 |

## 24.3 业务、管理及辅助用房

**业务、管理及辅助用房的面积、空间及设施要求** **表 24.3-1**

<table>
<tr><th colspan="2" rowspan="2">区域</th><th colspan="2">技术要求</th><th rowspan="2">规范依据</th></tr>
<tr><th>规模（人数或使用面积）、人均使用面积</th><th>空间、设施要求</th></tr>
<tr><td rowspan="2">录音录像室</td><td>录音室</td><td>单设面积取下限</td><td rowspan="2">室内净高宜为 5.5m，不宜设外窗<br>小型录音录像室适宜尺寸为高：宽：长＝1.00：1.25：1.60<br>标准型录音录像室适宜尺寸为高：宽：长＝1.00：1.60：2.50<br>不应有与其无关的管道穿越</td><td rowspan="2">《文化馆建筑设计规范》JGJ/T 41—2014 第 4.3.2 条</td></tr>
<tr><td>录像室</td><td>小型宜为 80～130$m^2$</td></tr>
<tr><td colspan="2">文艺创作室</td><td>每间宜为 12$m^2$</td><td>不宜有排水管穿越</td><td>《文化馆建筑设计规范》JGJ/T 41—2014 第 4.3.3 条、第 5.1.3 条</td></tr>
<tr><td colspan="2">研究整理室</td><td>宜≥24$m^2$</td><td>档案室应设在干燥、通风的位置，不宜设在建筑的顶层和底层<br>档案室应采取防潮、防蛀、防鼠措施，外窗应设纱窗，房间门应设防盗门<br>档案资料储藏用房的楼面荷载取值可按现行行业标准《档案馆建筑设计规范》JGJ 25 执行</td><td>《文化馆建筑设计规范》JGJ/T 41—2014 第 4.3.4 条</td></tr>
<tr><td colspan="2">会计室</td><td colspan="2">应设置防盗措施</td><td>《文化馆建筑设计规范》JGJ/T 41—2014 第 4.4.2 条</td></tr>
<tr><td colspan="2">接待室、文印打字室、党政办公室</td><td colspan="2">宜设置防盗措施</td><td>《文化馆建筑设计规范》JGJ/T 41—2014 第 4.4.2 条</td></tr>
<tr><td colspan="2">服装、道具、物品仓库</td><td colspan="2">应防潮、通风，必要时可设置机械排风</td><td>《文化馆建筑设计规范》JGJ/T 41—2014 第 4.4.4 条</td></tr>
<tr><td colspan="2">设备用房</td><td colspan="2">应采取措施，避免粉尘、潮气、废水、废渣等对周边环境造成影响</td><td>《文化馆建筑设计规范》JGJ/T 41—2014 第 4.4.5 条</td></tr>
</table>

业务、管理及辅助用房的光环境要求　　表 24.3-2

| 区域 | 技术要求 | 规范依据 |
|---|---|---|
| 文艺创作室 | 应设在适合自然采光的朝向，且外窗应设有遮光设施 | 《文化馆建筑设计规范》JGJ/T 41—2014 第 4.3.3 条 |
| 研究整理室 | 档案室应防止日光直射，并应避免紫外线对档案、资料的危害 | 《文化馆建筑设计规范》JGJ/T 41—2014 第 4.3.4 条 |

业务、管理及辅助用房的声环境要求　　表 24.3.3

| 区域 | 技术要求 | 规范依据 |
|---|---|---|
| 录音录像室 | 应布置在静态功能区内最为安静的部位，且不得邻近变电室、空调机房、锅炉房、厕所等易产生噪声的地方<br>应进行声学设计，地面宜铺设木地板，且应采用密闭隔声门 | 《文化馆建筑设计规范》JGJ/T 41—2014 第 4.3.2 条 |
| 设备用房 | 应采取措施，避免噪声、振动等对周边环境造成影响 | 《文化馆建筑设计规范》JGJ/T 41—2014 第 4.4.5 条 |

# 24.4　建筑防火及疏散

## 24.4.1　耐火等级

耐火等级　　表 24.4.1

| 类别 | 耐火等级 | 规范依据 |
|---|---|---|
| 地下或半地下和一类高层文化馆建筑 | 耐火等级不低于一级 | 《建筑设计防火规范》GB 50016—2014（2018 年版）第 5.1.3 条 |
| 单、多层和二类高层文化馆建筑 | 耐火等级不低于二级 | 《建筑设计防火规范》GB 50016—2014（2018 年版）第 4.4.5 条<br>《文化馆建设标准》建标 136—2010 第二十九条 |

## 24.4.2　防火分区

防火分区　　表 24.4.2

| 类别 | 防火分区的最大允许建筑面积（$m^2$） | 规范依据 |
|---|---|---|
| 耐火等级为一、二级的高层文化馆建筑 | 1500 | 《建筑设计防火规范》GB 50016—2014（2018 年版）第 5.3.1 条 |
| 耐火等级为一、二级的单、多层文化馆建筑 | 2500 | |
| 地下或半地下文化馆建筑 | 500 | |

注：1. 表中规定的防火分区最大允许建筑面积，当建筑内设置自动灭火系统时，可按本表的规定增加 1.0 倍；局部设置时，防火分区的增加面积可按该局部面积的 1.0 倍计算。
2. 裙房与高层建筑主体之间设置防火墙时，裙房的防火分区可按单、多层建筑的要求确定。

### 24.4.3 中庭防火设计要求

建筑内设置中庭时，其防火分区的建筑面积应按上、下层相连通的建筑面积叠加计算；当叠加计算后的建筑面积大于最大允许建筑面积时，应符合下表规定：

中庭防火设计要求 表 24.4.3

| 类别 | 技术要求 | 规范依据 |
| --- | --- | --- |
| 与周围连通空间的防火分隔 | 采用防火隔墙时，其耐火极限应≥1.00h<br>采用防火玻璃墙时，其耐火隔热性和耐火完整性应≥1.00h<br>采用耐火完整性≥1.00h 的非隔热性防火玻璃墙时，应设置自动喷水灭火系统进行保护<br>采用防火卷帘时，其耐火极限应≥3.00h | 《建筑设计防火规范》GB 50016—2014（2018年版）第 5.3.2 条 |
| 与中庭相连通的门、窗 | 应采用火灾时能自行关闭的甲级防火门、窗 | |
| 中庭 | 中庭应设置排烟措施；中庭内不应布置可燃物 | |
| 高层文化馆建筑内的中庭回廊 | 应设置自动喷水灭火系统和火灾自动报警系统 | |

### 24.4.4 安全疏散

安全疏散 表 24.4.4

| 区域 | | 技术要求 | | 规范依据 |
| --- | --- | --- | --- | --- |
| | | 位于两个安全出口之间的疏散门（m） | 位于袋形走道两侧或尽端的疏散门（m） | |
| 教学培训区域 | 单、多层 | 35 | 22 | 《建筑设计防火规范》GB 50016—2014（2018年版）第 5.5.17 条 |
| | 高层 | 30 | 15 | |
| 业务、管理及辅助用房 | 单、多层 | 40 | 22 | |
| | 高层 | 40 | 20 | |
| 观众厅、展览厅、多功能厅 | | 厅内任一点至最近疏散门或安全出口的直线距离≤30m | | |
| | | 当疏散门不能直通室外地面或疏散楼梯间时，应采用直通至最近的安全出口的疏散走道长度≤10m | | |

注：设置自动喷水灭火系统时，其安全疏散距离可按本表的规定增加 25%。

### 24.4.5 防火及疏散的其他要求

其他要求 表 24.4.5

| 区域 | 技术要求 | 规范依据 |
| --- | --- | --- |
| 门厅 | 位置应明显，方便人流疏散，并具有明确的导向性 | 《文化馆建筑设计规范》JGJ/T 41—2014 第 4.2.1 条 |
| 展览陈列用房 | 出入口的宽度和高度应满足安全疏散的要求 | 《文化馆建筑设计规范》JGJ/T 41—2014 第 4.2.3 条 |
| 档案室 | 应设置防火设施，房间门应设甲级防火门 | 《文化馆建筑设计规范》JGJ/T 41—2014 第 4.3.4 条 |
| 资料室、会计室 | 应设置防火设施 | 《文化馆建筑设计规范》JGJ/T 41—2014 第 4.4.2 条 |
| 接待室、文印打字室、党政办公室 | 宜设置防火设施 | |

# 25 车库建筑

## 25.1 出入口

**车库出入口和车道数量规定** **表 25.1.1**

<table>
<tr><th>建筑规模</th><th>特大型</th><th colspan="2">大型</th><th colspan="2">中型</th><th colspan="2">小型</th><th>规范依据</th></tr>
<tr><td rowspan="2">停车库停车当量</td><td rowspan="2">>1000</td><td colspan="2">301～1000</td><td colspan="2">51～300</td><td colspan="2">≤50</td><td rowspan="6">《车库建筑设计规范》JGJ 100—2015 第 4.2.6 条</td></tr>
<tr><td>501～1000</td><td>301～500</td><td>101～300</td><td>51～100</td><td>25～50</td><td><25</td></tr>
<tr><td>机动车库出入口数量</td><td>≥3</td><td colspan="2">≥2</td><td>≥2</td><td>≥1</td><td colspan="2">≥1</td></tr>
<tr><td>居住与非居住建筑共用车库、非居住建筑车库的出入口车道数</td><td>≥5</td><td>≥4</td><td>≥3</td><td colspan="2">≥2</td><td>≥2</td><td>≥1</td></tr>
<tr><td>居住建筑车库出入口车道数</td><td>≥3</td><td>≥2</td><td>≥2</td><td colspan="2">≥2</td><td>≥2</td><td>≥1</td></tr>
<tr><td colspan="8">当车道数量>5 且停车当量>3000 辆时，出入口数量应经过交通模拟计算确定</td></tr>
</table>

**出入口技术要求** **表 25.1.2**

<table>
<tr><th colspan="2">类别</th><th colspan="3">技术要求</th><th>规范依据</th></tr>
<tr><td rowspan="4">基地出入口</td><td>强制要求</td><td colspan="3">机动车库基地出入口应设置减速安全设施，以保障基地出入口的通行安全</td><td>《车库建筑设计规范》JGJ 100—2015 第 3.1.7 条</td></tr>
<tr><td>地面坡度</td><td colspan="3">宜 0.2%～5%，当>8%时应设缓坡与城市道路连接</td><td>《车库建筑设计规范》JGJ 100—2015 第 3.1.6 条、第 3.2.10 条、第 3.2.11 条</td></tr>
<tr><td>宽度</td><td>双向行驶≥7m</td><td>单向行驶≥4m</td><td>机非混行时，单向增加≥1.5m</td><td>《车库建筑设计规范》JGJ 100—2015 第 3.1.6 条</td></tr>
<tr><td>间距</td><td colspan="3">应≥15m，且≥两出入口道路转弯半径之和</td><td>《车库建筑设计规范》JGJ 100—2015 第 3.1.6 条</td></tr>
</table>

续表

| 类别 | | 技术要求 | | 规范依据 |
| --- | --- | --- | --- | --- |
| 基地出入口 | 候车道 | 需办理车辆出入手续时，应在附近设≥4m×10m（宽×长）的候车道，不占城市道路 | | 《车库建筑设计规范》JGJ 100—2015 第3.1.6条 |
| | 位置 | 应设于城市次干道或支路，不应（不宜）直接与城市快速路（主干道）连接 | | 《车库建筑设计规范》JGJ 100—2015 第3.1.6条 |
| | | 距城市主干道交叉口 | 应≥70m | 《民用建筑设计统一标准》GB 50352—2019 第4.2.4条 |
| | | 与人行天桥、地道（包括引道引桥）、人行横道线等最边线距离 | 应≥5m | 《民用建筑设计统一标准》GB 50352—2019 第4.2.4条 |
| | | 距地铁出入口、公交站台边缘 | 应≥15m | 《民用建筑设计统一标准》GB 50352—2019 第4.2.4条 |
| | | 距公园、学校、儿童及残疾人建筑出入口 | 应≥20m | 《民用建筑设计统一标准》GB 50352—2019 第4.2.4条 |
| | 通视条件 | 在距出入口边线以内2m处作视点，视点的120°范围内至边线外不应有遮挡视线的障碍物（如下图阴影区域） 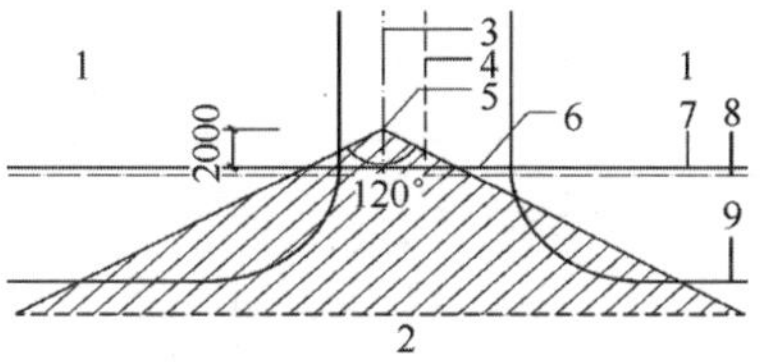<br>1—建筑基地；2—城市道路；3—车道中心线；4—车道边线；5—视点位置；6—基地机动车出口；7—基地边线；8—道路红线；9—道路缘石线 | | 《车库建筑设计规范》JGJ 100—2015 第3.1.6条 |
| | 机动车道转弯半径 | 宜≥6m，且满足基地各类通行车辆最小转弯半径要求 | | 《车库建筑设计规范》JGJ 100—2015 第3.1.6条 |

续表

<table>
<tr><th colspan="2">类别</th><th colspan="3">技术要求</th><th>规范依据</th></tr>
<tr><td rowspan="11">机动车库出入口</td><td rowspan="2">强制要求</td><td colspan="3">车库的人员出入口与车辆出入口必须分开设置</td><td rowspan="2">《车库建筑设计规范》JGJ 100—2015 第4.2.8条</td></tr>
<tr><td colspan="3">载车电梯严禁代替乘客电梯作为出入口并应设标识</td></tr>
<tr><td>出入口宽度</td><td>双向行驶≥7m</td><td colspan="2">单向行驶≥4m</td><td>《车库建筑设计规范》JGJ 100—2015 第4.2.4条</td></tr>
<tr><td>出入口、坡道处最小净高</td><td>小型车：2.2m</td><td>轻型车：2.95m</td><td>中型、大型客车：3.7m</td><td>《车库建筑设计规范》JGJ 100—2015 第4.2.5条</td></tr>
<tr><td rowspan="4">升降梯式出入口</td><td colspan="3">升降梯数量应≥2台，停车当量<25辆时可设1台<br>出入口宜分开设置，应设限高限载标识</td><td rowspan="4">《车库建筑设计规范》JGJ 100—2015 第4.2.11条</td></tr>
<tr><td colspan="3">升降梯门宜为通过式双开门，否则应在各层进出口处设车辆等候位</td></tr>
<tr><td colspan="3">升降梯口应设防雨措施，升降梯坑应设排水措施<br>若采用升降平台，应设安全防护或防坠落措施</td></tr>
<tr><td colspan="3">升降梯操作按钮宜方便驾驶员触及；各层出入口应有楼层号及行驶方向标识</td></tr>
<tr><td>平入式出入口</td><td colspan="2">室内外高差：150～300mm</td><td>出入口外宜有≥5m的距离与室外车行道相连</td><td>《车库建筑设计规范》JGJ 100—2015 第4.2.9条</td></tr>
<tr><td rowspan="2">坡道式出入口</td><td rowspan="2">坡道最小净宽（不含道牙、分隔带等）</td><td>微型、小型车</td><td>直线单行3m，直线双行5.5m<br>曲线单行3.8m，曲线双行7m</td><td rowspan="2">《车库建筑设计规范》JGJ 100—2015 第4.2.10条</td></tr>
<tr><td>轻、中、大型车</td><td>直线单行3.5m，直线双行7.0m<br>曲线单行5.0m，曲线双行10.0m</td></tr>
</table>

续表

<table>
<tr><th colspan="2">类别</th><th colspan="3">技术要求</th><th>规范依据</th></tr>
<tr><td rowspan="9">机动车库出入口</td><td rowspan="9">坡道式出入口</td><td rowspan="5">坡道最大纵向坡度 $i$</td><td>微型、小型车</td><td>直线坡道≤15%，曲线坡道≤12%</td><td rowspan="9">《车库建筑设计规范》JGJ 100—2015 第 4.2.10 条</td></tr>
<tr><td>轻型车</td><td>直线坡道≤13.3%，曲线坡道≤10%</td></tr>
<tr><td>中型车</td><td>直线坡道≤12%，曲线坡道≤10%</td></tr>
<tr><td>大型车</td><td>直线坡道≤10%，曲线坡道≤8%</td></tr>
<tr><td>斜楼板坡度</td><td>≤5%</td></tr>
<tr><td>缓坡长度</td><td>直线缓坡≥3.6m<br>曲线缓坡≥2.4m</td><td rowspan="2">当车道纵坡 $i$>10%时，坡道上、下端应设缓坡</td></tr>
<tr><td>缓坡坡度</td><td>$=i/2$</td></tr>
<tr><td>坡道转弯超高</td><td colspan="2">环道横坡坡度（弯道超高）2%~6%</td></tr>
<tr><td>坡道转弯处最小环形车道内半径与坡道转向角度</td><td colspan="2"><table><tr><td rowspan="2">角度<br>半径</td><td colspan="3">坡道转向角度（$\alpha$）</td></tr><tr><td>$\alpha \leqslant 90°$</td><td>$90° < \alpha < 180°$</td><td>$\alpha \geqslant 180°$</td></tr><tr><td>最小环形车道内半径（$r_0$）</td><td>4m</td><td>5m</td><td>6m</td></tr></table></td></tr>
<tr><td rowspan="4">机械式机动车库出入口</td><td>复式机动车库出入口</td><td colspan="3">满足机动汽车后进停车时，通道宽度应≥5.8m</td><td>《车库建筑设计规范》JGJ 100—2015 第 5.3.8 条</td></tr>
<tr><td rowspan="3">全自动机动车库出入口</td><td colspan="3">应设≥2 个候车位；当出入口分设时，每个出入口处至少应设 1 个候车位</td><td rowspan="2">《车库建筑设计规范》JGJ 100—2015 第 5.2.1 条</td></tr>
<tr><td colspan="3">净宽≥设计车宽+0.50m 且≥2.50m，净高≥2.00m</td></tr>
<tr><td colspan="3">管理操作室宜近出入口，应有良好视野或视频监控系统。管理室可兼配电室，室内净宽≥2m，面积≥9m²，门外开</td><td>《机械式停车库设计图册》13J927—3 第总说明的 5.2.3 条</td></tr>
</table>

续表

<table>
<tr><th colspan="2">类别</th><th colspan="5">技术要求</th><th>规范依据</th></tr>
<tr><td rowspan="8">非机动车库出入口</td><td rowspan="2">出入口净宽度</td><td>自行车</td><td>三轮车</td><td>电动自行车</td><td>机动轮椅车</td><td>二轮摩托车</td><td rowspan="2">《车库建筑设计规范》JGJ 100—2015 第6.2.3条</td></tr>
<tr><td>≥1.80m</td><td>≥车宽+0.6m</td><td>≥1.80m</td><td colspan="2">≥车宽+0.6m</td></tr>
<tr><td>出入口净高度</td><td colspan="5">≥2.50m</td><td></td></tr>
<tr><td>出入口直线形坡道</td><td colspan="5">长度>6.8m或转向时，应设休息平台，平台长度≥2.00m</td><td>《车库建筑设计规范》JGJ 100—2015 第6.2.5条</td></tr>
<tr><td>踏步式出入口斜坡</td><td colspan="5">推车坡度≤25%，推车斜坡净宽≥0.35m，出入口总净宽≥1.80m</td><td>《车库建筑设计规范》JGJ 100—2015 第6.2.6条</td></tr>
<tr><td>坡道式出入口斜坡</td><td colspan="5">坡度≤15%，坡道宽度≥1.80m</td><td>《车库建筑设计规范》JGJ 100—2015 第6.2.6条</td></tr>
<tr><td rowspan="2">出入口安全</td><td colspan="5">非机动车库出入口宜与机动车库出入口分开设置，且出地面处的最小距离应≥7.5m</td><td rowspan="2">《车库建筑设计规范》JGJ 100—2015 第6.2.2条</td></tr>
<tr><td colspan="5">当出入口坡道需与机动车出入口共设时，应设安全分隔设施，且应在地面出入口外7.5m范围内设置不遮挡视线的安全隔离栏杆</td></tr>
</table>

## 25.2 车库内建筑

### 25.2.1 机动车库停车

**机动车库停车位要求** **表 25.2.1**

<table>
<tr><th>类别</th><th colspan="4">技术要求</th><th>规范依据</th></tr>
<tr><td rowspan="7">机动车与机动车、墙、柱、护栏之间最小净距</td><td colspan="2">最小净距</td><td>微型车、小型车</td><td>轻型车</td><td rowspan="7">《车库建筑设计规范》JGJ 100—2015 第4.1.5条</td></tr>
<tr><td colspan="2">平行式停车时机动车间纵向净距</td><td>1.20m</td><td>1.20m</td></tr>
<tr><td colspan="2">垂直、斜列式停车时机动车间纵向净距</td><td>0.50m</td><td>0.70m</td></tr>
<tr><td colspan="2">机动车间横向净距</td><td>0.60m</td><td>0.80m</td></tr>
<tr><td colspan="2">机动车与柱子间净距</td><td>0.30m</td><td>0.30m</td></tr>
<tr><td rowspan="2">机动车与墙、护栏及其他构筑物间净距</td><td>纵向</td><td>0.50m</td><td>0.50m</td></tr>
<tr><td>横向</td><td>0.60m</td><td>0.80m</td></tr>
</table>

续表

<table>
<tr><th>类别</th><th colspan="4">技术要求</th><th>规范依据</th></tr>
<tr><td rowspan="2">小型车通（停）车道最小宽度</td><td>平行、30°、45°前进停车</td><td>垂直前进停车</td><td>垂直后退停车</td><td>60°前进（后停）停车</td><td></td></tr>
<tr><td>3.8m</td><td>9m</td><td>5.5m</td><td>4.5m(4.2m)</td><td>《车库建筑设计规范》JGJ 100—2015 第4.3.4条</td></tr>
</table>

### 25.2.2 车库标志和标线设计

**车库标志和标线设计** **表 25.2.2**

<table>
<tr><th colspan="2">类别</th><th>技术要求</th><th>规范依据</th></tr>
<tr><td rowspan="12">标志和标线</td><td>要求</td><td>满足反光性、美观性、耐久性、无毒环保、检测合格等要求，标志和标线厚度≥1.8mm</td><td rowspan="10">《车库建筑设计规范》JGJ 100—2015 第4.1.10条</td></tr>
<tr><td>车库入口</td><td>应设停车库入口标志、规则牌、限速标志、限高标志、禁止驶出标志和禁止烟火标志</td></tr>
<tr><td>车行道</td><td>应设置车行出口引导标志、停车位引导标志、注意行人标志、车行道边缘线和导向箭头</td></tr>
<tr><td>停车区域</td><td>应设置停车位编号、停车位标线和减速慢行标志</td></tr>
<tr><td>每层出入口</td><td>应在明显部位设置楼层及行驶方向标志</td></tr>
<tr><td>人行通道</td><td>应设置人行道标志和标线</td></tr>
<tr><td>车库出口</td><td>应设置出口指示标志和禁止驶入标志</td></tr>
<tr><td>地面</td><td>应采用醒目线条标明行驶方向，用10～15cm宽线条标明停车位，车行道边缘线15cm宽</td></tr>
<tr><td rowspan="2">设施安装</td><td>护墙角、轮廓标、减速带、轮挡、反光镜、线形诱导标、反光警示标示等应固定于立柱或墙地面上，安装时应确保相应设施的高度和线形一致，设施安装应牢固</td></tr>
<tr><td>标志安装应与道路中线垂直或成角度：禁令和指示标志0～45°，指路和警告标志0～10°<br>各类标识标志的安装应保证不被遮挡，同时应保证路面的净空高度满足要求</td></tr>
<tr><td>机械式车库</td><td>出入口、操作室等明显处应有安全标志、交通指示、疏散标志等标志标示</td><td>《车库建筑设计规范》JGJ 100—2015 第5.1.4条</td></tr>
<tr><td>电动汽车充电基础设施</td><td>配建充电基础设施的停车场、汽车库应设置充电停车区域导向、电动汽车停车位以及安全警告等标识，电动汽车充电设施标志设计应符合现行国家标准《图形标志电动汽车充换电设施标志》GB/T 31525的规定</td><td>广东省标准《电动汽车充电基础设施建设技术规程》DBJ/T 15—150—2018中4.2.3条<br>国标《电动汽车分散充电设施工程技术标准》GBT 51313—2018第6.4条</td></tr>
</table>

### 25.2.3 车库构造

车库构造 表 25.2.3

| 类别 | | 技术要求 | 规范依据 |
|---|---|---|---|
| 车库构造安全 | 车道、坡道 | 应采用耐久、耐磨、耐压、耐冲击、降噪、防滑、耐火的无震动止滑构造做法 | 《车库建筑设计规范》JGJ 100—2015 第4.4节 |
| | 防雨、防淹 | 出入口和坡道处应设置截水沟和耐轮压沟盖板以及闭合的挡水槛，外端应设置防水反坡 | 《车库建筑设计规范》JGJ 100—2015 第4.4节 |
| | | 地下车库出入口、坡道敞开段较低处、坡道低端应设置截水沟 | |
| | | 出入口及必要的口部应设置防淹插板或沙袋（平时可堆放在室内器材间） | |
| | | 非机动车地下车库坡道口应在地面出入口处设置≥0.15m的反坡及截水沟 | |
| | 排水 | 地面应设地漏或排水沟等排水设施，地漏（或集水坑）的中距宜≤40m | |
| | | 停车区域地面排水坡度应 $i$≥0.5%，应设相应的排水系统 | |
| | | 车库地下室和各类底坑（含全自动机械车库回转盘底坑）应做好防、排水设计 | |
| | 防护 | 车库内外凡是能使人跌落入坑的地方，均应设置防护栏，护栏高度≥1050mm，且应防翻越、防可踏、防攀爬、防穿过 | |
| | | 柱子、墙阳角、凸出结构等处应设防撞构造 | |
| | | 出入口及室外坡道上方应设防坠物措施；严寒寒冷地区还应采取防雪篷罩等构造 | |
| | | 停车库及坡道应防眩光 | |
| | 轮挡 | 宜设于距停车位端线为汽车前悬或后悬的尺寸减0.2m处，高度宜=0.15m<br>车轮挡不得阻碍楼地面排水 | |
| | 护栏和道牙 | 入库坡道横向侧无实体墙时，应设护栏和道牙。道牙(宽度×高度)应≥0.30m×0.15m | |
| | 排风口 | 与人员活动场所的距离应≥10m，否则底部距人员活动地坪的高度应≥2.5m | |
| | 充电设施及相关电气设备房设置 | 不应设在有爆炸危险场所的正上、下方，毗邻时应满足GB 50058的规定，不应设在有明火或散发火花的地点 | 《车库建筑设计规范》JGJ 100—2015 第4.4节 |
| | | 不应设在有剧烈振动或高温的场所 | |
| | | 不宜设在多尘、有水雾与腐蚀性和破坏绝缘的有害气体及导电介质的场所，否则应设在此类场所的常年主导风向下风侧 | |

续表

<table>
<tr><th colspan="2">类别</th><th colspan="2">技术要求</th><th>规范依据</th></tr>
<tr><td rowspan="16">车库构造安全</td><td rowspan="12">充电设施及相关电气设备房设置</td><td colspan="2">不应设在防、排水设施不完善的地方、厕所、浴室或其他经常积水等场所的正下方或贴邻。因条件限制必须设时，应采用相应的防护措施</td><td rowspan="5">广东省标准《电动汽车充电基础设施建设技术规程》DBJ/T 15—150—2018 第 4.2.1 条、第 4.2.2 条<br>国标《电动汽车分散充电设施工程技术标准》GBT 51313—2018 第 3.0.4 条<br>《民用建筑电动汽车充电设备配套设施设计规范》DBJ 50—218—2015 第 4.2 节</td></tr>
<tr><td colspan="2">不应设在修车库内以及甲、乙类物品运输车的汽车库、停车场内</td></tr>
<tr><td>非车载充电机外廓距停车位边线应≥400mm</td><td>交流充电桩外廓不应侵入停车位边线</td></tr>
<tr><td colspan="2">充电设施基座高度应≥200mm，充电设施安装基座应为不燃构件，基座宜大于充电设备长宽外廓尺寸 50mm</td></tr>
<tr><td colspan="2">充电设施外宜设高度≥800mm 的防撞栏或采用其他防撞措施</td></tr>
<tr><td colspan="2">充电设备应垂直安装，偏离垂直位置任一方向的误差不应大于 5°</td><td rowspan="7">广东省标准《电动汽车充电基础设施建设技术规程》DBJ/T 15—150—2018 第 4.2.1 条、第 4.2.2 条<br>国标《电动汽车分散充电设施工程技术标准》GBT 51313—2018 第 3.0.4 条<br>《民用建筑电动汽车充电设备配套设施设计规范》DBJ 50—218—2015 第 4.2 节</td></tr>
<tr><td colspan="2">充电设备采用壁挂式安装方式时，应竖直安装于与地平面垂直的墙面，墙面应符合承重要求，充电设施应固定可靠</td></tr>
<tr><td colspan="2">壁挂式充电设备安装高度宜为设备人机操作区域水平中心线距地面 1.5m</td></tr>
<tr><td colspan="2">充电设备不应遮挡行车视线，电动汽车在停车位充电时不应妨碍区域内其他车辆的充电与通行</td></tr>
<tr><td colspan="2">充电设备不应布置于疏散通道上，且充电时不应影响人员疏散</td></tr>
<tr><td colspan="2">充电设备应在醒目位置特别标识“有电危险”“未成年人禁止操作”警示牌及安全注意事项，室外场所还应特别标识“雷雨天气禁止操作”警示牌</td></tr>
<tr><td colspan="2">应设置在消防力量便于到达的场所</td></tr>
<tr><td rowspan="4">机械式车库</td><td colspan="2">应根据需要设置检修通道，宽度≥600mm，净高≥停车位净高，设检修孔时边长≥700mm</td><td>《机械式停车库工程技术规范》JGJ /T 326—2014 第 3.1.6 条</td></tr>
<tr><td colspan="2">与主体建筑主体结构间，应根据设备运行特点采取隔振、防噪、减震、隔声等措施</td><td>《车库建筑设计规范》JGJ 100—2015 第 5.4.1 条</td></tr>
<tr><td colspan="2">安装必要的限位装置、人车误入检测装置、停车板汽车位置检测装置、存车指导装置等设备不动作或紧急停止系统</td><td></td></tr>
<tr><td colspan="2">在机械式停车设备所需运行空间范围内，不得设置或穿越与停车设备无关的管道、电缆</td><td>《车库建筑设计规范》JGJ 100—2015 第 5.4.2 条</td></tr>
</table>

# 25.3 建筑防火

## 25.3.1 车库分类及防火设计要求

车库分类及防火设计要求　　表 25.3.1

<table>
<tr><th colspan="2">类别</th><th colspan="6">技术要求</th><th>规范依据</th></tr>
<tr><td colspan="2" rowspan="2">停车数量（辆）</td><td colspan="2">>300</td><td colspan="3">51～300</td><td rowspan="2">≤50</td><td rowspan="8">《汽车库、修车库、停车场设计防火规范》GB 50067—2014 第 6.0.9 条、第 6.0.10 条、第 6.0.11 条</td></tr>
<tr><td>>1000</td><td>301～1000</td><td>151～300</td><td>101～150</td><td>51～100</td></tr>
<tr><td colspan="2">总建筑面积 S（m²）</td><td colspan="2">S>10000</td><td>5000<S≤10000</td><td colspan="2">2000<S≤5000</td><td>S≤2000</td></tr>
<tr><td colspan="2">防火分类</td><td colspan="2">Ⅰ</td><td>Ⅱ</td><td colspan="2">Ⅲ</td><td>Ⅳ</td></tr>
<tr><td colspan="2">耐火等级</td><td colspan="2">一级</td><td colspan="3">不低于二级</td><td>不低于三级</td></tr>
<tr><td rowspan="2">汽车疏散出口（个）</td><td>地上车库</td><td>每库或每层≥3</td><td colspan="2">每库或每层≥2</td><td colspan="2">每库或每层≥2 或 1(设双车道)</td><td>1</td></tr>
<tr><td>地下、半地下车库</td><td>每库或每层≥3</td><td colspan="3">每库或每层≥2</td><td>≥2 或 1（设双车道，且 S<4000）</td><td>1</td></tr>
<tr><td colspan="2">人员安全出口（个）</td><td colspan="5">每防火分区≥2</td><td>1</td></tr>
<tr><td colspan="2">车库各出入口关系</td><td colspan="6">汽车安全疏散口与车库的人员及所在建筑其他部分的人员的安全疏散出口均应分开设置</td><td>《汽车库、修车库、停车场设计防火规范》GB 50067—2014 第 6.0.1 条</td></tr>
<tr><td colspan="2" rowspan="2">疏散出口水平距离</td><td colspan="6">人员疏散出口应≥5m</td><td>参照《建筑设计防火规范》GB 50016—2014(2018 年版)第 5.5.2 条</td></tr>
<tr><td colspan="6">汽车疏散出口应≥10m；毗邻的双坡道汽车出口，中间应设防火隔墙分隔</td><td>《汽车库、修车库、停车场设计防火规范》GB 50067—2014 第 6.0.14 条</td></tr>
<tr><td colspan="2">汽车疏散坡道净宽</td><td colspan="6">单车道≥3m，双车道≥5.5m</td><td>《汽车库、修车库、停车场设计防火规范》GB 50067—2014 第 6.0.13 条</td></tr>
<tr><td colspan="2">人员疏散距离(m)</td><td colspan="6">≤45(无自动灭火系统)，≤60(有自动灭火系统)，≤60(单层或设于首层)</td><td>《汽车库、修车库、停车场设计防火规范》GB 50067—2014 第 6.0.6 条</td></tr>
<tr><td colspan="2" rowspan="7">人员疏散楼梯</td><td>防烟楼梯间</td><td colspan="5">高层车库 h>32m，地下车库室内外地坪高差 Δh>10m 时设</td><td rowspan="4">《汽车库、修车库、停车场设计防火规范》GB 50067—2014 第 6.0.3 条</td></tr>
<tr><td>封闭楼梯间</td><td colspan="5">除防烟楼梯间及满足条件的室外疏散梯外，均应设</td></tr>
<tr><td>室外疏散楼梯</td><td colspan="5">倾角≤45°、栏杆高 h≥1.1m、各层楼梯平台耐火极限≥1h、2m 范围内除疏散门外无其他门窗洞口</td></tr>
<tr><td>疏散楼梯净宽</td><td colspan="5">≥1.1m</td></tr>
<tr><td>机械车库救援楼梯间</td><td colspan="5">无人无车道机械车库，停车数量>100 时，应设≥1 个供灭火救援用的楼梯间，楼梯间应采用防火隔墙和乙级防火门，净宽≥0.9m</td><td>《汽车库、修车库、停车场设计防火规范》GB 50067—2014 第 6.0.3 条、第 6.0.8 条</td></tr>
<tr><td colspan="6">与住宅地下室连通的地下、半地下车库，可直接或设连通走道借用住宅的疏散楼梯间疏散，设甲级防火疏散门，通道采用防火隔墙</td><td>《汽车库、修车库、停车场设计防火规范》GB 50067—2014 第 6.0.3 条、第 6.0.7 条</td></tr>
<tr><td colspan="6">地下部分的汽车库与托儿所、幼儿园、老年建筑、中小学教学楼、病房楼等的安全出口和疏散楼梯应分别独立设置</td><td>《汽车库、修车库、停车场设计防火规范》GB 50067—2014 第 4.1.4 条、第 6.0.3 条</td></tr>
</table>

续表

<table>
<tr><th>类别</th><th colspan="6">技术要求</th><th>规范依据</th></tr>
<tr><td rowspan="15">防火分区面积($m^2$)/设自动灭火系统的防火分区面积($m^2$)</td><td rowspan="3">全地下车库、地上高层车库</td><td colspan="4">坡道式</td><td>2000/4000</td><td rowspan="13">《汽车库、修车库、停车场设计防火规范》GB 50067—2014 第 5.1 条</td></tr>
<tr><td colspan="4">有人有车道机械式</td><td>1300/2600</td></tr>
<tr><td colspan="4">敞开、错层、斜楼板式</td><td>4000/8000</td></tr>
<tr><td rowspan="3">半地下车库、地上多层车库</td><td colspan="4">坡道式</td><td>2500/5000</td></tr>
<tr><td colspan="4">有人有车道机械式</td><td>1625/3250</td></tr>
<tr><td colspan="4">敞开、错层、斜楼板式</td><td>5000/10000</td></tr>
<tr><td rowspan="4">地上单层车库</td><td colspan="4">坡道式</td><td>3000/6000</td></tr>
<tr><td colspan="4">有人有车道机械式</td><td>1950/3900</td></tr>
<tr><td colspan="4">敞开、错层、斜楼板式</td><td>6000/12000</td></tr>
<tr><td colspan="4">甲、乙类物品运输车</td><td>500/500</td></tr>
<tr><td>无人无车道机械式车库</td><td colspan="5">每 100 辆设一个防火分区或每 300 辆设一个防火分区，但必须采用防火措施分隔出停车数≤3 辆的停车单元</td></tr>
<tr><td rowspan="2">修车库</td><td colspan="4">单层、多层</td><td>2000</td></tr>
<tr><td colspan="4">修车部位与相邻使用有机溶剂清洗和喷漆工段用防火墙分隔时</td><td>4000</td></tr>
<tr><td rowspan="2">汽车库内配建充电基础设施区域的防火分区最大允许建筑面积($m^2$)(广东规定)</td><td colspan="2">耐火等级</td><td>单层汽车库</td><td>多层汽车库半地下汽车库</td><td>地下汽车库高层汽车库</td><td rowspan="2">《汽车库、修车库、停车场设计防火规范》GB 50067—2014 第 5.1 条<br>广东省标准《电动汽车充电基础设施建设技术规程》DBJ/T 15—150—2018 中 4.9.3 条</td></tr>
<tr><td colspan="2">一、二级</td><td>3000</td><td>2500</td><td>2000</td></tr>
<tr><td rowspan="6">防火单元</td><td rowspan="3">汽车库内设置充电基础设施的区域应划分防火单元(广东规定)</td><td colspan="5">地下、高层汽车库的每个防火单元内停车数量应≤20 辆<br>半地下、单层、多层汽车库的每个防火单元内停车数量应≤50 辆</td><td rowspan="3">广东省标准《电动汽车充电基础设施建设技术规程》DBJ/T 15—150—2018 第 4.9.4 条</td></tr>
<tr><td colspan="5">每个防火单元应采用耐火极限不小于 2.00h 的防火隔墙、防火分隔水幕或乙级防火门等防火分隔设施与其他防火单元和汽车库其他部位分隔<br>采用防火分隔水幕时，应符合现行国家标准的相关规定</td></tr>
<tr><td colspan="5">防火单元内的行车通道应采用具有停滞功能的特级防火卷帘作为防火单元分隔，火灾发生时，防火卷帘应能由火灾自动报警系统联动下降并停在距地面 1.8m 的高度，并应在防火卷帘两侧设置由值班人员或消防救援人员现场手动控制防火卷帘开闭的装置</td></tr>
<tr><td rowspan="3">新建汽车库内配建的分散充电设施在同一防火分区内应集中布置及设立独立的防火单元(国标规定)</td><td colspan="5">布置在一、二级耐火等级的汽车库首层、二、三层及地下、半地下层，不应布置在地下四层及以下</td><td rowspan="3">国标《电动汽车分散充电设施工程技术标准》GBT 51313—2018 第 6.1.5 条</td></tr>
<tr><td rowspan="2">防火单元最大允许面积($m^2$)</td><td>耐火等级</td><td>单层汽车库</td><td>多层汽车库</td><td>地下汽车库或高层汽车库</td></tr>
<tr><td>一、二级</td><td>1500</td><td>1250</td><td>1000</td></tr>
</table>

续表

<table>
<tr><th>类别</th><th colspan="7">技术要求</th><th>规范依据</th></tr>
<tr><td rowspan="2">防火单元</td><td rowspan="2">防火单元分隔</td><td colspan="6">各单元应采用耐火极限≥2h的防火隔墙或防火卷帘、防火分隔水幕等与其他防火单元和汽车库其他部分分隔</td><td rowspan="2">国标《电动汽车分散充电设施工程技术标准》GBT 51313—2018第6.1.5条<br>广东省标准《电动汽车充电基础设施建设技术规程》DBJ/T 15—150—2018第4.9.4条</td></tr>
<tr><td colspan="6">防火隔墙上需开设相互连通的门时，应采用耐火等级≥乙级的防火门</td></tr>
<tr><td>分组布置</td><td>停车场的充电基础设施布置</td><td colspan="6">宜集中布置或分组集中布置，每组不应大于50辆，组之间或组与未配置充电基础设施的停车位之间，可设置耐火极限不<2.00h且高度不<2m的防火隔墙，或设置不<6m的防火间距进行分隔</td><td>广东省标准《电动汽车充电基础设施建设技术规程》DBJ/T 15—150—2018第4.9.4条</td></tr>
<tr><td rowspan="6">最小防火间距（m）</td><td></td><td>多层民用建筑、车库</td><td>高层民用建筑、车库</td><td>厂房、仓库</td><td>甲类厂房</td><td>甲类仓库</td><td>重要公建</td><td rowspan="6">《汽车库、修车库、停车场设计防火规范》GB 50067—2014第4.2条</td></tr>
<tr><td>多层车库</td><td>10</td><td>13</td><td>10</td><td>12</td><td>12～20</td><td>10～13</td></tr>
<tr><td>高层车库</td><td>13</td><td>13</td><td>13</td><td>15</td><td>12～20</td><td>13</td></tr>
<tr><td>停车场</td><td>6</td><td>6</td><td>6</td><td>6</td><td>12～20</td><td>6</td></tr>
<tr><td>甲乙类物品运输车库</td><td>25</td><td>25</td><td>12</td><td>30</td><td>17～25</td><td>50</td></tr>
<tr><td colspan="7">注：<br>1. 当两座建筑较高一面外墙为无门、窗、洞口的防火墙或比相邻较低一座建筑屋面高15m及以下范围内的外墙为无门、窗、洞口的防火墙时，其防火间距不限；<br>2. 当两座建筑相邻较高一面外墙上，同较低建筑等高以下范围内的墙为无门、窗、洞口的防火墙时，防火间距可按GB 50067—2014表4.2.1规定减少50%；<br>3. 当两座建筑相邻较高一面外墙的耐火极限≥2h，墙上开口部位设甲级防火门、窗或耐火极限≥2h的防火卷帘、水幕时，防火间距应≥4m；<br>4. 当两座建筑相邻较低一座外墙为防火墙、屋顶无开口且耐火极限≥1h时，防火间距应≥4m；<br>5. 停车场与相邻建筑之间，当建筑外墙为无门、窗、洞口的防火墙，或比停车部位高15m范围以下的外墙为无门、窗、洞口的防火墙时，其防火间距不限；<br>6. 停车场的汽车宜分组停放，每组停车数宜≤50辆，组与组间距应≥6m。</td></tr>
<tr><td>消防车道</td><td colspan="7">应环形设置或沿车库的一个长边和另一边设置，消防车道净宽、净高均应≥4m</td><td>《汽车库、修车库、停车场设计防火规范》GB 50067—2014第4.3条</td></tr>
</table>

续表

| 类别 | 技术要求 | 规范依据 |
| --- | --- | --- |
| 消防电梯 | 建筑高度＞32m的汽车库，应设置消防电梯；每个防火分区至少设1部 | 《汽车库、修车库、停车场设计防火规范》GB 50067—2014第6.0.4条 |
| 配建充电基础设施的汽车库 | 均应设置火灾自动报警系统、防排烟系统、消防给水系统、自动灭火系统、消防应急照明和疏散指示标志 | 广东省标准《电动汽车充电基础设施建设技术规程》DBJ/T 15—150—2018第4.9.2条 |
| 装修材料 | 地下室汽车库、修车库的顶棚、墙面、隔断、固定家具等装修材料的燃烧性能等级应A级，地面装修材料的燃烧性能等级应B1级 | 《建筑内部装修设计防火规范》GB 50222—2017第5.3.1条 |

注：1. 地下车库的耐火等级均应为一级。
2. 本章节内容仅适用于一、二级耐火等级的建筑。

### 25.3.2 汽车库、修车库平面安全布置

**汽车库、修车库平面安全布置　　表25.3.2**

<table>
<tr><th>类别</th><th colspan="3">技术要求</th><th>规范依据</th></tr>
<tr><td>平面布置规定</td><td>Ⅱ、Ⅲ、Ⅳ类修车库</td><td>地上车库</td><td>半地下、地下车库</td><td rowspan="8">《汽车库、修车库、停车场设计防火规范》GB 50067—2014第4.1条</td></tr>
<tr><td>托幼、老年人建筑、中、小学教学楼、病房楼</td><td>不应组合建造或贴邻</td><td>不应组合建造</td><td>符合规定时可组合</td></tr>
<tr><td>商场、展览、餐饮、娱乐等人员密集场所</td><td>不应组合建造或贴邻</td><td colspan="2" rowspan="2">可组合或贴邻建造</td></tr>
<tr><td>一、二级耐火等级建筑</td><td>可设于首层或贴邻</td></tr>
<tr><td>为汽车库服务的附属用房，修理车位、喷漆间、充电间、乙炔间、甲乙类库房</td><td colspan="2">符合规定时可贴邻但应采用防火墙隔开，并可直通室外</td><td>不应内设</td></tr>
<tr><td>甲、乙类厂房、仓库</td><td colspan="3">不得贴邻或组合建造</td></tr>
<tr><td>汽油罐、加油机、加气机、液化气天然气罐</td><td colspan="3">不可内设</td></tr>
</table>

# 26 地　　铁

## 26.1　总图、场地安全设计

### 26.1.1　选址与规划控制

选址与规划控制　　表 26.1.1

| 选址 | 选址应符合城市总体规划和城市综合交通规划及城市轨道线网规划的要求 |
| --- | --- |
| 规划控制-间距 | 车站建筑间距，应综合考虑采光、通风、规划、消防、管线 埋设、卫生等要求确定<br>防火间距：详见防火设计<br>视线间距：应满足当地规划部门对视线间距的最小控制要求 |

### 26.1.2　道路

道路设计要求（针对车辆基地）　　表 26.1.2-1

| 道路 | | 安全设计要求 | | | 规范依据 |
| --- | --- | --- | --- | --- | --- |
| 时速 | | 按运营管理要求 | | | |
| 路宽 | 单车道路路面 | 5～7m | | | 广州市轨道交通相关总体技术要求 |
| | 双车道路路面 | 9～12m | | | |
| 长度 | 尽端式道路＞120m 时 | 应在尽端设不小于 12m×12m 的回车场地 | | | 《建筑设计防火规范》GB 50016—2014（2018 年版）第 7.1.9 条《民用建筑设计统一标准》GB 50352—2019 第 5.2.2.5 条 |
| 坡度 | 机动车道 | ≥0.2%（最小） | ≤8%（最大），$L \leqslant 200$m | ≤5%（最大），$L \leqslant 600$m（多雪严寒地区） | 《民用建筑设计统一标准》GB 50352—2019 第 5.3.2 条 |
| | 非机动车道 | ≥0.2%（最小） | ≤3%（最大），$L \leqslant 50$m | ≤2%（最大），$L \leqslant 100$m（多雪严寒地区） | |
| | 步行道 | ≥0.2%（最小） | ≤8%（最大） | ≤4%（最大）（多雪严寒地区） | |
| 出入口数量 | | 不少于 2 个与外界道路相连通出入口 | | | 《民用建筑设计统一标准》GB 50352—2019 第 4.2.1 条、第 4.2.5.2 条 |

续表

| 道路 | 安全设计要求 | 规范依据 |
| --- | --- | --- |
| 与城市道路相接时 | 其交角不宜小于75° | 《广州市轨道交通相关总体技术要求》 |
| | 坡度较大时，应设缓冲段 | |
| 地震烈度不低于六度的地区 | 主要道路路面，采用柔性路面 | |
| 多雪严寒的山坡地区 | 基地内道路路面应考虑防滑措施 | |
| 山区和丘陵地区 | 车行与人行宜分开设置自成系统 | |
| | 路网格式应因地制宜 | |
| | 主要道路宜平缓，路面可酌情缩窄，但应安排必要的排水边沟和会车位 | |

**道路边缘至建筑、构筑物最小距离（m）** **表 26.1.2-2**

| | 车辆基地道路 | 规范依据 |
| --- | --- | --- |
| 建筑物面向道路 | 3.0～5.0 | 《城市居住区规划设计标准》GB 50180—2018 第6.0.5条 |
| 建筑物山墙面向道路 | 2.0～4.0 | |
| 围墙面向道路 | 1.0～1.5 | |

### 26.1.3 竖向

**各种场地适合的坡度** **表 26.1.3-1**

| 场地名称 | | 适用坡度（°） | 规范依据 |
| --- | --- | --- | --- |
| 密实性地面和广场 | | 0.3～3.0 | 广州市轨道交通相关总体技术要求 |
| | | 0.2～0.5 | |
| 广场兼停车场 | | 0.3～2.5 | |
| 室外地面 | 运动场 | 0.2～0.5 | |
| | 杂用场地 | 0.3～2.9 | |
| 湿陷性黄土地面 | | 0.5～0.7 | |

**用地工程防护措施** **表 26.1.3-2**

| 条件 | 部位 | 防护措施 | 规范依据 |
| --- | --- | --- | --- |
| 台地高差>1.5m | 挡土墙/护坡顶（坡比值>0.5） | 加设安全防护设施 | 《住宅建筑规范》GB 50368—2005 第4.5.2条 |
| 台地高差>2.0m | 挡土墙/护坡上缘 | 与建筑及车站间的水平距离≥3m | |
| | 挡土墙/护坡下缘 | 与建筑及车站间的水平距离≥2m | |
| 土质护坡坡比值不应大于0.5 | | | |

### 26.1.4 工程管线

管线避让原则：临时管线避让永久管线；小管线避让大管线；压力管线避让重力自流管线；

可弯曲管线避让不可弯曲管线。

**各种管线之间最小水平距离（m）** **表 26.1.4-1**

| 管线名称 | | 给水 | 排水 | 燃气管 | | | 热力 | 电力电缆 | 电信电缆 | 电信管道 |
|---|---|---|---|---|---|---|---|---|---|---|
| | | | | 低压 | 中压 | 高压 | | | | |
| 排水 | | 1.5 | 1.5 | — | — | — | — | — | — | — |
| 燃气管 | 低压 | 0.5 | 1.0 | — | — | — | — | — | — | — |
| | 中压 | 1.5 | 1.5 | — | — | — | — | — | — | — |
| | 高压 | 1.5 | 2.0 | — | — | — | — | — | — | — |
| 热力 | | 1.5 | 1.5 | 1.0 | 1.5 | 2.0 | — | — | — | — |
| 电力电缆 | | 0.5 | 0.5 | 0.5 | 1.0 | 1.5 | 2.0 | — | — | — |
| 电信电缆 | | 1.0 | 1.0 | 0.5 | 1.0 | 1.5 | 1.0 | 0.5 | — | — |
| 电信管道 | | 1.0 | 1.0 | 1.0 | 1.0 | 2.0 | 1.0 | 1.2 | 0.2 | — |

**各种管线之间最小垂直距离（m）** **表 26.1.4-2**

| 管线名称 | 给水 | 排水 | 燃气管 | 热力 | 电力电缆 | 电信电缆 | 电信管道 |
|---|---|---|---|---|---|---|---|
| 给水 | 0.15 | — | — | — | — | — | |
| 排水 | 0.40 | 0.15 | — | — | — | — | |
| 燃气 | 0.15 | 0.15 | 0.15 | — | — | — | — |
| 热力 | 0.15 | 0.15 | 0.15 | 0.15 | — | — | — |
| 电力电缆 | 0.15 | 0.50 | 0.50 | 0.50 | 0.50 | — | — |
| 电信电缆 | 0.20 | 0.50 | 0.50 | 0.15 | 0.50 | 0.25 | 0.25 |
| 电信管道 | 0.10 | 0.15 | 0.15 | 0.15 | 0.50 | 0.25 | 0.25 |
| 明沟沟底 | 0.50 | 0.50 | 0.50 | 0.50 | 0.50 | 0.50 | 0.50 |
| 涵洞基地 | 0.15 | 0.15 | 0.15 | 0.15 | 0.50 | 0.20 | 0.25 |
| 铁路轨底 | 1.00 | 1.20 | 1.00 | 1.20 | 1.00 | 1.00 | 1.00 |

**各种管线与建筑、构筑物之间最小水平距离（m）** **表 26.1.4-3**

| 管线名称 | | 建筑物基础 | 地上杆柱（中心） | | | 铁路（中心） | 城市道路侧石边缘 | 公路边缘 |
|---|---|---|---|---|---|---|---|---|
| | | | 通信、照明<10kV | ≤35kV | >35kV | | | |
| 给水 | | 3.0 | 0.5 | 3.0 | | 5.0 | 1.5 | 1.0 |
| 排水 | | 2.5 | 0.5 | 1.5 | | 5.0 | 1.5 | 1.0 |
| 燃气管 | 低压 | 1.5 | 1.0 | 1.0 | 5.0 | 3.75 | 1.5 | 1.0 |
| | 中压 | 2.0 | | | | 3.75 | 1.5 | 1.0 |
| | 高压 | 4.0 | | | | 5.0 | 2.5 | 1.0 |
| 热力 | | 直埋 2.5 | 1.0 | 2.0 | 3.0 | 3.75 | 1.5 | 1.0 |
| | | 地沟 0.5 | | | | | | |
| 电力电缆 | | 0.6 | 0.6 | 0.6 | 0.6 | 3.75 | 1.5 | 1.0 |
| 电信电缆 | | 0.6 | 0.5 | 0.6 | 0.6 | 3.75 | 1.5 | 1.0 |
| 电信管道 | | 1.5 | 1.0 | 1.0 | 1.0 | 3.75 | 1.5 | 1.0 |

各种管线与建筑、构筑物之间最小水平距离（m） 表 26.1.4-4

| 管线名称 | 最小水平净距 | |
|---|---|---|
| | 乔木（至中心） | 灌木 |
| 给水管、闸井 | 1.5 | 1.5 |
| 污水管、雨水管、探井 | 1.5 | 1.5 |
| 燃气管、探井 | 1.2 | 1.2 |
| 电力电缆、电信电缆 | 1.0 | 1.0 |
| 电信管道 | 1.5 | 1.0 |
| 热力管 | 1.5 | 1.5 |
| 地下杆柱（中心） | 2.0 | 2.0 |
| 消防龙头 | 1.5 | 1.2 |
| 道路侧石边缘 | 0.5 | 0.5 |

# 26.2 防灾、避难设计

防灾、避难设计 表 26.2

| 防灾类型 | 避难措施 | 规范依据 |
|---|---|---|
| 防火 | 详见防火（消防）设计 | 广州市轨道交通相关总体技术要求 |
| 防水 | 地下结构以主体结构自防水为主，铺以附加柔性防水层防水，其中车站及人行通道结构防水等级为一级，区间隧道及风道结构防水等级为二级 | |
| 防污染 | 详见防污染设计 | |
| 抗震 | 抗震设防烈度为6度及以上地区的地铁工程，必须进行抗震设计，其抗震设防类别应为重点设防类（乙类） | |
| 防洪 | 防洪按100年一遇的洪水水位设计，并按最高水位进行检算 | |
| 防空 | 按国家及地方人防部门的有关规定结合地铁工程建设防空地下室，并应遵循平战结合的原则，与城市地下空间规划相结合，统筹安排 | |
| 其他 | 地铁工程设计应采取防火灾、地震、水淹、风暴、冰雪、雷击、杂散电流腐蚀等灾害的措施。车站主体结构应采取防杂散电流腐蚀的措施 | |

## 26.2.1 建筑防火

### 26.2.1.1 建筑类别

建筑类别 表 26.2.1.1

| 建筑类别 | 建筑高度 | 规范依据 |
|---|---|---|
| 车辆基地建筑 | 包括车辆段（停车场），综合维修中心，物资总库，培训中心，综合楼和其他配套设施。除综合楼外，其他建筑高度一般小于24m | 广州市轨道交通相关总体技术要求 |
| 地面及高架车站 | 建筑高度一般不大于24m | |
| 地下车站 | 地下埋深一般不小于3m，层数为地下1至5层不等 | |

### 26.2.1.2 耐火等级

**耐火等级** **表 26.2.1.2**

| 建筑类别 | 耐火等级 | 规范依据 |
| --- | --- | --- |
| 车辆基地建筑 | 地下停车库、列检库、停车列检库、运用库、联合检修库及其他检修用房应为一级 | 《地铁设计防火标准》GB 51298—2018 第 4.1.1.6 条 |
| 地面及高架车站 | 不低于二级 | 《地铁设计规范》GB 50157—2013 第 28.2.1 条 |
| 地下车站 | 一级 | |
| 控制中心 | 一级 | |

### 26.2.1.3 防火间距

**防火间距（m）** **表 26.2.1.3-1**

| 建筑类别 | | 高层建筑 | 地面及高架车站和其他民用建筑（含车辆基地建筑） | | | 规范依据 |
| --- | --- | --- | --- | --- | --- | --- |
| | | 一、二级 | 一、二级 | 三级 | 四级 | 参照《建筑设计防火规范》GB 50016—2014（2018 年版）第 5.2.2 条 |
| 地面及高架车站和其他民用建筑（含车辆基地建筑） | 一、二级 | 9 | 6 | 7 | 9 | |
| | 三级 | 11 | 7 | 8 | 10 | |
| | 四级 | 14 | 9 | 10 | 12 | |
| 高层建筑 | 一、二级 | 13 | 9 | 11 | 14 | |

注：地下车站与其他建筑地下室间距根据相关规划及现场具体情况确定。

**出入口、风亭、冷却塔与规划道路、建筑物距离表** **表 26.2.1.3-2**

| 间距类别 | | 距离要求 | 规范依据 |
| --- | --- | --- | --- |
| 退缩道路红线 | 规划道路宽≥60m | 10m | 按广州当地规划部门要求 |
| | 规划道路宽＜60m | 5m | |
| 防火间距 | 民用建筑一、二级 | 6m | 《建筑设计防火规范》GB 50016—2014（2018 年版）第 5.2.2 条 |
| | 民用建筑三级 | 7m | |
| | 民用建筑四级 | 9m | |
| | 高层建筑 | 9m | |
| | 高层建筑裙房 | 6m | |
| | 汽车加油站 | 35～50m | 《汽车加油加气站设计与施工规范》GB 50156—2002（2014 年版） |
| | 高压电塔 | | 《城市电力规划规范》GB 502932 |

**出入口、风亭、冷却塔之间控制距离表（m）** **表 26.2.1.3-3**

| | 新风亭 | 排风亭 | 活塞风亭 | 出入口 | 冷却塔 | 紧急疏散口 | 规范依据 |
| --- | --- | --- | --- | --- | --- | --- | --- |
| 新风亭 | / | 10 | 10 | / | 10 | / | 《地铁设计规范》GB 50157—2013 第 9.6.2 条～第 9.6.7 条 《地铁设计防火标准》GB 51298—2018 第 3.1.3 条～第 3.1.5 条 |
| 排风亭 | 10 | / | 5 | 10 | 5 | 5 | |
| 活塞风亭 | 10 | 5 | / | 10 | 5 | 5 | |
| 出入口 | 5 | 10 | 10 | / | 10 | / | |
| 冷却塔 | 10 | / | 10 | 10 | / | 10 | |
| 紧急疏散口 | / | 5 | 5 | / | 5 | / | |

**26.2.1.4** 平面布置与防火分隔

当在同一建筑物内设置两种或两种以上使用功能的场所时，例如车站与商业或车辆基地（厂房）与上盖开发组合建造，不同使用功能区或场所之间需要进行防火分隔，以保证火灾不会相互蔓延。相关分隔要求要符合建规及国家其他有关标准的规定，并应单独划分防火分区。

**防火分隔** **表 26.2.1.4**

<table>
<tr><th>防火分隔部位</th><th colspan="2">分隔措施</th><th>规范依据</th></tr>
<tr><td rowspan="4">车辆基地（厂房）与上盖开发</td><td colspan="2">应采用无门、窗、洞口的防火墙和耐火极限不低于 3.00h 的不燃性楼板完全分隔</td><td>《地铁设计防火标准》GB 51298—2018 第 4.1.7.1 条</td></tr>
<tr><td colspan="2">安全出口和疏散楼梯应分别独立设置</td><td rowspan="2">《建筑设计防火规范》GB 50016—2014（2018 年版）第 1.0.4 条</td></tr>
<tr><td colspan="2">安全疏散、防火分区和室内消防设施配置，可根据各自的建筑高度分别按照建规有关规定执行</td></tr>
<tr><td colspan="2">该建筑的其他防火设计应根据建筑的总高度和建筑规模按建规有关公共建筑的规定执行</td><td>《建筑设计防火规范》GB 50016—2014（2018 年版）第 5.1.1 条</td></tr>
<tr><td rowspan="2">车站与商业功能之间</td><td colspan="2">应采用耐火极限不低于 3.00h 且无门、窗、洞口的防火隔墙和 1.50h 的不燃性楼板完全分隔</td><td rowspan="2">《地铁设计防火标准》GB 51298—2018 第 4.1.6 条</td></tr>
<tr><td colspan="2">安全出口和疏散楼梯应分别独立设置</td></tr>
<tr><td>车站建筑内附设汽车库的电梯</td><td colspan="2">应在汽车库部分设置电梯候梯厅，并应采用耐火极限不低于 3.00h 的防火隔墙和甲级防火门与汽车库分隔</td><td>《建筑设计防火规范》GB 50016—2014（2018 年版）第 5.5.6 条</td></tr>
<tr><td>附属库房、附设在车站建筑内的机动车库</td><td colspan="2">应采用耐火极限不低于 3.00h 的防火隔墙与其他部位分隔，墙上的门、窗应采用甲级防火门、窗，确有困难时，可采用特级防火卷帘</td><td>《建筑设计防火规范》GB 50016—2014（2018 年版）第 1.0.4 条</td></tr>
<tr><td rowspan="3">地下换乘车站公共区</td><td>上下层平行站台换乘，车站下层站台穿越上层站台时，穿越部分上下站台联络梯处</td><td rowspan="3">2.00h 防火隔墙</td><td rowspan="3">《地铁设计防火标准》GB 51298—2018 第 4.2.4 条～第 4.2.6 条</td></tr>
<tr><td>多线同层站台平行换乘车站的站台与站台之间</td></tr>
<tr><td>多线点式换乘车站的换乘通道或换乘梯</td></tr>
<tr><td>地下车站重要电气设备房间</td><td colspan="2">采用耐火极限不低于 3h，楼板耐火极限不低于 2h 的隔墙分隔，隔墙上的门采用 A 类隔热防火门</td><td rowspan="3">《地铁设计规范》GB 50157—2013 第 28.2.5 条及广州市轨道交通相关总体技术要求</td></tr>
<tr><td>区间联络通道</td><td colspan="2">两端应设 A 类隔热甲级防火门</td></tr>
<tr><td>车站内不同防火分区</td><td colspan="2">相邻防火分区之间应采用耐火极限不低于 4h 的防火墙和 A 类隔热防火门分隔，在防火墙设有观察窗时采用 C 类甲级防火玻璃</td></tr>
<tr><td rowspan="3">车站（出入口）通道</td><td>与车站公共区连通处</td><td>直接连通无须分隔</td><td rowspan="2">广州市轨道交通相关总体技术要求</td></tr>
<tr><td>与地面出入口连通处</td><td>直接连通一般情况下不分隔</td></tr>
<tr><td>与非地铁功能区域连通处</td><td>于各自管理区域的分界处设置分别独立控制的防火分隔（甲级防火卷帘或防火门等）及管理分隔（防盗卷帘），两边的防火分区及安全疏散应分别满足各自功能对应相关规范要求</td><td>《建筑设计防火规范》GB 50016—2014（2018 年版）第 1.0.4 条<br>《地铁设计防火标准》GB 51298—2018 第 4.1.5 条</td></tr>
</table>

### 26.2.1.5 防火分区

**防火分区** **表 26.2.1.5**

| 车站类别 | 耐火等级 | 防火分区最大允许面积 | 备注 | 规范依据 |
|---|---|---|---|---|
| 地下车站 | 一 | 1500m²（设备区）<br>站厅公共区的建筑面积不宜大于 5000m² | 单线车站及双线换乘车站公共区不超过 5000m²，三线（8A）换乘不超过 10000m² | 《地铁设计防火标准》GB 51298—2018 第 4.2.1 条（三线换乘无正式规范条文） |
| 地面及高架车站 | 一 | 2500m²（设备区）<br>站厅公共区每个防火分区的最大允许面积不宜大于 5000m² | （出入口）通道面积一般不计入车站公共区防火分区 | 《地铁设计规范》GB 50157—2013 第 28.2.2 条<br>《地铁设计防火标准》GB 51298—2018 第 4.3.1 条 |

### 26.2.1.6 防烟分区

**防烟分区** **表 26.2.1.6**

| 车站位置 | 防烟分区最大允许面积 | 备注 | 规范依据 |
|---|---|---|---|
| 站厅、站台公共区 | 不宜超过 2000m² | 车站公共区应充分利用顶板楼板下混凝土梁划分防烟分区，梁高度不小于 500mm，无条件采用梁分隔时，应采用固定式挡烟垂壁，站台公共区的楼梯、扶梯、电梯开孔处和站厅的人行通道口采用固定式挡烟垂壁进行防烟分隔 | 《地铁设计防火标准》GB 51298—2018 第 8.1.5 条～第 8.1.7 条 |
| 设备及管理用房区 | 不宜超过 750m² | | |
| （出入口）通道 | | 车站设备管理区内长度大于 20m 的内走道，长度大于 60m 的地下换乘通道、连接通道和出入口通道 | 《地铁设计防火标准》GB 51298—2018 第 8.1.14 条 |

### 26.2.1.7 安全疏散

**安全出口与疏散楼梯** **表 26.2.1.7-1**

| 车站类别 | 技术要求 | 规范依据 |
|---|---|---|
| 地下、地面及高架车站 | 相邻两个安全出口以及每个房间相邻两个疏散门最近边缘之间的水平距离不应小于 5m | 《建筑设计防火规范》GB 50016—2014（2018 年版）第 5.5.2 条 |
| | 连接两座高架或地面车站的天桥、连廊，应采取防止火灾在两座建筑间蔓延的措施。当仅供通行的天桥、连廊采用不燃材料且高架或地下通向天桥、连廊的出口符合安全出口的要求时，该出口可作为安全出口 | 《建筑设计防火规范》GB 50016—2014（2018 年版）第 6.6.4 条 |
| | 车站每个站厅公共区安全出入口数量应经计算确定，每站人行通道数量远期一般不少于 3 个，近（初）期至少要有 2 个独立出入口能直通地面，并保证每个站厅至少要有 2 个独立出入口能直通地面 | 《地铁设计规范》GB 50157—2013 第 28.2.3 条 |
| | 当出入口同方向设置时，两个出入口间的净距不应小于 10m | |
| | 地下单层侧式站台车站，每侧站台安全出口数量应经计算确定，且不应少于 2 个直通地面的安全出口 | |

续表

| 车站类别 | 技术要求 | 规范依据 |
|---|---|---|
| 地下、地面及高架车站 | 地下车站有人值守的设备管理区内每个防火分区安全出口的数量不应少于2个，并应至少有1个安全出口直通地面，当值守人员小于或等于3人时，设备管理区可利用与相邻防火分区相通的防火门或能通向站厅公共区的出口作为安全出口 | 《地铁设计规范》GB 50157—2013 第28.2.3条 《地铁设计防火标准》GB 51298—2018 第5.2.1条 |
| | 安全出口应分散设置；当同方向设置时，两个安全出口通道口部之间净距不应少于10m | |
| | 竖井、爬梯、电梯、消防专用通道以及设在两侧式站台之间的过轨通道不应作为安全出口 | |
| | 地下换乘车站的换乘通道不应作为安全出口 | |
| （出入口）通道 | 通道从车站站厅至出入口直线距离如超过100m，中间须设置直通地面的安全出口 | 参照《地铁设计规范》GB 50157—2013 第28.2.10.4条 |

**疏散平台** **表 26.2.1.7-2**

| 类别 | 技术要求 |
|---|---|
| 地下区间疏散平台 | 疏散平台应满足区间隧道火灾、停车事故等灾害环境下乘客的安全疏散 |
| | 疏散平台设置在正线区间行车方向的左侧。盾构区间疏散平台宽度不小于600mm，明挖、暗挖区间疏散平台宽度不小于800mm |
| | 平台面上高度2000mm范围为人员疏散区域，不能安装其他系统设备、电缆等 |
| | 疏散平台边缘距线路中心线的距离及平台面到轨面的距离必须满足限界专业要求，疏散平台所有结构件安装后严禁侵入设备限界 |
| | 疏散平台应在线路调线调坡轨道施工完后再测量施工 |
| | 疏散平台支架沿隧道纵向布置，在疏散平台上方靠隧道壁侧设置疏散平台扶手，扶手应沿疏散平台、平台步梯内侧连续布置（区间联络通道处断开），方便乘客疏散 |
| | 考虑隧道活塞风作用，疏散平台踏板及疏散平台支架间必须进行可靠连接 |
| | 在疏散平台设置的起点、终点必须设置疏散步梯，疏散步梯最高一级踏步面应与疏散平台面在同一水平面上 |
| | 疏散平台及疏散步梯踏板面要求防滑 |
| | 疏散平台设置范围为全线所有轨行区（不包括车站站台板段），配线、区间人防门、防淹门等地段疏散平台无法连续，做断开处理，并设置疏散步梯下至道床混凝土面。未设人防门、防淹门的岛式车站端疏散平台应与此车站站台板相连接，并做好标高衔接的处理；当岛式车站端设置人防门、防淹门/配线等情况及侧式车站，平台无法与相邻车站站台板相连接时，平台作断开处理，并在主体结构外5米处设置平台步梯及疏散平台。在人防隔断门段，步梯第一级设在加宽段起、止点；对于未设置人防门或防淹门的车站一侧，疏散平台应与车站站台相连接 |
| | 区间疏散平台与车站站台相连接时，车站应预留畅通的疏散通道，且疏散通道宽度必须大于等于600mm |
| | 在浮置板道床地段禁止在道床板上安装结构构件，不得采用立柱形式的疏散平台及步梯 |
| | 隧道内疏散平台宜与其他疏散指示设备配套使用 |

续表

| 类别 | 技术要求 |
| --- | --- |
| 地面疏散平台 | 地面疏散平台起到连接地下与高架疏散平台的作用，同时还必须满足火灾等意外情况乘客的安全疏散要求 |
| | 地面设置的疏散平台支撑系统直接立于路面，对地质较差的路面结构应进行适当处理后才能作为支撑系统的基础，支撑系统的设置必须保证疏散平台安装后的使用安全 |
| | 疏散平台宽度不小于600mm。疏散平台边缘距线路中心线的距离及平台面到轨面的距离必须满足限界专业的要求，疏散平台所有构件安装后均不能侵入设备限界，不影响过轨或地面管线的敷设 |
| | 地面疏散平台应尽量与地下和高架段疏散平台贯通设置，若因其他系统设备安装等情况必须断开，则须在疏散平台的起、终点设置疏散步梯下至地面，保证疏散的顺畅 |
| | 地面疏散平台结构件必须满足强度、刚度、防腐性、耐久性等要求，同时应注意室外日照、雨水等气候环境对平台各项性能的影响 |

**疏散楼梯** **表 26.2.1.7-3**

| 车站位置 | 技术要求 | 规范依据 |
| --- | --- | --- |
| 设备及管理用房 | 一般地下两层车站采用封闭楼梯间<br>地下车站应设置消防专用通道<br>当地下车站超过3层（含3层）时，消防专用通道应设置为防烟楼梯间 | 《地铁设计防火标准》GB 51298—2018 第5.2.8条 |
| 公共区通向地面的出入口 | 一般情况下采用敞开式楼梯设置（室内地坪离地面高度不大于10m） | 广州市轨道交通相关总体技术要求 |
| 车辆基地建筑 | 按《建筑设计防火规范》GB 50016—2014（2018年版）相关要求处理 | 参照《建筑设计防火规范》GB 50016—2014（2018年版） |
| 区间隧道中间风井 | 井内或就近设置直通地面防烟楼梯 | 广州市轨道交通相关总体技术要求 |
| （出入口）通道 | 与地铁车站相连的出入口通道的长度不宜超过100m，当超过时应设置直通室外的安全疏散出口（通道地面埋深大于10m时，设置防烟楼梯间；小于10m时，设置封闭楼梯间）。通道内任一点与安全疏散出口的距离不得大于50m | 参照《地铁设计规范》GB 50157—2013 第28.2.10.4条<br>《建筑设计防火规范》GB 50016—2014（2018年版）第6.4.4.1条<br>《地铁设计防火标准》GB 51298—2018 第5.2.6条 |

**走道的房间门至最近安全出口的直线距离（m）** **表 26.2.1.7-4**

<table>
<tr><td rowspan="2">建筑类别</td><td>位于两个安全出口之间的疏散门</td><td>位于袋形走道两侧或尽端的疏散门</td><td rowspan="2">规范依据</td></tr>
<tr><td>一、二级</td><td>一、二级</td></tr>
<tr><td rowspan="3">车辆基地建筑</td><td>40</td><td>22</td><td rowspan="3">参照《建筑设计防火规范》GB 50016—2014(2018年版)第5.5.17条</td></tr>
<tr><td colspan="2">房间内任一点至房间直通疏散走道的疏散门的直线距离，不应大于表中规定的袋形走道两侧或尽端的疏散门至最近安全出口的直线距离</td></tr>
<tr><td colspan="2">楼梯间应在首层直通室外，或在首层采用扩大的封闭楼梯间或防烟楼梯间前室。层数不超过4层时，可将直通室外的门设置在离楼梯间不大于15m处</td></tr>
</table>

续表

| 车站类别 | 位于两个安全出口之间的疏散门 | 位于袋形走道两侧或尽端的疏散门 | 规范依据 |
|---|---|---|---|
| | 一、二级 | 一、二级 | |
| 设备与管理用房区 | 40 | 22 | 参照《建筑设计防火规范》GB 50016—2014(2018年版)第5.5.17条 |
| 地下出入口通道 | 长度不宜大于100m | | 《地铁设计规范》GB 50157—2013第28.2.10条 |
| 车站公共区 | 站台和站厅公共区内任一点与安全出口疏散距离不得>50m | | 《地铁设计规范》GB 50157—2013第28.2.7条<br>《地铁设计防火标准》GB 51298—2018第5.1.10条 |

### 26.2.1.8 外墙上下层开口和外保温系统

**外墙上下层开口和外保温系统　　表26.2.1.8**

| 设置部位 | 技术要求 | 规范依据 |
|---|---|---|
| 地面及高架车站、车辆基地建筑 | 高度不小于1.2m的实体墙或挑出宽度不小于1.0m、长度不小于开口宽度的防火挑檐 | 参照《建筑设计防火规范》GB 50016—2014(2018年版)第6.2.5条、第6.2.6条 |
| | 当室内设置自动喷水灭火系统时，上、下层开口之间的实体墙高度不应小于0.8m | |
| | 当上、下层开口之间设置实体墙确有困难时，可设置防火玻璃墙 | |
| 建筑幕墙 | 应在每层楼板外沿处采取符合《建筑设计防火规范》规定的防火措施 | |
| | 幕墙与每层楼板、隔墙处的缝隙应采用防火封堵材料封堵 | |

### 26.2.1.9 外墙外保温系统要求

**外墙外保温系统要求　　表26.2.1.9**

| 外墙外保温系统类型 | 场所类别 | A级 | B1级 | B2级 | 规范依据 |
|---|---|---|---|---|---|
| 无空腔的建筑外墙外保温系统 | 地面及高架车站、车辆基地建筑 | 宜采用 | 可采用，每层设防火隔离带 | 可采用，每层设防火隔离带，建筑外墙上的门、窗的耐火完整性不应小于0.5h | 参照《建筑设计防火规范》GB 50016—2014(2018年版)第6.7.4条～第6.7.6条 |
| 有空腔的建筑外墙外保温系统 | 车站主体等人员密集场所 | 应采用 | 不允许 | 不允许 | |

#### 26.2.1.10 屋面外保温系统要求

屋面外保温系统要求　　表 26.2.1.10

<table>
<tr><th>屋面板耐火极限</th><th>保温材料</th><th>防护层要求</th><th>规范依据</th></tr>
<tr><td>⩾1.00h</td><td>不应低于 B2</td><td rowspan="2">不燃材料防护层厚度⩾10mm</td><td rowspan="3">参照《建筑设计防火规范》GB 50016—2014(2018 年版)第 6.7.1 条</td></tr>
<tr><td><1.00h</td><td>不应低于 B1</td></tr>
<tr><td colspan="3">当建筑的屋面和外墙外保温系统均采用 B1、B2 级保温材料时，屋面与外墙之间应采用宽度不小于 500mm 的不燃材料设置防火隔离带进行分隔</td></tr>
</table>

### 26.2.2 防污染设计

#### 26.2.2.1 防声污染设计

1. 环境噪声应满足下列要求：

地上线线路两侧、车辆段四周、地下线车站、车站风亭、冷却塔周边敏感建筑物的噪声标准需执行以下标准。

噪声超标区段必须根据《环评报告》的要求采取必要的降噪措施。

防声污染设计　　表 26.2.2.1-1

<table>
<tr><th rowspan="2">地点</th><th rowspan="2">适用范围</th><th colspan="2">标准 dB（A）（等效声级）</th><th>备注</th><th>规范依据</th></tr>
<tr><th>昼间</th><th>夜间</th><th></th><th></th></tr>
<tr><td>车辆段</td><td>居住、商业、工业混合区</td><td>60</td><td>50</td><td rowspan="7">对于背景噪声已超标地段，运营后敏感建筑物的声环境质量基本没有进一步恶化</td><td>《工业企业厂界环境噪声排放标准》GB 12348—2008</td></tr>
<tr><td rowspan="3">地面段</td><td>医院、学校、养老院</td><td>60</td><td>50</td><td rowspan="2">国家环境保护总局环发［2003］94 号文</td></tr>
<tr><td>其他建筑物</td><td>70</td><td>55</td></tr>
<tr><td>交通干线道路两侧</td><td>70</td><td>55</td><td>《声环境质量标准》GB 3096—2008</td></tr>
<tr><td rowspan="2">风亭噪声</td><td>一类区</td><td>55</td><td>45</td><td rowspan="3">《声环境质量标准》GB 3096—2008</td></tr>
<tr><td>二类区</td><td>60</td><td>50</td></tr>
<tr><td></td><td>交通干线道路两侧</td><td>70</td><td>55</td></tr>
<tr><td rowspan="2">地下车站</td><td rowspan="2">车站站台</td><td>80</td><td></td><td>列车进站</td><td rowspan="2">《城市轨道交通车站站台声学要求和测量方》GB 14227—2006</td></tr>
<tr><td>80</td><td></td><td>列车出站</td></tr>
</table>

车站站厅站台：⩽70dB（A）

通风与空调机房：⩽90dB（A）

设备与管理用房：⩽60dB（A）

2. 振动环境应满足下列要求：

车辆段四周、地下线上部敏感建筑物执行以下环境振动标准，振动超标区段应根据《环评报告》的要求采取必要的减振措施。

**振动环境要求** **表 26.2.2.1-2**

| 地点 | 适用范围 | 标准值单位（dB） | | | 规范依据 |
|---|---|---|---|---|---|
| | | 昼间 | 夜间 | | |
| 车辆段地面段 | 混合、商业、工业混合区 | 75 | 72 | 铅垂向Z级振动 | 《城市区域环境振动标准》GB 10070—1988 |
| | 交通干线道路两侧 | | | | |
| 地下段 | 居住、文教区 | 70 | 67 | 铅垂向Z级振动 | 《城市区域环境振动标准》GB 10070—1988 |
| | 交通干线道路两侧 | 75 | 72 | | |

**风亭、冷却塔与敏感建筑控制距离表** **表 26.2.2.1-3**

| 区域类别 | 区域名称 | 控制距离（m） |
|---|---|---|
| 1 | 居住、医院、文教区、行政办公 | 25～50 |
| 2 | 居住、商业、工业混合区 | 15～30 |
| 3 | 交通干线两侧 | ≥15 |

说明：1. 控制距离单位为（m），应按装修完成面的外边线控制。
2. 表中敏感建筑指的是医院、学校、住宅等需保持安静的建筑，根据《声环境质量标准》GB 3096—2008，按环境质量要求分为四类区域。
3. 风亭、冷却塔与非敏感建筑的控制距离按表5.2-2中的防火距离控制，与敏感建筑的控制距离按表5.2—3控制，出入口与敏感建筑的控制距离按表5.2-2中的防火距离控制。
4. 新风亭设置于绿化带（四周3m宽）内时，风亭下边缘距地面不小于1m，否则不应低于2m。
5. 高排风亭及活塞风亭的开口部位朝向应避开敏感建筑。
6. 对于规划区或远郊区，风亭及冷却塔应尽量远离居住建筑及学校医院等敏感建筑设置，风亭及冷却塔距各类功能区敏感建筑的距离不应小于5.2-4要求，且应满足环评报告要求。对于建成区，风亭、冷却塔与敏感建筑物的距离尽量满足表5.2-4要求；当确实无法满足时，风亭、冷却塔与敏感建筑物的距离应满足环评报告要求。
7. 表5.2-3中的控制距离指的是地下车站进、排风及活塞风采用敞口低风亭时的距离，若采用高风亭，两者之间的距离应不小于5m。
8. 新排风亭风口在满足距离要求的前提下还应错开方向布置，或者在竖向上保证不小于5m的间距要求。

### 26.2.2.2 防光污染设计

国家暂无相关规范要求。

**空气质量要求** **表 26.2.2.2**

| 类别 | 技术要求 |
|---|---|
| 空气质量应满足下列要求： | 车站站台、站厅及车站附属设备管理用房以及车辆段内的办公及设备用房应执行《环境空气质量标准》GB 3095—2012、《公共交通等候室卫生标准》GB 9672—1996以及《广东省大气污染物排放限值》DB 44/27—2001第二时段二级标准。空气质量指标均应达到国家、地方标准，其中二氧化碳浓度≤1.5‰，可吸入颗粒物的日平均浓度＜0.25mg/m$^3$ |
| | 风亭等排风口应注意避开环境敏感点，风口高度不要处在行人呼吸带范围。空气质量超标的应设空气净化措施 |
| | 车辆段食堂油烟气采取油烟净化装置处理，集气罩、排气筒出口朝向应避开及尽量远离敏感建筑物，排气筒应预留有监测孔 |

### 26.2.2.3 油烟允许排放浓度和去除效率

**油烟允许排放浓度和去除效率** **表 26.2.2.3**

| 规模 | 小型 | 中型 | 大型 |
|---|---|---|---|
| 最高允许排放浓度（mg/m$^3$） | 2.0 | | |
| 净化设施最低去除效率（%） | 60 | 75 | 85 |

### 26.2.2.4 防水体污染及其他

水环境应满足下列要求：

车站以及车辆段内生活污水和生产废水的排放均应满足《广东省水污染物排放限值》的生活污水及生活废水的三级标准。

#### 26.2.2.5 车辆基地环保设计要求

车辆基地环保设计要求 表 26.2.2.5

| 类别 | 技术要求 |
|---|---|
| 车辆基地环保设计要求 | 基址的选择应与城市规划配合，减轻对城市环境的影响 |
| | 工艺设计应积极采用无毒或低毒的原料和无污染或少污染的加工方法。动力、蓄电池检修等对环境影响较严重的车间，应相对集中设置，在工艺过程中把污染物（源）控制在最低限度 |
| | 工艺设计应贯彻节约用水原则，采取重复利用、一水多用措施，减少废水排放量。各种有毒、有害的冲洗水，应设有相应的集水设施或纳入处理系统，不得漫流与任意排放。对有毒、有害气体、粉尘等，必须设置净化除尘系统 |
| | 对废渣（液）的处理，应视具体情况，择优采用处理方案，并考虑予以回收和综合利用，对废弃物应采取无害化堆置、埋填、焚烧等处理措施 |
| | 车辆洗刷的废渣、污泥等应有妥善的处置，以防污染环境。<br>生产废水中对含有油类、铁屑、泥沙、悬浮物、洗涤泡沫等（并有偏酸或偏碱的可能），必须先行预处理，达到国家和广东省规定的排放标准后，方能排入市政污水系统 |
| | 生活污水经化粪池处理达标后排入城市排水系统 |
| | 车辆段建成后，根据影响情况，采取适当的控制措施，如在厂界修建围墙或声屏障等措施 |
| | 采取适当的控制措施减少上盖建筑物与车辆段的相互影响 |
| | 车辆段生产时产生的振动、噪声需满足上盖建筑物振动、噪声的限值要求 |
| 防水淹 | 以地下线路形式穿越河流或湖泊等水域的地铁工程，应在进出水域的两端适当位置设置防淹门，为便于检修和保养，一般与车站结合设置 |
| | 防淹门类型主要采用平面滑动式闸门和人字闸门两种。根据车站结构形式，优先采用平面滑动式闸门 |

#### 26.2.2.6 防水淹

防水淹 表 26.2.2.6

| | |
|---|---|
| 防水淹 | 以地下线路形式穿越河流或湖泊等水域的地铁工程，应在进出水域的两端适当位置设置防淹门，为便于检修和保养，一般与车站结合设置 |
| | 防淹门类型主要采用平面滑动式闸门和人字闸门两种。根据车站结构形式，优先采用平面滑动式闸门 |

## 26.3 建　　筑

### 26.3.1 无障碍设计

无障碍设计 表 26.3.1

| 无障碍设计的部位 | | 技术要求 | 规范依据 |
|---|---|---|---|
| 出入口通道及附属小广场 | | 与城市道路无障碍设施相连接 | 参照《无障碍设计规范》GB 50763—2012 第3.3.1条、第3.3.2条、第3.7.1条、第3.9.1条 |
| 车站公共区 | 车站出入口 | 设台阶时，应同时设有轮椅坡道和扶手 | |
| | 入口平台 | 宽度不应小于2.00m | |
| | 候梯厅 | 净宽不应小于1.80m | |
| | 公共走道 | 净宽不应小于3.50m | |
| | 公共区及出入口楼梯 | 应按无障碍楼梯设置并设置楼梯升降机或无障碍电梯 | |
| | 站内厕所 | 按无障碍厕所设置 | |
| | 出入口及站内电梯 | 按无障碍电梯设置 | |

注：车站公共区按《无障碍设计》相关要求设置地面导盲带。

### 26.3.2 出入口及门厅

**出入口及门厅** **表 26.3.2**

| 防护位置 | 防护措施 | 规范依据 |
|---|---|---|
| 车站出入口台阶高度超过 0.7m 并侧面临空时 | 应设防护设施，防护设施净高不应小于 1.05m | 《民用建筑设计统一标准》GB 50352—2019 第 6.7.1 条、第 6.7.3 条 |
| 车站出入口位于建筑物的下部时 | 建议采取防止物体坠落伤人的安全措施 | 参照《住宅设计规范》GB 50096—2011 第 6.5.2 条 |
| 车站出入口台阶宽度大于 1.8m 时 | 两侧宜设栏杆扶手，高度应为 0.9m | 《民用建筑设计统一标准》GB 50352—2019 第 6.8.7 条 |

### 26.3.3 台阶、楼梯、坡道等

**台阶、楼梯** **表 26.3.3-1**

<table>
<tr><th colspan="2" rowspan="2">部位</th><th colspan="4">技术要求</th><th rowspan="2">规范依据</th></tr>
<tr><th>宽</th><th>高</th><th>步数</th><th>其他</th></tr>
<tr><td colspan="2">台阶</td><td>不宜＜0.30m</td><td>不宜＞0.15m，并不宜＜0.10m</td><td>不应＜2 级</td><td>踏步高度应均匀一致，并应采取防滑措施。室内外台阶高差不及 2 级时，应按坡道设置</td><td>《民用建筑设计统一标准》GB 50352—2019 第 6.7.1 条</td></tr>
<tr><td rowspan="4">楼梯</td><td>梯段</td><td colspan="3">净宽单向楼梯≥1.8m，双向楼梯≥2.4m，净高 2.3m</td><td rowspan="4">楼梯栏杆垂直杆件间净空不应＞0.11m</td><td rowspan="4">《民用建筑设计统一标准》GB 50352—2019 第 6.7.4 条、第 6.8.5 条<br>广州市轨道交通相关总体设计技术要求</td></tr>
<tr><td>平台</td><td colspan="3">净宽不应＜1.2m（剪刀梯时不应＜1.3m）且不应小于梯段；净高 2.0m</td></tr>
<tr><td>踏步</td><td>不宜＜0.30m</td><td>不宜＞0.15m</td><td>3～18 级</td></tr>
<tr><td>扶手</td><td colspan="3">高度不应＜0.9m</td></tr>
<tr><td rowspan="3">室外疏散楼梯</td><td>梯段</td><td colspan="3">净宽不＜0.9m</td><td rowspan="3">除疏散门外，楼梯周围 2m 内的墙面上不应设置门、窗、洞口。疏散门不应正对梯段</td><td rowspan="3">《建筑设计防火规范》GB 50016—2014（2018 年版）第 6.4.5 条</td></tr>
<tr><td>倾斜度</td><td colspan="3">不得＞45°</td></tr>
<tr><td>扶手</td><td colspan="3">高度不应＜1.10m</td></tr>
</table>

**坡道** **表 26.3.3-2**

<table>
<tr><th rowspan="2">部位</th><th colspan="3">设计要求</th><th rowspan="2">规范依据</th></tr>
<tr><th>坡度</th><th>坡长</th><th>坡高</th></tr>
<tr><td rowspan="5">坡道</td><td>1∶20</td><td>30m</td><td>1.5m</td><td rowspan="5">《无障碍设计规范》GB 50763—2012 第 3.4.4 条</td></tr>
<tr><td>1∶16</td><td>16m</td><td>1m</td></tr>
<tr><td>1∶12</td><td>9m</td><td>0.75m</td></tr>
<tr><td>1∶10</td><td>6m</td><td>0.6m</td></tr>
<tr><td>1∶8</td><td>2.8m</td><td>0.35 m</td></tr>
<tr><td>扶手</td><td colspan="3">坡道高度超过 300mm 且坡度大于 1∶20 时，应在两侧设扶手，坡道与休息平台的扶手应保持连贯</td><td>《无障碍设计规范》GB 50763—2012 第 3.4.3 条</td></tr>
</table>

### 26.3.4 临空处

**临空处** **表 26.3.4-1**

<table>
<tr><th>防护位置</th><th>防护措施</th><th>规范依据</th></tr>
<tr><td>车站出入口台阶高度超过 0.7m 并侧面临空时</td><td>应设防护设施，防护设施净高不应低于 1.05m</td><td rowspan="2">《民用建筑设计统一标准》GB 50352—2019 第 6.7.1 条、第 6.7.3 条</td></tr>
<tr><td rowspan="3">天桥、站内楼扶梯开口及上人屋面等临空处</td><td>栏杆净高应大于 1.20m</td></tr>
<tr><td>栏杆应防止儿童攀登</td><td rowspan="2">《民用建筑设计统一标准》GB 50352—2019 第 6.7.3 条、第 6.7.4 条</td></tr>
<tr><td>垂直杆件间净空不应大于 0.11m</td></tr>
</table>

**栏杆** **表 26.3.4-2**

| 部位及设施 | 防护要求 | 规范依据 |
|---|---|---|
| 防护栏杆 | 应以坚固、耐久的材料制作，并能承受荷载规范规定的水平荷载 | 《民用建筑设计统一标准》GB 50352—2019 第 6.7.3 条、第 6.7.4 条 |
| | 栏杆高度不应低于 1.10m<br>栏杆底部有宽度≥0.22m，且高度≤0.45m 的可踏部位，应从可踏部位顶面起计算 | |
| | 离地面 0.10m 高度内不应留空，高层建筑宜采用实体栏板，玻璃栏板应用安全夹层玻璃 | |
| | 必须采用防止少年儿童攀登的构造 | |
| | 垂直杆件间净空不应>0.11m | |

**栏杆及扶手安全高度** **表 26.3.4-3**

| 栏杆（扶手） | 适用场所 | 高度 | 规范依据 |
|---|---|---|---|
| 防护栏杆 | 天桥、站内楼扶梯开口、天面等临空处 | 不应<1.20m | 《民用建筑设计统一标准》GB 50352—2019 第 6.7.3 条 |
| 楼梯栏杆（水平段不小于 500） | 车站公共区 | 不应<1.10m | |
| 楼梯扶手 | 车站公共区 | 不应<0.9m | |
| 室外楼梯栏杆（扶手） | 车站通道出入口 | 不应<1.10m | |
| 供残疾人使用的扶手 | 坡道、楼梯、走廊等的下层扶手 | 0.65m | 《无障碍设计规范》GB 50763—2012 第 3.8.1 条 |
| | 坡道、楼梯、走廊等的上层扶手 | 0.9m | |

### 26.3.5 楼地面

**楼地面** **表 26.3.5**

1）车站公共区站台沿站台门设置不少于 900mm 宽的绝缘地板。
2）车站通道纵坡不应大于 5%，当纵坡大于 5%时，地坪装饰材料面应采取防滑构造措施。
3）站台须设置内嵌防滑的候车黄色安全线和上下车指示箭头。
4）自站台门边缘向内 2m 宽度范围内的地坪装饰面下应做绝缘层。
5）石材地面疏散指示牌应做防水处理。
6）站前广场铺设与周边人行道连接的导盲道、盲道接至站内。

### 26.3.6 有水房间防水设计

**有水房间防水设计** **表 26.3.6**

| 防护位置 | 防护措施 | 规范依据 |
|---|---|---|
| 卫生间<br>消防泵房<br>冷水机组<br>淋浴间<br>保洁工具间 | 不应直接布置在通信、信号、变配电等有严格卫生要求或防水、防潮要求用房的上层 | 广州市轨道交通相关总体技术要求 |
| | 地面应有防水构造 | |

### 26.3.7 地下室与附属用房

**地下室与附属用房** **表 26.3.7**

| 防护位置 | 防护措施 | 规范依据 |
|---|---|---|
| 地下室、半地下室 | 应采取防水、防潮及通风措施，采光井应采取排水措施 | 广州市轨道交通相关总体技术要求 |
| 地下机动车库 | 库内坡道严禁将宽的单车道兼作双向车道 | |
| | 库内不应设置修理车位，并不应设有使用或存放易燃、易爆物品的房间 | |

续表

| 防护位置 | 防护措施 | 规范依据 |
| --- | --- | --- |
| 地下车站 | 严禁布置存放和使用火灾危险性甲、乙类物品的商店、车间和仓库，并不应布置产生噪声、振动和污染环境卫生的商店、车间和娱乐设施 | 广州市轨道交通相关总体技术要求 |
| | 不应布置易产生油烟的餐饮店，车站商业网点布置有产生刺激性气味或噪声的配套用房，应做排气、消声处理 | |
| | 不宜设置水泵房、冷热源机房、变配电机房等公共机电用房，并不宜贴邻布置。在无法满足上述要求贴临设置时，应增加隔声减震处理 | |

# 26.4 结　构

**结构** **表 26.4**

| 类别 | 技术要求 | 规范依据 |
| --- | --- | --- |
| 使用年限 | 不应低于100年（使用期间可以更换且不影响运营的次要结构构件使用年限可为50年） | 广州市轨道交通相关总体设计技术要求 |
| 安全等级 | 主体结构和使用期间不可更换的结构构件，安全等级为一级，重要性系数1.1<br>使用期间可以更换且不影响运营的次要结构构件，安全等级为二级，重要性系数1.0。临时结构宜根据其使用性质的结构特点确定其使用年限 | |
| 抗震设防烈度6度及以上 | 必须进行抗震设计，设防类别不应低于乙级 | |
| 重力荷载、雪荷载、风荷载、地震作用的设计基准期不应低于相应使用年限（50年/100年） | | |

# 26.5 设　备　公　共

**设备公共** **表 26.5**

| 类别 | 技术要求 | 规范依据 |
| --- | --- | --- |
| 任何给水管、消防水管、冷冻水管、冷却水管 | 严禁穿越强电设备房间，不得穿过弱电设备房间。当必须穿越时，应采取结构夹层等措施确保电气设备的安全 | 广州市轨道交通相关总体设计技术要求 |
| 车站装修材料 | 应符合防水、防潮、隔声、减噪、易清洁的要求。应便于施工与维修，满足环保及材料放射性指标要求<br>凡外露的金属玻璃等的切割焊接部件，均须作倒角、磨光、抛光处理 | |

续表

<table>
<tr><th>类别</th><th colspan="2">技术要求</th><th>规范依据</th></tr>
<tr><td>配电箱</td><td colspan="2">公共区配电箱应暗装</td><td rowspan="13">广州市轨道交通相关总体设计技术要求</td></tr>
<tr><td>消火栓</td><td colspan="2">公共区消火栓应暗装（地铁车站一般不设自动喷淋系统）</td></tr>
<tr><td>公用部位人工照明</td><td colspan="2">应采用高效节能的照明装置（光源、灯具及附件）和节能控制措施。当应急照明采用节能自熄开关时，必须采取消防时应急点亮的措施</td></tr>
<tr><td>安全防范系统</td><td colspan="2">安全防范系统主要用于车辆段/停车场内的人身财产安全和生产基地的防盗、防破坏监控管理，保障地铁正常进行。主要包括周界防范系统、视频监控系统及安防广播系统</td></tr>
<tr><td rowspan="8">管井</td><td rowspan="4">电梯井</td><td>应独立设置</td></tr>
<tr><td>井内严禁敷设燃气管道，并不应敷设与电梯无关的电缆、电线等</td></tr>
<tr><td>井壁除开设电梯门洞和通气孔洞外，不应开设其他洞口</td></tr>
<tr><td>电梯门不应采用栏门</td></tr>
<tr><td rowspan="4">竖向管道井</td><td>应分别独立设置</td></tr>
<tr><td>其井壁应为耐火极限不低于 1.00h 的不燃性构件</td></tr>
<tr><td>井壁上的检查门应采用乙级防火门</td></tr>
<tr><td>在每层楼板处采用不低于楼板耐火极限的不燃性材料或防火封堵材料封堵</td></tr>
<tr><td>变电所</td><td colspan="2">门窗要求防灰尘、小动物进入，并设置挡鼠板</td></tr>
</table>

# 27 建筑消防安全风险评估

## 27.1 评 估 方 法

对于建筑防火设计，由于在设计过程中，各专业通常各自按照相关技术标准、规范开展专业范围内的工作，设计成果交由负有相关行政职责的部门进行审核，在设计、审核过程中，对于建筑设计以及该建筑实际使用功能的总体风险和与之相对应的综合性的安全体系的比较、衡量、修正往往是缺失的。设计者可能更多关注是否符合相关规范条文，而往往忽视了一点，即规范所提出的条件、限制，是出于平均水平的要求，并不一定与具体的建筑相匹配。这样存在两种可能，一是设计过度，造成投资增加，二是建筑投用后设计不足，为后续营运以及监督管理造成先天性的隐患。

民用建筑在实际运营期间，可能由于使用功能的改变或消防设施设备的老化等因素，给建筑带来一定的消防安全隐患，有必要针对建筑定期开展消防安全风险评估，找到建筑中存在的消防安全问题，提供解决方案，提高建筑消防安全水平。

消防安全风险评估方法种类较多，分为定性和定量两种类型，本手册仅介绍安全检查表法和层次分析法两种常用的评估方法。

### 27.1.1 安全检查表法

安全检查表法　　表 27.1.1

| 类别 | 内容 |
|---|---|
| 概念 | 安全检查表法是参照火灾安全规范、标准，系统地对一个可能发生的火灾环境进行科学分析，找出各种火灾危险源，并依据检查表中的项目把找出的火灾危险源以问题清单形式制成表格，以便于安全检查和火灾安全工程管理，是系统安全工程的一种最基础、最简便、广泛应用的系统危险性评价方法 |
| 形式 | 提问式、对照式等 |
| 内容和要求 | 应按专门的作业活动过程或某一特定的火灾环境进行编制 |
| | 应全部列出可能造成火灾的危险因素，通常从消防安全管理、建筑防火、消防设施设备及消防救援等方面进行考虑，以便发现和查明建筑内存在的消防安全问题和隐患 |
| | 内容文字应简单、明确 |
| 编制与实施流程 | 确定检查对象 |
| | 采用系统安全分析法或经验法找出火灾危险点及危险源 |
| | 根据找出的火灾危险点及危险源，对照有关消防法律、法规、制度及相关规范和标准等确定项目和内容，按安全检查表的格式制成表格 |
| | 在现场实施应用、检查时，根据检查表中的内容，逐个进行核对，并对检查结果作出标记 |
| | 如果在检查中发现现场环境与检查表要求不相符，则说明该处存在火灾隐患，应该按安全检查表的内容及要求予以整改 |
| | 在检查、应用的过程中，如果发现安全检查表中存在内容不足的地方，应及时对安全检查表进行修订完善 |

### 27.1.2 层次分析法

层次分析法 表 27.1.2

| 类别 | 内容 |
| --- | --- |
| 概念 | 层次分析法（Analytic Hierarchy Process，简称 AHP）是指将一个复杂的多目标决策问题作为一个系统，将目标分解为多个目标或准则，进而分解为多指标（或准则、约束）的若干层次，通过定性指标模糊量化方法算出层次单排序（权数）和总排序，以作为目标（多指标）、多方案优化决策的系统方法 |
| 形式 | 查阅资料、询问、现场查验等 |
| 编制与实施流程 | 确定评估对象 |
| | 建立层次结构模型，将影响消防安全的各个因素按照不同属性自上而下地分解成若干层次，同一层的诸因素从属于上一层的因素或对上层因素有影响，同时又支配下一层的因素或受到下层因素的作用 |
| | 构造成对比较阵。从层次结构模型的第 2 层开始，对于从属于（或影响）上一层每个因素的同一层诸因素，用成对比较法和 1～9 比较尺度构造成对比较阵，直到最下层 |
| | 计算权向量并做一致性检验，计算组合权向量并做组合一致性检验，直至检验通过，确认分析模型 |
| | 在现场实施应用检查时，根据评估指标体系中的评估内容对建筑进行评估，并对最下层因素进行赋值打分 |
| | 根据各级指标的权重值，进行分值计算，得出消防安全等级和评估结论 |
| 分值计算方法 | 针对对建筑消防安全影响程度较大的因素，建议设立“关键项”，如不满足该项则直接评定该建筑消防安全等级为“不合格” |
| | 若第 $i$ 个单项由 $n$ 个子项构成，则该项评分按下式计算。<br>$$x_i = \sum_{j=1}^{n} x_{ij} \times w_{ij}$$<br>式中：<br>$x_i$——第 $i$ 个单项得分；<br>$x_{ij}$——构成该单项的各子项得分；<br>$w_{ij}$——第 $i$ 个单项第 $j$ 个子项的权重。 |

## 27.2 评 估 内 容

### 27.2.1 建议直接判定不合格项

存在下列情形之一，建议直接评定为“不合格”，消防安全等级直接评定为“差”：

（1）建筑物和公众聚集场所未依法办理消防行政许可或备案手续的；

（2）未依法确定消防安全管理人、自动消防系统操作人员的；

（3）疏散通道、安全出口数量不足或者严重堵塞，已不具备安全疏散条件的；

（4）未按规定设置自动消防系统的；

（5）建筑消防设施严重损坏，不再具备防火灭火功能的；

（6）人员密集场所违反消防安全规定，使用、储存易燃易爆危险品的；

（7）公众聚集场所违反消防技术标准，采用易燃、可燃材料装修，可能导致重大人员伤亡的；

（8）经公安机关消防机构责令改正后，同一违法行为反复出现的；

（9）未依法建立专（兼）职消防队的；

（10）一年内发生一次较大以上（含）火灾或两次以上（含）一般火灾的。

### 27.2.2 评估细则

**评估细则** **表 27.2.2**

| 类别 | 检查内容 | 评估细则 | |
|---|---|---|---|
| 基本情况 | 合法性 | 单位在 1998 年 9 月 1 日以后投入使用的建筑物、场所，应按相关法律法规和规章的要求经消防主管部门竣工验收合格或备案 | |
| | | 属于公众聚集场所的，应取得开业前消防安全检查合格书 | |
| | | 建筑物或场所的实际使用情况应符合消防技术规范要求，与消防验收、竣工验收备案、消防安全检查时确定的使用性质相符 | |
| | | 建筑物改建、扩建、变更用途和装修的，需依法履行消防安全管理手续 | |
| | 消防违法行为改正 | 单位应及时对消防主管部门责令改正的消防违法行为进行改正，并防止同一违法行为反复出现 | |
| 消防安全管理 | 制度及规程 | 单位应制定相关消防安全制度及消防安全操作规程 | |
| | | 制度内容应正确完善，符合法律法规及规章的要求 | |
| | | 制度应公布并执行且便于相关人员获取和知悉 | |
| | 消防安全档案 | 建筑消防安全基本材料是否齐全无误 | 单位基本概况和消防安全重点部位情况 |
| | | | 消防管理组织机构和各级消防安全责任人 |
| | | | 消防设施、灭火器材情况 |
| | | | 专职消防队、义务消防队人员及其消防装备配备情况 |
| | | | 与消防安全有关的重点工种人员情况 |
| | | | 新增消防产品、防火材料的合格证明材料 |
| | | | 灭火及应急疏散预案等 |
| | | 消防安全管理相关材料是否齐全无误 | 消防主管部门填发的各种法律文书 |
| | | | 消防设施定期检查记录、自动消防设施全面检查测试的报告以及维修保养的记录 |
| | | | 消防安全例会记录 |
| | | | 微型消防站情况记录 |
| | | | 火灾隐患及其整改情况记录 |
| | | | 防火检查、巡查记录 |
| | | | 消防安全培训记录 |
| | | | 灭火和应急疏散预案的演练记录 |
| | | | 火灾情况记录 |
| | | | 消防奖惩情况记录等 |

续表

| 类别 | 检查内容 | 评估细则 |
| --- | --- | --- |
| 消防安全管理 | 组织及职责 | 依法确定消防安全责任人，且应由法定代表人或者主要负责人担任，对本单位的消防安全承担全面领导责任并参加消防主管部门的消防安全培训且合格，并应明确其消防安全职责 |
| | | 分管消防安全工作的负责人为本单位消防安全管理人，对本单位消防安全承担直接领导责任并参加消防主管部门的消防安全培训且合格 |
| | | 配备专（兼）职消防安全管理人员 |
| | | 自动消防系统操作人员应参加消防专项培训并且合格 |
| | | 委托物业服务企业统一管理单位消防工作，或将部分消防工作委托专门机构管理的，由受托方履行有关火灾高危单位的职责，消防安全管理部门应定期检查物业服务企业或专门机构履行职责的情况 |
| | 消防安全管理信息化 | 根据消防主管部门的要求，将本单位消防安全信息及时录入社会单位消防安全户籍化管理系统 |
| | 消防安全重点部位 | 单位应结合实际情况，将容易发生火灾、一旦发生火灾可能严重危及人身和财产安全以及对消防安全有重大影响的部位确定为消防安全重点部位 |
| | | 消防重点部位设置明显的防火标志 |
| | | 消防重点部位应实行严格管理 |
| | 防火巡查和防火检查 | 单位至少每月开展一次全面防火检查 |
| | | 防火巡查的内容、部位、频次、结果处理、记录等应符合规定要求 |
| | 火灾隐患整改 | 单位对存在的火灾隐患，应及时予以整改、消除 |
| | | 对当场整改的火灾隐患，应立即改正 |
| | | 不能当场整改的，发现人应立即向消防安全管理部门或消防安全管理人报告。消防安全管理部门或消防安全管理人应及时研究制定整改方案，确定整改措施、整改时限、整改资金、整改部门及整改责任人 |
| | | 在火灾隐患未消除之前，单位应落实防范措施，保障消防安全。不能确保消防安全，随时可能引发火灾或者一旦发生火灾将严重危及人身安全的，应将危险部位停产停业整改。因火灾隐患整改确需停用消防设施超过 24 小时的，应书面告知当地消防主管部门 |
| | | 火灾隐患整改完毕，负责整改的部门或者人员应将整改情况记录报送消防安全责任人或者消防安全管理人签字确认后存档备查 |
| | | 对于涉及城市规划布局而不能自身解决的重大火灾隐患，以及机关、团体、事业单位确无能力解决的重大火灾隐患，单位应提出解决方案并及时向其上级主管部门或者当地人民政府报告 |

续表

<table>
<tr><th>类别</th><th>检查内容</th><th colspan="2">评估细则</th></tr>
<tr><td rowspan="15">消防安全管理</td><td rowspan="7">消防宣传教育、培训和演练</td><td colspan="2">单位应按照相关法律法规和本单位制度的规定，通过多种形式开展经常性的消防宣传教育，提高宣传教育的能力</td></tr>
<tr><td rowspan="5">单位应按规定开展消防安全培训</td><td>定期开展全员消防安全培训</td></tr>
<tr><td>新上岗和进入新岗位的职工上岗前应进行消防安全培训</td></tr>
<tr><td>单位消防安全责任人或消防安全管理人应参加消防安全培训</td></tr>
<tr><td>应定期组织针对专职消防安全管理人员的消防安全培训</td></tr>
<tr><td>从事消防设施巡查、维修、保养的人员应参加消防职业技能培训，且持证上岗</td></tr>
<tr><td colspan="2">单位应按规定组织开展灭火和应急疏散预案的演练</td></tr>
<tr><td rowspan="5">易燃易爆危险品、用火用电和燃油燃气管理</td><td colspan="2">单位应按相关法律法规、规章和本单位制度对易燃易爆危险品和场所实行严格的消防管理</td></tr>
<tr><td colspan="2">单位应按相关法律法规和本单位用火管理制度对动用明火实行严格的消防安全管理</td></tr>
<tr><td colspan="2">单位应按相关法律法规、规章和本单位用电管理制度对用电进行消防安全管理</td></tr>
<tr><td colspan="2">单位对燃油燃气的储运和使用的管理应符合相关法律法规及规章的规定</td></tr>
<tr><td colspan="2">厨房的灶台、油烟罩和烟道应至少每季度清洗一次</td></tr>
<tr><td rowspan="3">共用建筑及设施</td><td colspan="2">应书面明确各方的消防安全责任</td></tr>
<tr><td colspan="2">建筑物专有部分的消防安全由相关单位各自负责</td></tr>
<tr><td colspan="2">明确消防车通道、涉及公共消防安全的疏散设施和其他建筑消防设施的管理职责，实行统一管理</td></tr>
<tr><td rowspan="14">建筑防火</td><td rowspan="3">耐火等级及构件的耐火极限和燃烧性能</td><td colspan="2">防火墙、承重墙、梁、柱、楼板等建筑构件的耐火极限应符合相关规定，并保持结构完整和防火层完好</td></tr>
<tr><td colspan="2">墙、柱、梁、楼板、屋顶承重构件、疏散楼梯、吊顶等主要构件的耐火极限和燃烧性能应符合相关规定</td></tr>
<tr><td colspan="2">钢结构的防火保护措施应符合相关规定，并保持完好有效</td></tr>
<tr><td rowspan="2">防火间距</td><td colspan="2">单位与毗邻建筑的防火间距应符合相关规定</td></tr>
<tr><td colspan="2">防火间距严禁被占用</td></tr>
<tr><td rowspan="3">平面布置及防火防烟分区</td><td colspan="2">建筑的平面布置应符合《建筑设计防火规范》GB 50016—2014（2018 年版）等消防技术规范及标准的要求，且不应被改变</td></tr>
<tr><td colspan="2">防火分区面积符合《建筑设计防火规范》GB 50016—2014（2018 年版）等消防技术规范及标准的要求，且不应被改变并保持有效</td></tr>
<tr><td colspan="2">防烟分区面积符合《建筑设计防火规范》GB 50016—2014（2018 年版）等消防技术规范及标准的要求</td></tr>
<tr><td rowspan="6">防火/防烟分隔设施</td><td colspan="2">防火墙的设置位置、材料应符合相关要求</td></tr>
<tr><td colspan="2">防火卷帘类型、位置、手动自动控制功能，和防火门的类型、位置、开启方向与自闭功能应符合消防技术标准的要求</td></tr>
<tr><td colspan="2">常闭防火门（窗）应处于关闭状态，防火卷帘下方严禁放置阻挡卷帘下落的物品</td></tr>
<tr><td colspan="2">竖向管道井、隔墙和楼板穿孔、幕墙、变形缝以及其他需要进行局部防火封堵的位置等均应封堵严密、符合消防技术标准的要求</td></tr>
<tr><td colspan="2">防火分隔设施防火封堵严密性应符合消防技术标准的要求</td></tr>
<tr><td colspan="2">防烟分隔设施的燃烧性能应符合消防技术标准的要求（挡烟垂壁、排烟阀等）</td></tr>
</table>

续表

| 类别 | 检查内容 | 评估细则 |
| --- | --- | --- |
| 建筑防火 | 室内外装饰装修 | 建筑保温和外墙装饰的燃烧性能等级应符合《建筑设计防火规范》GB 50016—2014（2018年版）等消防技术规范及标准的要求 |
| | | 单位进行室内装修应符合《建筑内部装修设计防火规范》GB 50222—2017 等消防技术规范及标准有关规定，选取装修材料的燃烧性能等级符合要求并经见证取样检验合格 |
| | | 屋面节能工程、通风与空调节能工程、空调系统冷热源和辅助设备及其管网节能工程等所使用的保温和绝热材料的燃烧性能应符合相关规定 |
| | 建筑构造 | 建筑构件、屋顶、闷顶、建筑缝隙、天桥、栈桥、管沟等建筑构造应符合《建筑设计防火规范》GB 50016—2014（2018 年版）等消防技术规范及标准要求 |
| | | 疏散楼梯间、疏散楼梯的构造应符合《建筑设计防火规范》GB 50016—2014（2018 年版）等消防技术规范及标准要求 |
| | 通风和空调系统 | 民用建筑内空气中含有容易起火或爆炸危险物质的房间通风设施独立设置且空气不应循环使用 |
| | | 通风和空调系统宜根据防火分区、楼层设置 |
| | | 除尘设施应符合相关规范、标准要求 |
| | | 防火阀的设置应符合相关规范、标准要求 |
| | | 管道隔热措施应符合相关规范、标准要求 |
| | | 管道应采用不燃材料，采用难燃材料应符合相关规范、标准相关要求 |
| | | 燃油燃气锅炉房应设通风设施，当采用机械通风设施时，换气量应满足相关规范、标准要求 |
| 安全疏散及避难 | 安全出口、疏散通道及避难设施 | 安全出口和疏散门的位置、形式应符合相关规定 |
| | | 安全出口和疏散门的数量应符合相关规定 |
| | | 安全出口和疏散门的宽度应符合相关规定 |
| | | 安全出口和疏散门的疏散距离应符合相关规定 |
| | | 疏散楼梯间的形式应符合相关规定 |
| | | 单位应按《建筑设计防火规范》GB 50016—2014（2018 年版）等消防技术规范及标准合理设置避难设施，且不应被占用 |
| | | 单位应在日常生产、营业期间保持疏散通道、安全出口、消防车通道畅通，严禁锁闭，禁止在疏散走道和安全出口、避难层（间）等位置放置其他任何物品、障碍设施 |
| | 火灾应急照明和疏散指示 | 应急照明的设置和功能，包括设置位置、应急照明应急转换功能、工作持续时间、照度等，应符合《建筑设计防火规范》GB 50016—2014（2018 年版）等消防技术规范及标准的规定 |
| | | 火灾疏散指示灯具的设置和功能，如设置位置、应急转换功能、应急工作持续时间、表面亮度等应符合《建筑设计防火规范》GB 50016—2014（2018 年版）等消防技术规范及标准的规定 |
| | 疏散引导及逃生器材 | 单位应按国家相关规定和要求配置火场逃生和疏散引导器材 |
| | | 人员密集场所的门窗不得设置影响逃生的障碍物 |
| | 主要出入口消防提示标识及消防安全告知书 | 单位在建筑入口显著位置应设置总平面布局图标识，标明建筑总平面布局和室外消防设施位置等内容 |
| | | 在人员密集场所的各楼层主要出入口和宾馆客房、公众娱乐场所包厢的房间门后或附近醒目位置应设置楼层疏散指示图标识，标明疏散路线、安全出口、人员所在位置等内容 |
| | | 在酒吧、网吧等歌舞娱乐放映游艺场所的主入口处应设置人数核定标识 |
| | | 宾馆、饭店、商场（市场）、公共娱乐场所、学校等单位应在主要出入口处设置“消防安全告知书” |

续表

| 类别 | 检查内容 | | 评估细则 |
|---|---|---|---|
| 消防设施与器材 | 消防控制室 | | 消防控制室的一般要求应符合《消防控制室通用技术要求》GB 25506—2016 的要求 |
| | | | 消防控制室的资料和管理要求应符合《消防控制室通用技术要求》GB 25506—2016 的要求 |
| | | | 消防控制室的控制和显示要求应符合《消防控制室通用技术要求》GB 25506—2016 的要求 |
| | | | 消防控制室的图形显示装置的信息记录要求应符合《消防控制室通用技术要求》GB 25506—2016 的要求 |
| | | | 消防控制室的信息传输要求应符合《消防控制室通用技术要求》GB 25506—2016 的要求 |
| | | | 消防控制室应实行每日 24h 专人值班制度，每班不少于 2 人，每班不超过 8h |
| | | | 消防控制室值班的自动消防系统操作人员，应经国家法定培训机构培训合格，取得消防行业特有工种职业资格证书 |
| | 消防水源 | 室外消防给水 | 应采取确保枯水位取水的技术措施 |
| | | | 消防车取水时，最大吸水高度不应超过 6m |
| | | | 应设置消防车到达取水口的消防车道和消防车回车场或回车道 |
| | | | 水量、水质应符合要求 |
| | | | 应采用两路市政给水网供水（除建筑高度超过 54m 的住宅外，室外消火栓设计流量小于等于 20L/s 时，可采用一路消防供水） |
| | | 消防水池 | 自动补水设施、水位显示装置应符合要求 |
| | | | 容积、格数应符合要求 |
| | | | 消防用水与其他用水共用水池的技术措施应符合要求 |
| | | | 室外消防水池取水口吸水高度应符合要求 |
| | | | 室外消防水池取水口与建筑物应符合要求 |
| | | | 与液体储罐距离应符合要求 |
| | | | 消防水箱的设置位置、容积、水位显示装置以及进水管、出水管设置、状态应符合要求 |
| | 消火栓系统 | | 室内消火栓的组件安装及系统功能应符合要求 |
| | | | 室外消火栓的组件安装及系统功能应符合要求 |
| | | | 水泵接合器的位置、数量、标志应符合要求 |
| | 自动灭火系统 | 自动喷水灭火系统 | 组件安装应符合要求 |
| | | | 压力表显示应符合要求 |
| | | | 水流指示器动作和反馈情况应符合要求 |
| | | | 压力开关动作和反馈情况应符合要求 |
| | | | 消防水泵动作和反馈情况应符合要求 |
| | | | 开启末端试水装置至消防水泵投入运行的时间符合要求 |
| | | 气体灭火系统 | 气体灭火控制器自动灭火功能、故障报警功能、自检功能应符合要求 |
| | | | 控制器主备电切换功能应符合要求 |
| | | | 自动、手动控制功能应符合要求 |
| | | | 泡沫灭火系统组件及系统功能应符合相关规范、标准要求 |
| | 火灾自动报警系统 | | 火灾报警控制器的报警及显示功能、主备电源切换功能符合规定 |
| | | | 在生产、使用可燃气体并可能发生泄漏的场所设置可燃气体探测报警系统 |

续表

| 类别 | 检查内容 | 评估细则 | |
|---|---|---|---|
| 消防设施与器材 | 火灾自动报警系统 | 消防联动控制设备 | 消防控制器在接收到火灾报警信号后，应在3s内发出联动控制信号，并接受联动反馈信号 |
| | | | 消防水泵、防烟和排烟风机的控制设备应在消防控制室设置手动直接控制装置 |
| | | | 消防联动控制器应具有切断火灾区域及相关区域的非消防电源的功能 |
| | | | 消防联动控制设备的主备电源自动转换功能应符合规定 |
| | | 火灾探测器（点型感烟、感温、吸气式、线型光束感烟、线型缆式感温、火焰探测器和图像型探测器等）的设置和报警功能应符合相关规定 | |
| | | 手动火灾报警器的设置位置（每个防火分区应至少设置一只）、距地安装高度、距离应符合规定，报警按钮应发出火灾报警信号且报警部位应正确 | |
| | | 火灾警报及应急广播的设置部位、数量及间距，联动功能、远程功能和强切功能以及声压级应符合相关技术规范标准的要求 | |
| | 防烟和排烟系统 | 建筑采用自然排烟时，楼梯间及前室的可开启外窗面积、自然排烟口设置部位、净面积应符合要求 | |
| | | 建筑机械加压送风系统的组件安装及系统功能符合要求 | |
| | | 建筑采用机械排烟系统时，组件安装（排烟风机外观及安装、排烟口设置等）、系统功能（联动功能、信号反馈等）应符合要求 | |
| | 消防电源 | 消防主备电源切换功能符合要求 | |
| | | 发电机应能正常启动 | |
| | 消防专用电话 | 消防专用电话的设置部位、功能应符合要求 | |
| | 灭火器及其他消防器材 | 手提式、推车式灭火器的设置和使用应满足相关规定的要求 | |
| | | 在厨房的规定部位安装厨房设备灭火装置 | |
| | 消防设施维护保养及年度检测 | 单位应对消防设施、设备进行日常维护保养。设有火灾自动消防设施的单位，应委托具有资质的消防技术服务机构对消防设施、设备进行维护保养 | |
| | | 单位应对消防设施、设备进行年度检测。设有火灾自动消防设施的单位，应委托具有资质的消防技术服务机构对消防设施、设备进行年度检测 | |
| | 消防设施设备标识 | 单位应在固定消防设施设备上设置永久性标识 | |
| 电气防火 | 消防用电负荷等级 | 消防用电负荷等级应符合《建筑设计防火规范》GB 50016—2014（2018年版）第10.1条等规定 | |
| | 运行状况 | 电气线路应采取金属管、阻燃管，且金属管、阻燃管周围采用不燃隔热材料进行防火隔离 | |
| | | 电气线路应具有足够的绝缘强度、机械强度并应定期检查。禁止使用绝缘老化或失去绝缘性能的电气线路 | |
| | | 不得擅自架设临时线路，确需架设时，应符合有关规定 | |
| | | 电气设备应与周围可燃物保持一定的安全距离，电气设备附近不应堆放易燃、易爆和腐蚀性物品，禁止在架空线上放置或悬挂物品 | |
| | | 开关、插座和照明灯具靠近可燃物时，应采取隔热、散热等保护措施，并符合《建筑设计防火规范》GB 50016—2014（2018年版）第10.2.4条等规定 | |
| | 防雷、防静电 | 建筑、设施、设备和装置的防雷措施应符合相关技术规范、标准的要求 | |
| | | 设备、工艺装置的防静电应符合相关技术规范、标准的要求 | |

续表

| 类别 | 检查内容 | 评估细则 |
|---|---|---|
| 灭火救援 | 专职、志愿消防队 | 单位应按规定成立专职、兼职（志愿）消防队，承担本单位的火灾扑救工作 |
| | | 专职、兼职（志愿）消防队应配备足够人员以及相应的消防器材和装备 |
| | | 应按规定对专职、兼职（志愿）消防队进行培训并建立执勤（值班）制度，并组织开展消防巡查工作 |
| | 灭火救援设施 | 消防车道的形式、设置位置、通行能力等应符合相关规范、标准要求 |
| | | 救援场地的面积、承载能力及入口等应符合相关规范、标准要求 |
| | | 直升机停机坪的设置应符合《建筑设计防火规范》GB 50016—2014（2018年版）等消防技术规范及标准的要求 |
| | | 不得堵塞、占用或设置影响消防车通行、操作及直升机起降的障碍物 |
| | | 消防电梯的数量、位置、消防电梯前室、防火措施及功能等应符合相关规范、标准要求 |
| | | 厂房、仓库、公共建筑的消防救援人员出入窗口设置应符合要求，且易于从外部打开 |
| | | 人员密集场所的门窗不得设置影响灭火救援的障碍物 |
| | 外部消防力量 | 外部消防力量（公安消防站、小型消防站等）应在规定时间内到达该评估单位 |
| | 消防标识 | 单位应在消防车通道设置永久性标识 |
| | | 单位应在防火间距处设置永久性标识 |
| | | 单位应在消防登高操作面设置永久性标识 |
| | | 单位应在消防安全重点部位设置永久性标识 |

备注：

1. 本手册所介绍的方法，是通用于消防安全评估的综合性方法，对于具体的评估需求，可以在此基础之上做相应优化，对于评价指标体系，应按照建筑的生命周期而有对应地取舍或增补，一定要以评估需求与被评估对象的即时状态相吻合为原则，决不能生搬硬套。
2. 消防安全评估单位应根据当地建筑消防安全评估相关技术标准以及评估对象的实际情况，选取适当的评估方法和评估指标体系，并在运用过程中对评估指标体系中的指标及权重不断进行完善。

# 28 建筑防火设计审核要点

## 28.1 民用建筑

### 28.1.1 总则

民用建筑消防设计要点　　　　表 28.1.1

| 类别 | 技术要求 | 规范依据 |
| --- | --- | --- |
| 建筑分类 | 民用建筑根据其建筑高度和层数可分为单、多层民用建筑和高层民用建筑<br>高层民用建筑根据其建筑高度、使用功能和楼层的建筑面积可分为一类和二类 | 《建筑设计防火规范》GB 50016—2014（2018年版）第5.1.1条 |
| | 民用建筑根据其功能可分为住宅建筑和公共建筑 | |
| | 除《建筑设计防火规范》另有规定外，宿舍、公寓等非住宅类居住建筑的防火要点，应符合《建筑设计防火规范》中有关公共建筑的规定 | |
| 耐火等级和耐火极限 | 民用建筑的耐火等级可分为一、二、三、四级，应根据其建筑高度、使用功能、重要性和火灾扑救难度等确定。不同耐火等级建筑相应构件的燃烧性能和耐火极限应符合相关规定 | 《建筑设计防火规范》GB 50016—2014（2018年版）第5.1.3条 |
| 总平面布局 | 在总平面布局中，应合理确定建筑的位置、防火间距、消防车道和消防水源等，不宜将民用建筑布置在甲、乙类厂（库）房，甲、乙、丙类液体储罐，可燃气体储罐和可燃材料堆场的附近 | 《建筑设计防火规范》GB 50016—2014（2018年版）第5.2.1条 |
| 防火分区和层数 | 除《建筑设计防火规范》另有规定外，不同耐火等级建筑的允许建筑高度或层数、防火分区最大允许建筑面积应符合相关规定 | 《建筑设计防火规范》GB 50016—2014（2018年版）第5.3.1条 |
| 平面布置 | 民用建筑的平面布置应结合建筑的耐火等级、火灾危险性、使用功能和安全疏散等因素合理布置 | 《建筑设计防火规范》GB 50016—2014（2018年版）第5.4.1条 |
| 安全疏散和避难 | 民用建筑应根据其建筑高度、规模、使用功能和耐火等级等因素合理设置安全疏散和避难设施。安全出口和疏散门的位置、数量、宽度及疏散楼梯间的形式，应满足人员安全疏散的要求 | 《建筑设计防火规范》GB 50016—2014（2018年版）第5.5.1条 |

续表

| 类别 | 技术要求 | 规范依据 |
| --- | --- | --- |
| 建筑构造 | 建筑的内、外保温系统，宜采用燃烧性能为A级的保温材料，不宜采用B2级保温材料，严禁采用B3级保温材料；设置保温系统的基层墙体或屋面板的耐火极限应符合有关规定 | 《建筑设计防火规范》GB 50016—2014（2018年版）第6.7.1条 |
| | 建筑外墙的装饰层应采用燃烧性能为A级的材料，但建筑高度不大于50m时，可采用B1级材料 | 《建筑设计防火规范》GB 50016—2014（2018年版）第6.7.12条 |
| 灭火救援设施 | 民用建筑应按国家规范、标准设置灭火救援设施，包括消防车道、救援场地和入口、消防电梯、直升机停机坪等 | — |
| 其他 | 建筑高度大于250m的建筑，除应符合本规范的要求外，尚应结合实际情况采取更加严格的防火措施，其防火设计应提交国家消防主管部门组织专题研究、论证 | 《建筑设计防火规范》GB 50016—2014（2018年版）第1.0.6条 |

### 28.1.2　常见术语

**民用建筑常见问题解释**　　**表28.1.2**

| 类别 | 技术要求 | 规范依据 |
| --- | --- | --- |
| 高层建筑 | 建筑高度大于27m的住宅建筑和建筑高度大于24m的非单层厂房、仓库和其他民用建筑 | 《建筑设计防火规范》GB 50016—2014（2018年版）第2.1条 |
| 裙房 | 在高层建筑主体投影范围外，与建筑主体相连且建筑高度不大于24m的附属建筑 | |
| 重要公共建筑 | 发生火灾可能造成重大人员伤亡、财产损失和严重社会影响的公共建筑 | |
| 商业服务网点 | 设置在住宅建筑的首层或首层及二层，每个分隔单元建筑面积不大于300m$^2$的商店、邮政所、储蓄所、理发店等小型营业性用房 | |
| 半地下室 | 房间地面低于室外设计地面的平均高度大于该房间平均净高1/3，且不大于1/2 | |
| 地下室 | 房间地面低于室外设计地面的平均高度大于该房间平均净高1/2者 | |
| 耐火极限 | 在标准耐火试验条件下，建筑构件、配件或结构从受到火的作用时起，至失去承载能力、完整性或隔热性时止所用时间，用小时表示 | |
| 防火隔墙 | 建筑内防止火灾蔓延至相邻区域且耐火极限不低于规定要求的不燃性墙体 | |
| 防火墙 | 防止火灾蔓延至相邻建筑或相邻水平防火分区且耐火极限不低于3.00h的不燃性墙体 | |
| 避难层（间） | 建筑内用于人员暂时躲避火灾及其烟气危害的楼层（房间） | |
| 安全出口 | 供人员安全疏散用的楼梯间和室外楼梯的出入口或直通室内外安全区域的出口 | |
| 封闭楼梯间 | 在楼梯间入口处设置门，以防止火灾的烟和热气进入的楼梯间 | |

续表

| 类别 | 内容 | 规范依据 |
| --- | --- | --- |
| 防烟楼梯间 | 在楼梯间入口处设置防烟的前室、开敞式阳台或凹廊（统称前室）等设施，且通向前室和楼梯间的门均为防火门，以防止火灾的烟和热气进入的楼梯间 | 《建筑设计防火规范》GB 50016—2014（2018年版）第2.1条 |
| 避难走道 | 采取防烟措施且两侧设置耐火极限不低于3.00h的防火隔墙，用于人员安全通行至室外的走道 | |
| 防火间距 | 防止着火建筑在一定时间内引燃相邻建筑，便于消防扑救的间隔距离 | |
| 防火分区 | 在建筑内部采用防火墙、楼板及其他防火分隔设施分隔而成，能在一定时间内防止火灾向同一建筑的其余部分蔓延的局部空间 | |

### 28.1.3 具体技术要求

#### 28.1.3.1 建筑分类

**民用建筑分类** **表28.1.3.1**

| 名称 | 高层民用建筑 | | 单、多层民用建筑 | 规范依据 |
| --- | --- | --- | --- | --- |
| | 一类 | 二类 | | |
| 住宅建筑 | 建筑高度大于54m的住宅建筑（包括设置商业服务网点的住宅建筑） | 建筑高度大于27m，但不大于54m的住宅建筑（包括设置商业服务网点的住宅建筑） | 建筑高度不大于27m的住宅建筑（包括设置商业服务网点的住宅建筑） | 《建筑设计防火规范》GB 50016—2014（2018年版）第5.1.1条 |
| 公共建筑 | 1. 建筑高度大于50m的公共建筑<br>2. 建筑高度24m以上部分任一楼层建筑面积大于1000m$^2$的商店、展览、电信、邮政、财贸金融建筑和其他多种功能组合的建筑<br>3. 医疗建筑、重要公共建筑、独立建造的老年人照料设施<br>4. 省级及以上的广播电视和防灾指挥调度建筑、网局级和省级电力调度建筑<br>5. 藏书超过100万册的图书馆、书库 | 除一类高层公共建筑外的其他高层公共建筑 | 1. 建筑高度大于24m的单层公共建筑<br>2. 建筑高度不大于24m的其他公共建筑 | |

注：1. 表中未列入的建筑，其类别应根据本表类比确定。
2. 除另有规定外，宿舍、公寓等非住宅类居住建筑的防火要求，应符合有关公共建筑的规定。
3. 除另有规定外，裙房的防火要求应符合有关高层民用建筑的规定。

#### 28.1.3.2 耐火等级和耐火极限

**耐火等级和耐火极限的要求** **表28.1.3.2**

| 类别 | 技术要求 | 规范依据 |
| --- | --- | --- |
| 耐火等级 | 地下或半地下建筑（室）和一类高层建筑的耐火等级不应低于一级 | 《建筑设计防火规范》GB 50016—2014（2018年版）第5.1.3条 |
| | 单、多层重要公共建筑和二类高层建筑的耐火等级不应低于二级 | |
| | 除木结构建筑外，老年人照料设施的耐火等级不应该低于三级 | 《建筑设计防火规范》GB 50016—2014（2018年版）第5.1.3A条 |

续表

| 类别 | 技术要求 | 规范依据 |
| --- | --- | --- |
| 耐火极限 | 建筑高度大于100m的民用建筑，其楼板的耐火极限不应低于2.00h | 《建筑设计防火规范》GB 50016—2014（2018年版）第5.1.4条 |
| | 一、二级耐火等级建筑的上人平屋顶，其屋面板的耐火极限分别不应低于1.50h和1.00h | |

### 28.1.3.3 总平面布局

民用建筑之间的防火间距（m） 表28.1.3.3

| 建筑类别 | | 高层民用建筑 | 裙房和其他民用建筑 | | | 规范依据 |
| --- | --- | --- | --- | --- | --- | --- |
| | | 一、二级 | 一、二级 | 三级 | 四级 | |
| 高层民用建筑 | 一、二级 | 13 | 9 | 11 | 14 | 《建筑设计防火规范》GB 50016—2014（2018年版）第5.22条 |
| 裙房和其他民用建筑 | 一、二级 | 9 | 6 | 7 | 9 | |
| | 三级 | 11 | 7 | 8 | 10 | |
| | 四级 | 14 | 9 | 10 | 12 | |

注：1. 相邻两座单、多层建筑，当相邻外墙为不燃性墙体且无外露的可燃性屋檐，每面外墙上无防火保护的门、窗、洞口不正对开设且该门、窗、洞口的面积之和不大于外墙面积的5%时，其防火间距可按本表的规定减少25%。
2. 两座建筑相邻较高一面外墙为防火墙，或高出相邻较低一座一、二级耐火等级建筑的屋面15m及以下范围内的外墙为防火墙时，其防火间距不限。
3. 相邻两座高度相同的一、二级耐火等级建筑中相邻任一侧外墙为防火墙，屋顶的耐火极限不低于1.00h时，其防火间距不限。
4. 相邻两座建筑中较低一座建筑的耐火等级不低于二级，相邻较低一面外墙为防火墙且屋顶无天窗，屋顶的耐火极限不低于1.00h时，其防火间距不应小于3.5m；对于高层建筑，不应小于4m。
5. 相邻两座建筑中较低一座建筑的耐火等级不低于二级且屋顶无天窗，相邻较高一面外墙高出较低一座建筑的屋面15m及以下范围内的开口部位设置甲级防火门、窗，或设置符合现行国家标准《自动喷水灭火系统设计规范》GB 50084规定的防火分隔水幕或《建筑设计防火规范》GB 50016—2014（2018年版）第6.5.3条规定的防火卷帘时，其防火间距不应小于3.5m；对于高层建筑，不应小于4m。
6. 相邻建筑通过连廊、天桥或底部的建筑物等连接时，其间距不应小于本表的规定。
7. 耐火等级低于四级的既有建筑，其耐火等级可按四级确定。
8. 建筑高度大于100m的民用建筑与相邻建筑的防火间距，当符合《建筑设计防火规范》GB 50016—2014（2018年版）中允许减小的条件时，仍不应减小。

### 28.1.3.4 防火分区和层数

不同耐火等级建筑的允许建筑高度或层数、防火分区最大允许建筑面积 表28.1.3.4-1

| 名称 | 耐火等级 | 允许建筑高度或层数 | 防火分区的最大允许建筑面积（$m^2$） | 备注 | 规范依据 |
| --- | --- | --- | --- | --- | --- |
| 高层民用建筑 | 一、二级 | 按民用建筑的分类表确定 | 1500 | 对于体育馆、剧场的观众厅，防火分区的最大允许建筑面积可适当增加 | 《建筑设计防火规范》GB 50016—2014（2018年版）第5.3.1条 |
| 单、多层民用建筑 | 一、二级 | 按民用建筑的分类表确定 | 2500 | | |
| | 三级 | 5层 | 1200 | — | |
| | 四级 | 2层 | 600 | — | |
| 地下或半地下建筑（室） | 一级 | — | 500 | 设备用房的防火分区最大允许建筑面积不应大于1000$m^2$ | |

**其他要求** **表 28.1.3.4-2**

<table>
<tr><th>类别</th><th colspan="2">技术要求</th><th>规范依据</th></tr>
<tr><td rowspan="2">老年人照料设施</td><td colspan="2">独立建造的一、二级耐火等级老年人照料设施的建筑高度不宜大于 32m，不应大于 54m</td><td rowspan="2">《建筑设计防火规范》GB 50016—2014（2018年版）第 5.3.1A 条</td></tr>
<tr><td colspan="2">独立建造的三级耐火等级老年人照料设施，不应超过 2 层</td></tr>
<tr><td rowspan="2">面积核算</td><td colspan="2">建筑内设置自动扶梯、敞开楼梯等上、下层相连通的开口时，其防火分区的建筑面积应按上、下层相连通的建筑面积叠加计算；当叠加计算后的建筑面积大于上表规定时，应划分防火分区</td><td rowspan="2">《建筑设计防火规范》GB 50016—2014（2018年版）第 5.3.2 条</td></tr>
<tr><td colspan="2">建筑内设置中庭时，其防火分区的建筑面积应按上、下层相连通的建筑面积叠加计算</td></tr>
<tr><td rowspan="3">一、二级耐火等级建筑内的商店营业厅、展览厅</td><td rowspan="3">当设置自动灭火系统和火灾自动报警系统并采用不燃或难燃装修材料时，其每个防火分区的最大允许建筑面积</td><td>设置在高层建筑内时，不应大于 4000m²</td><td rowspan="3">《建筑设计防火规范》GB 50016—2014（2018年版）第 5.3.4 条</td></tr>
<tr><td>设置在单层建筑或仅设置在多层建筑的首层内时，不应大于 10000m²</td></tr>
<tr><td>设置在地下或半地下时，不应大于 2000m²</td></tr>
<tr><td rowspan="2">总建筑面积大于 20000m² 的地下或半地下商店</td><td colspan="2">应采用无门、窗、洞口的防火墙、耐火极限不低于 2.00h 的楼板分隔为多个建筑面积不大于 20000m² 的区域</td><td rowspan="2">《建筑设计防火规范》GB 50016—2014（2018年版）第 5.3.5 条</td></tr>
<tr><td colspan="2">相邻区域确需局部连通时，应采用下沉式广场等室外开敞空间、防火隔间、避难走道、防烟楼梯间等方式进行连通</td></tr>
</table>

### 28.1.3.5 平面布置

**特殊场所的平面布置** **表 28.1.3.5-1**

<table>
<tr><th>类别</th><th>技术要求</th><th>规范依据</th></tr>
<tr><td rowspan="2">生产车间和库房</td><td>除为满足民用建筑使用功能所设置的附属库房外，民用建筑内不应设置生产车间和其他库房</td><td rowspan="2">《建筑设计防火规范》GB 50016—2014（2018年版）第 5.4.2 条</td></tr>
<tr><td>经营、存放和使用甲、乙类火灾危险性物品的商店、作坊和储藏间，严禁附设在民用建筑内</td></tr>
</table>

续表

<table>
<tr><th>类别</th><th colspan="2">技术要求</th><th>规范依据</th></tr>
<tr><td rowspan="2">商店建筑、展览建筑</td><td>三级耐火等级建筑时</td><td>≤2层</td><td rowspan="6">《建筑设计防火规范》GB 50016—2014（2018年版）第5.4.3条</td></tr>
<tr><td>四级耐火等级建筑时</td><td>应为单层</td></tr>
<tr><td rowspan="4">营业厅、展览厅</td><td>三级耐火等级建筑内</td><td>首层或二层</td></tr>
<tr><td>四级耐火等级建筑内</td><td>首层</td></tr>
<tr><td colspan="2">不应设置在地下三层及以下楼层</td></tr>
<tr><td colspan="2">地下或半地下营业厅、展览厅不应经营、储存和展示甲、乙类火灾危险性物品</td></tr>
<tr><td rowspan="8">托儿所、幼儿园的儿童用房和儿童游乐厅等儿童活动场所</td><td colspan="2">宜设置在独立的建筑内，且不应设置在地下或半地下</td><td rowspan="8">《建筑设计防火规范》GB 50016—2014（2018年版）第5.4.4条</td></tr>
<tr><td>独立的一、二级耐火等级的建筑时</td><td>≤3层</td></tr>
<tr><td>在一、二级耐火等级的建筑内</td><td>首层、二层或三层</td></tr>
<tr><td>独立的三级耐火等级的建筑时</td><td>≤2层</td></tr>
<tr><td>在三级耐火等级的建筑内</td><td>首层或二层</td></tr>
<tr><td>独立的四级耐火等级的建筑时</td><td>单层</td></tr>
<tr><td>在四级耐火等级的建筑内</td><td>首层</td></tr>
<tr><td>在高层建筑内</td><td>应设置独立的安全出口和疏散楼梯</td></tr>
<tr><td rowspan="2">老年人照料设施中的老年人公共活动用房、康复与医疗用房</td><td colspan="2">设置在地下、半地下时，应设置在地下一层，每间用房的建筑面积不应大于200m² 且使用人数不应大于30人</td><td rowspan="2">《建筑设计防火规范》GB 50016—2014（2018年版）第5.4.4B条</td></tr>
<tr><td colspan="2">设置在地上四层及以上时，每间用房的建筑面积不应大于200m² 且使用人数不应大于30人</td></tr>
<tr><td rowspan="6">医院和疗养院的住院部分</td><td colspan="2">不应设置在地下或半地下</td><td rowspan="6">《建筑设计防火规范》GB 50016—2014（2018年版）第5.4.5条</td></tr>
<tr><td colspan="2">医院和疗养院的病房楼内相邻护理单元之间应采用耐火极限不低于2.00h的防火隔墙分隔，隔墙上的门应采用乙级防火门，设置在走道上的防火门应采用常开防火门</td></tr>
<tr><td>三级耐火等级建筑</td><td>不应超过2层</td></tr>
<tr><td>在三级耐火等级的建筑内</td><td>应布置在首层或二层</td></tr>
<tr><td>四级耐火等级建筑</td><td>应为单层</td></tr>
<tr><td>在四级耐火等级的建筑内</td><td>应布置在首层</td></tr>
<tr><td rowspan="4">教学建筑、食堂、菜市场</td><td>三级耐火等级建筑时</td><td>不应超过2层</td><td rowspan="4">《建筑设计防火规范》GB 50016—2014（2018年版）第5.4.6条</td></tr>
<tr><td>在三级耐火等级的建筑内</td><td>首层或二层</td></tr>
<tr><td>四级耐火等级建筑时</td><td>应为单层</td></tr>
<tr><td>在四级耐火等级的建筑内</td><td>应布置在首层</td></tr>
</table>

续表

<table>
<tr><th>类别</th><th colspan="2">技术要求</th><th>规范依据</th></tr>
<tr><td rowspan="3">剧场、电影院、礼堂</td><td colspan="2">宜设置在独立的建筑内</td><td rowspan="3">《建筑设计防火规范》GB 50016—2014（2018年版）第5.4.7条</td></tr>
<tr><td>采用三级耐火等级建筑时</td><td>不应超过2层</td></tr>
<tr><td>设置在其他民用建筑内时</td><td>至少应设置1个独立的安全出口和疏散楼梯，并应符合下列规定：<br>1. 应采用耐火极限不低于2.00h的防火隔墙和甲级防火门与其他区域分隔；<br>2. 设置在一、二级耐火等级的建筑内时，观众厅宜布置在首层、二层或三层；确需布置在四层及以上楼层时，一个厅、室的疏散门不应少于2个，且每个观众厅的建筑面积不宜大于400m²；<br>3. 设置在三级耐火等级的建筑内时，不应布置在三层及以上楼层；<br>4. 设置在地下或半地下时，宜设置在地下一层，不应设置在地下三层及以下楼层；<br>5. 设置在高层建筑内时，应设置火灾自动报警系统及自动喷水灭火系统等自动灭火系统</td></tr>
<tr><td rowspan="5">会议厅、多功能厅</td><td colspan="2">宜布置在首层、二层或三层</td><td rowspan="5">《建筑设计防火规范》GB 50016—2014（2018年版）第5.4.8条</td></tr>
<tr><td>设置在三级耐火等级的建筑内时</td><td>不应布置在三层及以上楼层</td></tr>
<tr><td rowspan="3">确需布置在一、二级耐火等级建筑的其他楼层时</td><td>一个厅、室的疏散门不应少于2个，且建筑面积不宜大于400m²</td></tr>
<tr><td>设置在地下或半地下时，宜设置在地下一层，不应设置在地下三层及以下楼层</td></tr>
<tr><td>设置在高层建筑内时，应设置火灾自动报警系统和自动喷水灭火系统等自动灭火系统</td></tr>
<tr><td rowspan="6">歌舞厅、录像厅、夜总会、卡拉OK厅（含具有卡拉OK功能的餐厅）、游艺厅（含电子游艺厅）、桑拿浴室（不包括洗浴部分）、网吧等歌舞娱乐放映游艺场所（不含剧场、电影院）</td><td colspan="2">不应布置在地下二层及以下楼层</td><td rowspan="6">《建筑设计防火规范》GB 50016—2014（2018年版）第5.4.9条</td></tr>
<tr><td colspan="2">宜布置在一、二级耐火等级建筑内的首层、二层或三层的靠外墙部位</td></tr>
<tr><td colspan="2">不宜布置在袋形走道的两侧或尽端</td></tr>
<tr><td colspan="2">确需布置在地下一层时，地下一层的地面与室外出入口地坪的高差不应大于10m</td></tr>
<tr><td colspan="2">确需布置在地下或四层及以上楼层时，一个厅、室的建筑面积不应大于200m²</td></tr>
<tr><td colspan="2">厅、室之间及与建筑的其他部位之间，应采用耐火极限不低于2.00h的防火隔墙和1.00h的不燃性楼板分隔，设置在厅、室墙上的门和该场所与建筑内其他部位相通的门均应采用乙级防火门</td></tr>
</table>

**住宅建筑** **表 28.1.3.5-2**

<table>
<tr><th>类别</th><th colspan="2">技术要求</th><th>规范依据</th></tr>
<tr><td rowspan="6">住宅建筑与其他使用功能的建筑合建时（除商业服务网点外）</td><td rowspan="3">住宅部分与非住宅部分之间分隔</td><td>应采用耐火极限不低于 2.00h 且无门、窗、洞口的防火隔墙和 1.50h 的不燃性楼板完全分隔</td><td rowspan="6">《建筑设计防火规范》GB 50016—2014（2018 年版）第 5.4.10 条、第 6.2.5 条、第 6.4.4 条</td></tr>
<tr><td>为高层建筑时，应采用无门、窗、洞口的防火墙和耐火极限不低于 2.00h 的不燃性楼板完全分隔</td></tr>
<tr><td>建筑外墙上、下层开口之间的防火措施应符合《建筑设计防火规范》第 6.2.5 条的规定</td></tr>
<tr><td rowspan="2">疏散</td><td>住宅部分与非住宅部分的安全出口和疏散楼梯应分别独立设置</td></tr>
<tr><td>为住宅部分服务的地上车库应设置独立的疏散楼梯或安全出口，地下车库的疏散楼梯应按《建筑设计防火规范》第 6.4.4 条的规定进行分隔</td></tr>
<tr><td colspan="2">住宅部分和非住宅部分的安全疏散、防火分区和室内消防设施配置，可根据各自的建筑高度分别按照本规范有关住宅建筑和公共建筑的规定执行；该建筑的其他防火设计应根据建筑的总高度和建筑规模按本规范有关公共建筑的规定执行</td></tr>
<tr><td rowspan="5">设置商业服务网点的住宅建筑</td><td rowspan="2">居住部分与商业服务网点之间</td><td>应采用耐火极限不低于 2.00h 且无门、窗、洞口的防火隔墙和 1.50h 的不燃性楼板完全分隔</td><td rowspan="5">《建筑设计防火规范》GB 50016—2014（2018 年版）第 5.4.11 条</td></tr>
<tr><td>住宅部分和商业服务网点部分的安全出口和疏散楼梯应分别独立设置</td></tr>
<tr><td rowspan="3">商业服务网点中每个分隔单元之间</td><td>应采用耐火极限不低于 2.00h 且无门、窗、洞口的防火隔墙相互分隔</td></tr>
<tr><td>当每个分隔单元任一层建筑面积大于 200m² 时，该层应设置 2 个安全出口或疏散门</td></tr>
<tr><td>每个分隔单元内的任一点至最近直通室外的出口的直线距离不应大于《建筑设计防火规范》中有关多层其他建筑位于袋形走道两侧或尽端的疏散门至最近安全出口的最大直线距离。<br>注：室内楼梯的距离可按其水平投影长度的 1.50 倍计算</td></tr>
</table>

### 28.1.3.6 设备用房的平面布置

设备用房的平面布置　　表 28.1.3.6

<table>
<tr><th>类别</th><th colspan="2">技术要求</th><th>规范依据</th></tr>
<tr><td rowspan="9">锅炉房、变压器室（燃油或燃气锅炉、油浸变压器、充有可燃油的高压电容器和多油开关等）</td><td colspan="2">宜设置在建筑外的专用房间内</td><td rowspan="9">《建筑设计防火规范》GB 50016—2014（2018年版）第 5.4.12 条</td></tr>
<tr><td>贴邻民用建筑布置时</td><td>应采用防火墙与所贴邻的建筑分隔，且不应贴邻人员密集场所，该专用房间的耐火等级不应低于二级</td></tr>
<tr><td rowspan="7">确需布置在民用建筑内时</td><td>不应布置在人员密集场所的上一层、下一层或贴邻</td></tr>
<tr><td>燃油或燃气锅炉房、变压器室应设置在首层或地下一层的靠外墙部位，但常（负）压燃油或燃气锅炉可设置在地下二层或屋顶上。设置在屋顶上的常（负）压燃气锅炉，距离通向屋面的安全出口不应小于 6m</td></tr>
<tr><td>采用相对密度（与空气密度的比值）不小于 0.75 的可燃气体为燃料的锅炉，不得设置在地下或半地下</td></tr>
<tr><td>锅炉房、变压器室的疏散门均应直通室外或安全出口</td></tr>
<tr><td>锅炉房、变压器室等与其他部位之间应采用耐火极限不低于 2.00h 的防火隔墙和 1.50h 的不燃性楼板分隔。在隔墙和楼板上不应开设洞口，确需在隔墙上设置门、窗时，应采用甲级防火门、窗</td></tr>
<tr><td>锅炉房内设置储油间时，其总储存量不应大于 $1m^3$，且储油间应采用耐火极限不低于 3.00h 的防火隔墙与锅炉间分隔；确需在防火隔墙上设置门时，应采用甲级防火门</td></tr>
<tr><td>变压器室之间、变压器室与配电室之间，应设置耐火极限不低于 2.00h 的防火隔墙</td></tr>
<tr><td rowspan="4">柴油发电机房</td><td colspan="2">宜布置在首层或地下一、二层</td><td rowspan="4">《建筑设计防火规范》GB 50016—2014（2018年版）第 5.4.13 条</td></tr>
<tr><td colspan="2">不应布置在人员密集场所的上一层、下一层或贴邻</td></tr>
<tr><td colspan="2">应采用耐火极限不低于 2.00h 的防火隔墙和 1.50h 的不燃性楼板与其他部位分隔，门应采用甲级防火门</td></tr>
<tr><td colspan="2">机房内设置储油间时，其总储存量不应大于 $1m^3$，储油间应采用耐火极限不低于 3.00h 的防火隔墙与发电机间分隔；确需在防火隔墙上开门时，应设置甲级防火门</td></tr>
</table>

续表

| 类别 | 技术要求 | 规范依据 |
| --- | --- | --- |
| 消防控制室 | 单独建造的消防控制室，其耐火等级不应低于二级 | 《建筑设计防火规范》GB 50016—2014（2018年版）第8.1.7条 |
| | 附设在建筑内的消防控制室，宜设置在建筑内首层或地下一层，并宜布置在靠外墙部位 | |
| | 不应设置在电磁场干扰较强及其他可能影响消防控制设备正常工作的房间附近 | |
| | 疏散门应直通室外或安全出口 | |
| 消防水泵房 | 单独建造的消防水泵房，其耐火等级不应低于二级 | 《建筑设计防火规范》GB 50016—2014（2018年版）第8.1.6条 |
| | 不应设置在地下三层及以下或室内地面与室外出入口地坪高差大于10m的地下楼层 | |
| | 疏散门应直通室外或安全出口 | |

**28.1.3.7** 安全疏散和避难

1. 安全出口与疏散出口

**安全出口与疏散出口的设置要求　　表28.1.3.7-1**

| 类别 | 技术要求 | | 规范依据 |
| --- | --- | --- | --- |
| 通用要求 | 建筑内的安全出口和疏散门应分散布置，且建筑内每个防火分区或一个防火分区的每个楼层、每个住宅单元每层相邻两个安全出口以及每个房间相邻两个疏散门最近边缘之间的水平距离不应小于5m | | 《建筑设计防火规范》GB 50016—2014（2018年版）第5.5.2条 |
| | 自动扶梯和电梯不应计作安全疏散设施 | | 《建筑设计防火规范》GB 50016—2014（2018年版）第5.5.4条 |
| 安全出口 | 一、二级耐火等级公共建筑内的安全出口全部直通室外确有困难的防火分区，可利用通向相邻防火分区的甲级防火门作为安全出口 | 利用通向相邻防火分区的甲级防火门作为安全出口时，应采用防火墙与相邻防火分区进行分隔 | 《建筑设计防火规范》GB 50016—2014（2018年版）第5.5.9条 |
| | | 建筑面积大于1000m² 的防火分区，直通室外的安全出口不应少于2个 | |
| | | 建筑面积不大于1000m² 的防火分区，直通室外的安全出口不应少于1个 | |
| | | 该防火分区通向相邻防火分区的疏散净宽度不应大于其按《建筑设计防火规范》第5.5.21条规定计算所需疏散总净宽度的30%，建筑各层直通室外的安全出口总净宽度不应小于按照该规范第5.5.21条规定计算所需疏散总净宽度 | |

续表

| 类别 | 技术要求 | 规范依据 |
| --- | --- | --- |
| 疏散出口 | 民用建筑的疏散门，应采用向疏散方向开启的平开门，不应采用推拉门、卷帘门、吊门、转门和折叠门。除甲、乙类生产车间外，人数不超过 60 人且每樘门的平均疏散人数不超过 30 人的房间，其疏散门的开启方向不限 | 《建筑设计防火规范》GB 50016—2014（2018年版）第 6.4.11 条 |
| | 开向疏散楼梯或疏散楼梯间的门，当其完全开启时，不应减少楼梯平台的有效宽度 | |
| | 人员密集场所内平时需要控制人员随意出入的疏散门和设置门禁系统的住宅、宿舍、公寓建筑的外门，应保证火灾时不需使用钥匙等任何工具即能从内部易于打开，并应在显著位置设置具有使用提示的标识 | |

**安全出口的设置数量** **表 28.1.3.7-2**

<table>
<tr><th>类别</th><th>技术要求</th><th>规范依据</th></tr>
<tr><td rowspan="3">公共建筑</td><td>公共建筑内每个防火分区或一个防火分区的每个楼层，其安全出口的数量应经计算确定，且不应少于 2 个，且相邻两个安全出口以及每个房间相邻两个疏散门最近边缘之间的水平距离不应小于 5m</td><td rowspan="2">《建筑设计防火规范》GB 50016—2014（2018年版）第 5.5.8 条</td></tr>
<tr><td>符合下列条件之一的公共建筑可设置 1 个安全出口或 1 部疏散楼梯：<br>1. 除托儿所、幼儿园外，建筑面积不大于 200m² 且人数不超过 50 人的单层公共建筑或多层公共建筑的首层；<br>2. 除医疗建筑，老年人照料设施，托儿所、幼儿园的儿童用房，儿童游乐厅等儿童活动场所和歌舞娱乐放映游艺场所等外，符合下表规定的公共建筑<br><table>
<tr><th>耐火等级</th><th>最多层数</th><th>每层最大建筑面积（m²）</th><th>人数</th></tr>
<tr><td>一、二级</td><td>3 层</td><td>200</td><td>第二、三层的人数之和不超过 50 人</td></tr>
<tr><td>三级</td><td>3 层</td><td>200</td><td>第二、三层的人数之和不超过 25 人</td></tr>
<tr><td>四级</td><td>2 层</td><td>200</td><td>第二层人数不超过 15 人</td></tr>
</table></td></tr>
<tr><td>除歌舞娱乐放映游艺场所外，防火分区建筑面积不大于 200m² 的地下或半地下设备间、防火分区建筑面积不大于 50m² 且经常停留人数不超过 15 人的其他地下或半地下建筑（室）</td><td>《建筑设计防火规范》GB 50016—2014（2018年版）第 5.5.5 条</td></tr>
</table>

续表

| 类别 | 技术要求 | | 规范依据 |
|---|---|---|---|
| 住宅建筑 | ≤27m | 当每个单元任一层的建筑面积大于 650m²，或任一户门至最近安全出口的距离大于 15m 时，每个单元每层的安全出口不应少于 2 个 | 《建筑设计防火规范》GB 50016—2014（2018 年版）第 5.5.25 条 |
| | 大于 27m、不大于 54m | 当每个单元任一层的建筑面积大于 650m²，或任一户门至最近安全出口的距离大于 10m 时，每个单元每层的安全出口不应少于 2 个 | |
| | | 每个单元设置一座疏散楼梯时，疏散楼梯应通至屋面，且单元之间的疏散楼梯应能通过屋面连通，户门应采用乙级防火门。当不能通至屋面或不能通过屋面连通时，应设置 2 个安全出口 | |
| | 大于 54m | 每个单元每层的安全出口不应少于 2 个 | |

**疏散出口的设置数量　　表 28.1.3.7-3**

| 类别 | 技术要求 | | 规范依据 |
|---|---|---|---|
| 一般要求 | 公共建筑内房间的疏散门数量应经计算确定且不应少于 2 个 | | 《建筑设计防火规范》GB 50016—2014（2018 年版）第 5.5.15 条 |
| | 剧场、电影院、礼堂和体育馆的观众厅或多功能厅，其疏散门的数量应经计算确定且不应少于 2 个，并应符合下列规定：<br>1. 对于剧场、电影院、礼堂的观众厅或多功能厅，每个疏散门的平均疏散人数不应超过 250 人；当容纳人数超过 2000 人时，其超过 2000 人的部分，每个疏散门的平均疏散人数不应超过 400 人；<br>2. 对于体育馆的观众厅，每个疏散门的平均疏散人数不宜超过 400～700 人 | | 《建筑设计防火规范》GB 50016—2014（2018 年版）第 5.5.16 条 |
| 可设置 1 个疏散门（除托儿所、幼儿园、老年人照料设施、医疗建筑、教学建筑内位于走道尽端的房间外） | 位于两个安全出口之间或袋形走道两侧的房间 | 托儿所、幼儿园、老年人照料设施，建筑面积不大于 50m² | 《建筑设计防火规范》GB 50016—2014（2018 年版）第 5.5.15 条 |
| | | 对于医疗建筑、教学建筑，建筑面积不大于 75m² | |
| | | 对于其他建筑或场所，建筑面积不大于 120m² | |
| | 位于走道尽端的房间 | 建筑面积小于 50m² 且疏散门的净宽度不小于 0.90m，或由房间内任一点至疏散门的直线距离不大于 15m、建筑面积不大于 200m² 且疏散门的净宽度不小于 1.40m | |
| | 歌舞娱乐放映游艺场所 | 建筑面积不大于 50m² 且经常停留人数不超过 15 人的厅、室 | |

续表

| 类别 | 技术要求 | | 规范依据 |
|---|---|---|---|
| 可设置1个疏散门（除歌舞娱乐放映游艺场所外） | 地下或半地下设备间 | 建筑面积不大于200m² | 《建筑设计防火规范》GB 50016—2014（2018年版）第5.5.5条<br>备注：《建筑设计防火规范》另有规定的除外 |
| | 其他地下或半地下房间 | 建筑面积不大于50m²且经常停留人数不超过15人 | |

2. 疏散宽度

**民用建筑的疏散宽度要求　　表28.1.3.7-4**

| 类别 | 技术要求 | 规范依据 |
|---|---|---|
| 公共建筑 | 除另有规定外，公共建筑内疏散门和安全出口的净宽度不应小于0.90m，疏散走道和疏散楼梯的净宽度不应小于1.10m | 《建筑设计防火规范》GB 50016—2014（2018年版）第5.5.18条 |
| 住宅建筑 | 住宅建筑的户门、安全出口、疏散走道和疏散楼梯的各自总净宽度应经计算确定，且户门和安全出口的净宽度不应小于0.90m，疏散走道、疏散楼梯和首层疏散外门的净宽度不应小于1.10m。建筑高度不大于18m的住宅中一边设置栏杆的疏散楼梯，其净宽度不应小于1.0m | 《建筑设计防火规范》GB 50016—2014（2018年版）第5.5.30条 |

**高层公共建筑内楼梯间的首层疏散门、首层疏散外门、疏散走道和疏散楼梯的最小净宽度（m）　　表28.1.3.7-5**

| 建筑类别 | 楼梯间的首层疏散门、首层疏散外门 | 走道 | | 疏散楼梯 | 规范依据 |
|---|---|---|---|---|---|
| | | 单面布房 | 双面布房 | | |
| 高层医疗建筑 | 1.30 | 1.40 | 1.50 | 1.30 | 《建筑设计防火规范》GB 50016—2014（2018年版）第5.5.18条 |
| 其他高层公共建筑 | 1.20 | 1.30 | 1.40 | 1.20 | |

3. 疏散距离

（1）公共建筑安全疏散距离

**直通疏散走道的房间疏散门至最近安全出口的最大距离（m）　　表28.1.3.7-6**

| 名称 | | | 位于两个安全出口之间的疏散门 | | | 位于袋形走道两侧或尽端的疏散门 | | | 规范依据 |
|---|---|---|---|---|---|---|---|---|---|
| | | | 耐火等级 | | | 耐火等级 | | | |
| | | | 一、二级 | 三级 | 四级 | 一、二级 | 三级 | 四级 | |
| 托儿所、幼儿园、老年人建筑 | | | 25 | 20 | 15 | 20 | 15 | 10 | 《建筑设计防火规范》GB 50016—2014(2018年版)第5.5.17条 |
| 歌舞娱乐游艺放映场所 | | | 25 | 20 | 15 | 9 | — | — | |
| 医疗建筑 | 单、多层 | | 35 | 30 | 25 | 20 | 15 | 10 | |
| | 高层 | 病房部分 | 24 | — | — | 12 | — | — | |
| | | 其他部分 | 30 | — | — | 15 | — | — | |
| 教学建筑 | 单、多层 | | 35 | 30 | 25 | 22 | 20 | 10 | |
| | 高层 | | 30 | — | — | 15 | — | — | |

续表

| 名称 | | 位于两个安全出口之间的疏散门 | | | 位于袋形走道两侧或尽端的疏散门 | | | 规范依据 |
|---|---|---|---|---|---|---|---|---|
| | | 耐火等级 | | | 耐火等级 | | | |
| | | 一、二级 | 三级 | 四级 | 一、二级 | 三级 | 四级 | |
| 高层旅馆、展览建筑 | | 30 | — | — | 15 | — | — | 《建筑设计防火规范》GB 50016—2014(2018年版)第5.5.17条 |
| 其他建筑 | 单、多层 | 40 | 35 | 25 | 22 | 20 | 15 | |
| | 高层 | 40 | — | — | 20 | — | — | |

注：1. 建筑内开向敞开式外廊的房间疏散门至最近安全出口的直线距离可按本表的规定增加5m。
2. 直通疏散走道的房间疏散门至最近敞开楼梯间的直线距离，当房间位于两个楼梯间之间时，应按本表的规定减少5m；当房间位于袋形走道两侧或尽端时，应按本表的规定减少2m。
3. 建筑物内全部设置自动喷水灭火系统时，其安全疏散距离可按本表的规定增加25%。
4. 楼梯间应在首层直通室外，确有困难时，可在首层采用扩大的封闭楼梯间或防烟楼梯间前室。当层数不超过4层且未采用扩大的封闭楼梯间或防烟楼梯间前室时，可将直通室外的门设置在离楼梯间不大于15m处。
5. 房间内任一点至房间直通疏散走道的疏散门的直线距离，不应大于上表规定的袋形走道两侧或尽端的疏散门至最近安全出口的直线距离。
6. 一、二级耐火等级建筑内疏散门或安全出口不少于2个的观众厅、展览厅、多功能厅、餐厅、营业厅等，其室内任一点至最近疏散门或安全出口的直线距离不应大于30m；当疏散门不能直通室外地面或疏散楼梯间时，应采用长度不大于10m的疏散走道通至最近的安全出口。当该场所设置自动喷水灭火系统时，室内任一点至最近安全出口的安全疏散距离可分别增加25%。

### （2）住宅建筑安全疏散距离

**住宅建筑直通疏散走道的户门至最近安全出口的直线距离（m）　表28.1.3.7-7**

| 住宅建筑类别 | 位于两个安全出口之间的户门 | | | 位于袋形走道两侧或尽端的户门 | | | 规范依据 |
|---|---|---|---|---|---|---|---|
| | 一、二级 | 三级 | 四级 | 一、二级 | 三级 | 四级 | |
| 单、多层 | 40 | 35 | 25 | 22 | 20 | 15 | 《建筑设计防火规范》GB 50016—2014(2018年版)第5.5.29条 |
| 高层 | 40 | — | — | 20 | — | — | |

注：1. 开向敞开式外廊的户门至最近安全出口的最大直线距离可按本表的规定增加5m。
2. 直通疏散走道的户门至最近敞开楼梯间的直线距离，当户门位于两个楼梯间之间时，应按本表的规定减少5m；当户门位于袋形走道两侧或尽端时，应按本表的规定减少2m。
3. 住宅建筑内全部设置自动喷水灭火系统时，其安全疏散距离可按本表的规定增加25%。
4. 跃廊式住宅的户门至最近安全出口的距离，应从户门算起，小楼梯的一段距离可按其水平投影长度的1.50倍计算。
5. 楼梯间应在首层直通室外，或在首层采用扩大的封闭楼梯间或防烟楼梯间前室。层数不超过4层时，可将直通室外的门设置在离楼梯间不大于15m处。
6. 户内任一点至直通疏散走道的户门的直线距离不应大于上表规定的袋形走道两侧或尽端的疏散门至最近安全出口的最大直线距离。(跃层式住宅，户内楼梯的距离可按其梯段水平投影长度的1.50倍计算)
7. 住宅建筑的户门、安全出口、疏散走道和疏散楼梯的各自总净宽度应经计算确定，且户门和安全出口的净宽度不应小于0.90m，疏散走道、疏散楼梯和首层疏散外门的净宽度不应小于1.10m。建筑高度不大于18m的住宅中一边设置栏杆的疏散楼梯，其净宽度不应小于1.0m。

4. 疏散走道与避难走道

疏散走道与避难走道设置要求　　表 28.1.3.7-9

| 类别 | 技术要求 | 规范依据 |
| --- | --- | --- |
| 疏散走道设置要求 | 疏散走道在防火分区处应设置常开甲级防火门 | 《建筑设计防火规范》GB 50016—2014（2018年版）第6.4.10条 |
| 避难走道设置要求 | 避难走道防火隔墙的耐火极限不应低于3.00h，楼板的耐火极限不应低于1.50h | 《建筑设计防火规范》GB 50016—2014（2018年版）第6.4.14条 |
| | 避难走道直通地面的出口不应少于2个，并应设置在不同方向；当避难走道仅与一个防火分区相通且该防火分区至少有1个直通室外的安全出口时，可设置1个直通地面的出口 | |
| | 任一防火分区通向避难走道的门至该避难走道最近直通地面的出口的距离不应大于60m | |
| | 避难走道的净宽度不应小于任一防火分区通向该避难走道的设计疏散总净宽度 | |
| | 避难走道内部装修材料的燃烧性能应为A级 | |
| | 防火分区至避难走道入口处应设置防烟前室，前室的使用面积不应小于6.0m²，开向前室的门应采用甲级防火门，前室开向避难走道的门应采用乙级防火门 | |

5. 避难层与避难间

避难层与避难间设置要求　　表 28.1.3.7-10

| 类别 | 技术要求 | 规范依据 |
| --- | --- | --- |
| 设置范围 | 建筑高度大于100m的公共建筑，应设置避难层（间） | 《建筑设计防火规范》GB 50016—2014（2018年版）第5.5.23条 |
| | 高层病房楼应在二层及以上的病房楼层和洁净手术部设置避难间 | 《建筑设计防火规范》GB 50016—2014（2018年版）第5.5.24条 |
| | 3层及3层以上总建筑面积大于3000m²（包括设置在其他建筑内三层及以上楼层）的老年人照料设施，应在二层及以上各层老年人照料设施部分的每座疏散楼梯间的相邻部位设置1间避难间 | 《建筑设计防火规范》GB 50016—2014（2018年版）第5.5.24A条 |
| | 当老年人照料设施设置与疏散楼梯或安全出口直接连通的开敞式外廊、与疏散走道直接连通且符合人员避难要求的室外平台等时，可不设置避难间 | |

续表

<table>
<tr><th>类别</th><th colspan="2">技术要求</th><th>规范依据</th></tr>
<tr><td rowspan="7">设置要求（公共建筑）</td><td colspan="2">第一个避难层（间）的楼地面至灭火救援场地地面的高度不应大于50m，两个避难层（间）之间的高度不宜大于50m</td><td rowspan="7">《建筑设计防火规范》GB 50016—2014（2018年版）第5.5.23条</td></tr>
<tr><td colspan="2">通向避难层（间）的疏散楼梯应在避难层分隔、同层错位或上下层断开</td></tr>
<tr><td colspan="2">避难层（间）的净面积应能满足设计避难人数避难的要求，并宜按5.0人/$m^2$计算</td></tr>
<tr><td rowspan="2">避难层可兼作设备层</td><td>设备管道宜集中布置，其中的易燃、可燃液体或气体管道应集中布置，设备管道区应采用耐火极限不低于3.00h的防火隔墙与避难区分隔</td></tr>
<tr><td>管道井和设备间应采用耐火极限不低于2.00h的防火隔墙与避难区分隔，管道井和设备间的门不应直接开向避难区；确需直接开向避难区时，与避难层区出入口的距离不应小于5m，且应采用甲级防火门</td></tr>
<tr><td colspan="2">避难间内不应设置易燃、可燃液体或气体管道，不应开设除外窗、疏散门之外的其他开口</td></tr>
<tr><td colspan="2">避难层应设置消防电梯出口</td></tr>
<tr><td rowspan="3">设置要求（高层病房楼）</td><td colspan="2">避难间服务的护理单元不应超过2个，其净面积应按每个护理单元不小于25.0$m^2$确定</td><td rowspan="3">《建筑设计防火规范》GB 50016—2014（2018年版）第5.5.24条</td></tr>
<tr><td colspan="2">避难间兼作其他用途时，应保证人员的避难安全，且不得减少可供避难的净面积</td></tr>
<tr><td colspan="2">应靠近楼梯间，并应采用耐火极限不低于2.00h的防火隔墙和甲级防火门与其他部位分隔</td></tr>
<tr><td rowspan="4">设置要求（老年人照料设施）</td><td colspan="2">避难间内可供避难的净面积不应小于12$m^2$</td><td rowspan="4">《建筑设计防火规范》GB 50016—2014（2018年版）第5.5.24A条</td></tr>
<tr><td colspan="2">避难间可利用疏散楼梯间的前室或消防电梯的前室</td></tr>
<tr><td colspan="2">其他要求应符合高层病房楼避难间的规定</td></tr>
<tr><td colspan="2">供失能老年人使用且层数大于2层的老年人照料设施，应按核定使用人数配备简易防毒面具</td></tr>
</table>

6. 疏散楼梯间和疏散楼梯

**防烟楼梯间和封闭楼梯间的设置范围　　表28.1.3.7-11**

| 类别 | 技术要求 | 规范依据 |
|---|---|---|
| 防烟楼梯间 | 一类高层公共建筑和建筑高度大于32m的二类高层公共建筑 | 《建筑设计防火规范》GB 50016—2014（2018年版）第5.5.12条 |
| | 建筑高度大于33m的住宅建筑 | 《建筑设计防火规范》GB 50016—2014（2018年版）第5.5.27条 |

续表

<table>
<tr><th>类别</th><th colspan="2">技术要求</th><th>规范依据</th></tr>
<tr><td rowspan="4">防烟楼梯间</td><td colspan="2">建筑高度大于 24m 的老年人照料设施</td><td>《建筑设计防火规范》GB 50016—2014（2018年版）第 5.5.13A 条</td></tr>
<tr><td colspan="2">除住宅建筑套内的自用楼梯外，室内地面与室外出入口地坪高差大于 10m 或 3 层及以上的地下、半地下建筑（室）</td><td>《建筑设计防火规范》GB 50016—2014（2018年版）第 6.4.4 条</td></tr>
<tr><td colspan="2">设有电影院、礼堂；建筑面积大于 $500m^2$ 的医院、旅馆；建筑面积大于 $1000m^2$ 的商场、餐厅、展览厅、公共娱乐场所、健身体育场所人防工程，当底层室内地面与室外出入口地坪高差大于 10m 时，应设置防烟楼梯间</td><td>《人民防空工程设计防火规范》GB 50098—2009 第 5.2.1 条</td></tr>
<tr><td colspan="2">建筑高度大于 32m 的高层汽车库、室内地面与室外出入口地坪的高差大于 10m 的地下车库</td><td>《汽车库、修车库、停车场设计防火规范》GB 50067—2014 第 6.0.3 条</td></tr>
<tr><td rowspan="10">封闭楼梯间</td><td colspan="2">裙房和建筑高度不大于 32m 的二类高层公共建筑</td><td>《建筑设计防火规范》GB 50016—2014（2018年版）第 5.5.12 条</td></tr>
<tr><td rowspan="4">部分多层公共建筑的疏散楼梯（除与敞开式外廊直接相连的楼梯间外）</td><td>医疗建筑、旅馆及类似使用功能的建筑</td><td rowspan="4">《建筑设计防火规范》GB 50016—2014（2018年版）第 5.5.13 条</td></tr>
<tr><td>设置歌舞娱乐放映游艺场所的建筑</td></tr>
<tr><td>商店、图书馆、展览建筑、会议中心及类似使用功能的建筑</td></tr>
<tr><td>6 层及以上的其他建筑</td></tr>
<tr><td colspan="2">建筑高度大于 21m、不大于 33m 的住宅建筑应采用封闭楼梯间；当户门采用乙级防火门时，可采用敞开楼梯间</td><td>《建筑设计防火规范》GB 50016—2014（2018年版）第 5.5.27 条</td></tr>
<tr><td colspan="2">除住宅建筑套内的自用楼梯外，室内地面与室外出入口地坪高差不大于 10m 或不大于 2 层的地下、半地下建筑（室）</td><td>《建筑设计防火规范》GB 50016—2014（2018年版）第 6.4.4 条</td></tr>
<tr><td colspan="2">老年人照料设施的疏散楼梯或疏散楼梯间宜与敞开式外廊直接连通，不能与敞开式外廊直接连通的室内疏散楼梯应采用封闭楼梯间</td><td>《建筑设计防火规范》GB 50016—2014（2018年版）第 5.5.13A</td></tr>
<tr><td colspan="2">设有电影院、礼堂，建筑面积大于 $500m^2$ 的医院、旅馆，建筑面积大于 $1000m^2$ 的商场、餐厅、展览厅、公共娱乐场所、健身体育场所人防工程，当地下为两层，且地下第二层的室内地面与室外出入口地坪高差不大于 10m 时</td><td>《人民防空工程设计防火规范》GB 50098—2009 第 5.2.1 条</td></tr>
<tr><td colspan="2">建筑高度不大于 32m 的汽车库、修车库</td><td>《汽车库、修车库、停车场设计防火规范》GB 50067—2014 第 6.0.3 条</td></tr>
</table>

**疏散楼梯间和疏散楼梯的设置要求　　表 28.1.3.7-12**

<table>
<tr><th>类别</th><th colspan="3">技术要求</th><th>规范依据</th></tr>
<tr><td rowspan="7">一般要求</td><td colspan="3">楼梯间应能天然采光和自然通风，并宜靠外墙设置。靠外墙设置时，楼梯间、前室及合用前室外墙上的窗口与两侧门、窗、洞口最近边缘的水平距离不应小于 1.0m</td><td rowspan="6">《建筑设计防火规范》GB 50016—2014（2018 年版）第 6.4.1 条</td></tr>
<tr><td colspan="3">楼梯间内不应设置烧水间、可燃材料储藏室、垃圾道</td></tr>
<tr><td colspan="3">楼梯间内不应有影响疏散的凸出物或其他障碍物</td></tr>
<tr><td colspan="3">封闭楼梯间、防烟楼梯间及其前室不应设置卷帘</td></tr>
<tr><td colspan="3">楼梯间内不应设置甲、乙、丙类液体管道</td></tr>
<tr><td colspan="3">封闭楼梯间、防烟楼梯间及其前室内禁止穿过或设置可燃气体管道。敞开楼梯间内不应设置可燃气体管道，当住宅建筑的敞开楼梯间内确需设置可燃气体管道和可燃气体计量表时，应采用金属管和设置切断气源的阀门</td></tr>
<tr><td colspan="3">除通向避难层错位的疏散楼梯外，建筑内的疏散楼梯间在各层的平面位置不应改变</td><td>《建筑设计防火规范》GB 50016—2014（2018 年版）第 6.4.4 条</td></tr>
<tr><td rowspan="3">封闭楼梯间</td><td colspan="3">不能自然通风或自然通风不能满足要求时，应设置机械加压送风系统或采用防烟楼梯间。<br>除楼梯间的出入口和外窗外，楼梯间的墙上不应开设其他门、窗、洞口</td><td rowspan="3">《建筑设计防火规范》GB 50016—2014（2018 年版）第 6.4.2 条</td></tr>
<tr><td colspan="3">高层建筑、人员密集的公共建筑、人员密集的多层丙类厂房，甲、乙类厂房，其封闭楼梯间的门应采用乙级防火门，并应向疏散方向开启；其他建筑可采用双向弹簧门</td></tr>
<tr><td colspan="3">楼梯间的首层可将走道和门厅等包括在楼梯间内形成扩大的封闭楼梯间，但应采用乙级防火门等与其他走道和房间分隔</td></tr>
<tr><td rowspan="7">防烟楼梯间</td><td rowspan="5">前室可与消防电梯间前室合用</td><td>公共建筑前室的使用面积</td><td>不应小于 6.0m²</td><td rowspan="7">《建筑设计防火规范》GB 50016—2014（2018 年版）第 6.4.3 条</td></tr>
<tr><td>住宅建筑前室的使用面积</td><td>不应小于 4.5m²</td></tr>
<tr><td>公共建筑合用前室的使用面积（与消防电梯间前室合用）</td><td>不应小于 10.0m²</td></tr>
<tr><td>住宅建筑合用前室的使用面积（与消防电梯间前室合用）</td><td>不应小于 6.0m²</td></tr>
<tr><td colspan="2">疏散走道通向前室以及前室通向楼梯间的门应采用乙级防火门</td></tr>
<tr><td colspan="3">除住宅建筑的楼梯间前室外，防烟楼梯间和前室内的墙上不应开设除疏散门和送风口外的其他门、窗、洞口</td></tr>
<tr><td colspan="3">楼梯间的首层可将走道和门厅等包括在楼梯间前室内形成扩大的前室，但应采用乙级防火门等与其他走道和房间分隔</td></tr>
</table>

续表

| 类别 | 技术要求 | 规范依据 |
| --- | --- | --- |
| 地下或半地下建筑（室）的疏散楼梯间（除住宅建筑套内的自用楼梯外） | 应在首层采用耐火极限不低于2.00h的防火隔墙与其他部位分隔并应直通室外，确需在隔墙上开门时，应采用乙级防火门 | 《建筑设计防火规范》GB 50016—2014（2018年版）第6.4.4条 |
| | 建筑的地下或半地下部分与地上部分不应共用楼梯间，确需共用楼梯间时，应在首层采用耐火极限不低于2.00h的防火隔墙和乙级防火门将地下或半地下部分与地上部分的连通部位完全分隔，并应设置明显的标志 | |
| 室外疏散楼梯 | 栏杆扶手的高度不应小于1.10m，楼梯的净宽度不应小于0.90m | 《建筑设计防火规范》GB 50016—2014（2018年版）第6.4.5条 |
| | 倾斜角度不应大于45° | |
| | 梯段和平台均应采用不燃材料制作。平台的耐火极限不应低于1.00h，梯段的耐火极限不应低于0.25h | |
| | 通向室外楼梯的门应采用乙级防火门，并应向外开启 | |
| | 除疏散门外，楼梯周围2m内的墙面上不应设置门、窗、洞口。疏散门不应正对梯段 | |

7. 下沉式广场

**下沉式广场一般设置要求　　表28.1.3.7-13**

| 类别 | 技术要求 | 规范依据 |
| --- | --- | --- |
| 设置要求 | 分隔后的不同区域通向下沉式广场等室外开敞空间的开口最近边缘之间的水平距离不应小于13m | 《建筑设计防火规范》GB 50016—2014（2018年版）第6.4.12条 |
| | 室外开敞空间除用于人员疏散外不得用于其他商业或可能导致火灾蔓延的用途，其中用于疏散的净面积不应小于169m² | |
| | 下沉式广场等室外开敞空间内应设置不少于1部直通地面的疏散楼梯。当连接下沉广场的防火分区需利用下沉广场进行疏散时，疏散楼梯的总净宽度不应小于任一防火分区通向室外开敞空间的设计疏散总净宽度 | |
| | 确需设置防风雨篷时，防风雨篷不应完全封闭，四周开口部位应均匀布置，开口的面积不应小于该空间地面面积的25%，开口高度不应小于1.0m；开口设置百叶时，百叶的有效排烟面积可按百叶通风口面积的60%计算 | |

### 28.1.3.8　建筑构造

**建筑外墙采用内保温系统时一般设置要求　　表28.1.3.8-1**

| 类别 | 技术要求 | 规范依据 |
| --- | --- | --- |
| 人员密集场所 | 用火、燃油、燃气等具有火灾危险性的场所以及各类建筑内的疏散楼梯间、避难走道、避难间、避难层等场所或部位，应采用燃烧性能为A级的保温材料 | 《建筑设计防火规范》GB 50016—2014（2018年版）第6.7.2条 |
| 非人员密集场所 | 应采用低烟、低毒且燃烧性能不低于B1级的保温材料 | |
| 防护层 | 保温系统应采用不燃材料做防护层。采用燃烧性能为B1级的保温材料时，防护层的厚度不应小于10mm | |

**与基层墙体、装饰层之间无空腔的建筑外墙外保温系统一般设置要求 表 28.1.3.8-2**

| 建筑及场所 | 建筑高度（$h$） | 燃烧性能 | 规范依据 |
|---|---|---|---|
| 住宅建筑 | $h>100$m | 应为 A 级 | 《建筑设计防火规范》GB 50016—2014(2018 年版)第 6.7.5 条 |
| | $100\text{m}\geqslant h>27$m | 不应低于 B1 级 | |
| | $h\leqslant 27$m | 不应低于 B2 级 | |
| 除住宅建筑和设置人员密集场所的建筑外的其他建筑 | $h>50$m | 应为 A 级 | |
| | $50\text{m}\geqslant h>24$m | 不应低于 B1 级 | |
| | $h\leqslant 24$m | 不应低于 B2 级 | |

**除设置人员密集场所的建筑外，与基层墙体、装饰层之间有空腔的建筑外墙外保温系统 表 28.1.3.8-3**

| 场所 | 建筑高度（$h$） | 燃烧性能 | 规范依据 |
|---|---|---|---|
| 人员密集场所 | — | 应为 A 级 | 《建筑设计防火规范》GB 50016—2014(2018 年版)第 6.7.4 条、第 6.7.6 条 |
| 非人员密集场所 | $h>24$m | 应为 A 级 | |
| | $h<24$m | 不应低于 B1 级 | |

## 28.1.3.9 灭火救援设施

1. 消防车道

**消防车道的设置形式 表 28.1.3.9-1**

| 建筑类别 | 设置要求 | 规范依据 |
|---|---|---|
| 高层民用建筑 | 应设置环形消防车道，确有困难时，可沿建筑的两个长边设置消防车道 | 《建筑设计防火规范》GB 50016—2014(2018 年版)第 7.1.2 条 |
| | 高层住宅建筑和山坡地或河道边临空建造的高层民用建筑，可沿建筑的长边设置消防车道，但该长边所在建筑立面应为消防车登高操作面 | |
| 单、多层公共建筑 | 超过 3000 个座位的体育馆，超过 2000 个座位的会堂，占地面积大于 $3000\text{m}^2$ 的商店建筑、展览建筑等单、多层公共建筑应设置环形消防车道。确有困难时，可沿建筑的两个长边设置消防车道 | |

**穿过建筑的消防车道 表 28.1.3.9-2**

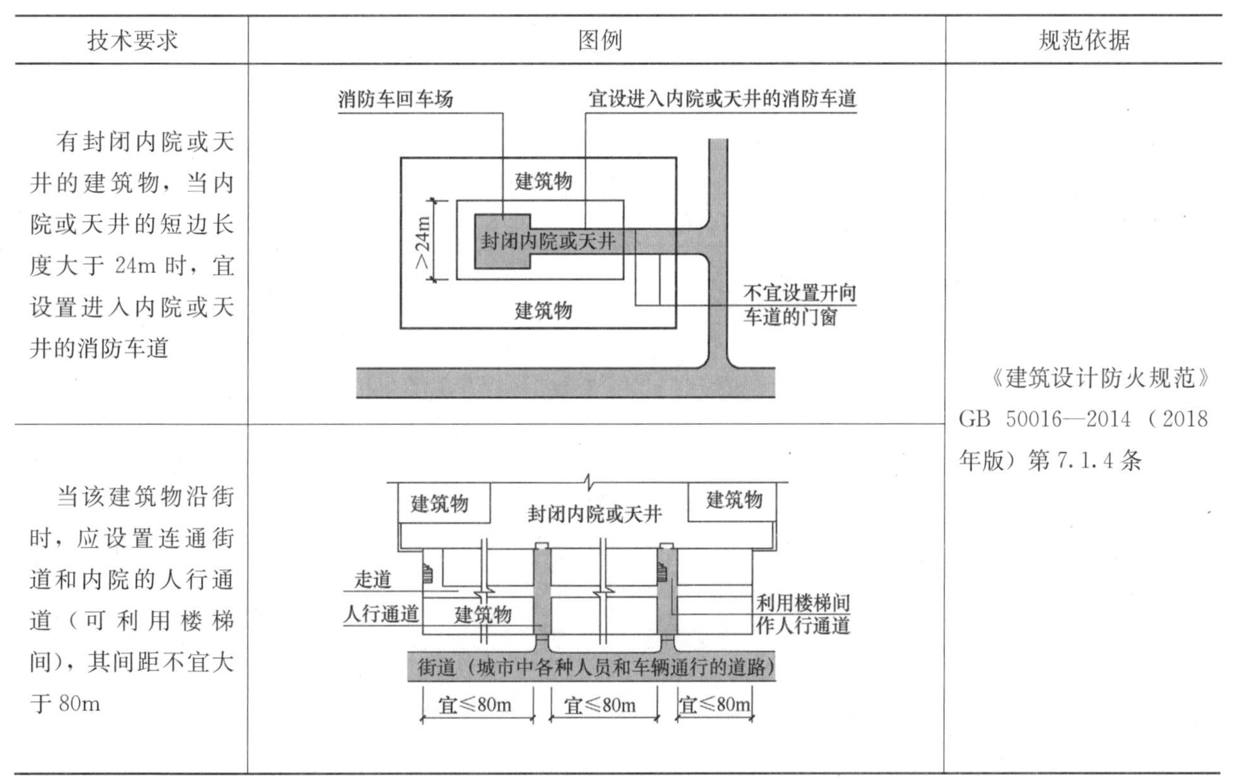


| 技术要求 | 图例 | 规范依据 |
|---|---|---|
| 有封闭内院或天井的建筑物，当内院或天井的短边长度大于 24m 时，宜设置进入内院或天井的消防车道 | | 《建筑设计防火规范》GB 50016—2014（2018 年版）第 7.1.4 条 |
| 当该建筑物沿街时，应设置连通街道和内院的人行通道（可利用楼梯间），其间距不宜大于 80m | | |

**消防车道的一般规定** **表 28.1.3.9-3**

| 类别 | 技术要求 | 规范依据 |
|---|---|---|
| 净宽度 | 不应小于 4m | 《建筑设计防火规范》GB 50016—2014（2018年版）第 7.1.8 条 |
| 净空高度 | 不应小于 4m | |
| 与建筑物间距 | 消防车道靠建筑外墙一侧的边缘距离建筑外墙不宜小于 5m | |
| | 防车道与建筑之间不应设置妨碍消防车操作的树木、架空管线等障碍物 | |
| 坡度 | 不宜大于 8% | |
| 转弯半径 | 转弯半径应满足消防车转弯的要求。目前，我国普通消防车的转弯半径为 9m，登高车的转弯半径为 12m，一些特种车辆的转弯半径为 16～20m | 《建筑设计防火规范》GB 50016—2014（2018年版）第 7.1.8 条及条文说明 |
| 取水点 | 供消防车取水的天然水源和消防水池应设置消防车道。消防车道的边缘距离取水点不宜大于 2m | 《建筑设计防火规范》GB 50016—2014（2018年版）第 7.1.7 条 |
| 回车场 | 环形消防车道至少应有两处与其他车道连通 | 《建筑设计防火规范》GB 50016—2014（2018年版）第 7.1.9 条 |
| | 尽头式消防车道应设置回车道或回车场，回车场的面积不应小于 12m×12m；对于高层建筑，不宜小于 15m×15m；供重型消防车使用时，不宜小于 18m×18m | |
| 间距 | 道路中心线间的距离不宜大于 160m | 《建筑设计防火规范》GB 50016—2014（2018年版）第 7.1.1 条 |

**深圳市消防车道规定** **表 28.1.3.9-4**

| 类别 | 技术要求 | | 规范依据 |
|---|---|---|---|
| 宽度 | ≥4m | | 深圳市公安局消防局《关于明确消防车道及登高操作面设计参数的通知》 |
| 坡度 | ≤10%；坡度≥9%的车道连续长度不大于 150m | | |
| 消防车登高操作面所在的消防车道 | 宽度 | ≥6m | |
| | 坡度 | ≤2% | |
| 转弯半径（内径） | ≥12m | | |
| 消防车登高范围与登高操作面所在的消防车道内边距建筑高层主体外墙距离对应关系 | 建筑高度（m） | 距离（m） | |
| | 24～30 | 8～9 | |
| | 30～35 | 7～14 | |
| | 35～40 | 8～13 | |
| | 40～45 | 9～12 | |
| | ≥45 | 10～11 | |
| 回车场 | 不小于 18m×18m | | |
| 荷载 | 不少于 30t | | |
| 穿过建、构筑物的消防车道的净空高度 | ≥5m | | |

2. 救援场地和入口

**设置范围** **表 28.1.3.9-5**

| 建筑类别 | 设置要求 | 规范依据 |
|---|---|---|
| 高层建筑 | 应至少沿一个长边或周边长度的 1/4 且不小于一个长边长度的底边连续布置消防车登高操作场地，该范围内的裙房进深不应大于 4m | 《建筑设计防火规范》GB 50016—2014（2018 年版）第 7.2.1 条 |
| 建筑高度不大于 50m 的建筑 | 连续布置消防车登高操作场地确有困难时，可间隔布置，但间隔距离不宜大于 30m，且消防车登高操作场地的总长度仍应符合规定 | |

**一般规定** **表 28.1.3.9-6**

| 类别 | 技术要求 | | 规范依据 |
|---|---|---|---|
| 长度 | 建筑高度不大于 50m | 不应小于 15m | 《建筑设计防火规范》GB 50016—2014（2018 年版）第 7.2.2 条 |
| | 建筑高度大于 50m | 不应小于 20m | |
| 宽度 | 建筑高度不大于 50m | 不应小于 10m | |
| | 建筑高度大于 50m | 不应小于 10m | |
| 坡度 | 不宜大于 3% | | |
| 与建筑间距 | 不宜小于 5m，且不应大于 10m（场地应与消防车道连通，场地靠建筑外墙一侧的边缘距离建筑外墙） | | |
| | 建筑物与消防车登高操作场地相对应的范围内，应设置直通室外的楼梯或直通楼梯间的入口 | | 《建筑设计防火规范》GB 50016—2014（2018 年版）第 7.2.3 条 |
| 承重 | 场地及其下面的建筑结构、管道和暗沟等，应能承受重型消防车的压力 | | 《建筑设计防火规范》GB 50016—2014（2018 年版）第 7.2.2 条 |
| 其他 | 场地与厂房、仓库、民用建筑之间不应设置妨碍消防车操作的树木、架空管线等障碍物和车库出入口 | | |

**供消防救援人员进入的窗口** **表 28.1.3.9-7**

| 类别 | 技术要求 | 规范依据 |
|---|---|---|
| 设置要求 | 公共建筑的外墙应在每层设置 | 《建筑设计防火规范》GB 50016—2014（2018 年版）第 7.2.4 条 |
| 净高度 | 不应小于 1.0m | 《建筑设计防火规范》GB 50016—2014（2018 年版）第 7.2.5 条 |
| 净宽度 | 不应小于 1.0m | |
| 下沿距室内地面 | 不宜大于 1.2m | |
| 间距 | 不宜大于 20m | |
| 个数 | 每个防火分区不应少于 2 个 | |
| 位置 | 应与消防车登高操作场地相对应 | |

3. 消防电梯

**消防电梯** **表 28.1.3.9-8**

<table>
<tr><th>类别</th><th colspan="3">技术要求</th><th>规范依据</th></tr>
<tr><td rowspan="6">设置范围</td><td colspan="3">建筑高度大于 33m 的住宅建筑</td><td rowspan="6">《建筑设计防火规范》GB 50016—2014（2018 年版）第 7.3.1 条</td></tr>
<tr><td colspan="3">一类高层公共建筑</td></tr>
<tr><td colspan="3">建筑高度大于 32m 的二类高层公共建筑</td></tr>
<tr><td colspan="3">5 层及以上且总建筑面积大于 3000m$^2$（包括设置在其他建筑内五层及以上楼层）的老年人照料设施</td></tr>
<tr><td colspan="3">设置消防电梯的建筑的地下或半地下室</td></tr>
<tr><td colspan="3">埋深大于 10m 且总建筑面积大于 3000m$^2$ 的其他地下或半地下建筑（室）</td></tr>
<tr><td rowspan="3">设置形式</td><td colspan="3">应分别设置在不同防火分区内，且每个防火分区不应少于 1 台</td><td>《建筑设计防火规范》GB 50016—2014（2018 年版）第 7.3.2 条</td></tr>
<tr><td colspan="3">应设置前室，前室宜靠外墙设置，应在首层直通室外或经过长度不大于 30m 的通道通向室外</td><td rowspan="3">《建筑设计防火规范》GB 50016—2014（2018 年版）第 7.3.5 条</td></tr>
<tr><td colspan="3">前室或合用前室的门应采用乙级防火门，不应设置卷帘</td></tr>
<tr><td rowspan="4">面积要求</td><td colspan="3">前室的使用面积不应小于 6.0m$^2$，前室的短边不应小于 2.4m</td></tr>
<tr><td rowspan="3">合用前室</td><td>公共建筑</td><td>≥10m$^2$</td><td>《建筑设计防火规范》GB 50016—2014（2018 年版）第 6.4.3 条</td></tr>
<tr><td rowspan="2">住宅建筑</td><td>≥6m$^2$</td><td rowspan="2">《建筑设计防火规范》GB 50016—2014（2018 年版）第 5.5.28 条</td></tr>
<tr><td>≥12m$^2$（与剪刀防烟楼梯间共用前室合用）</td></tr>
</table>

4. 直升机停机坪

**直升机停机坪** **表 28.1.3.9-9**

<table>
<tr><th>类别</th><th>技术要求</th><th>规范依据</th></tr>
<tr><td>设置范围</td><td>建筑高度大于 100m 且标准层建筑面积大于 2000m$^2$ 的公共建筑</td><td>《建筑设计防火规范》GB 50016—2014（2018 年版）第 7.4.1 条</td></tr>
<tr><td rowspan="4">设置要求</td><td>设置在屋顶平台上时，距离设备机房、电梯机房、水箱间、共用天线等突出物不应小于 5m</td><td rowspan="4">《建筑设计防火规范》GB 50016—2014（2018 年版）第 7.4.2 条</td></tr>
<tr><td>建筑通向停机坪的出口不应少于 2 个，每个出口的宽度不宜小于 0.90m</td></tr>
<tr><td>四周应设置航空障碍灯，并应设置应急照明</td></tr>
<tr><td>在停机坪的适当位置应设置消火栓</td></tr>
</table>

# 28.2 工 业 建 筑

## 28.2.1 总则

总则 表 28.2.1

| 类别 | 技术要求 | 规范依据 |
|---|---|---|
| 火灾危险性分类 | 生产的火灾危险性应根据生产中使用或产生的物质性质及其数量等因素划分，可分为甲、乙、丙、丁、戊类 | 《建筑设计防火规范》GB 50016—2014（2018年版）第3.1.1条 |
| | 储存物品的火灾危险性应根据储存物品的性质和储存物品中的可燃物数量等因素划分，可分为甲、乙、丙、丁、戊类 | 《建筑设计防火规范》GB 50016—2014（2018年版）第3.1.3条 |
| 耐火等级 | 厂房和仓库的耐火等级可分为一、二、三、四级，相应建筑构件的燃烧性能和耐火极限，除规范另有规定外，不应低于规范第3.2.1条中表3.2.1的规定 | 《建筑设计防火规范》GB 50016—2014（2018年版）第3.2.1条 |
| 层数、面积和平面布置 | 厂房、仓库的层数、每个防火分区的最大允许建筑面积以及平面布置应符合要求 | 《建筑设计防火规范》GB 50016—2014（2018年版） |
| 防火间距 | 厂房之间及与甲、乙、丙、丁、戊类仓库、民用建筑等的防火间距应符合要求 | 《建筑设计防火规范》GB 50016—2014（2018年版） |
| | 甲类仓库之间及与其他建筑、明火或散发火花地点、铁路、道路等的防火间距应符合要求 | 《建筑设计防火规范》GB 50016—2014（2018年版）第3.5.1条 |
| | 乙、丙、丁、戊类仓库之间及与民用建筑的防火间距应符合要求 | 《建筑设计防火规范》GB 50016—2014（2018年版） |
| 防爆 | 有爆炸危险的厂房和厂房内有爆炸危险的部位，应设置防爆措施 | 《建筑设计防火规范》GB 50016—2014（2018年版） |
| | 有爆炸危险的仓库或仓库内有爆炸危险的部位，宜按规定采取防爆措施、设置泄压设施 | 《建筑设计防火规范》GB 50016—2014（2018年版）第3.6.14条 |
| 安全疏散 | 厂房、仓库应按规定设置安全出口、疏散楼梯等疏散设施，厂房内的疏散距离应满足要求 | 《建筑设计防火规范》GB 50016—2014（2018年版） |

### 28.2.2 常见术语

工业建筑常见术语解释 表 28.2.2

| 类别 | 内容 | 规范依据 |
|---|---|---|
| 高架仓库 | 货架高度大于 7m 且采用机械化操作或自动化控制的货架仓库 | 《建筑设计防火规范》GB 50016—2014（2018年版）第 2.1 条 |
| 明火地点 | 室内外有外露火焰或赤热表面的固定地点（民用建筑内的灶具、电磁炉等除外） | |
| 散发火花地点 | 有飞火的烟囱或进行室外砂轮、电焊、气焊、气割等作业的固定地点 | |
| 闪点 | 在规定的试验条件下，可燃性液体或固体表面产生的蒸气与空气形成的混合物，遇火源能够闪燃的液体或固体的最低温度（采用闭杯法测定） | |
| 爆炸下限 | 可燃的蒸气、气体或粉尘与空气组成的混合物，遇火源即能发生爆炸的最低浓度 | |

### 28.2.3 具体技术要求

#### 28.2.3.1 火灾危险性分类

厂房的火灾危险性类别 表 28.2.3.1-1

| 生产的火灾危险性类别 | 使用或产生下列物质生产的火灾危险性特征 | 举例 |
|---|---|---|
| 甲 | 1. 闪点小于 28℃的液体<br>2. 爆炸下限小于 10%的气体<br>3. 常温下能自行分解或在空气中氧化能导致迅速自燃或爆炸的物质<br>4. 常温下受到水或空气中水蒸气的作用，能产生可燃气体并引起燃烧或爆炸的物质<br>5. 遇酸、受热、撞击、摩擦、催化以及遇有机物或硫磺等易燃的无机物，极易引起燃烧或爆炸的强氧化剂<br>6. 受撞击、摩擦或与氧化剂、有机物接触时能引起燃烧或爆炸的物质<br>7. 在密闭设备内操作温度不小于物质本身自燃点的生产 | 1. 闪点小于 28℃的油品和有机溶剂的提炼、回收或洗涤部位及其泵房，橡胶制品的涂胶和胶浆部位，二硫化碳的粗馏、精馏工段及其应用部位，青霉素提炼部位，原料药厂的非纳西汀车间的烃化、回收及电感精馏部位，皂素车间的抽提、结晶及过滤部位，冰片精制部位，农药厂乐果厂房，敌敌畏的合成厂房、磺化法糖精厂房，氯乙醇厂房，环氧乙烷、环氧丙烷工段，苯酚厂房的磺化、蒸馏部位，焦化厂吡啶工段，胶片厂片基车间，汽油加铅室，甲醇、乙醇、丙酮、丁酮异丙醇、醋酸乙酯、苯等的合成或精制厂房，集成电路工厂的化学清洗间（使用闪点小于 28℃的液体），植物油加工厂的浸出车间；白酒液态法酿酒车间、酒精蒸馏塔，酒精度为 38 度及以上的勾兑车间、灌装车间、酒泵房；白兰地蒸馏车间、勾兑车间、灌装车间、酒泵房<br>2. 乙炔站，氢气站，石油气体分馏（或分离）厂房，氯乙烯厂房，乙烯聚合厂房，天然气、石油伴生气、矿井气、水煤气或焦炉煤气的净化（如脱硫）厂房压缩机室及鼓风机室，液化石油气灌瓶间，丁二烯及其聚合厂房，醋酸乙烯厂房，电解水或电解食盐厂房，环己酮厂房，乙基苯和苯乙烯厂房，化肥厂的氢氮气压缩厂房，半导体材料厂使用氢气的拉晶间，硅烷热分解室<br>3. 硝化棉厂房及其应用部位，赛璐珞厂房，黄磷制备厂房及其应用部位，三乙基铝厂房，染化厂某些能自行分解的重氮化合物生产，甲胺厂房，丙烯腈厂房<br>4. 金属钠、钾加工厂房及其应用部位，聚乙烯厂房的一氧二乙基铝部位，三氯化磷厂房，多晶硅车间三氯氢硅部位，五氧化二磷厂房<br>5. 氯酸钠、氯酸钾厂房及其应用部位，过氧化氢厂房，过氧化钠、过氧化钾厂房，次氯酸钙厂房<br>6. 赤磷制备厂房及其应用部位，五硫化二磷厂房及其应用部位<br>7. 洗涤剂厂房石蜡裂解部位，冰醋酸裂解厂房 |

续表

| 生产的火灾危险性类别 | 使用或产生下列物质生产的火灾危险性特征 | 举例 |
| --- | --- | --- |
| 乙 | 1. 闪点不小于28℃，但小于60℃的液体<br>2. 爆炸下限不小于10%的气体<br>3. 不属于甲类的氧化剂<br>4. 不属于甲类的易燃固体<br>5. 助燃气体<br>6. 能与空气形成爆炸性混合物的浮游状态的粉尘、纤维、闪点不小于60℃的液体雾滴 | 1. 闪点大于等于28℃至小于60℃的油品和有机溶剂的提炼、回收、洗涤部位及其泵房，松节油或松香蒸馏厂房及其应用部位，醋酸酐精馏厂房，己内酰胺厂房，甲酚厂房，氯丙醇厂房，樟脑油提取部位，环氧氯丙烷厂房，松针油精制部位，煤油灌桶间<br>2. 一氧化碳压缩机室及净化部位，发生炉煤气或鼓风炉煤气净化部位，氨压缩机房<br>3. 发烟硫酸或发烟硝酸浓缩部位，高锰酸钾厂房，重铬酸钠（红钒钠）厂房<br>4. 樟脑或松香提炼厂房，硫磺回收厂房，焦化厂精萘厂房<br>5. 氧气站，空分厂房<br>6. 铝粉或镁粉厂房，金属制品抛光部位，煤粉厂房、面粉厂的碾磨部位、活性炭制造及再生厂房，谷物筒仓的工作塔，亚麻厂的除尘器和过滤器室 |
| 丙 | 1. 闪点不小于60℃的液体<br>2. 可燃固体 | 1. 闪点大于等于60℃的油品和有机液体的提炼、回收工段及其抽送泵房，香料厂的松油醇部位和乙酸松油脂部位，苯甲酸厂房，苯乙酮厂房，焦化厂焦油厂房，甘油、桐油的制备厂房，油浸变压器室，机器油或变压油灌桶间，润滑油再生部位，配电室（每台装油量大于60kg的设备），沥青加工厂房，植物油加工厂的精炼部位<br>2. 煤、焦炭、油母页岩的筛分、转运工段和栈桥或储仓，木工厂房，竹、藤加工厂房，橡胶制品的压延、成型和硫化厂房，针织品厂房，纺织、印染、化纤生产的干燥部位，服装加工厂房，棉花加工和打包厂房，造纸厂备料、干燥车间，印染厂成品厂房，麻纺厂粗加工车间，谷物加工房，卷烟厂的切丝、卷制、包装车间，印刷厂的印刷车间，毛涤厂选毛车间，电视机、收音机装配厂房，显像管厂装配工段烧枪间，磁带装配厂房，集成电路工厂的氧化扩散间、光刻间，泡沫塑料厂的发泡、成型、印片压花部位，饲料加工厂房，畜（禽）屠宰、分割及加工车间、鱼加工车间 |
| 丁 | 1. 对不燃烧物质进行加工，并在高温或熔化状态下经常产生强辐射热、火花或火焰的生产<br>2. 利用气体、液体、固体作为燃料或将气体、液体进行燃烧作其他用的各种生产<br>3. 常温下使用或加工难燃烧物质的生产 | 1. 金属冶炼、锻造、铆焊、热轧、铸造、热处理厂房<br>2. 锅炉房，玻璃原料熔化厂房，灯丝烧拉部位，保温瓶胆厂房，陶瓷制品的烘干、烧成厂房，蒸汽机车库，石灰焙烧厂房，电石炉部位，耐火材料烧成部位，转炉厂房，硫酸车间焙烧部位，电极煅烧工段配电室（每台装油量小于等于60kg的设备）<br>3. 难燃铝塑料材料的加工厂房，酚醛泡沫塑料的加工厂房，印染厂的漂炼部位，化纤厂后加工润湿部位 |
| 戊 | 常温下使用或加工不燃烧物质的生产 | 制砖车间，石棉加工车间，卷扬机室，不燃液体的泵房和阀门室，不燃液体的净化处理工段，除镁合金外的金属冷加工车间，电动车库，钙镁磷肥车间（焙烧炉除外），造纸厂或化学纤维厂的浆粕蒸煮工段，仪表、器械或车辆装配车间，氟利昂厂房，水泥厂的轮窑厂房，加气混凝土厂的材料准备、构件制作厂房 |

备注：上表参考规范依据为《建筑设计防火规范》GB 50016—2014（2018年版）第3.1.1条及其条文解释。

仓库的危险性类别　　表 28.2.3.1-2

| 储存物品的火灾危险性类别 | 储存物品的火灾危险性特征 | 举例 |
| --- | --- | --- |
| 甲 | 1. 闪点小于28℃的液体<br>2. 爆炸下限小于10%的气体，受到水或空气中水蒸气的作用能产生爆炸下限小于10%气体的固体物质<br>3. 常温下能自行分解或在空气中氧化能导致迅速自燃或爆炸的物质<br>4. 常温下受到水或空气中水蒸气的作用，能产生可燃气体并引起燃烧或爆炸的物质<br>5. 遇酸、受热、撞击、摩擦以及遇有机物或硫磺等易燃的无机物，极易引起燃烧或爆炸的强氧化剂<br>6. 受撞击、摩擦或与氧化剂、有机物接触时能引起燃烧或爆炸的物质 | 1. 乙烷，戊烷，环戊烷，石脑油，二硫化碳，苯、甲苯，甲醇、乙醇，乙醚，蚁酸甲酯、醋酸甲酯、硝酸乙酯，汽油，丙酮，丙烯，酒精度为38度以上的白酒；<br>2. 乙炔，氢，甲烷，环氧乙烷，水煤气，液化石油气，乙烯、丙烯、丁二烯，硫化氢，氯乙烯，电石，碳化铝；<br>3. 硝化棉，硝化纤维胶片，喷漆棉，火胶棉，赛璐珞棉，黄磷；<br>4. 金属钾、钠、锂、钙、锶，氢化锂、氢化钠，四氢化锂铝；<br>5. 氯酸钾、氯酸钠、过氧化钾、过氧化钠，硝酸铵；<br>6. 赤磷，五硫化二磷，三硫化二磷 |
| 乙 | 1. 闪点不小于28℃，但小于60℃的液体<br>2. 爆炸下限不小于10%的气体<br>3. 不属于甲类的氧化剂<br>4. 不属于甲类的易燃固体<br>5. 助燃气体<br>6. 常温下与空气接触能缓慢氧化，积热不散引起自燃的物品 | 1. 煤油，松节油，丁烯醇，异戊醇，丁醚，醋酸丁酯、醋酸戊脂，乙酰丙酮，环已胺，溶剂油，冰醋酸，樟脑油，蚁酸；<br>2. 氨气，一氧化碳；<br>3. 硝酸铜，铬酸，亚硝酸钾，重铬酸钠，铬酸钾，硝酸，硝酸汞、硝酸钴，发烟硫酸，漂白粉；<br>4. 硫磺，镁粉，铝粉，赛璐珞板（片），樟脑，萘，生松香，硝化纤维漆布，硝化纤维色片；<br>5. 氧气，氟气，液氯；<br>6. 漆布及其制品，油布及其制品，油纸及其制品，油绸及其制品 |
| 丙 | 1. 闪点不小于60℃的液体<br>2. 可燃固体 | 1. 动物油、植物油，沥青，蜡，润滑油、机油、重油，闪点≥60℃的柴油，糖醛，白兰地成品库；<br>2. 化学、人造纤维及其织物，纸张，棉、毛、丝、麻及其织物，谷物，面粉，粒径≥2mm的工业成型硫磺，天然橡胶及其制品，竹、木及其制品，中药材，电视机、收录机等电子产品，计算机房已录数据的磁盘储存间，冷库中的鱼、肉间 |
| 丁 | 难燃烧物品 | 自熄性塑料及其制品，酚醛泡沫塑料及其制品，水泥刨花板 |
| 戊 | 不燃烧物品 | 钢材、铝材、玻璃及其制品，搪瓷制品、陶瓷制品，不燃气体，玻璃棉、岩棉、陶瓷棉、硅酸铝纤维、矿棉，石膏及其无纸制品，水泥、石、膨胀珍珠岩 |

备注：上表参考规范依据为《建筑设计防火规范》GB 50016—2014（2018年版）第3.1.3条及其条文解释。

### 28.2.3.2 火灾危险性确定方法

**火灾危险性确定方法** **表 28.2.3.2**

<table>
<tr><th>类别</th><th colspan="2">技术要求</th><th>规范依据</th></tr>
<tr><td rowspan="4">厂房</td><td colspan="2">同一座厂房或厂房的任一防火分区内有不同火灾危险性生产时，厂房或防火分区内的生产火灾危险性类别应按火灾危险性较大的部分确定</td><td rowspan="4">《建筑设计防火规范》GB 50016—2014（2018年版）第 3.1.2 条</td></tr>
<tr><td rowspan="3">可按火灾危险性较小的部分确定</td><td>火灾危险性较大的生产部分占本层或本防火分区建筑面积的比例小于 5%</td></tr>
<tr><td>丁、戊类厂房内的油漆工段小于 10%，且发生火灾事故时不足以蔓延至其他部位或火灾危险性较大的生产部分采取了有效的防火措施</td></tr>
<tr><td>丁、戊类厂房内的油漆工段，当采用封闭喷漆工艺，封闭喷漆空间内保持负压、油漆工段设置可燃气体探测报警系统或自动抑爆系统，且油漆工段占所在防火分区建筑面积的比例不大于 20%</td></tr>
<tr><td rowspan="3">仓库</td><td colspan="2">同一座仓库或仓库的任一防火分区内储存不同火灾危险性物品时，仓库或防火分区的火灾危险性应按火灾危险性最大的物品确定</td><td>《建筑设计防火规范》GB 50016—2014（2018年版）第 3.1.4 条</td></tr>
<tr><td rowspan="2">丁、戊类储存物品仓库的火灾危险性应按丙类确定的情况（满足之一）</td><td>当可燃包装重量大于物品本身重量 1/4</td><td rowspan="2">《建筑设计防火规范》GB 50016—2014（2018年版）第 3.1.5 条</td></tr>
<tr><td>可燃包装体积大于物品本身体积的 1/2</td></tr>
</table>

### 28.2.3.3 耐火等级和耐火极限

**工业建筑耐火等级和耐火极限一般要求** **表 28.2.3.3**

<table>
<tr><th>类别</th><th colspan="2">技术要求</th><th>规范依据</th></tr>
<tr><td rowspan="5">厂房</td><td rowspan="5">不应低于二级</td><td>高层厂房，甲、乙类厂房</td><td>《建筑设计防火规范》GB 50016—2014（2018年版）第 3.2.2 条</td></tr>
<tr><td>使用或产生丙类液体的厂房和有火花、赤热表面、明火的丁类厂房</td><td>《建筑设计防火规范》GB 50016—2014（2018年版）第 3.2.3 条</td></tr>
<tr><td>使用或储存特殊贵重的机器、仪表、仪器等设备或物品的建筑</td><td>《建筑设计防火规范》GB 50016—2014（2018年版）第 3.2.4 条</td></tr>
<tr><td>锅炉房</td><td>《建筑设计防火规范》GB 50016—2014（2018年版）第 3.2.5 条</td></tr>
<tr><td>油浸变压器室、高压配电装置室</td><td>《建筑设计防火规范》GB 50016—2014（2018年版）第 3.2.6 条</td></tr>
</table>

续表

<table>
<tr><th>类别</th><th colspan="2">技术要求</th><th>规范依据</th></tr>
<tr><td rowspan="4">厂房</td><td rowspan="4">不应低于三级</td><td>建筑面积不大于 300m² 的独立甲、乙类单层厂房</td><td>《建筑设计防火规范》GB 50016—2014（2018 年版）第 3.2.2 条</td></tr>
<tr><td>单、多层丙类厂房和多层丁、戊类厂房</td><td rowspan="2">《建筑设计防火规范》GB 50016—2014（2018 年版）第 3.2.3 条</td></tr>
<tr><td>使用或产生丙类液体的厂房和有火花、赤热表面、明火的丁类厂房；为建筑面积不大于 500m² 的单层丙类厂房或建筑面积不大于 1000m² 的单层丁类厂房时</td></tr>
<tr><td>当锅炉房为燃煤锅炉房，锅炉的总蒸发量不大于 4t/h 时</td><td>《建筑设计防火规范》GB 50016—2014（2018 年版）第 3.2.5 条</td></tr>
<tr><td rowspan="4">仓库</td><td rowspan="2">不应低于二级</td><td>高架仓库、高层仓库、甲类仓库、多层乙类仓库和储存可燃液体的多层丙类仓库</td><td>《建筑设计防火规范》GB 50016—2014（2018 年版）第 3.2.7 条</td></tr>
<tr><td>粮食筒仓（可采用钢板仓）</td><td>《建筑设计防火规范》GB 50016—2014（2018 年版）第 3.2.8 条</td></tr>
<tr><td rowspan="2">不应低于三级</td><td>单层乙类仓库，单层丙类仓库，储存可燃固体的多层丙类仓库和多层丁、戊类仓库</td><td>《建筑设计防火规范》GB 50016—2014（2018 年版）第 3.2.7 条</td></tr>
<tr><td>粮食平房仓（二级耐火等级的散装粮食平房仓可采用无防火保护的金属承重构件）</td><td>《建筑设计防火规范》GB 50016—2014（2018 年版）第 3.2.8 条</td></tr>
<tr><td rowspan="2">耐火极限</td><td colspan="2">甲、乙类厂房和甲、乙、丙类仓库内的防火墙，其耐火极限不应低于 4.00h</td><td>《建筑设计防火规范》GB 50016—2014（2018 年版）第 3.2.9 条</td></tr>
<tr><td colspan="2">一、二级耐火等级厂房（仓库）的上人平屋顶，其屋面板的耐火极限分别不应低于 1.50h 和 1.00h</td><td>《建筑设计防火规范》GB 50016—2014（2018 年版）第 3.2.15 条</td></tr>
</table>

#### 28.2.3.4 层数、面积和平面布置

**厂房的层数和每个防火分区的最大允许建筑面积** **表 28.2.3.4-1**

<table>
<tr><th rowspan="2">生产的火灾危险性类别</th><th rowspan="2">厂房的耐火等级</th><th rowspan="2">最多允许层数</th><th colspan="4">每个防火分区的最大允许建筑面积（m²）</th><th rowspan="2">规范依据</th></tr>
<tr><th>单层厂房</th><th>多层厂房</th><th>高层厂房</th><th>地下或半地下厂房（包括地下或半地下室）</th></tr>
<tr><td>甲</td><td>一级<br>二级</td><td>宜采用单层</td><td>4000<br>3000</td><td>3000<br>2000</td><td>—<br>—</td><td>—<br>—</td><td rowspan="5">《建筑设计防火规范》GB 50016—2014（2018 年版）第 3.3.1 条</td></tr>
<tr><td>乙</td><td>一级<br>二级</td><td>不限<br>6</td><td>5000<br>4000</td><td>4000<br>3000</td><td>2000<br>1500</td><td>—<br>—</td></tr>
<tr><td>丙</td><td>一级<br>二级<br>三级</td><td>不限<br>不限<br>2</td><td>不限<br>8000<br>3000</td><td>6000<br>4000<br>2000</td><td>3000<br>2000<br>—</td><td>500<br>500<br>—</td></tr>
<tr><td>丁</td><td>一、二级<br>三级<br>四级</td><td>不限<br>3<br>1</td><td>不限<br>4000<br>1000</td><td>不限<br>2000<br>—</td><td>4000<br>—<br>—</td><td>1000<br>—<br>—</td></tr>
<tr><td>戊</td><td>一、二级<br>三级<br>四级</td><td>不限<br>3<br>1</td><td>不限<br>5000<br>1500</td><td>不限<br>3000<br>—</td><td>6000<br>—<br>—</td><td>1000<br>—<br>—</td></tr>
</table>

注：1. 防火分区之间应采用防火墙分隔。除甲类厂房外的一、二级耐火等级厂房，当其防火分区的建筑面积大于本表规定，且设置防火墙确有困难时，可采用防火卷帘或防火分隔水幕分隔。采用防火卷帘时，应符合《建筑设计防火规范》GB 50016—2014（2018 年版）第 6.5.3 条的规定；采用防火分隔水幕时，应符合现行国家标准《自动喷水灭火系统设计规范》GB 50084 的规定。

2. 除麻纺厂房外，一级耐火等级的多层纺织厂房和二级耐火等级的单、多层纺织厂房，其每个防火分区的最大允许建筑面积可按本表的规定增加 0.5 倍，但厂房内的原棉开包、清花车间与厂房内其他部位之间均应采用耐火极限不低于 2.50h 的防火隔墙分隔，需要开设门、窗、洞口时，应设置甲级防火门、窗。

3. 一、二级耐火等级的单、多层造纸生产联合厂房，其每个防火分区的最大允许建筑面积可按本表的规定增加 1.5 倍。一、二级耐火等级的湿式造纸联合厂房，当纸机烘缸罩内设置自动灭火系统，完成工段设置有效灭火设施保护时，其每个防火分区的最大允许建筑面积可按工艺要求确定。

4. 一、二级耐火等级的谷物筒仓工作塔，当每层工作人数不超过 2 人时，其层数不限。

5. 一、二级耐火等级卷烟生产联合厂房内的原料、备料及成组配方、制丝、储丝和卷接包、辅料周转、成品暂存、二氧化碳膨胀烟丝等生产用房应划分独立的防火分隔单元，当工艺条件许可时，应采用防火墙进行分隔。其中制丝、储丝和卷接包车间可划分为一个防火分区，且每个防火分区的最大允许建筑面积可按工艺要求确定，但制丝、储丝及卷接包车间之间应采用耐火极限不低于 2.00h 的防火隔墙和 1.00h 的楼板进行分隔。厂房内各水平和竖向防火分隔之间的开口应采取防止火灾蔓延的措施。

6. 厂房内的操作平台、检修平台，当使用人数少于 10 人时，平台的面积可不计入所在防火分区的建筑面积内。

7. “—”表示不允许。

**仓库的层数和面积** **表 28.2.3.4-2**

| 储存物品的火灾危险性类别 | | 仓库的耐火等级 | 最多允许层数 | 每座仓库的最大允许占地面积和每个防火分区的最大允许建筑面积（$m^2$） | | | | | | | 规范依据 |
|---|---|---|---|---|---|---|---|---|---|---|---|
| | | | | 单层仓库 | | 多层仓库 | | 高层仓库 | | 地下或半地下仓库（包括地下或半地下室） | |
| | | | | 每座仓库 | 防火分区 | 每座仓库 | 防火分区 | 每座仓库 | 防火分区 | 防火分区 | |
| 甲 | 3、4项 | 一级 | 1 | 180 | 60 | — | — | — | — | — | 《建筑设计防火规范》GB 50016—2014（2018年版）第3.3.2条 |
| 甲 | 1、2、5、6项 | 一、二级 | 1 | 750 | 250 | — | — | — | — | — | |
| 乙 | 1、3、4项 | 一、二级 | 3 | 2000 | 500 | 900 | 300 | — | — | — | |
| 乙 | 1、3、4项 | 三级 | 1 | 500 | 250 | — | — | — | — | — | |
| 乙 | 2、5、6项 | 一、二级 | 5 | 2800 | 700 | 1500 | 500 | — | — | — | |
| 乙 | 2、5、6项 | 三级 | 1 | 900 | 300 | — | — | — | — | — | |
| 丙 | 1项 | 一、二级 | 5 | 4000 | 1000 | 2800 | 700 | — | — | 150 | |
| 丙 | 1项 | 三级 | 1 | 1200 | 400 | — | — | — | — | — | |
| 丙 | 2项 | 一、二级 | 不限 | 6000 | 1500 | 4800 | 1200 | 4000 | 1000 | 300 | |
| 丙 | 2项 | 三级 | 3 | 2100 | 700 | 1200 | 400 | — | — | — | |
| 丁 | | 一、二级 | 不限 | 不限 | 3000 | 不限 | 1500 | 4800 | 1200 | 500 | |
| 丁 | | 三级 | 3 | 3000 | 1000 | 1500 | 500 | — | — | — | |
| 丁 | | 四级 | 1 | 2100 | 700 | — | — | — | — | — | |
| 戊 | | 一、二级 | 不限 | 不限 | 不限 | 不限 | 2000 | 6000 | 1500 | 1000 | |
| 戊 | | 三级 | 3 | 3000 | 1000 | 2100 | 700 | — | — | — | |
| 戊 | | 四级 | 1 | 2100 | 700 | — | — | — | — | — | |

注：1. 仓库内的防火分区之间必须采用防火墙分隔，甲、乙类仓库内防火分区之间的防火墙不应开设门、窗、洞口；地下或半地下仓库（包括地下或半地下室）的最大允许占地面积，不应大于相应类别地上仓库的最大允许占地面积。

2. 石油库区内的桶装油品仓库应符合现行国家标准《石油库设计规范》GB 50074 的规定。

3. 一、二级耐火等级的煤均化库，每个防火分区的最大允许建筑面积不应大于 12000$m^2$。

4. 独立建造的硝酸铵仓库、电石仓库、聚乙烯等高分子制品仓库、尿素仓库、配煤仓库、造纸厂的独立成品仓库，当建筑的耐火等级不低于二级时，每座仓库的最大允许占地面积和每个防火分区的最大允许建筑面积可按本表的规定增加 1.0 倍。

5. 一、二级耐火等级粮食平房仓的最大允许占地面积不应大于 12000$m^2$，每个防火分区的最大允许建筑面积不应大于 3000$m^2$；三级耐火等级粮食平房仓的最大允许占地面积不应大于 3000$m^2$，每个防火分区的最大允许建筑面积不应大于 1000$m^2$。

6. 一、二级耐火等级且占地面积不大于 2000$m^2$ 的单层棉花库房，其防火分区的最大允许建筑面积不应大于 2000$m^2$。

7. 一、二级耐火等级冷库的最大允许占地面积和防火分区的最大允许建筑面积，应符合现行国家标准《冷库设计规范》GB 50072 的规定。

8. "—" 表示不允许。

**厂房、仓库防火分区面积特殊规定** **表 28.2.3.4-3**

<table>
<tr><th>类别</th><th>技术要求</th><th>规范依据</th></tr>
<tr><td rowspan="4">设自动喷水灭火系统时</td><td>厂房内设置自动灭火系统时，每个防火分区的最大允许建筑面积可按规定增加1.0倍</td><td rowspan="4">《建筑设计防火规范》GB 50016—2014（2018年版）第3.3.3条</td></tr>
<tr><td>当丁、戊类的地上厂房内设置自动灭火系统时，每个防火分区的最大允许建筑面积不限</td></tr>
<tr><td>厂房内局部设置自动灭火系统时，其防火分区的增加面积可按该局部面积的1.0倍计算</td></tr>
<tr><td>仓库内设置自动灭火系统时，除冷库的防火分区外，每座仓库的最大允许占地面积和每个防火分区的最大允许建筑面积可按规定增加1.0倍</td></tr>
</table>

**平面布置一般规定** **表 28.2.3.4-4**

<table>
<tr><th>类别</th><th colspan="3">技术要求</th><th>规范依据</th></tr>
<tr><td>甲、乙类生产场所（仓库）</td><td colspan="3">不应设置在地下或半地下</td><td>《建筑设计防火规范》GB 50016—2014（2018年版）第3.3.4条</td></tr>
<tr><td rowspan="2">员工宿舍</td><td colspan="3">严禁设置在厂房内</td><td>《建筑设计防火规范》GB 50016—2014（2018年版）第3.3.5条</td></tr>
<tr><td colspan="3">严禁设置在仓库内</td><td>《建筑设计防火规范》GB 50016—2014（2018年版）第3.3.9条</td></tr>
<tr><td rowspan="10">办公室、休息室</td><td rowspan="2">甲、乙类厂房</td><td colspan="2">不应设置在甲、乙类厂房内</td><td rowspan="5">《建筑设计防火规范》GB 50016—2014（2018年版）第3.3.5条</td></tr>
<tr><td>确需贴邻</td><td>其耐火等级不应低于二级，并应采用耐火极限不低于3.00h的防爆墙与厂房分隔，且应设置独立的安全出口</td></tr>
<tr><td rowspan="3">丙类厂房</td><td colspan="2">应采用耐火极限不低于2.50h的防火隔墙和1.00h的楼板与其他部位分隔</td></tr>
<tr><td colspan="2">至少设置1个独立的安全出口</td></tr>
<tr><td colspan="2">如隔墙上需开设相互连通的门时，应采用乙级防火门</td></tr>
<tr><td>甲、乙类仓库</td><td colspan="2">严禁设置在甲、乙类仓库内，也不应贴邻</td><td rowspan="4">《建筑设计防火规范》GB 50016—2014（2018年版）第3.3.9条</td></tr>
<tr><td rowspan="3">丙、丁类仓库</td><td colspan="2">应采用耐火极限不低于2.50h的防火隔墙和1.00h的楼板与其他部位分隔</td></tr>
<tr><td colspan="2">设置独立的安全出口</td></tr>
<tr><td colspan="2">隔墙上需开设相互连通的门时，应采用乙级防火门</td></tr>
</table>

续表

<table>
<tr><th>类别</th><th colspan="3">技术要求</th><th>规范依据</th></tr>
<tr><td rowspan="4">中间仓库</td><td colspan="3">甲、乙类中间仓库应靠外墙布置，其储量不宜超过1昼夜的需要量</td><td rowspan="4">《建筑设计防火规范》GB 50016—2014（2018年版）第3.3.6条</td></tr>
<tr><td colspan="3">甲、乙、丙类中间仓库应采用防火墙和耐火极限不低于1.50h的不燃性楼板与其他部位分隔</td></tr>
<tr><td colspan="3">丁、戊类中间仓库应采用耐火极限不低于2.00h的防火隔墙和1.00h的楼板与其他部位分隔</td></tr>
<tr><td colspan="3">仓库的耐火等级和面积应符合相关规定</td></tr>
<tr><td rowspan="4">变、配电站</td><td colspan="3">不应设置在甲、乙类厂房内或贴邻</td><td rowspan="4">《建筑设计防火规范》GB 50016—2014（2018年版）第3.3.8条</td></tr>
<tr><td colspan="3">不应设置在爆炸性气体、粉尘环境的危险区域内</td></tr>
<tr><td colspan="3">供甲、乙类厂房专用的10kV及以下的变、配电站，当采用无门、窗、洞口的防火墙分隔时，可一面贴邻厂房，并应符合现行国家标准《爆炸危险环境电力装置设计规范》GB 50058等标准的规定</td></tr>
<tr><td colspan="3">乙类厂房的配电站确需在防火墙上开窗时，应采用甲级防火窗</td></tr>
<tr><td rowspan="7">物流建筑</td><td>以分拣、加工等作业为主时</td><td colspan="2">按有关厂房的规定确定，其中仓储部分应按中间仓库确定</td><td rowspan="7">《建筑设计防火规范》GB 50016—2014（2018年版）第3.3.10条</td></tr>
<tr><td rowspan="2">以仓储为主或建筑难以区分主要功能时</td><td colspan="2">按有关仓库的规定确定</td></tr>
<tr><td>当分拣等作业区采用防火墙与储存区完全分隔时</td><td>作业区和储存区的防火要求可分别按有关厂房和仓库的规定确定</td></tr>
<tr><td rowspan="4">储存区的防火分区最大允许建筑面积和储存区部分建筑的最大允许占地面积，可按仓库的层数和面积表（不含注）的规定增加3.0倍（除自动化控制的丙类高架仓库外）（同时满足）</td><td colspan="2">当分拣等作业区采用防火墙与储存区完全分隔</td></tr>
<tr><td colspan="2">储存除可燃液体、棉、麻、丝、毛及其他纺织品、泡沫塑料等物品外的丙类物品且建筑的耐火等级不低于一级</td></tr>
<tr><td colspan="2">储存丁、戊类物品且建筑的耐火等级不低于二级</td></tr>
<tr><td colspan="2">建筑内全部设置自动水灭火系统和火灾自动报警系统</td></tr>
</table>

### 28.2.3.5 防火间距

1. 厂房的防火间距

**厂房之间及与乙、丙、丁、戊类仓库、民用建筑等的防火间距（m） 表 28.2.3.5-1**

<table>
<tr><th colspan="3" rowspan="3">名称</th><th>甲类厂房</th><th colspan="3">乙类厂房（仓库）</th><th colspan="4">丙、丁、戊类厂房（仓库）</th><th colspan="5">民用建筑</th><th rowspan="3">规范依据</th></tr>
<tr><th>单、多层</th><th colspan="2">单、多层</th><th>高层</th><th colspan="3">单、多层</th><th>高层</th><th colspan="3">裙房，单、多层</th><th colspan="2">高层</th></tr>
<tr><th>一、二级</th><th>一、二级</th><th>三级</th><th>一、二级</th><th>一、二级</th><th>三级</th><th>四级</th><th>一、二级</th><th>一、二级</th><th>三级</th><th>四级</th><th>一类</th><th>二类</th></tr>
<tr><td>甲类厂房</td><td>单、多层</td><td>一、二级</td><td>12</td><td>12</td><td>14</td><td>13</td><td>12</td><td>14</td><td>16</td><td>13</td><td colspan="3" rowspan="4">25</td><td colspan="2" rowspan="4">50</td><td rowspan="15">《建筑设计防火规范》GB 50016—2014（2018 年版）第 3.4.1 条</td></tr>
<tr><td rowspan="3">乙类厂房</td><td rowspan="2">单、多层</td><td>一、二级</td><td>12</td><td>10</td><td>12</td><td>13</td><td>10</td><td>12</td><td>14</td><td>13</td></tr>
<tr><td>三级</td><td>14</td><td>12</td><td>14</td><td>15</td><td>12</td><td>14</td><td>16</td><td>15</td></tr>
<tr><td>高层</td><td>一、二级</td><td>13</td><td>13</td><td>15</td><td>13</td><td>13</td><td>15</td><td>17</td><td>13</td></tr>
<tr><td rowspan="4">丙类厂房</td><td rowspan="3">单、多层</td><td>一、二级</td><td>12</td><td>10</td><td>12</td><td>13</td><td>10</td><td>12</td><td>14</td><td>13</td><td>10</td><td>12</td><td>14</td><td>20</td><td>15</td></tr>
<tr><td>三级</td><td>14</td><td>12</td><td>14</td><td>15</td><td>12</td><td>14</td><td>16</td><td>15</td><td>12</td><td>14</td><td>16</td><td rowspan="2">25</td><td rowspan="2">20</td></tr>
<tr><td>四级</td><td>16</td><td>14</td><td>16</td><td>17</td><td>14</td><td>16</td><td>18</td><td>17</td><td>14</td><td>16</td><td>18</td></tr>
<tr><td>高层</td><td>一、二级</td><td>13</td><td>13</td><td>15</td><td>13</td><td>13</td><td>15</td><td>17</td><td>13</td><td>13</td><td>15</td><td>17</td><td>20</td><td>15</td></tr>
<tr><td rowspan="4">丁、戊类厂房</td><td rowspan="3">单、多层</td><td>一、二级</td><td>12</td><td>10</td><td>12</td><td>13</td><td>10</td><td>12</td><td>14</td><td>13</td><td>10</td><td>12</td><td>14</td><td>15</td><td>13</td></tr>
<tr><td>三级</td><td>14</td><td>12</td><td>14</td><td>15</td><td>12</td><td>14</td><td>16</td><td>15</td><td>12</td><td>14</td><td>16</td><td rowspan="2">18</td><td rowspan="2">15</td></tr>
<tr><td>四级</td><td>16</td><td>14</td><td>16</td><td>17</td><td>14</td><td>16</td><td>18</td><td>17</td><td>14</td><td>16</td><td>18</td></tr>
<tr><td>高层</td><td>一、二级</td><td>13</td><td>13</td><td>15</td><td>13</td><td>13</td><td>15</td><td>17</td><td>13</td><td>13</td><td>15</td><td>17</td><td>15</td><td>13</td></tr>
<tr><td rowspan="3">室外变、配电站</td><td rowspan="3">变压器总油量（t）</td><td>≥5，≤10</td><td rowspan="3">25</td><td rowspan="3">25</td><td rowspan="3">25</td><td rowspan="3">25</td><td>12</td><td>15</td><td>20</td><td>12</td><td>15</td><td>20</td><td>25</td><td colspan="2">20</td></tr>
<tr><td>>10，≤50</td><td>15</td><td>20</td><td>25</td><td>15</td><td>20</td><td>25</td><td>30</td><td colspan="2">25</td></tr>
<tr><td>>50</td><td>20</td><td>25</td><td>30</td><td>20</td><td>25</td><td>30</td><td>35</td><td colspan="2">30</td></tr>
</table>

注：1. 单、多层戊类厂房之间及与戊类仓库的防火间距可按本表的规定减少 2m，与民用建筑的防火间距可将戊类厂房等同民用建筑按规定执行。为丙、丁、戊类厂房服务而单独设置的生活用房应按民用建筑确定，与所属厂房的防火间距不应小于 6m。确需相邻布置时，应符合本表注 2、3 的规定。

2. 两座厂房相邻较高一面外墙为防火墙，或相邻两座高度相同的一、二级耐火等级建筑中相邻任一侧外墙为防火墙且屋顶的耐火极限不低于 1.00h 时，其防火间距不限，但甲类厂房之间不应小于 4m。两座丙、丁、戊类厂房相邻两面外墙均为不燃性墙体，当无外露的可燃性屋檐，每面外墙上的门、窗、洞口面积之和各不大于外墙面积的 5%，且门、窗、洞口不正对开设时，其防火间距可按本表的规定减少 25%。甲、乙类厂房（仓库）不应与《建筑设计防火规范》GB 50016—2014（2018 年版）第 3.3.5 条规定外的其他建筑贴邻。

3. 两座一、二级耐火等级的厂房，当相邻较低一面外墙为防火墙且较低一座厂房的屋顶无天窗，屋顶的耐火极限不低于 1.00h，或相邻较高一面外墙的门、窗等开口部位设置甲级防火门、窗或防火分隔水幕或按《建筑设计防火规范》GB 50016—2014（2018 年版）第 6.5.3 条的规定设置防火卷帘时，甲、乙类厂房之间的防火间距不应小于 6m；丙、丁、戊类厂房之间的防火间距不应小于 4m。

4. 发电厂内的主变压器，其油量可按单台确定。

5. 耐火等级低于四级的既有厂房，其耐火等级可按四级确定。

6. 当丙、丁、戊类厂房与丙、丁、戊类仓库相邻时，应符合本表注 2、3 的规定。

**厂房与特殊场所防火间距一般要求　　表 28.2.3.5-2**

| 类别 | 技术要求 | | 规范依据 |
|---|---|---|---|
| 与重要公共建筑的防火间距 | 甲类厂房 | 不应小于 50m | 《建筑设计防火规范》GB 50016—2014（2018 年版）第 3.4.2 条 |
| | 乙类厂房 | 不宜小于 50m | 《建筑设计防火规范》GB 50016—2014（2018 年版）第 3.4.1 条 |
| 与明火或散发火花地点的防火间距 | 甲类厂房 | 不应小于 30m | 《建筑设计防火规范》GB 50016—2014（2018 年版）第 3.4.2 条 |
| | 乙类厂房 | 不宜小于 30m | 《建筑设计防火规范》GB 50016—2014（2018 年版）第 3.4.1 条 |
| 其他 | 高层厂房与甲、乙、丙类液体储罐，可燃、助燃气体储罐，液化石油气储罐，可燃材料堆场（除煤和焦炭场外）的防火间距，应符合相关规定，且不应小于 13m | | 《建筑设计防火规范》GB 50016—2014（2018 年版）第 3.4.4 条 |
| | 一级汽车加油站、一级汽车加气站和一级汽车加油加气合建站不应布置在城市建成区内 | | 《建筑设计防火规范》GB 50016—2014（2018 年版）第 3.4.9 条 |

2. 仓库的防火间距

**甲类仓库之间及与其他建筑、明火或散发火花地点、铁路、道路等的防火间距（m）　　表 28.2.3.5-3**

| 名称 | | 甲类仓库（储量，t） | | | | 规范依据 |
|---|---|---|---|---|---|---|
| | | 甲类储存物品第 3、4 项 | | 甲类储存物品第 1、2、5、6 项 | | |
| | | ≤5 | >5 | ≤10 | >10 | |
| 高层民用建筑、重要公共建筑 | | 50 | | | | 《建筑设计防火规范》GB 50016—2014（2018 年版）第 3.5.1 条 |
| 裙房、其他民用建筑、明火或散发火花地点 | | 30 | 40 | 25 | 30 | |
| 甲类仓库 | | 20 | 20 | 20 | 20 | |
| 厂房和乙、丙、丁、戊类仓库 | 一、二级 | 15 | 20 | 12 | 15 | |
| | 三级 | 20 | 25 | 15 | 20 | |
| | 四级 | 25 | 30 | 20 | 25 | |
| 电力系统电压为 35～500kV 且每台变压器容量不小于 10MV・A 的室外变、配电站，工业企业的变压器总油量大于 5t 的室外降压变电站 | | 30 | 40 | 25 | 30 | |
| 厂外铁路线中心线 | | 40 | | | | |
| 厂内铁路线中心线 | | 30 | | | | |
| 厂外道路路边 | | 20 | | | | |
| 厂内道路路边 | 主要 | 10 | | | | |
| | 次要 | 5 | | | | |

注：甲类仓库之间的防火间距，当第 3、4 项物品储量不大于 2t，第 1、2、5、6 项物品储量不大于 5t 时，不应小于 12m。甲类仓库与高层仓库的防火间距不应小于 13m。

**乙、丙、丁、戊类仓库之间及与民用建筑的防火间距（m）　　表 28.2.3.5-4**

| 名称 | | | 乙类仓库 | | | 丙类仓库 | | | | 丁、戊类仓库 | | | | 规范依据 |
|---|---|---|---|---|---|---|---|---|---|---|---|---|---|---|
| | | | 单、多层 | | 高层 | 单、多层 | | | 高层 | 单、多层 | | | 高层 | |
| | | | 一、二级 | 三级 | 一、二级 | 一、二级 | 三级 | 四级 | 一、二级 | 一、二级 | 三级 | 四级 | 一、二级 | |
| 乙、丙、丁、戊类仓库 | 单、多层 | 一、二级 | 10 | 12 | 13 | 10 | 12 | 14 | 13 | 10 | 12 | 14 | 13 | 《建筑设计防火规范》GB 50016—2014（2018年版）第3.5.2条 |
| | | 三级 | 12 | 14 | 15 | 12 | 14 | 16 | 15 | 12 | 14 | 16 | 15 | |
| | | 四级 | 14 | 16 | 17 | 14 | 16 | 18 | 17 | 14 | 16 | 18 | 17 | |
| | 高层 | 一、二级 | 13 | 15 | 13 | 13 | 15 | 17 | 13 | 13 | 15 | 17 | 13 | |
| 民用建筑 | 裙房，单、多层 | 一、二级 | 25 | | | 10 | 12 | 14 | 13 | 10 | 12 | 14 | 13 | |
| | | 三级 | 25 | | | 12 | 14 | 16 | 15 | 12 | 14 | 16 | 15 | |
| | | 四级 | 25 | | | 14 | 16 | 18 | 17 | 14 | 16 | 18 | 17 | |
| | 高层 | 一类 | 50 | | | 20 | 25 | 25 | 20 | 15 | 18 | 18 | 15 | |
| | | 二类 | 50 | | | 15 | 20 | 20 | 15 | 13 | 15 | 15 | 13 | |

注：1. 单、多层戊类仓库之间的防火间距，可按本表的规定减少 2m。

2. 两座仓库的相邻外墙均为防火墙时，防火间距可以减小，但丙类仓库，不应小于 6m；丁、戊类仓库，不应小于 4m。两座仓库相邻较高一面外墙为防火墙，或相邻两座高度相同的一、二级耐火等级建筑中相邻任一侧外墙为防火墙且屋顶的耐火极限不低于 1.00h，且总占地面积不大于《建筑设计防火规范》GB 50016—2014（2018 年版）第 3.3.2 条一座仓库的最大允许占地面积规定时，其防火间距不限。

3. 除乙类第 6 项物品外的乙类仓库，与民用建筑的防火间距不宜小于 25m，与重要公共建筑的防火间距不应小于 50m，与铁路、道路等的防火间距不宜小于表 3.5.1 中甲类仓库与铁路、道路等的防火间距。

### 28.2.3.6 防爆

**工业建筑一般防爆要求　　表 28.2.3.6**

| 类别 | 技术要求 | | 规范依据 |
|---|---|---|---|
| 厂房 | 有爆炸危险的甲、乙类厂房宜独立设置，并宜采用敞开或半敞开式。其承重结构宜采用钢筋混凝土或钢框架、排架结构 | | 《建筑设计防火规范》GB 50016—2014（2018 年版）第 3.6.1 条 |
| | 泄压设施 | 有爆炸危险的厂房或厂房内有爆炸危险的部位应设置泄压设施 | 《建筑设计防火规范》GB 50016—2014（2018 年版）第 3.6.2 条 |
| | | 宜采用轻质屋面板、轻质墙体和易于泄压的门、窗等，应采用安全玻璃等在爆炸时不产生尖锐碎片的材料 | 《建筑设计防火规范》GB 50016—2014（2018 年版）第 3.6.3 条 |
| | | 应避开人员密集场所和主要交通道路设置，并宜靠近有爆炸危险的部位 | |
| | | 作为泄压设施的轻质屋面板和墙体的质量不宜大于 $60kg/m^2$ | |
| | | 屋顶上的泄压设施应采取防冰雪积聚措施 | |

续表

<table>
<tr><th>类别</th><th colspan="3">技术要求</th><th>规范依据</th></tr>
<tr><td rowspan="6">厂房</td><td rowspan="2">泄压面积</td><td colspan="2">$$A = 10CV^{2/3}$$<br>式中：$A$——泄压面积（$m^2$）；<br>$V$——厂房的容积（$m^3$）；<br>$C$——泄压比</td><td rowspan="2">《建筑设计防火规范》GB 50016—2014（2018年版）第3.6.4条</td></tr>
<tr><td>当厂房的长径比大于3时</td><td>宜将建筑划分为长径比不大于3的多个计算段</td></tr>
<tr><td rowspan="3">散发较空气重的可燃气体、可燃蒸气的甲类厂房和有粉尘、纤维爆炸危险的乙类厂房</td><td colspan="2">应采用不发火花的地面。采用绝缘材料作整体面层时，应采取防静电措施</td><td rowspan="3">《建筑设计防火规范》GB 50016—2014（2018年版）第3.6.6条</td></tr>
<tr><td colspan="2">散发可燃粉尘、纤维的厂房，其内表面应平整、光滑，并易于清扫</td></tr>
<tr><td colspan="2">厂房内不宜设置地沟，确需设置时，其盖板应严密，地沟应采取防止可燃气体、可燃蒸气和粉尘、纤维在地沟积聚的有效措施，且应在与相邻厂房连通处采用防火材料密封</td></tr>
<tr><td colspan="3">有爆炸危险的甲、乙类厂房的总控制室应独立设置</td><td>《建筑设计防火规范》GB 50016—2014（2018年版）第3.6.8条</td></tr>
<tr><td></td><td colspan="3">使用和生产甲、乙、丙类液体的厂房，其管、沟不应与相邻厂房的管、沟相通，下水道应设置隔油设施</td><td>《建筑设计防火规范》GB 50016—2014（2018年版）第3.6.11条</td></tr>
<tr><td rowspan="2">仓库</td><td colspan="3">甲、乙、丙类液体仓库应设置防止液体流散的设施。遇湿会发生燃烧爆炸的物品仓库应采取防止水浸渍的措施</td><td>《建筑设计防火规范》GB 50016—2014（2018年版）第3.6.12条</td></tr>
<tr><td colspan="3">有爆炸危险的仓库或仓库内有爆炸危险的部位，宜按规定采取防爆措施、设置泄压设施</td><td>《建筑设计防火规范》GB 50016—2014（2018年版）第3.6.14条</td></tr>
</table>

### 28.2.3.7 安全疏散

1. 厂房的安全疏散

**厂房内任一点至最近安全出口的直线距离（m）　　表 28.2.3.7-1**

| 生产的火灾危险性类别 | 耐火等级 | 单层厂房 | 多层厂房 | 高层厂房 | 地下或半地下厂房（包括地下或半地下室） | 规范依据 |
|---|---|---|---|---|---|---|
| 甲 | 一、二级 | 30 | 25 | — | — | 《建筑设计防火规范》GB 50016—2014（2018年版）第3.7.4条 |
| 乙 | 一、二级 | 75 | 50 | 30 | — | |
| 丙 | 一、二级 | 80 | 60 | 40 | 30 | |
| | 三级 | 60 | 40 | — | — | |

续表

| 生产的火灾危险性类别 | 耐火等级 | 单层厂房 | 多层厂房 | 高层厂房 | 地下或半地下厂房（包括地下或半地下室） | 规范依据 |
|---|---|---|---|---|---|---|
| 丁 | 一、二级 | 不限 | 不限 | 50 | 45 | 《建筑设计防火规范》GB 50016—2014（2018年版）第3.7.4条 |
| | 三级 | 60 | 50 | — | — | |
| | 四级 | 50 | — | — | — | |
| 戊 | 一、二级 | 不限 | 不限 | 75 | 60 | |
| | 三级 | 100 | 75 | — | — | |
| | 四级 | 60 | — | — | — | |

**厂房安全疏散一般要求** **表 28.2.3.7-2**

<table>
<tr><th>类别</th><th colspan="2">技术要求</th><th>规范依据</th></tr>
<tr><td rowspan="8">安全出口</td><td colspan="2">每个防火分区或一个防火分区的每个楼层，其相邻2个安全出口最近边缘之间的水平距离不应小于5m</td><td>《建筑设计防火规范》GB 50016—2014（2018年版）第3.7.1条</td></tr>
<tr><td colspan="2">厂房内每个防火分区或一个防火分区内的每个楼层，其安全出口的数量应经计算确定，且不应少于2个</td><td rowspan="6">《建筑设计防火规范》GB 50016—2014（2018年版）第3.7.2条</td></tr>
<tr><td rowspan="5">可设1个安全出口</td><td>甲类厂房，每层建筑面积不大于100m²，且同一时间的作业人数不超过5人</td></tr>
<tr><td>乙类厂房，每层建筑面积不大于150m²，且同一时间的作业人数不超过10人</td></tr>
<tr><td>丙类厂房，每层建筑面积不大于250m²，且同一时间的作业人数不超过20人</td></tr>
<tr><td>丁、戊类厂房，每层建筑面积不大于400m²，且同一时间的作业人数不超过30人</td></tr>
<tr><td>地下或半地下厂房（包括地下或半地下室），每层建筑面积不大于50m²，且同一时间的作业人数不超过15人</td></tr>
<tr><td colspan="2">地下或半地下厂房（包括地下或半地下室），当有多个防火分区相邻布置，并采用防火墙分隔时，每个防火分区可利用防火墙上通向相邻防火分区的甲级防火门作为第二安全出口，但每个防火分区必须至少有1个直通室外的独立安全出口</td><td>《建筑设计防火规范》GB 50016—2014（2018年版）第3.7.3条</td></tr>
<tr><td rowspan="2">疏散楼梯</td><td>高层厂房和甲、乙、丙类多层厂房</td><td>应采用封闭楼梯间或室外楼梯</td><td rowspan="2">《建筑设计防火规范》GB 50016—2014（2018年版）第3.7.6条</td></tr>
<tr><td>建筑高度大于32m且任一层人数超过10人的厂房</td><td>应采用防烟楼梯间或室外楼梯</td></tr>
</table>

续表

<table>
<tr><th>类别</th><th colspan="3">技术要求</th><th>规范依据</th></tr>
<tr><td rowspan="10">疏散宽度</td><td rowspan="4">厂房内疏散楼梯、走道和门的每 100 人最小疏散净宽度</td><td>厂房层数（层）</td><td>最小疏散净宽度（m/百人）</td><td rowspan="10">《建筑设计防火规范》GB 50016—2014（2018年版）第 3.7.5 条</td></tr>
<tr><td>1～2</td><td>0.60</td></tr>
<tr><td>3</td><td>0.80</td></tr>
<tr><td>≥4</td><td>1.00</td></tr>
<tr><td rowspan="4">最小净宽度</td><td>疏散楼梯</td><td>不宜小于 1.10m</td></tr>
<tr><td>疏散走道</td><td>不宜小于 1.40m</td></tr>
<tr><td>门</td><td>不宜小于 0.90m</td></tr>
<tr><td>首层外门</td><td>不应小于 1.20m</td></tr>
<tr><td colspan="3">当每层疏散人数不相等时，疏散楼梯的总净宽度应分层计算，下层楼梯总净宽度应按该层及以上疏散人数最多一层的疏散人数计算</td></tr>
</table>

2. 仓库的安全疏散

**仓库安全疏散一般要求　　表 28.2.3.7-3**

<table>
<tr><th>类别</th><th colspan="2">技术要求</th><th>规范依据</th></tr>
<tr><td rowspan="9">安全出口</td><td colspan="2">每个防火分区或一个防火分区的每个楼层，其相邻 2 个安全出口最近边缘之间的水平距离不应小于 5m</td><td>《建筑设计防火规范》GB 50016—2014（2018年版）第 3.8.1 条</td></tr>
<tr><td rowspan="3">2 个安全出口</td><td>每座仓库的安全出口不应少于 2 个</td><td rowspan="2">《建筑设计防火规范》GB 50016—2014（2018年版）第 3.8.2 条</td></tr>
<tr><td>仓库内每个防火分区通向疏散走道、楼梯或室外的出口不宜少于 2 个</td></tr>
<tr><td>地下或半地下仓库（包括地下或半地下室）的安全出口不应少于 2 个</td><td>《建筑设计防火规范》GB 50016—2014（2018年版）第 3.8.3 条</td></tr>
<tr><td rowspan="4">可设置 1 个安全出口</td><td>仓库的占地面积不大于 300m² 时</td><td>《建筑设计防火规范》GB 50016—2014（2018年版）第 3.8.2 条</td></tr>
<tr><td>当防火分区的建筑面积不大于 100m² 时</td><td rowspan="2">《建筑设计防火规范》GB 50016—2014（2018年版）第 3.8.3 条</td></tr>
<tr><td>地下或半地下仓库（包括地下或半地下室）建筑面积不大于 100m² 时</td></tr>
<tr><td>粮食筒仓上层面积小于 1000m²，且作业人数不超过 2 人时</td><td>《建筑设计防火规范》GB 50016—2014（2018年版）第 3.8.5 条</td></tr>
<tr><td colspan="2">地下或半地下仓库（包括地下或半地下室），当有多个防火分区相邻布置并采用防火墙分隔时，每个防火分区可利用防火墙上通向相邻防火分区的甲级防火门作为第二安全出口，但每个防火分区必须至少有 1 个直通室外的安全出口</td><td>《建筑设计防火规范》GB 50016—2014（2018年版）第 3.8.3 条</td></tr>
</table>

续表

| 类别 | 技术要求 | 规范依据 |
| --- | --- | --- |
| 安全出口 | 通向疏散走道或楼梯的门应为乙级防火门 | 《建筑设计防火规范》GB 50016—2014（2018年版）第3.8.2条 |
| 疏散楼梯 | 高层仓库的疏散楼梯应采用封闭楼梯间 | 《建筑设计防火规范》GB 50016—2014（2018年版）第3.8.7条 |
|  | 除一、二级耐火等级的多层戊类仓库外，其他仓库内供垂直运输物品的提升设施宜设置在仓库外，确需设置在仓库内时，应设置在井壁的耐火极限不低于2.00h的井筒内。室内外提升设施通向仓库的入口应设置乙级防火门或符合规定的防火卷帘 | 《建筑设计防火规范》GB 50016—2014（2018年版）第3.8.8条 |

## 28.3 附录：深圳市建设工程消防行政审批分工范围

**一、建设工程消防行政许可及备案受理分工**

（一）具有以下情形之一的新建、改建、扩建（不含装修）工程项目，其消防行政许可工作由市住建局受理：

1. 设有下列人员密集场所之一的建设工程：

（1）建筑总面积大于20000m² 的体育场馆、会堂，公共展览馆、博物馆的展示厅。

（2）建筑总面积大于15000m² 的民用机场航站楼、客运车站候车室、客运码头候船厅。

（3）建筑总面积大于20000m² 的宾馆、饭店、商场、市场。

（4）建筑总面积大于8000m² 的影剧院，公共图书馆的阅览室，营业性室内健身、休闲场馆，医院的门诊楼，大学教学楼、图书馆、食堂，寺庙、教堂。

（5）建筑总面积大于8000m² 的儿童游乐厅等室内儿童活动场所，养老院、福利院，医院、疗养院的病房楼。

（6）建筑总面积大于5000m² 的歌舞厅、录像厅、放映厅、卡拉OK厅、夜总会、游艺厅、桑拿浴室、网吧、酒吧，具有娱乐功能的餐馆、茶馆、咖啡厅。

2. 其他特殊建筑建设工程：

（1）建筑总面积大于20000m² 的地下单体建筑。

（2）省、市级国家机关办公楼、电力调度楼、电信楼、邮政楼、防灾指挥调度楼、广播电视楼、档案楼。

（3）单体建筑面积大于80000m² 或者建筑高度大于100m的建设工程。

（4）城市轨道交通、隧道工程，大型发电、变配电工程。

（5）生产、储存、装卸甲、乙类物品的专用车站、码头，建筑面积2000m² 以上甲、乙类生产车间，建筑面积100m² 以上的甲、乙类仓库，储量大于10m³ 的易燃易爆气体和液体充装站、供应站、调压站。

（6）依照《建设工程消防监督管理规定》第十六条规定，属于专家评审范围的建设工程。

（7）国家、省、市重点建设项目。

（二）依照《建设工程消防监督管理规定》第十三、十四条规定，除上述情形以外的其他建设工程项目消防行政许可和验收备案均由所在地的区住建局受理。

**二、其他情况说明**

1. 受理改建、扩建工程消防行政许可或验收备案，按上述分工执行。

2. 受理已取得消防行政许可的建筑内场所内部装修工程消防行政许可或验收备案，由建筑所在地的区住建局负责审批。

3. 根据《深圳经济特区消防条例》，受理消防行政许可或验收备案，不再要求建设单位提交规划许可证明文件。

4. 单体建筑面积不大于 80000m$^2$ 或者建筑高度不大于 100m 的建设工程，主体验收合格后，其改建、扩建工程均由建筑所在地的区住建局受理（扩建后建筑高度大于 100m 的，由市住建局受理）。

5. 原单体建筑面积大于 80000m$^2$ 或者建筑高度大于 100m 的建设工程，其功能变更、扩建工程中，存在增加建筑高度和改变建筑物整体定性的情况，由市住建局受理，其余均由建筑所在地的区住建局受理。

6. 可根据建设单位的申请同时受理土建与内部装修工程消防行政许可。1998 年 9 月 1 日后投入使用的建筑，建筑整体未通过消防验收或验收备案的，不得单独受理内部装修工程消防验收或验收备案。

7. 受理消防行政许可及验收备案时，如建筑群中存在分属市住建局和区住建局受理的，可由市住建局统一受理并办理。

8. 已取得消防验收许可或备案的建筑内建筑面积在 300m$^2$（含本数）以下的场所（不含民用机场航站楼、地铁站厅内设商铺）内部装修工程，如建筑使用功能、防火分区、安全疏散、消防设施设置未变更的，无需申报消防行政许可或备案。

9. 受理已取得消防行政许可或验收备案建设工程的改建、扩建消防行政许可或验收备案抽查时，申报人无法提供原建设工程主体消防行政许可或验收备案法律文书的，可以申请由各级住建部门消防机构依法查询核对。

10. 市住建局认为有必要的工程项目，可由市住建局受理；细则中未明确分工的工程由市住建局指定管辖。

# 参 考 文 献


1.《玻璃幕墙工程技术规范》JGJ 102—2003

2.《建筑玻璃应用技术规程》JGJ 113—2015

3.《建筑玻璃采光顶技术要求》JG/T 231—2018

4.《铝合金门窗工程技术规范》JGJ 214—2010

5.《建筑防烟排烟系统技术标准规范》GB 51251—2017

6. 住房城乡建设部、国家安全监管总局《关于进一步加强玻璃幕墙安全防护工作的通知》建标［2015］38号

7. 深圳市住房和建设局《关于加强建筑幕墙安全管理的通知》深建物业〔2016〕43号

8.《深圳市建筑设计规则》2019

9. 广东省标准《电动汽车充电基础设施建设技术规程》DBJ/T 15—150—2018 备案号 J 14511—2019

10. 国家标准《电动汽车分散充电设施工程技术标准》GBT 51313—2018

11. 国家标准《建筑内部装修设计防火规范》GB 50222—2017

12. 民用建筑设计统一标准 GB 50352—2019

13. 地铁设计规范 GB 50157—2013

14. 城市轨道交通技术规范 GB 50490—2009

15. 无障碍设计 GB 50763—2012

16. 建筑设计防火规范 GB 50016—2014（2018年版）

17. 建筑玻璃应用技术规程 JGJ 113—2015

18. 民用建筑隔声设计规范 GB 50118—2010

19. 地铁设计防火标准 GB 51298—2018

20. 建筑防烟排烟系统技术标准 GB 51251—2017